U0272798

现代博弈论学术专著系列

UNCERTAIN GAME THEORY

不确定博弈论

第一卷 不确定支付可转移合作博弈

Volume I

Transferable Cooperation Game Theory with Uncertain Payoffs

刘进 陈杰 李卫丽 ◎ 著

国防科技大学出版社

· 长沙 ·

内容简介

本书将不确定理论与经典的可转移合作博弈结合起来，构建了不确定支付情形合作博弈的理论框架，基于不确定测度和不确定变量，以及期望值、乐观值、悲观值等三类指标，分别定义和研究了期望值/乐观值/悲观值不确定核心、不确定沙普利值、不确定谈判集和不确定核原等解概念的数学性质与相互关系，并指明了不确定博弈论下一步的研究方向。本书严谨规范，可作为系统、管理、控制、数学等专业研究生和相关专业科研工作者的参考材料。

图书在版编目（CIP）数据

不确定博弈论. 第一卷，不确定支付可转移合作博弈/刘进，陈杰，李卫丽著. 一长沙：国防科技大学出版社，2021.12（2022.9重印）

ISBN 978-7-5673-0593-9

I. ①不··· II. ①刘··· ②陈··· ③李··· III. ①博弈论 IV. ①O225

中国版本图书馆CIP数据核字(2021)第276448号

不确定博弈论

第一卷 不确定支付可转移合作博弈

BUQUEDING BOYILUN

DI-YI JUAN BUQUEDING ZHIFU KEZHUANYI HEZUOBOYI

国防科技大学出版社出版发行

电话：(0731)87027729 邮政编码：410073

责任编辑：刘璟珺 责任校对：欧 珊

新华书店总店北京发行所经销

国防科技大学印刷厂印刷

*

开本：787×1092 1/16 印张：18.5 字数：439千字

2021年12月第1版2022年9月第2次印刷 印数：501－1500册

ISBN 978-7-5673-0593-9

定价：68.00元

前 言

不确定性是世界的普遍现象，合作是社会的主流形态。构建不确定条件下多主体合作的模型、理论和算法是数学、运筹学、管理科学的中心问题之一，本书部分回答了该问题。

为了刻画不确定现象，学术界提出了六大类理论：一是概率随机理论，主要用来刻画客观世界大样本不确定事件的发生频率；二是模糊集理论，主要用来描述主观世界的模糊性和基于主观认知的事件的隶属度；三是粗糙集理论，主要用来刻画对事件边界认知的不确定性；四是区间值理论，将主客观事件的不确定性用区间数值来表示；五是灰色系统理论，主要用来描述对世界认知介于白色与黑色之间的灰色性；六是不确定理论，主要用来刻画人类决策信念度所遵循的规律。前五类理论创立的时间较早，已有大量的研究成果。第六种理论是2007年由清华大学的刘宝碇教授创立的，并在2010年重新凝练为包括四大公理的完整体系。目前不确定理论已经成为一个重要的数学分支，在多个领域得到广泛应用。本书采用刘宝碇教授的不确定理论来刻画多主体的决策不确定性。

为了刻画合作现象，学术界有两大理论体系：第一类是协同优化理论，主要用来描述多主体为了共同的目标，按照整体最优的原则，通过数学优化模型来决策实现合作。在现实中，多主体合作的出发点往往是基于个体利益，其次才是整体利益，因此协同优化理论有天然的不足，为了弥补这样的缺陷，学者充分考虑多主体的个体利益和整体利益，提出了第二类协同理论，即合作博弈理论，合作博弈不仅仅描述了多主体的合作，也揭示了多主体是通过坚实的利益博弈而达成协同。本书采用合作博弈理论来刻画多主体的协同合作。

将不确定的各类理论模型与合作博弈模型结合起来是构建不确定条件下合作理论的一个可行途径，学术界已有大量的关于随机合作博弈、模糊合作博弈、粗糙合作博弈、区间合作博弈、灰色合作博弈的研究，但是不确定理论与合作博弈的结合即不确定合作博弈仍然是一个未解决的问题。本书的主要创新就是构建了不确定合作博弈的比较完整的理论框架，主要贡献包括如下几个方面。

一是定义了带有联盟结构和不确定支付可转移合作博弈的模型，基于期望值、乐观值和悲观值，定义了期望值、乐观值、悲观值不确定可行支付集合、不确定preimputation、不确定imputation等，并指出不确定支付可转移合作博弈解概念都是对上面三类集合的精炼。

二是定义了期望值、乐观值、悲观值不确定核心的解概念，研究了不确定核心的公理刻画、非空性、协变性等数学性质，特别研究了凸博弈的不确定核心的刻画与计算。

三是定义了期望值、乐观值、悲观值不确定沙普利值的解概念，研究了不确定沙普利值的公理刻画、非空性、协变性等数学性质，特别研究了不确定沙普利值的几类公理刻画。

四是定义了期望值、乐观值、悲观值不确定谈判集的解概念，研究了不确定核原的公理刻画、非空性、协变性等数学性质，计算了二人、三人不确定支付可转移合作博弈的不确定谈判集。

五是定义了期望值、乐观值、悲观值不确定核原的解概念，研究了不确定谈判集的公理刻画、非空性、协变性等数学性质，特别刻画了不确定准核原与线性方程的紧凑型之间的关系。

六是给出了不确定合作博弈进一步的研究方向，更重要的是给出了不确定理论与策略型博弈、扩展型博弈以及重复博弈相结合的理论框架，为不确定非合作博弈的研究指明了可行的方向。

本书由刘进、陈杰、李卫丽三位作者联合完成，其中刘进负责第1至9章、第16章的写作，陈杰负责第10至12章的写作，李卫丽负责第13至15章的写作，全书由刘进统稿。

本书的出版要特别感谢中国海洋大学的高金伍教授。高金伍教授是作者的学长，2001—2005年当作者还是清华大学数学系的一个小小的本科生时，高学长就是很出名的博士研究生并且是本科生辅导员，工作上也偶有交集。2005年，高学长去了中国人民大学，而我继续深造，一别13年，直到2018年年底再次重逢。重逢之时，高学长得知我正在从事博弈论的研究，他指点我将各类不确定的模型与博弈论结合，由此引领我进入一片崭新的天地。本书是作者在这片天地探索的一个阶段性总结。

限于作者水平，书中难免有不足之处，请各位专家批评指正。

刘 进
2021年9月于长沙

目　录

第1章　不确定环境下博弈论研究现状 1

第2章　经典合作博弈与不确定理论 4

2.1　经典合作博弈模型 4

2.2　不确定测度与变量 9

第3章　不确定支付可转移合作博弈模型与概念 12

3.1　不确定支付可转移合作博弈 12

3.2　基于期望值的一些概念 13

3.3　基于乐观值的一些概念 18

3.4　基于悲观值的一些概念 21

第4章　期望值不确定核心 26

4.1　期望值解概念的原则 26

4.2　期望值不确定核心的定义性质 27

4.3　各种期望值平衡概念 29

4.4　期望值不确定核心非空性定理 32

4.5　期望值平衡与期望值全平衡覆盖 35

4.6　期望值不确定核心的一致性 37

4.7　不确定市场博弈的期望值不确定核心 40

4.8　期望值可加博弈的期望值不确定核心 47

4.9　期望值凸博弈的期望值不确定核心 50

4.10 一般联盟的期望值不确定核心 55

第5章　乐观值不确定核心 62

5.1　乐观值解概念的原则 62

5.2 乐观值不确定核心的定义性质 63
5.3 各种乐观值平衡概念 64
5.4 乐观值不确定核心非空性定理 66
5.5 乐观值平衡与乐观值全平衡覆盖 67
5.6 乐观值不确定核心的一致性 67
5.7 不确定市场博弈的乐观值不确定核心 69
5.8 乐观值可加博弈的乐观值不确定核心 71
5.9 乐观值凸博弈的乐观值不确定核心 72
5.10 一般联盟的乐观值不确定核心 74
第6章 悲观值不确定核心 76
6.1 悲观值解概念的原则 76
6.2 悲观值不确定核心的定义性质 77
6.3 各种悲观值平衡概念 78
6.4 悲观值不确定核心非空性定理 80
6.5 悲观值平衡与悲观值全平衡覆盖 81
6.6 悲观值不确定核心的一致性 81
6.7 不确定市场博弈的悲观值不确定核心 83
6.8 悲观值可加博弈的悲观值不确定核心 85
6.9 悲观值凸博弈的悲观值不确定核心 86
6.10 一般联盟的悲观值不确定核心 88
第7章 期望值不确定沙普利值 90
7.1 期望值解概念的原则 90
7.2 期望值数值解的公理体系 91
7.3 满足部分期望值公理的解 94
7.4 期望值不确定沙普利值经典刻画 94

7.5 期望值不确定沙普利值边际刻画 100
7.6 期望值凸博弈的期望值不确定沙普利值 105
7.7 期望值不确定沙普利值的一致性 106
7.8 一般联盟期望值解概念公理体系 112
7.9 一般联盟结构期望值不确定沙普利值定义 114
第8章 乐观值不确定沙普利值 123
8.1 乐观值解概念的原则 123
8.2 乐观值数值解的公理体系 124
8.3 满足部分乐观值公理的解 126
8.4 乐观值不确定沙普利值经典刻画 127
8.5 乐观值不确定沙普利值边际刻画 129
8.6 乐观值凸博弈的乐观值不确定沙普利值 130
8.7 乐观值不确定沙普利值的一致性 131
8.8 一般联盟乐观值解概念公理体系 133
8.9 一般联盟结构乐观值不确定沙普利值定义 135
第9章 悲观值不确定沙普利值 138
9.1 悲观值解概念的原则 138
9.2 悲观值数值解的公理体系 139
9.3 满足部分悲观值公理的解 141
9.4 悲观值不确定沙普利值经典刻画 142
9.5 悲观值不确定沙普利值边际刻画 144
9.6 悲观值凸博弈的悲观值不确定沙普利值 145
9.7 悲观值不确定沙普利值的一致性 146
9.8 一般联盟悲观值解概念公理体系 148
9.9 一般联盟结构悲观值不确定沙普利值定义 150

第10章　期望值不确定谈判集 153
10.1 期望值解概念的原则 153
10.2 期望值不确定谈判集的定义 154
10.3 二人三人期望值不确定谈判集 160
10.4 期望值不确定谈判集的性质 165
10.5 期望值凸博弈的期望值不确定谈判集 178
第11章　乐观值不确定谈判集 183
11.1 乐观值解概念的原则 183
11.2 乐观值不确定谈判集的定义 184
11.3 二人三人乐观值不确定谈判集 186
11.4 乐观值不确定谈判集的性质 192
11.5 乐观值凸博弈的乐观值不确定谈判集 196
第12章　悲观值不确定谈判集 197
12.1 悲观值解概念的原则 197
12.2 悲观值不确定谈判集的定义 198
12.3 二人三人悲观值不确定谈判集 200
12.4 悲观值不确定谈判集的性质 207
12.5 悲观值凸博弈的悲观值不确定谈判集 210
第13章　期望值不确定核原 212
13.1 期望值解概念的原则 212
13.2 期望值不确定核原的定义 213
13.3 期望值不确定核原的存在唯一 217
13.4 期望值不确定核原的性质 223
13.5 期望值不确定准核原的刻画 234
13.6 期望值不确定准核原的一致性 246

第14章 乐观值不确定核原 249
14.1 乐观值解概念的原则 249
14.2 乐观值不确定核原的定义 250
14.3 乐观值不确定核原的存在唯一 252
14.4 乐观值不确定核原的性质 254
14.5 乐观值不确定准核原的刻画 255
14.6 乐观值不确定准核原的一致性 260
第15章 悲观值不确定核原 262
15.1 悲观值解概念的原则 262
15.2 悲观值不确定核原的定义 263
15.3 悲观值不确定核原的存在唯一 265
15.4 悲观值不确定核原的性质 267
15.5 悲观值不确定准核原的刻画 268
15.6 悲观值不确定准核原的一致性 273
第16章 总结与展望 275
16.1 全书总结 275
16.2 未来方向 276
参考文献 277

第1章　不确定环境下博弈论研究现状

自1944年冯·诺依曼和摩根斯坦的开创性工作[1]以来，博弈论已经广泛地用于分析经济、社会、政治等领域中的冲突与合作行为.一般而言，博弈论模型可以划分为三类：策略型博弈、扩展型博弈和合作博弈.策略型博弈主要关注局中人的静态竞争行为，纳什均衡、颤抖手均衡、贝叶斯均衡、相关均衡是最重要的解概念；扩展型博弈主要关注局中人的动态竞争行为，子博弈完美均衡、序贯均衡、贝叶斯完美均衡是最重要的解概念；而合作博弈与策略型博弈以及扩展型博弈不同，主要关注局中人如何结成联盟共同创造财富和分配财富的过程，核心[2,3]、核原[4,5]、谈判集[6]、沙普利值[7]、核仁[8]具有联盟结构情形时的对应解概念[9]以及它们的性质是合作博弈最重要的内容.

但是无论何种情形，支付函数、局中人策略的不完备性和不确定性是不可避免的，因此研究不确定环境下的局中人的行为以及解概念已经成为博弈论的一个重要课题.

所谓不确定性指的是客观世界和主观世界的事件或者决策中的不符合机械决定论的现象.在运筹学和管理科学中，至少有六类模型用于刻画不确定性.

第一类是大数学家科尔莫哥洛夫(Kolmogorov)在二十世纪初叶发明的概率随机理论，用以描述客观世界在大样本条件下某类事件发生的频率，目前已经成为描述客观不确定性的最重要的数学理论分支，具有不可替代的重要性.

第二类是扎德赫(Zadeh)[10]在二十世纪六十年代发明的模糊集理论，用来刻画对一类事物描述的含混不清的性质，目前已经发展为信息科学与管理科学中一类重要的方法论，诞生了如模糊控制、模糊逻辑、模糊拓扑等分支.模糊现象的处理，除了模糊集理论，还有另外一种理论，就是刘宝碇教授基于测度论创立的可信性理论[11–14]，从源头来看，仍然把可信性理论看做模糊理论的一个分支，但是这个分支具有较之传统的模糊集理论更加坚实的数学基础.

第三类是波兰数学家泡讷克(Pawlak)在二十世纪后期发明的粗糙集理论，该理论用来刻画集合分类中的边界现象，在数据库、计算机理论中具有重要应用.

第四类是区间值理论，是数学家摩尔(Moore)在二十世纪六十年代发明的以区间值为工具来刻画不确定性的一类理论，目前区间值泛函分析、区间值优化等已成为运筹学的一个重要板块.

第五类是由华中科技大学的邓聚龙教授发明的灰色系统理论，该理论用黑白以及介于黑白之间的灰度来刻画不确定现象，目前在南京航空航天大学管理学院聚集了以邓聚龙教授的弟子刘思峰教授为首的灰色系统研究团队，取得了丰硕的研究成果.

清华大学的刘宝碇教授在长期不确定现象的数学理论[15]构建中，为了弥补模糊、粗糙、区间值和灰色系统理论在数学公理化基础方面薄弱这一不足，通过艰苦的探索，于2007年提出了用来刻画信念度的不确定理论[16]，并于2010年形成包含四大公理的完备化数学体系[17]，至此，第六类不确定性模型诞生.刘宝碇教授的不确定理论具有坚实的数学基础，在小样本条件下弥补了概率随机理论的不足，现在已经蓬勃发展为一门新兴的数学理论[18–20]，在信息科学和管理科学领域得到广泛应用，产生了诸如不确定优化[21]、不确定控制[22]、不确定逻辑[23]、不确定可靠性[23]、不确定统计[23]等子方向.

不确定模型如何与博弈模型进行结合一直是运筹与管理科学中的一个中心问题.在文献中，很多研究者已经讨论了不确定和不完备信息下的博弈问题.下文中总结了随机博弈论、模糊(可信性)博弈论和不确定博弈论的研究现状，实际上，粗糙博弈论、区间博弈论、灰色博弈论也在蓬勃发展.

基于概率随机的思路，Harsanyi[24–26]提出了处理不确定性信息博弈的贝叶斯框架，定义了贝叶斯均衡. Blau, Cassidy, Charnes和其他许多学者讨论了具有随机支付函数的博弈的解概念设计问题[27–29].

但是在很多情形，随机性的假设是远远不够的，甚至没有足够的历史记录或者统计数据预测推断支付函数的概率论模型.因此，一种方向是将能够利用的人类经验、主观判断、个人直觉当做模糊集来处理.模糊集理论与博弈论结合产生了模糊博弈理论，模糊博弈的创立可以追溯到Butnariu于1978年发表的文章[30]和Aubin于1981 年发表的论文[31].此后，模糊博弈得到蓬勃发展[32–39].直到最近，仍然还有许多关于模糊博弈的论文发表[40–42].

处理模糊现象，除了扎德赫的模糊集理论，还有另外一种理论，就是刘宝碇教授基于测度论创立的可信性理论.可信性理论与博弈论的结合始于高金伍教授在2007年的论文[43]，在文中高金伍定义了具有模糊支付的可信性策略型博弈并做了纳什均衡的分析.此后，高金伍与合作者在多篇论文中对可信性博弈进行了深入的研究[44–50].在可信性合作博弈的大联盟结构情形，本书的作者研究了可信性稳定集[51]、可信性准核原[52]，并在具有一般联盟结构的情形定义并研究了可信性稳定集[53]、可信性核心[54]、可信性沙普利值[55]、可信性核原[56]等解概念，设计了算法，并通过具体的例子验证了理论的创新性.

在博弈论中，决策者的信念度是一个重要的概念，在扩展型博弈的序贯均衡以及完美贝叶斯均衡等解概念中发挥了至关重要的作用.信念度是一种主观不确定，如果采用概率随机模型会导致很多理论与实际不一致的现象，刘宝碇教授创立的不确定理论可以比较好地解决这样的问题，这已经得到了实践的验证.因此将不确定理论与博弈论结合是一个自然的选择，称之为不确定博弈论. 本书的第一作者刘进与高金伍教授在不确定博弈论方面撰写了系列论文，构建了不确定博弈的理论框架[57–68]. 在这些论文之中，作者系统性研究了不确定非合作博弈的纳什均衡、贝叶斯均衡、子博弈完美均衡等解概念，也研究了不确定合作博弈的稳定解、核心、核原、沙普利值等解概念.本书在这些研究的基础上，一方面总结已有的关于不确定合作博弈的成果，另一方面发展新的不确定合作博弈的模型和理论.

本书的主要内容安排如下:第1章介绍了不确定环境下的博弈论的研究现状，指出了本书的研究动机和主要内容，即刘宝碇不确定理论和经典合作博弈相结合产生的不确定合作博弈；第2章介绍了经典合作博弈以及刘宝碇不确定理论的基本知识；第3章介绍了带有不确定支付和一般联盟结构的可转移合作博弈的模型以及三类重要的分配集合；第4章至第15章基于不确定理论中的期望值、乐观值和悲观值，分别定义了期望值、乐观值、悲观值不确定核心、不确定沙普利值、不确定谈判集、不确定沙核原，研究了它们的公理化刻画、非空性、协变性等数学性质，这是本书的主要创新点；第16章总结了本书的主要内容并指明了不确定博弈论下一步的发展方向.

第2章　经典合作博弈与不确定理论

本章主要介绍本书需要的预备知识，包括经典的合作博弈模型以及不确定理论.

2.1 经典合作博弈模型

本章所说的经典合作博弈模型指的是具有可转移支付的合作博弈. 所谓具有转移支付指的是该博弈具有一个公共的标尺来衡量各个联盟创造的价值，并且相互之间可以支付，比如证券交易市场、企业的市场交易行为，更具体的例子是一个企业联盟共同合作完成了一个大工程，工程方支付给企业联盟一大笔钱，这个企业联盟商讨如何分配这笔钱.在这个例子中，"钱"就是一个公共标尺，而且彼此之间可以转移支付.合作博弈的局中人可以是有限的，也可以是无限的，为了简单起见，本书都假定局中人是有限的.必须指出的是，本章所涉及的经典合作博弈的模型和术语，因为非常的基本，所以本研究并没有去追溯最本源的论文，而是参考了一本非常著名的学术专著[69].

定义 2.1 假设$N=\{1,2,\cdots,n\}$是一个非空有限集合，它的四类子集族定义为

$$\mathcal{P}(N)=\{B|B\subseteq N\};$$

$$\mathcal{P}_0(N)=\{B|B\subseteq N,B\neq\varnothing\};$$

$$\mathcal{P}_1(N)=\{B|B\subseteq N,B\neq N\};$$

$$\mathcal{P}_2(N)=\{B|B\subseteq N,B\neq\varnothing,B\neq N\}.$$

定义 2.2 假设N是有限的局中人集合，N的一个划分是指N的一些子集组成的族，即$\tau=\{A_i\}_{i\in I}\subseteq\mathcal{P}(N)$，满足

$$\#I<\infty;A_i\neq\varnothing,\forall i\in I;A_i\bigcap A_j=\varnothing,\forall i\neq j\in I;\bigcup_{i\in I}A_i=N.$$

局中人集合N的所有划分以及其中的某个特殊划分记为

$$\mathrm{Part}(N),\tau=\{A_i\}_{i\in I}\in\mathrm{Part}(N).$$

定义 2.3 假设N是有限的局中人集合，f是一个函数，二元组(N,f)称为一个可转移支付合作博弈(TUCG)，如果满足

$$f:\mathcal{P}(N)\to\mathbf{R},f(\varnothing)=0.$$

局中人集合N的每一个子集$A\in\mathcal{P}(N)$都称为联盟，$\varnothing$称为空联盟，N称为大联盟，$f(A),\forall A\in\mathcal{P}(N)$称为联盟$A$创造的价值.

定义 2.4 假设N是有限的局中人集合，N的一个划分即称为N的一个联盟结构.一般考虑以下三类联盟结构：

$$\tau_1=\{N\};\tau_2=\{\{i\}\}_{i\in N};\tau_3\in\mathrm{Part}(N).$$

第一类联盟结构是指所有的局中人N形成一个大联盟，这是绝对的"集体主义"；第二类联

盟结构是指所有的个体单独形成联盟，这是绝对的“个体主义”；第三类联盟结构是指一般的联盟结构，介于绝对的“集体主义”和“个体主义”之间的“中间主义”.

定义 2.5 假设N是有限的局中人集合，(N,f)为一个TUCG，如果已经形成了联盟结构$\tau \in \mathrm{Part}(N)$，为了确定起见，用三元组

$$(N,f,\tau)$$

表示具有联盟结构的TUCG.

定义 2.6 假设N是有限的局中人集合，(N,f)为一个TUCG，$S \in \mathcal{P}_0(N)$是一个非空子集，S诱导的子博弈记为

$$(S,f|_S), f|_S =: f|_{\mathcal{P}(S)} : \mathcal{P}(S) \to \mathbf{R},$$

为了简单起见，有时也记为(S,f).

定义 2.7 假设N是有限的局中人集合，(N,f,τ)为一个带有联盟结构的TUCG，$S \in \mathcal{P}_0(N)$是一个非空子集，S诱导的带有联盟结构的子博弈记为

$$(S,f,\tau_S), \tau_S = \{A \cap S | \forall A \in \tau\} \setminus \{\varnothing\}.$$

定义 2.8 假设N是有限的局中人集合，$S \in \mathcal{P}(N)$是一个非空子集，它的示性向量记为

$$e_S = \sum_{i \in S} e_i, e_i = (0,\cdots,1_{(\text{i-th})},\cdots,0) \in \mathbf{R}^N.$$

定义 2.9 假设N是有限的局中人集合，$\mathcal{B} = S_1,\cdots,S_k \subseteq \mathcal{P}(N)$是一个子集族，并且$\varnothing \notin \mathcal{B}$，$\mathcal{B}$的示性矩阵记为

$$M_{\mathcal{B}} = \begin{pmatrix} e_{S_1} \\ \vdots \\ e_{S_k} \end{pmatrix}.$$

其中e_S是S的示性向量.

定义 2.10 假设N是有限的局中人集合，$\mathcal{B} \subseteq \mathcal{P}(N)$是一个子集族，并且$\varnothing \notin \mathcal{B}$，权重$\delta = (\delta_A)_{A \in \mathcal{B}}$称为$B$的一个严格平衡权重，如果满足

$$\delta > 0, \delta M_{\mathcal{B}} = e_N.$$

如果一个子集族存在一个严格平衡权重，那么这个子集族称为严格平衡.

定义 2.11 假设N是有限的局中人集合，$\mathcal{B} \subseteq \mathcal{P}(N)$是一个子集族，并且$\varnothing \notin \mathcal{B}$，权重$\delta = (\delta_A)_{A \in \mathcal{B}}$称为$B$的一个弱平衡权重，如果满足

$$\delta \geqslant 0, \delta M_{\mathcal{B}} = e_N.$$

如果一个子集族存在一个弱平衡权重，那么这个子集族称为弱平衡.

定义 2.12 假设N是有限的局中人集合，(N,f)是一个TUCG，称之为严格平衡的，如果任取严格平衡的子集族$\mathcal{B} \subseteq \mathcal{P}(N)$和对应的严格平衡权重$\delta = (\delta_A)_{A \in \mathcal{B}}$，都满足

$$f(N) \geqslant \sum_{A \in \mathcal{B}} \delta_A f(A).$$

定义 2.13 假设N是有限的局中人集合，(N,f)为一个TUCG，称其为简单的，如果满

足

$$f(A) \in \{0,1\}, \forall A \in \mathcal{P}(N).$$

定义 2.14 假设N是有限的局中人集合，(N,f)为一个TUCG，称其为恒和的，如果满足

$$f(A)+f(A^c)=f(N), \forall A \in \mathcal{P}(N), A^c =: N \setminus A.$$

定义 2.15 假设N是有限的局中人集合，(N,f)为一个TUCG，称其为单调的，如果满足

$$\forall A \subseteq B \in \mathcal{P}(N) \Rightarrow f(A) \leqslant f(B).$$

定义 2.16 假设N是有限的局中人集合，(N,f)为一个TUCG，称其为超可加的，如果满足

$$\forall A, B \in \mathcal{P}(N), A \bigcap B = \varnothing \Rightarrow f(A)+f(B) \leqslant f(A \bigcup B).$$

定义 2.17 假设N是有限的局中人集合，(N,f)为一个TUCG，称其为加权多数的，如果存在阈值$q \in \mathbf{R}_+$和权重$(w_i)_{i \in N} \in \mathbf{R}_+^N$满足

$$f(A)=\begin{cases} 1, & \text{如果} w(A) \geqslant q; \\ 0, & \text{如果} w(A) < q. \end{cases}$$

其中$w(A)=\sum_{i \in A} w_i$.

定义 2.18 假设N是有限的局中人集合，(N,f)为一个TUCG，称其为0规范的，如果满足

$$f(i)=0, \forall i \in N.$$

定义 2.19 假设N是有限的局中人集合，(N,f)为一个TUCG，称其为0-1规范的，如果满足

$$f(i)=0, \forall i \in N; f(N)=1.$$

定义 2.20 假设N是有限的局中人集合，(N,f)为一个TUCG，称其为0-0规范的，如果满足

$$f(i)=0, \forall i \in N; f(N)=0.$$

定义 2.21 假设N是有限的局中人集合，(N,f)为一个TUCG，称其为0-(-1)规范的，如果满足

$$f(i)=0, \forall i \in N; f(N)=-1.$$

定义 2.22 假设N是有限的局中人集合，(N,f)为一个TUCG，称其为可加的或者线性可加的，如果满足

$$f(A)=\sum_{i \in A} f(i), \forall A \in \mathcal{P}(N).$$

定义 2.23 假设N是有限的局中人集合，(N,f)为一个TUCG，称其为凸的，如果满足

$$\forall A, B \in \mathcal{P}(N) \Rightarrow f(A)+f(B) \leqslant f(A \bigcup B)+f(A \bigcap B).$$

假设N是一个有限的局中人集合，那么它的所有子集的个数是有限的，即

$$\#\mathcal{P}(N)=2^n;\#\mathcal{P}_0(N)=2^n-1.$$

对于一个TUCG(N,f)，因为$f(\varnothing)=0$，所以，(N,f)本质上可用一个2^n-1维向量表示，即

$$(f(A))_{A\in\mathcal{P}_0(N)}\in\mathbf{R}^{2^n-1}.$$

用Γ_N表示局中人集合N上的所有TUCG，即

$$\Gamma_N=\{(N,f)|\ f:\mathcal{P}(N)\to\mathbf{R},f(\varnothing)=0\}.$$

那么Γ_N同构于$\mathbf{R}^{2^n-1}$，因此其上可以定义加法和数乘.

$$\forall(N,f),(N,g)\in\Gamma_N\Rightarrow(N,f+g)\in\Gamma_N,\text{s.t.},(f+g)(A)=f(A)+g(A);$$

$$\forall\alpha\in\mathbf{R},\forall(N,f)\in\Gamma_N\Rightarrow(N,\alpha f)\in\Gamma_N,\text{s.t.},(\alpha f)(A)=\alpha(f(A)).$$

为了介绍等价的概念，在此需要一点启发.首先，用人民币作为计量单位分配财富和用美元作为计量单位分配财富不会本质改变所得，因此正比例变换可以作为等价变换的一种；其次，个体单独创造的财富纳入联盟分配时，应该原封不动返回个体，因此平移变换可以作为等价变化的一种；最后，综合真比例变换和平移变换，本书认为正仿射变换可以作为等价的一种恰当描述.为了行文简单，先介绍一些符号：

$$\forall A\in\mathcal{P}(N),\mathbf{R}^A=\{(x_i)_{i\in A}|\ x_i\in\mathbf{R},\forall i\in A\};$$

$$\forall x\in\mathbf{R}^N,\forall A\in\mathcal{P}(N),x(A)=\sum_{i\in A}x_i;x(\varnothing)=:0.$$

定义 2.24　假设N是有限的局中人集合，(N,f)和(N,g)都是TUCG，称(N,f)策略等价于(N,g)，如果满足

$$\exists\alpha>0,b\in\mathbf{R}^N,\text{s.t.},g(A)=\alpha f(A)+b(A),\forall A\in\mathcal{P}(N).$$

定理 2.1　假设N是有限的局中人集合，Γ_N上的策略等价关系是一种等价关系.

定理 2.2　假设N是有限的局中人集合，(N,f)是一个TUCG，那么

(1) (N,f)策略等价于0-1规范博弈当且仅当$f(N)>\sum_{i\in N}f(i)$；

(2) (N,f)策略等价于0-0规范博弈当且仅当$f(N)=\sum_{i\in N}f(i)$；

(3) (N,f)策略等价于0-(-1)规范博弈当且仅当$f(N)<\sum_{i\in N}f(i)$；

(4) 任意的(N,f)都策略等价于0规范博弈.

有时为了衡量一种分配的好坏，需要下面一类重要函数，称之为盈余函数.

定义 2.25　假设(N,f,τ)是带有联盟结构τ的TUCG，定义盈余函数为

$$e(f,\cdot,\cdot):\mathbf{R}^N\times\mathcal{P}(N)\to\mathbf{R}^1,$$

更具体地

$$e(f,x,B)=f(B)-x(B),\forall x\in\mathbf{R}^N,\forall B\in\mathcal{P}(N).$$

盈余函数$e(f,x,B)$ 衡量联盟B 对于当前的分配x 的一种不满意程度，$e(f,x,B)$ 越大，不满意程度越大，$e(f,x,B)$ 越小，不满意程度越小.在合作博弈中，盈余函数对于一些解概念的定义具有重要的作用.

对于一个带有联盟结构的TUCG，需要考虑的解概念即如何合理分配财富的过程，使得人人在约束下获得最大利益.解概念有两种：一种是集合，另一种是单点.

定义 2.26 假设N是一个有限的局中人集合，Γ_N表示其上的所有TUCG，解概念分为集值解概念和数值解概念.

(1) 集值解概念：$\phi:\Gamma_N\to\mathcal{P}(\mathbf{R}^N),\phi(N,f,\tau)\subseteq\mathbf{R}^N$.

(2) 数值解概念：$\phi:\Gamma_N\to\mathbf{R}^N,\phi(N,f,\tau)\in\mathbf{R}^N$.

解概念的定义过程是一个立足于分配的合理、稳定的过程，可以充分发挥创造力，从以下几个方面出发至少可以定义几个理性的分配向量集合.

第一个方面：个体参加联盟合作得到的财富应该大于等于个体单干得到的财富.这条性质称之为个体理性.第二个方面：联盟结构中的联盟最终得到的财富应该是这个联盟创造的财富.这条性质称之为结构理性.第三个方面：一个群体最终得到的财富应该大于等于这个联盟创造的财富.这条性质称之为集体理性.

定义 2.27 假设N是一个有限的局中人集合，(N,f,τ)表示一个带有联盟结构的TUCG，其对应的个体理性分配集定义为

$$X^0(N,f,\tau)=\{x|\ x\in\mathbf{R}^N;x_i\geqslant f(i),\forall i\in N\}.$$

如果用盈余函数来表示，那么个体理性分配集实际上可以表示为

$$X^0(N,f,\tau)=\{x|\ x\in\mathbf{R}^N;e(f,x,i)\leqslant 0,\forall i\in N\}.$$

定义 2.28 假设N是一个有限的局中人集合，(N,f,τ)表示一个带有联盟结构的TUCG，其对应的结构理性分配集(Preimputation)定义为

$$X^1(N,f,\tau)=\{x|\ x\in\mathbf{R}^N;x(A)=f(A),\forall A\in\tau\}.$$

如果用盈余函数来表示，那么Preimputation实际上可以表示为

$$X^1(N,f,\tau)=\{x|\ x\in\mathbf{R}^N;e(f,x,A)=0,\forall A\in\tau\}.$$

定义 2.29 假设N是一个有限的局中人集合，(N,f,τ)表示一个带有联盟结构的TUCG，其对应的集体理性分配集定义为

$$X^2(N,f,\tau)=\{x|\ x\in\mathbf{R}^N;x(A)\geqslant f(A),\forall A\in\mathcal{P}(N)\}.$$

如果用盈余函数来表示，那么集体理性分配集实际上可以表示为

$$X^2(N,f,\tau)=\{x|\ x\in\mathbf{R}^N;e(f,x,B)\leqslant 0,\forall B\in\mathcal{P}(N)\}.$$

定义 2.30 假设N是一个有限的局中人集合，(N,f,τ)表示一个带有联盟结构的TUCG，其对应的可行分配向量集定义为

$$X^*(N,f,\tau)=\{x|\ x\in\mathbf{R}^N;x(A)\leqslant f(A),\forall A\in\tau\}.$$

如果用盈余函数来表示，那么可行分配集实际上可以表示为

$$X^*(N,f,\tau)=\{x|\ x\in\mathbf{R}^N;e(f,x,A)\geqslant 0,\forall A\in\tau\}.$$

定义 2.31 假设N是一个有限的局中人集合，(N,f,τ)表示一个带有联盟结构的TUCG，

其对应的可行理性分配集(Imputation)定义为

$$\begin{aligned} X(N,f,\tau) &= \{x|\ x\in \mathbf{R}^N; x_i \geqslant f(i), \forall i\in N; x(A)=f(A), \forall A\in\tau\} \\ &= X^0(N,f,\tau)\bigcap X^1(N,f,\tau). \end{aligned}$$

如果用盈余函数来表示，那么Imputation实际上可以表示为

$$X(N,f,\tau)=\{x|\ x\in \mathbf{R}^N; e(f,x,i)\leqslant 0, \forall i\in N; e(f,x,A)=0, \forall A\in\tau\}.$$

所有的解概念，无论是集值解概念还是数值解概念，都应该从三大理性分配集以及可行分配集、可行理性分配集出发来寻找.

2.2 不确定测度与变量

清华大学的刘宝碇教授在长期不确定现象的数学理论构建中[15]，为了弥补模糊、粗糙、区间值和灰色系统理论在数学公理化基础方面薄弱这一不足，通过艰苦的探索，于2007年提出了用来刻画信念度的不确定理论[16]，并于2010年形成了包含四大公理的完备化数学体系[17].刘宝碇教授的不确定理论具有坚实的数学基础，在小样本条件下弥补了概率随机理论的不足，现在已经蓬勃发展为一门新兴的数学理论[18–20]，在信息科学和管理科学领域得到广泛应用，产生了诸如不确定优化[21]、不确定控制[22]、不确定逻辑[23]、不确定可靠性[23]、不确定统计[23]等子方向.下面的内容，参考了刘宝碇教授2015年的学术专著[23].

定义 2.32 假设Γ是一个非空集合，并且$\mathcal{L}$是Γ上的σ代数，函数$\mathcal{M}:\mathcal{L}\to[0,1]$被称为不确定测度，如果它满足如下三大公理:

规范公理：$\mathcal{M}\{\Gamma\}=1$;

对偶公理：$\mathcal{M}\{A\}+\mathcal{M}\{A^c\}=1, \forall A\in\mathcal{L}$;

次加公理：对于任何满足$\mathcal{A}\subseteq\mathcal{L}, \#\mathcal{A}\leqslant\aleph_0$的集族，有

$$\mathcal{M}\{\cup_{A\in\mathcal{A}}A\}\leqslant\sum_{A\in\mathcal{A}}\mathcal{M}\{A\},$$

其中$\#\mathcal{A}\leqslant\aleph_0$表示$\mathcal{A}$中集合的个数是可数的.

满足如上三大公理的三元组$(\Gamma,\mathcal{L},\mathcal{M})$被称为不确定空间.在此基础上，可以通过下面的公理定义乘积测度.

定义 2.33 (**乘法公理**)假设$(\Gamma_k,\mathcal{L}_k,\mathcal{M}_k)_{k=1}^{+\infty}$是可数个不确定空间，其上的乘积测度$\mathcal{M}$为满足如下条件的不确定测度

$$\mathcal{M}\left\{\times_{k=1}^{\infty}A_k\right\}=\min_{k=1}^{\infty}\mathcal{M}_k\{A_k\},$$

此处$A_k, k=1,2,\cdots$是从$\mathcal{L}_k, k=1,2,\cdots$中任意选取的事件.

定义 2.34 函数$\xi:(\Gamma,\mathcal{L},\mathcal{M})\to\mathbf{R}$被称为不确定变量，如果对任意Borel集$B\subseteq\mathbf{R}$，都有

$$\xi^{-1}(B)\in\mathcal{L}.$$

定义 2.35 不确定变量ξ的不确定分布Φ定义为

$$\Phi(x)=\{\xi\leqslant x\}, \forall x\in\mathbf{R}.$$

Peng和Iwamura [20]证明了一个函数$\Phi:\mathbf{R}\to[0,1]$是不确定分布当且仅当它在除开满足$\Phi(x)\equiv 0$和$\Phi(x)\equiv 1$的集合上是单调递增的函数.

定义 2.36 一个不确定分布$\Phi(x)$称作是正则的，如果在集合$0<\Phi(x)<1$上是连续且严格单调递增的，并要求

$$\lim_{x\to-\infty}\Phi(x)=0,\ \lim_{x\to+\infty}\Phi(x)=1.$$

定义 2.37 假设ξ是具有正则分布$\Phi(x)$的不确定变量，那么函数$\Phi^{-1}(\alpha)$称为变量ξ的反分布.

定义 2.38 假设ξ是不确定空间$(\Gamma,\mathcal{L},\mathcal{M})$上的不确定变量，它的期望值$E\{\xi\}$定义为

$$E\{\xi\}=\int_0^{+\infty}\mathcal{M}\{\xi\geqslant x\}\mathrm{d}x-\int_{-\infty}^0\mathcal{M}\{\xi\leqslant x\}\mathrm{d}x,$$

要求上面的两个积分至少一个是有限的.

定理 2.3 假设ξ是不确定变量，具有分布Φ，那么它的期望为

$$E\{\xi\}=\int_0^{+\infty}(1-\Phi(x))\mathrm{d}x-\int_{-\infty}^0\Phi(x)\mathrm{d}x.$$

例 2.1 不确定变量ξ称之为线性的，如果它的分布函数满足

$$\Phi(x)=\begin{cases}0, & \text{如果}x\leqslant a;\\ \dfrac{x-a}{b-a}, & \text{如果}a\leqslant x\leqslant b;\\ 1, & \text{如果}x\geqslant b.\end{cases}$$

此变量记为$\mathcal{L}(a,b)$，此处a和b都是实数且满足$a<b$.线性变量的期望值为$\dfrac{a+b}{2}$.经过简单计算，可知线性不确定变量$\mathcal{L}(a,b)$的反分布函数为

$$\Phi^{-1}(\alpha)=(1-\alpha)a+\alpha b.$$

例 2.2 不确定变量ξ被称之为法变量的，如果它的分布函数满足

$$\Phi(x)=\left(1+\exp\left(\frac{\pi(e-x)}{\sqrt{3}\sigma}\right)\right)^{-1},\quad x\in\mathbf{R}.$$

此变量记为$\mathcal{N}(e,\sigma)$，此处e和σ都是实数且满足$\sigma>0$.法变量的期望值为e.经过简单计算，法变量$\mathcal{N}(e,\sigma)$的反分布函数为

$$\Phi^{-1}(\alpha)=e+\frac{\sigma\sqrt{3}}{\pi}\ln\frac{\alpha}{1-\alpha}.$$

例 2.3 不确定变量ξ被称之为锯齿变量，记为$\mathcal{Z}(a,b,c)$，参数满足$a<b<c$，其分布函数为

$$\Phi(x)=\begin{cases}0, & \text{如果}x\leqslant a;\\ \dfrac{x-a}{2(b-a)}, & \text{如果}x\in[a,b];\\ \dfrac{x+c-2b}{2(c-b)}, & \text{如果}x\in[b,c];\\ 1, & \text{如果}x\geqslant c.\end{cases}$$

锯齿变量的期望值为$\frac{a+2b+c}{4}$.经过简单计算，锯齿变量的反分布函数为

$$\Phi^{-1}(\alpha)=\begin{cases}(1-2\alpha)a+2\alpha b, & \text{如果}\alpha\leqslant\frac{1}{2};\\ (2-2\alpha)b+(2\alpha-1)c, & \text{如果}\alpha\geqslant\frac{1}{2}.\end{cases}$$

类似于概率随机中的独立变量，对不确定变量，同样可以定义独立性.

定义 2.39 称不确定变量$\xi_1,\cdots,\xi_m$为独立的，如果对于任意的Borel实数集合$B_1,\cdots,$ B_m都成立

$$\mathcal{M}\left\{\cap_{i=1}^{m}\{\xi_i\in B\}\right\}=\min_{i=1}^{m}\mathcal{M}\{\xi_i\in B\}.$$

除了上文中所定义的期望，还可以定义两类不确定变量的数值类概念：一类是乐观值，另一类是悲观值.

定义 2.40 假设ξ是一个不确定变量并且$\alpha\in(0,1]$，定义

$$\xi_{\sup,\alpha}=\sup\{r|\mathcal{M}\{\xi\geqslant r\}\geqslant\alpha\}=\Phi^{-1}(1-\alpha)$$

为变量ξ的α乐观值.

定义 2.41 假设ξ是一个不确定变量并且$\alpha\in(0,1]$，定义

$$\xi_{\inf,\alpha}=\inf\{r|\mathcal{M}\{\xi\leqslant r\}\geqslant\alpha\}=\Phi^{-1}(1-\alpha)$$

为变量ξ的α悲观值.

假设ξ和η是两个独立的不确定变量.对于任意实数a,b和$\alpha\in(0,1]$，有

$$E\{a\xi+b\eta\}=aE\{\xi\}+bE\{\eta\},$$

以及

$$(a\xi+b\eta)_{\sup,\alpha}=a\xi_{\sup,\alpha}+b\eta_{\sup,\alpha};$$

$$(a\xi+b\eta)_{\inf,\alpha}=a\xi_{\inf,\alpha}+b\eta_{\inf,\alpha}.$$

即，期望值、乐观值、悲观值算子在变量独立的意义下满足线性性质.

基于不确定理论，可以给出三个不确定变量的排序方法.

第一个是期望值排序准则

$$\xi\geqslant\eta\Leftrightarrow E\{\xi\}\geqslant E\{\eta\};$$

第二个是乐观值排序准则

$$\xi\geqslant\eta\Leftrightarrow\xi_{\sup,\alpha}\geqslant\eta_{\sup,\alpha};$$

第三个是悲观值排序准则

$$\xi\geqslant\eta\Leftrightarrow\xi_{\inf,\alpha}\geqslant\eta_{\inf,\alpha}.$$

第3章　不确定支付可转移合作博弈模型与概念

本章主要介绍具有不确定支付可转移合作博弈(Cooperation Game With Uncertain Transferable Payoffs，CGWUTP)的模型以及基于期望值、乐观值和悲观值的一些概念，这些概念是进一步研究的基础.

3.1 不确定支付可转移合作博弈

不确定支付可转移合作博弈指的是局中人具有一个公共的不确定的标尺来衡量各个联盟创造的价值，并且相互之间可以支付，比如证券交易市场、企业的市场交易行为.可转移的性质和前一章介绍的经典合作博弈的模型是一致的，不同之处在于此时的支付是不确定的.现实决策中，支付的确定型是少见的，反而是不确定性才是主流，因此研究不确定支付可转移合作博弈是有意义的.

定义 3.1　二元组$(N,\hat{f})$称为不确定支付可转移合作博弈(CGWUTP)，如果满足

(1) N是一个有限的局中人集合；

(2) $\hat{f}:\mathcal{P}(N)\to\mathbf{R}^1$是不确定支付函数，满足$\hat{f}(\varnothing)=0$；

(3) 任取$A\in\mathcal{P}(N)$，$\hat{f}(A)$是一个不确定变量.

此时局中人集合N的每一个子集$A\in\mathcal{P}(N)$都称为联盟，$\varnothing$称为空联盟，N称为大联盟，$\hat{f}(A),\forall A\in\mathcal{P}(N)$称为联盟$A$创造的不确定价值.

定义 3.2　假设N是有限的局中人集合，N的一个划分即称为N的一个联盟结构.一般考虑以下三类联盟结构：

$$\tau_1=\{N\};\tau_2=\{\{i\}\}_{i\in N};\tau_3\in\mathrm{Part}(N).$$

第一类联盟结构是指所有的局中人N形成一个大联盟，这是绝对的“集体主义”；第二类联盟结构是指所有的个体单独形成联盟，这是绝对的“个体主义”；第三类联盟结构是指一般的联盟结构，介于绝对的“集体主义”和“个体主义”之间的“中间主义”.

定义 3.3　假设N是有限的局中人集合，$(N,\hat{f})$为一个CGWUTP，如果已经形成了联盟结构$\tau\in\mathrm{Part}(N)$，为了确定起见，用三元组

$$(N,\hat{f},\tau).$$

表示具有联盟结构的CGWUTP.

带有一般联盟结构的不确定支付可转移合作博弈用英文缩写CGWUTPCS(Cooperation Game With Uncertain Transferable Payoffs and Coalitional Structure)来表示. 需要注意的是,当采用记号$(N,\hat{f})$时，要么表示此时的联盟结构是$\{N\}$，要么表示此时的概念与联盟结构τ没有关系而省略不写.

定义 3.4　假设N是有限的局中人集合，$(N,\hat{f})$为一个CGWUTP，$S\in\mathcal{P}_0(N)$是一个非空

子集，S诱导的子博弈记为

$$(S, \hat{f}|_S), \hat{f}|_S =: \hat{f}|_{\mathcal{P}(S)} : \mathcal{P}(S) \to \mathbf{R}^1,$$

为了简单起见，有时也记为$(S, \hat{f})$.

定义 3.5 假设N是有限的局中人集合，$(N, \hat{f}, \tau)$为一个CGWUTPCS，$S \in \mathcal{P}_0(N)$是一个非空子集，S诱导的带有联盟结构的子博弈记为

$$(S, \hat{f}, \tau_S), \tau_S = \{A \cap S | \forall A \in \tau\} \setminus \{\varnothing\}.$$

定义 3.6 假设N是有限的局中人集合，$S \in \mathcal{P}(N)$是一个非空子集，它的示性向量记为

$$e_S = \sum_{i \in S} e_i, e_i = (0, \cdots, 1_{(\text{i-th})}, \cdots, 0) \in \mathbf{R}^N.$$

定义 3.7 假设N是有限的局中人集合，$\mathcal{B} = S_1, \cdots, S_k \subseteq \mathcal{P}(N)$是一个子集族，并且$\varnothing \notin \mathcal{B}$，$\mathcal{B}$ 的示性矩阵记为

$$M_{\mathcal{B}} = \begin{pmatrix} e_{S_1} \\ \vdots \\ e_{S_k} \end{pmatrix}.$$

其中e_S是S的示性向量.

定义 3.8 假设N是有限的局中人集合，$\mathcal{B} \subseteq \mathcal{P}(N)$是一个子集族，并且$\varnothing \notin \mathcal{B}$，权重$\delta = (\delta_A)_{A \in \mathcal{B}}$称为$B$的一个严格平衡权重，如果满足

$$\delta > 0, \delta M_{\mathcal{B}} = e_N.$$

如果一个子集族存在一个严格平衡权重，那么这个子集族称为严格平衡.

定义 3.9 假设N是有限的局中人集合，$\mathcal{B} \subseteq \mathcal{P}(N)$是一个子集族，并且$\varnothing \notin \mathcal{B}$，权重$\delta = (\delta_A)_{A \in \mathcal{B}}$称为$B$的一个弱平衡权重，如果满足

$$\delta \geqslant 0, \delta M_{\mathcal{B}} = e_N.$$

如果一个子集族存在一个弱平衡权重，那么这个子集族称为弱平衡.

3.2 基于期望值的一些概念

本节利用不确定变量的期望值定义一些与CGWUTP相关的概念.

定义 3.10 假设N是有限的局中人集合，$(N, \hat{f})$是一个CGWUTP，称之为期望值严格平衡的，如果任取严格平衡的子集族$\mathcal{B} \subseteq \mathcal{P}(N)$和对应的严格平衡权重$\delta = (\delta_A)_{A \in \mathcal{B}}$，都满足

$$E\{\hat{f}(N)\} \geqslant \sum_{A \in \mathcal{B}} \delta_A E\{\hat{f}(A)\}.$$

定义 3.11 假设N是有限的局中人集合，$(N, \hat{f})$为一个CGWUTP，称其为期望值简单的，如果满足

$$E\{\hat{f}(A)\} \in \{0, 1\}, \forall A \in \mathcal{P}(N).$$

定义 3.12 假设N是有限的局中人集合，$(N, \hat{f})$为一个CGWUTP，称其为期望值恒和的，如果满足

$$E\{\hat{f}(A)\} + E\{\hat{f}(A^c)\} = E\{\hat{f}(N)\}, \forall A \in \mathcal{P}(N), A^c =: N \setminus A.$$

定义 3.13　假设N是有限的局中人集合，$(N,\hat{f})$为一个CGWUTP，称其为期望值单调的，如果满足

$$\forall A\subseteq B\in\mathcal{P}(N)\Rightarrow E\{\hat{f}(A)\}\leqslant E\{\hat{f}(B)\}.$$

定义 3.14　假设N是有限的局中人集合，$(N,\hat{f})$为一个CGWUTP，称其为期望值超可加的，如果满足

$$\forall A,B\in\mathcal{P}(N),A\bigcap B=\varnothing\Rightarrow E\{\hat{f}(A)\}+E\{\hat{f}(B)\}\leqslant E\{\hat{f}(A\bigcup B)\}.$$

定义 3.15　假设N是有限的局中人集合，$(N,\hat{f})$为一个CGWUTP，称其为期望值加权多数的，如果存在阈值$q\in\mathbf{R}_+$和权重$(w_i)_{i\in N}\in\mathbf{R}_+^N$满足

$$E\{\hat{f}(A)\}=\begin{cases}1, & \text{如果}w(A)\geqslant q;\\ 0, & \text{如果}w(A)<q.\end{cases}$$

其中$w(A)=\sum_{i\in A}w_i$.

定义 3.16　假设N是有限的局中人集合，$(N,\hat{f})$为一个CGWUTP，称其为期望值0规范的，如果满足

$$E\{\hat{f}(i)\}=0,\forall i\in N.$$

定义 3.17　假设N是有限的局中人集合，$(N,\hat{f})$为一个CGWUTP，称其为期望值0-1规范的，如果满足

$$E\{\hat{f}(i)\}=0,\forall i\in N;E\{\hat{f}(N)\}=1.$$

定义 3.18　假设N是有限的局中人集合，$(N,\hat{f})$为一个CGWUTP，称其为期望值0-0规范的，如果满足

$$E\{\hat{f}(i)\}=0,\forall i\in N;E\{\hat{f}(N)\}=0.$$

定义 3.19　假设N是有限的局中人集合，$(N,\hat{f})$为一个CGWUTP，称其为期望值0-(-1)规范的，如果满足

$$E\{\hat{f}(i)\}=0,\forall i\in N;E\{\hat{f}(N)\}=-1.$$

定义 3.20　假设N是有限的局中人集合，$(N,\hat{f})$为一个CGWUTP，称其为期望值可加的或者期望值线性可加的，如果满足

$$E\{\hat{f}(A)\}=\sum_{i\in A}E\{\hat{f}(i)\},\forall A\in\mathcal{P}(N).$$

定义 3.21　假设N是有限的局中人集合，$(N,\hat{f})$为一个CGWUTP，称其为期望值凸的，如果满足

$$\forall A,B\in\mathcal{P}(N)\Rightarrow E\{\hat{f}(A)\}+E\{\hat{f}(B)\}\leqslant E\{\hat{f}(A\bigcup B)\}+E\{\hat{f}(A\bigcap B)\}.$$

假设N是一个有限的局中人集合，那么它的所有子集的个数是有限的，即

$$\#\mathcal{P}(N)=2^n;\#\mathcal{P}_0(N)=2^n-1.$$

对于一个CGWUTP$(N,\hat{f})$，因为$\hat{f}(\varnothing)=0$，因此，在期望值意义下$(N,\hat{f})$本质上可用一个2^n-1维向量表示，即

$$(E\{\hat{f}(A)\})_{A\in\mathcal{P}_0(N)}\in\mathbf{R}^{2^n-1}.$$

用$\Gamma_{U,N}$表示局中人集合N上的所有CGWUTP，即

$$\Gamma_{U,N}=\{(N,\hat{f})|\ \hat{f}:\mathcal{P}(N)\to\mathbf{R},\hat{f}(\varnothing)=0\}.$$

若采用期望值，那么$\Gamma_{U,N}$同构于$\mathbf{R}^{2^n-1}$，因此其上可以定义加法和数乘.

$$\forall(N,\hat{f}),(N,\hat{g})\in\Gamma_{U,N}\Rightarrow(N,\widehat{f+g})\in\Gamma_{U,N},\text{s.t.},(\widehat{f+g})(A)=\hat{f}(A)+\hat{g}(A);$$
$$\forall\alpha\in\mathbf{R},\forall(N,\hat{f})\in\Gamma_{U,N}\Rightarrow(N,\widehat{\alpha f})\in\Gamma_{U,N},\text{s.t.},(\widehat{\alpha f})(A)=\alpha(\hat{f}(A)).$$

为了介绍等价的概念，需要一点启发.首先，用人民币作为计量单位分配财富和用美元作为计量单位分配财富不会本质改变所得，因此正比例变换可以作为等价变换的一种；其次，个体单独创造的财富纳入联盟分配时，应该原封不动返回个体，因此平移变换可以作为等价变化的一种；最后，综合真比例变换和平移变换，本书认为正仿射变换可以作为等价的一种恰当描述.为了行文简单，介绍以下一些符号：

$$\forall A\in\mathcal{P}(N),\mathbf{R}^A=\{(x_i)_{i\in A}|\ x_i\in\mathbf{R},\forall i\in A\};$$
$$\forall x\in\mathbf{R}^N,\forall A\in\mathcal{P}(N),x(A)=\sum_{i\in A}x_i;x(\varnothing)=:0.$$

定义 3.22 假设N是有限的局中人集合，$(N,\hat{f})$和$(N,\hat{g})$都是CGWUTP，称$(N,\hat{f})$ 期望值策略等价于$(N,\hat{g})$，如果满足

$$\exists\alpha>0,b\in\mathbf{R}^N,\text{s.t.},E\{\hat{g}(A)\}=\alpha E\{\hat{f}(A)\}+b(A),\forall A\in\mathcal{P}(N).$$

定理 3.1 假设N是有限的局中人集合，$\Gamma_{U,N}$上的期望值策略等价关系是一种等价关系.

证明 按照集合的等价关系的定义，分三步来证明这个定理.

第一步，$(N,\hat{f})$和$(N,\hat{f})$期望值策略等价.

$$\alpha=1,b=0\Rightarrow E\{\hat{f}(A)\}=1\cdot E\{\hat{f}(A)\}+0(A),\forall A\in\mathcal{P}(N).$$

第二步，如果$(N,\hat{f})$ 和$(N,\hat{g})$ 期望值策略等价，那么$(N,\hat{g})$ 和$(N,\hat{f})$ 期望值策略等价.由假设，存在$\alpha>0$和$b\in\mathbf{R}^N$，使得

$$E\{\hat{g}(A)\}=\alpha E\{\hat{f}(A)\}+b(A),\forall A\in\mathcal{P}(N),$$

那么

$$E\{\hat{f}(A)\}=\frac{1}{\alpha}E\{\hat{g}(A)\}+\frac{-b}{\alpha}(A),\forall A\in\mathcal{P}(N).$$

第三步，如果$(N,\hat{f})$ 和$(N,\hat{g})$ 期望值策略等价，$(N,\hat{g})$和$(N,\hat{h})$ 期望值策略等价，那么$(N,\hat{f})$ 和$(N,\hat{h})$ 期望值策略等价.由假设，知道存在$\alpha>0,\beta>0$和$b,c\in\mathbf{R}^N$，使得

$$E\{\hat{g}(A)\}=\alpha E\{\hat{f}(A)\}+b(A),\forall A\in\mathcal{P}(N);$$
$$E\{\hat{h}(A)\}=\beta E\{\hat{g}(A)\}+c(A),\forall A\in\mathcal{P}(N).$$

由此推出

$$E\{\hat{h}(A)\}=\alpha\beta E\{\hat{f}(A)\}+(c+\beta b)(A),\forall A\in\mathcal{P}(N).$$

定理 3.2 假设N是有限的局中人集合，$(N,\hat{f})$是一个CGWUTP，那么

(1) $(N, \hat{f})$期望值策略等价于期望值0-1规范博弈当且仅当

$$E\{\hat{f}(N)\} > \sum_{i \in N} E\{\hat{f}(i)\};$$

(2) $(N, \hat{f})$期望值策略等价于期望值0-0规范博弈当且仅当

$$E\{\hat{f}(N)\} = \sum_{i \in N} E\{\hat{f}(i)\};$$

(3) $(N, \hat{f})$期望值策略等价于期望值0-(-1)规范博弈当且仅当

$$E\{\hat{f}(N)\} < \sum_{i \in N} E\{\hat{f}(i)\};$$

(4) 任意的$(N, \hat{f})$期望值策略都等价于期望值0规范博弈.

证明　这里仅证明定理的第一个论断，其余的同理可证，留做习题.

第一步，假设$(N, \hat{f})$期望值策略等价于一个期望值0-1规范博弈$(N, \hat{g})$，根据定义存在$\alpha > 0, b \in \mathbf{R}^N$，使得

$$E\{\hat{f}(A)\} = \alpha E\{\hat{g}(A)\} + b(A), \forall A \in \mathcal{P}(N),$$

直接计算得到

$$E\{\hat{f}(N)\} = \alpha E\{\hat{g}(N)\} + b(N) = \alpha + b(N); E\{\hat{f}(i)\} = b_i,$$

因此，可以得到

$$\alpha + b(N) = E\{\hat{f}(N)\} > b(N) = \sum_{i \in N} b_i = \sum_{i \in N} E\{\hat{f}(i)\}.$$

第二步，假设$(N, \hat{f})$满足$E\{\hat{f}(N)\} > \sum_{i \in N} E\{\hat{f}(i)\}$，构造一个与其等价的期望值0-1规范博弈

$$(N, \hat{g}), \hat{g}(A) = \frac{1}{E\{\hat{f}(N)\} - \sum_{i \in N} E\{\hat{f}(i)\}} \hat{f}(A) + \frac{-b}{E\{\hat{f}(N)\} - \sum_{i \in N} E\{\hat{f}(i)\}}(A).$$

其中$b_i = E\{\hat{f}(i)\}$.

有时为了衡量一种分配的好坏，需要下面的一类重要函数，称之为期望值盈余函数.

定义 3.23　假设$(N, \hat{f}, \tau)$是CGWUTPCS，定义期望值盈余函数为

$$e_E(\hat{f}, \cdot, \cdot) : \mathbf{R}^N \times \mathcal{P}(N) \to \mathbf{R}^1,$$

更具体地

$$e_E(\hat{f}, x, B) = E\{\hat{f}(B)\} - x(B), \forall x \in \mathbf{R}^N, \forall B \in \mathcal{P}(N).$$

期望值盈余函数$e_E(\hat{f}, x, B)$ 衡量联盟B 对于当前的分配x 的一种不满意程度，$e_E(\hat{f}, x, B)$ 越大，不满意程度越大；$e_E(\hat{f}, x, B)$ 越小，不满意程度越小.在不确定支付可转移合作博弈中，期望值盈余函数对于一些解概念的定义具有重要的作用.

对于一个CGWUTPCS，考虑的解概念即如何合理分配财富的过程，使得人人在约束下获得最大利益，解概念有两种：一种是集合，另一种是单点.

定义 3.24　假设N是一个有限的局中人集合，$\Gamma_{U,N}$表示其上的所有CGWUTP，解概念分为集值解概念和数值解概念.

(1) 集值解概念：$\phi:\Gamma_{U,N}\to\mathcal{P}(\mathbf{R}^N),\phi(N,\hat{f},\tau)\subseteq\mathbf{R}^N$.

(2) 数值解概念：$\phi:\Gamma_{U,N}\to\mathbf{R}^N,\phi(N,\hat{f},\tau)\in\mathbf{R}^N$.

解概念的定义过程是一个立足于分配的合理、稳定的过程，可以充分发挥创造力，从以下几个方面出发至少可以定义几个理性的分配向量集合.

第一个方面：个体参加联盟合作得到的财富应该大于等于个体单干得到的财富.这条性质称之为个体理性.第二个方面：联盟结构中的联盟最终得到的财富应该是这个联盟创造的财富.这条性质称之为结构理性.第三个方面：一个群体最终得到的财富应该大于等于这个联盟创造的财富.这条性质称之为集体理性.因为支付是不确定的，所以采用期望值作为一个确定的数值衡量标准.

定义 3.25 假设N是一个有限的局中人集合，$(N,\hat{f},\tau)$表示一个CGWUTPCS，其对应的期望值个体理性分配集定义为

$$X_E^0(N,\hat{f},\tau)=\{x|\ x\in\mathbf{R}^N;x_i\geqslant E\{\hat{f}(i)\},\forall i\in N\}.$$

如果用期望值盈余函数来表示，那么期望值个体理性分配集实际上可以表示为

$$X_E^0(N,\hat{f},\tau)=\{x|\ x\in\mathbf{R}^N;e_E(\hat{f},x,i)\leqslant 0,\forall i\in N\}.$$

定义 3.26 假设N是一个有限的局中人集合，$(N,\hat{f},\tau)$表示一个CGWUTPCS，其对应的期望值结构理性分配集(Expected preimputation)定义为

$$X_E^1(N,\hat{f},\tau)=\{x|\ x\in\mathbf{R}^N;x(A)=E\{\hat{f}(A)\},\forall A\in\tau\}.$$

如果用期望值盈余函数来表示，那么Expected preimputation实际上可以表示为

$$X_E^1(N,\hat{f},\tau)=\{x|\ x\in\mathbf{R}^N;e_E(\hat{f},x,A)=0,\forall A\in\tau\}.$$

定义 3.27 假设N是一个有限的局中人集合，$(N,\hat{f},\tau)$表示一个CGWUTPCS，其对应的期望值集体理性分配集定义为

$$X_E^2(N,\hat{f},\tau)=\{x|\ x\in\mathbf{R}^N;x(A)\geqslant E\{\hat{f}(A)\},\forall A\in\mathcal{P}(N)\}.$$

如果用期望值盈余函数来表示，那么期望值集体理性分配集实际上可以表示为

$$X_E^2(N,\hat{f},\tau)=\{x|\ x\in\mathbf{R}^N;e_E(\hat{f},x,B)\leqslant 0,\forall B\in\mathcal{P}(N)\}.$$

定义 3.28 假设N是一个有限的局中人集合，$(N,\hat{f},\tau)$表示一个CGWUTPCS，其对应的期望值可行分配集定义为

$$X_E^*(N,\hat{f},\tau)=\{x|\ x\in\mathbf{R}^N;x(A)\leqslant E\{\hat{f}(A)\},\forall A\in\tau\}.$$

如果用期望值盈余函数来表示，那么期望值可行分配集实际上可以表示为

$$X_E^*(N,\hat{f},\tau)=\{x|\ x\in\mathbf{R}^N;e_E(\hat{f},x,A)\geqslant 0,\forall A\in\tau\}.$$

定义 3.29 假设N是一个有限的局中人集合，$(N,\hat{f},\tau)$表示一个CGWUTPCS，其对应的期望值可行理性分配集(Expected imputation)定义为

$$\begin{aligned}X_E(N,\hat{f},\tau)&=\{x|\ x\in\mathbf{R}^N;x_i\geqslant E\{\hat{f}(i)\},\forall i\in N;x(A)=E\{\hat{f}(A)\},\forall A\in\tau\}\\&=X_E^0(N,\hat{f},\tau)\bigcap X_E^1(N,\hat{f},\tau).\end{aligned}$$

如果用期望值盈余函数来表示，那么Expected imputation实际上可以表示为

$$X_E(N,\hat{f},\tau)=\{x|\ x\in\mathbf{R}^N;e_E(\hat{f},x,i)\leqslant 0,\forall i\in N;e_E(\hat{f},x,A)=0,\forall A\in\tau\}.$$

所有的基于期望值的解概念，无论是集值解概念还是数值解概念，都应该从三大期望值理性分配集以及期望值可行理性分配集出发来寻找.

3.3 基于乐观值的一些概念

本节利用不确定变量的乐观值定义一些与CGWUTP相关的概念.

定义 3.30 假设N是有限的局中人集合，$\alpha\in(0,1]$，$(N,\hat{f})$是一个CGWUTP，称之为α乐观值严格平衡的，如果任取严格平衡的子集族$\mathcal{B}\subseteq\mathcal{P}(N)$ 和对应的严格平衡权重$\delta=(\delta_A)_{A\in\mathcal{B}}$，都满足

$$\{\hat{f}(N)\}_{\sup,\alpha}\geqslant\sum_{A\in\mathcal{B}}\delta_A\{\hat{f}(A)\}_{\sup,\alpha}.$$

定义 3.31 假设N是有限的局中人集合，$\alpha\in(0,1]$，$(N,\hat{f})$为一个CGWUTP，称之为α乐观值简单的，如果满足

$$\{\hat{f}(A)\}_{\sup,\alpha}\in\{0,1\},\forall A\in\mathcal{P}(N).$$

定义 3.32 假设N是有限的局中人集合，$\alpha\in(0,1]$，$(N,\hat{f})$为一个CGWUTP，称之为α乐观值恒和的，如果满足

$$\{\hat{f}(A)\}_{\sup,\alpha}+\{\hat{f}(A^c)\}_{\sup,\alpha}=\{\hat{f}(N)\}_{\sup,\alpha},\forall A\in\mathcal{P}(N),A^c=:N\setminus A.$$

定义 3.33 假设N是有限的局中人集合，$\alpha\in(0,1]$，$(N,\hat{f})$为一个CGWUTP，称之为α乐观值单调的，如果满足

$$\forall A\subseteq B\in\mathcal{P}(N)\Rightarrow\{\hat{f}(A)\}_{\sup,\alpha}\leqslant\{\hat{f}(B)\}_{\sup,\alpha}.$$

定义 3.34 假设N是有限的局中人集合，$\alpha\in(0,1]$，$(N,\hat{f})$为一个CGWUTP，称之为α乐观值超可加的，如果满足

$$\forall A,B\in\mathcal{P}(N),A\bigcap B=\varnothing\Rightarrow\{\hat{f}(A)\}_{\sup,\alpha}+\{\hat{f}(B)\}_{\sup,\alpha}\leqslant\{\hat{f}(A\bigcup B)\}_{\sup,\alpha}.$$

定义 3.35 假设N是有限的局中人集合，$\alpha\in(0,1]$，$(N,\hat{f})$为一个CGWUTP，称之为α乐观值加权多数的，如果存在阈值$q\in\mathbf{R}_+$和权重$(w_i)_{i\in N}\in\mathbf{R}_+^N$，满足

$$\{\hat{f}(A)\}_{\sup,\alpha}=\begin{cases}1, & \text{如果}w(A)\geqslant q;\\ 0, & \text{如果}w(A)<q.\end{cases}$$

其中$w(A)=\sum_{i\in A}w_i$.

定义 3.36 假设N是有限的局中人集合，$\alpha\in(0,1]$，$(N,\hat{f})$为一个CGWUTP，称之为α乐观值0规范的，如果满足

$$\{\hat{f}(i)\}_{\sup,\alpha}=0,\forall i\in N.$$

定义 3.37 假设N是有限的局中人集合，$\alpha\in(0,1]$，$(N,\hat{f})$为一个CGWUTP，称之为α乐观值0-1规范的，如果满足

$$\{\hat{f}(i)\}_{\sup,\alpha}=0,\forall i\in N;\{\hat{f}(N)\}_{\sup,\alpha}=1.$$

定义 3.38 假设N是有限的局中人集合，$\alpha \in (0,1]$，$(N,\hat{f})$为一个CGWUTP，称之为α乐观值0-0规范的，如果满足

$$\{\hat{f}(i)\}_{\sup,\alpha} = 0, \forall i \in N; \{\hat{f}(N)\}_{\sup,\alpha} = 0.$$

定义 3.39 假设N是有限的局中人集合，$\alpha \in (0,1]$，$(N,\hat{f})$为一个CGWUTP，称之为α乐观值0-(-1)规范的，如果满足

$$\{\hat{f}(i)\}_{\sup,\alpha} = 0, \forall i \in N; \{\hat{f}(N)\}_{\sup,\alpha} = -1.$$

定义 3.40 假设N是有限的局中人集合，$\alpha \in (0,1]$，$(N,\hat{f})$为一个CGWUTP，称之为α乐观值可加的或者乐观值线性可加的，如果满足

$$\{\hat{f}(A)\}_{\sup,\alpha} = \sum_{i\in A}\{\hat{f}(i)\}_{\sup,\alpha}, \forall A \in \mathcal{P}(N).$$

定义 3.41 假设N是有限的局中人集合，$\alpha \in (0,1]$，$(N,\hat{f})$为一个CGWUTP，称之为α乐观值凸的，如果满足

$$\{\hat{f}(A)\}_{\sup,\alpha} + \{\hat{f}(B)\}_{\sup,\alpha} \leqslant \{\hat{f}(A\bigcup B)\}_{\sup,\alpha} + \{\hat{f}(A\bigcap B)\}_{\sup,\alpha}, \forall A, B \in \mathcal{P}(N).$$

假设N是一个有限的局中人集合，那么它的所有子集的个数是有限的，即

$$\#\mathcal{P}(N) = 2^n; \#\mathcal{P}_0(N) = 2^n - 1.$$

对于一个CGWUTP$(N,\hat{f})$，因为$\hat{f}(\varnothing) = 0$，所以，在α乐观值意义下，$(N,\hat{f})$本质上可用一个2^n-1维向量表示，即

$$(\{\hat{f}(A)\}_{\sup,\alpha})_{A\in\mathcal{P}_0(N)} \in \mathbf{R}^{2^n-1}.$$

用$\Gamma_{U,N}$表示局中人集合N上的所有CGWUTP，即

$$\Gamma_{U,N} = \{(N,\hat{f}) |\ \hat{f} : \mathcal{P}(N) \to \mathbf{R}, \hat{f}(\varnothing) = 0\}.$$

若采用α乐观值，那么$\Gamma_{U,N}$同构于$\mathbf{R}^{2^n-1}$，因此其上可以定义加法和数乘.

$$\forall (N,\hat{f}), (N,\hat{g}) \in \Gamma_{U,N} \Rightarrow (N,\widehat{f+g}) \in \Gamma_{U,N}, \text{s.t.}, (\widehat{f+g})(A) = \hat{f}(A) + \hat{g}(A);$$

$$\forall \lambda \in \mathbf{R}, \forall (N,\hat{f}) \in \Gamma_{U,N} \Rightarrow (N,\widehat{\lambda f}) \in \Gamma_{U,N}, \text{s.t.}, (\widehat{\lambda f})(A) = \lambda(\hat{f}(A)).$$

为了介绍等价的概念，需要一点启发.首先，用人民币作为计量单位分配财富和用美元作为计量单位分配财富不会本质改变所得，因此正比例变换可以作为等价变换的一种；其次，个体单独创造的财富纳入联盟分配时，应该原封不动返回个体，因此平移变换可以作为等价变化的一种；最后，综合真比例变换和平移变换，本书认为正仿射变换可以作为等价的一种恰当描述.为了行文简单，以下介绍一些符号：

$$\forall A \in \mathcal{P}(N), \mathbf{R}^A = \{(x_i)_{i\in A} |\ x_i \in \mathbf{R}, \forall i \in A\};$$

$$\forall x \in \mathbf{R}^N, \forall A \in \mathcal{P}(N), x(A) = \sum_{i\in A} x_i; x(\varnothing) =: 0.$$

定义 3.42 假设N是有限的局中人集合，$\alpha \in (0,1]$，$(N,\hat{f})$和$(N,\hat{g})$都是CGWUTP，称$(N,\hat{f})$为α乐观值策略等价于$(N,\hat{g})$，如果满足

$$\exists \lambda > 0, b \in \mathbf{R}^N, \text{s.t.}, \{\hat{g}(A)\}_{\sup,\alpha} = \lambda\{\hat{f}(A)\}_{\sup,\alpha} + b(A), \forall A \in \mathcal{P}(N).$$

定理 3.3　假设N是有限的局中人集合，$\alpha \in (0,1]$，$\Gamma_{U,N}$上的α乐观值策略等价关系是一种等价关系.

证明　类似于期望值情形，证明省略.

定理 3.4　假设N是有限的局中人集合，$\alpha \in (0,1]$，$(N,\hat{f})$是一个CGWUTP，那么

(1) $(N,\hat{f})$为α乐观值策略等价于α乐观值0-1规范博弈当且仅当

$$\{\hat{f}(N)\}_{\sup,\alpha} > \sum_{i\in N}\{\hat{f}(i)\}_{\sup,\alpha};$$

(2) $(N,\hat{f})$为α乐观值策略等价于α乐观值0-0规范博弈当且仅当

$$\{\hat{f}(N)\}_{\sup,\alpha} = \sum_{i\in N}\{\hat{f}(i)\}_{\sup,\alpha};$$

(3) $(N,\hat{f})$为α乐观值策略等价于α乐观值0-(-1)规范博弈当且仅当

$$\{\hat{f}(N)\}_{\sup,\alpha} < \sum_{i\in N}\{\hat{f}(i)\}_{\sup,\alpha};$$

(4) 任意的$(N,\hat{f})$都α乐观值策略等价于α乐观值0规范博弈.

证明　类似于期望值情形，证明省略.

有时为了衡量一种分配的好坏，需要下面一类重要函数，称之为α乐观值盈余函数.

定义 3.43　假设$(N,\hat{f},\tau)$是CGWUTPCS，$\alpha \in (0,1]$，定义α乐观值盈余函数为

$$e_{\sup,\alpha}(\hat{f},\cdot,\cdot): \mathbf{R}^N \times \mathcal{P}(N) \to \mathbf{R}^1,$$

更具体地

$$e_{\sup,\alpha}(\hat{f},x,B) = \{\hat{f}(B)\}_{\sup,\alpha} - x(B), \forall x \in \mathbf{R}^N, \forall B \in \mathcal{P}(N).$$

α乐观值盈余函数$e_{\sup,\alpha}(\hat{f},x,B)$衡量联盟$B$对于当前的分配$x$的一种不满意程度，$e_{\sup,\alpha}(\hat{f},x,B)$越大，不满意程度越大，$e_{\sup,\alpha}(\hat{f},x,B)$越小，不满意程度越小.在不确定支付可转移合作博弈中，α乐观值盈余函数对于一些解概念的定义具有重要的作用.

对于一个CGWUTPCS，需要考虑的解概念即如何合理分配财富的过程，使得人人在约束下获得最大利益.解概念有两种：一种是集合，另一种是单点.

定义 3.44　假设N是一个有限的局中人集合，$\Gamma_{U,N}$表示其上的所有CGWUTP，解概念分为集值解概念和数值解概念.

(1) 集值解概念：$\phi: \Gamma_{U,N} \to \mathcal{P}(\mathbf{R}^N), \phi(N,\hat{f},\tau) \subseteq \mathbf{R}^N$.

(2) 数值解概念：$\phi: \Gamma_{U,N} \to \mathbf{R}^N, \phi(N,\hat{f},\tau) \in \mathbf{R}^N$.

解概念的定义过程是一个立足于分配的合理、稳定的过程，可以充分发挥创造力，从以下几个方面出发至少可以定义几个理性的分配向量集合.

第一个方面：个体参加联盟合作得到的财富应该大于等于个体单干得到的财富.这条性质称之为个体理性.第二个方面：联盟结构中的联盟最终得到的财富应该是这个联盟创造的财富.这条性质称之为结构理性.第三个方面：一个群体最终得到的财富应该大于等于这个联盟创造的财富.这条性质称之为集体理性.因为支付是不确定的，所以采用α乐观值作为一个确定的数值衡量标准.

定义 3.45 假设N是一个有限的局中人集合，$\alpha \in (0,1]$，$(N,\hat{f},\tau)$表示一个CGWUTPCS，其对应的α乐观值个体理性分配集定义为

$$X^0_{\sup,\alpha}(N,\hat{f},\tau) = \{x|\ x \in \mathbf{R}^N; x_i \geqslant \{\hat{f}(i)\}_{\sup,\alpha}, \forall i \in N\}.$$

如果用α乐观值盈余函数来表示，那么α乐观值个体理性分配集实际上可以表示为

$$X^0_{\sup,\alpha}(N,\hat{f},\tau) = \{x|\ x \in \mathbf{R}^N; e_{\sup,\alpha}(\hat{f},x,i) \leqslant 0, \forall i \in N\}.$$

定义 3.46 假设N是一个有限的局中人集合，$\alpha \in (0,1]$，$(N,\hat{f},\tau)$表示一个CGWUTPCS，其对应的α乐观值结构理性分配集(α-optimistic preimputation) 定义为

$$X^1_{\sup,\alpha}(N,\hat{f},\tau) = \{x|\ x \in \mathbf{R}^N; x(A) = \{\hat{f}(A)\}_{\sup,\alpha}, \forall A \in \tau\}.$$

如果用α乐观值盈余函数来表示，那么α-optimistic preimputation实际上可以表示为

$$X^1_{\sup,\alpha}(N,\hat{f},\tau) = \{x|\ x \in \mathbf{R}^N; e_{\sup,\alpha}(\hat{f},x,A) = 0, \forall A \in \tau\}.$$

定义 3.47 假设N是一个有限的局中人集合，$\alpha \in (0,1]$，$(N,\hat{f},\tau)$表示一个CGWUTPCS，其对应的α乐观值集体理性分配集定义为

$$X^2_{\sup,\alpha}(N,\hat{f},\tau) = \{x|\ x \in \mathbf{R}^N; x(A) \geqslant \{\hat{f}(A)\}_{\sup,\alpha}, \forall A \in \mathcal{P}(N)\}.$$

如果用α乐观值盈余函数来表示，那么α乐观值集体理性分配集实际上可以表示为

$$X^2_{\sup,\alpha}(N,\hat{f},\tau) = \{x|\ x \in \mathbf{R}^N; e_{\sup,\alpha}(\hat{f},x,B) \leqslant 0, \forall B \in \mathcal{P}(N)\}.$$

定义 3.48 假设N是一个有限的局中人集合，$\alpha \in (0,1]$，$(N,\hat{f},\tau)$表示一个CGWUTPCS，其对应的α乐观值可行分配集定义为

$$X^*_{\sup,\alpha}(N,\hat{f},\tau) = \{x|\ x \in \mathbf{R}^N; x(A) \leqslant \{\hat{f}(A)\}_{\sup,\alpha}, \forall A \in \tau\}.$$

如果用α乐观值盈余函数来表示，那么α乐观值可行分配集实际上可以表示为

$$X^*_{\sup,\alpha}(N,\hat{f},\tau) = \{x|\ x \in \mathbf{R}^N; e_{\sup,\alpha}(\hat{f},x,A) \geqslant 0, \forall A \in \tau\}.$$

定义 3.49 假设N是一个有限的局中人集合，$\alpha \in (0,1]$，$(N,\hat{f},\tau)$表示一个CGWUTPCS，其对应的α乐观值可行理性分配集(α-optimistic imputation)定义为

$$\begin{aligned} X_{\sup,\alpha}(N,\hat{f},\tau) &= \{x|\ x \in \mathbf{R}^N; x_i \geqslant \{\hat{f}(i)\}_{\sup,\alpha}, \forall i \in N; \\ &\quad x(A) = \{\hat{f}(A)\}_{\sup,\alpha}, \forall A \in \tau\} \\ &= X^0_{\sup,\alpha}(N,\hat{f},\tau) \bigcap X^1_{\sup,\alpha}(N,\hat{f},\tau). \end{aligned}$$

如果用α乐观值盈余函数来表示，那么α-optimistic imputation实际上可以表示为

$$X_{\sup,\alpha}(N,\hat{f},\tau) = \{x|\ x \in \mathbf{R}^N; e_{\sup,\alpha}(\hat{f},x,i) \leqslant 0, \forall i \in N; e_{\sup,\alpha}(\hat{f},x,A) = 0, \forall A \in \tau\}.$$

所有的基于α乐观值的解概念，无论是集值解概念还是数值解概念，都应该从三大α乐观值理性分配集以及α乐观值可行理性分配集出发来寻找.

3.4 基于悲观值的一些概念

本节利用不确定变量的悲观值定义一些与CGWUTP相关的概念.

定义 3.50　假设N是有限的局中人集合，$\alpha\in(0,1]$，$(N,\hat{f})$是一个CGWUTP，称之为α悲观值严格平衡的，如果任取严格平衡的子集族$\mathcal{B}\subseteq\mathcal{P}(N)$和对应的严格平衡权重$\delta=(\delta_A)_{A\in\mathcal{B}}$，都满足

$$\{\hat{f}(N)\}_{\inf,\alpha}\geqslant\sum_{A\in\mathcal{B}}\delta_A\{\hat{f}(A)\}_{\inf,\alpha}.$$

定义 3.51　假设N是有限的局中人集合，$\alpha\in(0,1]$，$(N,\hat{f})$为一个CGWUTP，称之为α悲观值简单的，如果满足

$$\{\hat{f}(A)\}_{\inf,\alpha}\in\{0,1\},\forall A\in\mathcal{P}(N).$$

定义 3.52　假设N是有限的局中人集合，$\alpha\in(0,1]$，$(N,\hat{f})$为一个CGWUTP，称之为α悲观值恒和的，如果满足

$$\{\hat{f}(A)\}_{\inf,\alpha}+\{\hat{f}(A^c)\}_{\inf,\alpha}=\{\hat{f}(N)\}_{\sup,\alpha},\forall A\in\mathcal{P}(N),A^c=:N\setminus A.$$

定义 3.53　假设N是有限的局中人集合，$\alpha\in(0,1]$，$(N,\hat{f})$为一个CGWUTP，称之为α悲观值单调的，如果满足

$$\forall A\subseteq B\in\mathcal{P}(N)\Rightarrow\{\hat{f}(A)\}_{\inf,\alpha}\leqslant\{\hat{f}(B)\}_{\inf,\alpha}.$$

定义 3.54　假设N是有限的局中人集合，$\alpha\in(0,1]$，$(N,\hat{f})$为一个CGWUTP，称之为α悲观值超可加的，如果满足

$$\forall A,B\in\mathcal{P}(N),A\bigcap B=\varnothing\Rightarrow\{\hat{f}(A)\}_{\inf,\alpha}+\{\hat{f}(B)\}_{\inf,\alpha}\leqslant\{\hat{f}(A\bigcup B)\}_{\inf,\alpha}.$$

定义 3.55　假设N是有限的局中人集合，$\alpha\in(0,1]$，$(N,\hat{f})$为一个CGWUTP，称之为α悲观值加权多数的，如果存在阈值$q\in\mathbf{R}_+$和权重$(w_i)_{i\in N}\in\mathbf{R}_+^N$满足

$$\{\hat{f}(A)\}_{\inf,\alpha}=\begin{cases}1, & \text{如果}w(A)\geqslant q;\\0, & \text{如果}w(A)<q.\end{cases}$$

其中$w(A)=\sum_{i\in A}w_i$.

定义 3.56　假设N是有限的局中人集合，$\alpha\in(0,1]$，$(N,\hat{f})$为一个CGWUTP，称之为α悲观值0规范的，如果满足

$$\{\hat{f}(i)\}_{\inf,\alpha}=0,\forall i\in N.$$

定义 3.57　假设N是有限的局中人集合，$\alpha\in(0,1]$，$(N,\hat{f})$为一个CGWUTP，称之为α悲观值0-1规范的，如果满足

$$\{\hat{f}(i)\}_{\inf,\alpha}=0,\forall i\in N;\{\hat{f}(N)\}_{\inf,\alpha}=1.$$

定义 3.58　假设N是有限的局中人集合，$\alpha\in(0,1]$，$(N,\hat{f})$为一个CGWUTP，称之为α悲观值0-0规范的，如果满足

$$\{\hat{f}(i)\}_{\inf,\alpha}=0,\forall i\in N;\{\hat{f}(N)\}_{\inf,\alpha}=0.$$

定义 3.59　假设N是有限的局中人集合，$\alpha\in(0,1]$，$(N,\hat{f})$为一个CGWUTP，称之为α悲观值0-(-1)规范的，如果满足

$$\{\hat{f}(i)\}_{\inf,\alpha}=0,\forall i\in N;\{\hat{f}(N)\}_{\inf,\alpha}=-1.$$

定义 3.60　假设N是有限的局中人集合，$\alpha\in(0,1]$，$(N,\hat{f})$为一个CGWUTP，称之

为α悲观值可加的或者悲观值线性可加的，如果满足

$$\{\hat{f}(A)\}_{\inf,\alpha}=\sum_{i\in A}\{\hat{f}(i)\}_{\inf,\alpha},\forall A\in\mathcal{P}(N).$$

定义 3.61 假设N是有限的局中人集合，$\alpha\in(0,1]$，$(N,\hat{f})$为一个CGWUTP，称之为α悲观值凸的，如果满足

$$\{\hat{f}(A)\}_{\inf,\alpha}+\{\hat{f}(B)\}_{\inf,\alpha}\leqslant\{\hat{f}(A\bigcup B)\}_{\inf,\alpha}+\{\hat{f}(A\bigcap B)\}_{\inf,\alpha},$$
$$\forall A,B\in\mathcal{P}(N).$$

假设N是一个有限的局中人集合，那么它的所有子集的个数是有限的，即

$$\#\mathcal{P}(N)=2^n;\#\mathcal{P}_0(N)=2^n-1.$$

对于一个CGWUTP$(N,\hat{f})$，因为$\hat{f}(\varnothing)=0$，因此，在α悲观值意义下$(N,\hat{f})$本质上可用一个2^n-1维向量表示，即

$$(\{\hat{f}(A)\}_{\inf,\alpha})_{A\in\mathcal{P}_0(N)}\in\mathbf{R}^{2^n-1}.$$

用$\Gamma_{U,N}$表示局中人集合N上的所有CGWUTP，即

$$\Gamma_{U,N}=\{(N,\hat{f})|\ \hat{f}:\mathcal{P}(N)\to\mathbf{R},\hat{f}(\varnothing)=0\}.$$

若采用α悲观值，那么$\Gamma_{U,N}$同构于$\mathbf{R}^{2^n-1}$，因此其上可以定义加法和数乘.

$$\forall(N,\hat{f}),(N,\hat{g})\in\Gamma_{U,N}\Rightarrow(N,\widehat{f+g})\in\Gamma_{U,N},\text{s.t.},(\widehat{f+g})(A)=\hat{f}(A)+\hat{g}(A);$$
$$\forall\lambda\in\mathbf{R},\forall(N,\hat{f})\in\Gamma_{U,N}\Rightarrow(N,\widehat{\lambda f})\in\Gamma_{U,N},\text{s.t.},(\widehat{\lambda f})(A)=\lambda(\hat{f}(A)).$$

为了介绍等价的概念，需要一点启发.首先，用人民币作为计量单位分配财富和用美元作为计量单位分配财富不会本质改变所得，因此正比例变换可以作为等价变换的一种；其次，个体单独创造的财富纳入联盟分配时，应该原封不动返回个体，因此平移变换可以作为等价变化的一种；最后，综合真比例变换和平移变换，本书认为正仿射变换可以作为等价的一种恰当描述.为了行文简单，介绍以下一些符号：

$$\forall A\in\mathcal{P}(N),\mathbf{R}^A=\{(x_i)_{i\in A}|\ x_i\in\mathbf{R},\forall i\in A\};$$
$$\forall x\in\mathbf{R}^N,\forall A\in\mathcal{P}(N),x(A)=\sum_{i\in A}x_i;x(\varnothing)=:0.$$

定义 3.62 假设N是有限的局中人集合，$\alpha\in(0,1]$，$(N,\hat{f})$和$(N,\hat{g})$都是CGWUTP，称$(N,\hat{f})$为α悲观值策略等价于$(N,\hat{g})$，如果满足

$$\exists\lambda>0,b\in\mathbf{R}^N,\text{s.t.},\{\hat{g}(A)\}_{\inf,\alpha}=\lambda\{\hat{f}(A)\}_{\inf,\alpha}+b(A),\forall A\in\mathcal{P}(N).$$

定理 3.5 假设N是有限的局中人集合，$\alpha\in(0,1]$，$\Gamma_{U,N}$上的α悲观值策略等价关系是一种等价关系.

证明 类似于期望值情形，证明省略.

定理 3.6 假设N是有限的局中人集合，$\alpha\in(0,1]$，$(N,\hat{f})$是一个CGWUTP，那么

(1) $(N,\hat{f})$为α悲观值策略等价于α悲观值0-1规范博弈当且仅当

$$\{\hat{f}(N)\}_{\inf,\alpha}>\sum_{i\in N}\{\hat{f}(i)\}_{\inf,\alpha};$$

(2) $(N,\hat{f})$为α悲观值策略等价于α悲观值0-0规范博弈当且仅当

$$\{\hat{f}(N)\}_{\inf,\alpha}=\sum_{i\in N}\{\hat{f}(i)\}_{\inf,\alpha};$$

(3) $(N,\hat{f})$为α悲观值策略等价于α悲观0-(-1)规范博弈当且仅当

$$\{\hat{f}(N)\}_{\inf,\alpha}<\sum_{i\in N}\{\hat{f}(i)\}_{\inf,\alpha};$$

(4) 任意的$(N,\hat{f})$都α悲观值策略等价于α悲观值0规范博弈.

证明　类似于期望值情形，证明省略.

有时为了衡量一种分配的好坏，需要下面一类重要函数，称之为α悲观值盈余函数.

定义 3.63　假设$(N,\hat{f},\tau)$是CGWUTPCS，$\alpha\in(0,1]$，定义α悲观值盈余函数为

$$e_{\inf,\alpha}(\hat{f},\cdot,\cdot):\mathbf{R}^N\times\mathcal{P}(N)\to\mathbf{R}^1,$$

更具体地

$$e_{\inf,\alpha}(\hat{f},x,B)=\{\hat{f}(B)\}_{\inf,\alpha}-x(B),\forall x\in\mathbf{R}^N,\forall B\in\mathcal{P}(N).$$

α悲观值盈余函数$e_{\inf,\alpha}(\hat{f},x,B)$衡量联盟$B$对于当前的分配$x$的一种不满意程度，$e_{\inf,\alpha}(\hat{f},x,B)$越大，不满意程度越大，$e_{\inf,\alpha}(\hat{f},x,B)$越小，不满意程度越小.在不确定支付可转移合作博弈中，α悲观值盈余函数对于一些解概念的定义具有重要的作用.

对于一个CGWUTPCS，考虑的解概念即如何合理分配财富的过程，使得人人在约束下获得最大利益.解概念有两种：一种是集合，另一种是单点.

定义 3.64　假设N是一个有限的局中人集合，$\Gamma_{U,N}$表示其上的所有CGWUTP，解概念分为集值解概念和数值解概念.

(1) 集值解概念：$\phi:\Gamma_{U,N}\to\mathcal{P}(\mathbf{R}^N),\phi(N,\hat{f},\tau)\subseteq\mathbf{R}^N$.

(2) 数值解概念：$\phi:\Gamma_{U,N}\to\mathbf{R}^N,\phi(N,\hat{f},\tau)\in\mathbf{R}^N$.

解概念的定义过程是一个立足于分配的合理、稳定的过程，可以充分发挥创造力，从以下几个方面出发至少可以定义几个理性的分配向量集合.

第一个方面：个体参加联盟合作得到的财富应该大于等于个体单干得到的财富.这条性质称之为个体理性.第二个方面：联盟结构中的联盟最终得到的财富应该是这个联盟创造的财富.这条性质称之为结构理性.第三个方面：一个群体最终得到的财富应该大于等于这个联盟创造的财富.这条性质称之为集体理性.因为支付是不确定的，所以采用α悲观值作为一个确定的数值衡量标准.

定义 3.65　假设N是一个有限的局中人集合，$\alpha\in(0,1]$，$(N,\hat{f},\tau)$表示一个CGWUTPCS，其对应的α悲观值个体理性分配集定义为

$$X^0_{\inf,\alpha}(N,\hat{f},\tau)=\{x|\ x\in\mathbf{R}^N;x_i\geqslant\{\hat{f}(i)\}_{\inf,\alpha},\forall i\in N\}.$$

如果用α乐观值盈余函数来表示，那么α悲观值个体理性分配集实际上可以表示为

$$X^0_{\inf,\alpha}(N,\hat{f},\tau)=\{x|\ x\in\mathbf{R}^N;e_{\inf,\alpha}(\hat{f},x,i)\leqslant 0,\forall i\in N\}.$$

定义 3.66　假设N是一个有限的局中人集合，$\alpha\in(0,1]$，$(N,\hat{f},\tau)$表示一个CGWUTPCS，

其对应的α悲观值结构理性分配集(α-pessimistic preimputation) 定义为

$$X^1_{\inf,\alpha}(N,\hat{f},\tau)=\{x|\ x\in\mathbf{R}^N;x(A)=\{\hat{f}(A)\}_{\inf,\alpha},\forall A\in\tau\}.$$

如果用α悲观值盈余函数来表示，那么α-pessimistic preimputation实际上可以表示为

$$X^1_{\inf,\alpha}(N,\hat{f},\tau)=\{x|\ x\in\mathbf{R}^N;e_{\inf,\alpha}(\hat{f},x,A)=0,\forall A\in\tau\}.$$

定义 3.67　假设N是一个有限的局中人集合，$\alpha\in(0,1]$，$(N,\hat{f},\tau)$表示一个CGWUTPCS，其对应的α悲观值集体理性分配集定义为

$$X^2_{\inf,\alpha}(N,\hat{f},\tau)=\{x|\ x\in\mathbf{R}^N;x(A)\geqslant\{\hat{f}(A)\}_{\inf,\alpha},\forall A\in\mathcal{P}(N)\}.$$

如果用α悲观值盈余函数来表示，那么α悲观值集体理性分配集实际上可以表示为

$$X^2_{\inf,\alpha}(N,\hat{f},\tau)=\{x|\ x\in\mathbf{R}^N;e_{\inf,\alpha}(\hat{f},x,B)\leqslant 0,\forall B\in\mathcal{P}(N)\}.$$

定义 3.68　假设N是一个有限的局中人集合，$\alpha\in(0,1]$，$(N,\hat{f},\tau)$表示一个CGWUTPCS，其对应的α悲观值可行分配集定义为

$$X^*_{\inf,\alpha}(N,\hat{f},\tau)=\{x|\ x\in\mathbf{R}^N;x(A)\leqslant\{\hat{f}(A)\}_{\inf,\alpha},\forall A\in\tau\}.$$

如果用α悲观值盈余函数来表示，那么α悲观值可行分配集实际上可以表示为

$$X^*_{\inf,\alpha}(N,\hat{f},\tau)=\{x|\ x\in\mathbf{R}^N;e_{\inf,\alpha}(\hat{f},x,A)\geqslant 0,\forall A\in\tau\}.$$

定义 3.69　假设N是一个有限的局中人集合，$\alpha\in(0,1]$，$(N,\hat{f},\tau)$表示一个CGWUTPCS，其对应的α悲观值可行理性分配集(α-pessimistic imputation)定义为

$$\begin{aligned}X_{\inf,\alpha}(N,\hat{f},\tau)&=\{x|\ x\in\mathbf{R}^N;x_i\geqslant\{\hat{f}(i)\}_{\inf,\alpha},\forall i\in N;\\&\qquad x(A)=\{\hat{f}(A)\}_{\inf,\alpha},\forall A\in\tau\}\\&=X^0_{\inf,\alpha}(N,\hat{f},\tau)\bigcap X^1_{\inf,\alpha}(N,\hat{f},\tau).\end{aligned}$$

如果用α悲观值盈余函数来表示，那么α-pessimistic imputation实际上可以表示为

$$X_{\inf,\alpha}(N,\hat{f},\tau)=\{x|\ x\in\mathbf{R}^N;e_{\inf,\alpha}(\hat{f},x,i)\leqslant 0,\forall i\in N;e_{\inf,\alpha}(\hat{f},x,A)=0,\forall A\in\tau\}.$$

所有的基于α悲观值的解概念，无论是集值解概念还是数值解概念，都应该从三大α悲观值理性分配集以及α悲观值可行理性分配集出发来寻找.

第4章　期望值不确定核心

对于不确定支付可转移合作博弈，立足于稳定分配的指导原则，采用期望值作为一个评价指标，设计期望值个体理性、期望值结构理性和期望值集体理性的分配方案，得到一个重要的解概念：期望值不确定核心(Expected Uncertain Core).本章给出并推导了带有大联盟结构的CGWUTP的期望值不确定核心的定义、性质、存在的充要条件、期望值不确定市场博弈的核心、期望值线性可加博弈的核心、期望值凸博弈的核心、核心的一致性、具有一般联盟结构的CGWUTP的期望值不确定核心等.

4.1 期望值解概念的原则

对于一个CGWUTPCS，考虑的解概念即如何合理分配财富的过程，使得人人在约束下获得最大利益.解概念有两种：一种是集合，另一种是单点.

定义 4.1　假设N是一个有限的局中人集合，$\Gamma_{U,N}$表示其上的所有CGWUTP，解概念分为集值解概念和数值解概念.

(1) 集值解概念：$\phi:\Gamma_{U,N}\to\mathcal{P}(\mathbf{R}^N),\phi(N,\hat{f},\tau)\subseteq\mathbf{R}^N$.

(2) 数值解概念：$\phi:\Gamma_{U,N}\to\mathbf{R}^N,\phi(N,\hat{f},\tau)\in\mathbf{R}^N$.

解概念的定义过程是一个立足于分配的合理、稳定的过程，可以充分发挥创造力，从以下几个方面出发至少可以定义几个理性的分配向量集合.

第一个方面：个体参加联盟合作得到的财富应该大于等于个体单干得到的财富.这条性质称之为个体理性.第二个方面：联盟结构中的联盟最终得到的财富应该是这个联盟创造的财富.这条性质称之为结构理性.第三个方面：一个群体最终得到的财富应该大于等于这个联盟创造的财富.这条性质称之为集体理性.因为支付是不确定的，所以采用期望值作为一个确定的数值衡量标准.

定义 4.2　假设N是一个有限的局中人集合，$(N,\hat{f},\tau)$表示一个CGWUTPCS，其对应的期望值个体理性分配集定义为

$$X_E^0(N,\hat{f},\tau)=\{x|\ x\in\mathbf{R}^N;x_i\geqslant E\{\hat{f}(i)\},\forall i\in N\}.$$

如果用期望值盈余函数来表示，那么期望值个体理性分配集实际上可以表示为

$$X_E^0(N,\hat{f},\tau)=\{x|\ x\in\mathbf{R}^N;e_E(\hat{f},x,i)\leqslant 0,\forall i\in N\}.$$

定义 4.3　假设N是一个有限的局中人集合，$(N,\hat{f},\tau)$表示一个CGWUTPCS，其对应的期望值结构理性分配集(Expected preimputation)定义为

$$X_E^1(N,\hat{f},\tau)=\{x|\ x\in\mathbf{R}^N;x(A)=E\{\hat{f}(A)\},\forall A\in\tau\}.$$

如果用期望值盈余函数来表示，那么Expected preimputation实际上可以表示为

$$X_E^1(N,\hat{f},\tau)=\{x|\ x\in\mathbf{R}^N;e_E(\hat{f},x,A)=0,\forall A\in\tau\}.$$

定义 4.4 假设N是一个有限的局中人集合，$(N,\hat{f},\tau)$表示一个CGWUTPCS，其对应的期望值集体理性分配集定义为

$$X_E^2(N,\hat{f},\tau)=\{x|\ x\in\mathbf{R}^N;x(A)\geqslant E\{\hat{f}(A)\},\forall A\in\mathcal{P}(N)\}.$$

如果用期望值盈余函数来表示，那么期望值集体理性分配集实际上可以表示为

$$X_E^2(N,\hat{f},\tau)=\{x|\ x\in\mathbf{R}^N;e_E(\hat{f},x,B)\leqslant 0,\forall B\in\mathcal{P}(N)\}.$$

定义 4.5 假设N是一个有限的局中人集合，$(N,\hat{f},\tau)$表示一个CGWUTPCS，其对应的期望值可行分配向量集定义为

$$X_E^*(N,\hat{f},\tau)=\{x|\ x\in\mathbf{R}^N;x(A)\leqslant E\{\hat{f}(A)\},\forall A\in\tau\}.$$

如果用期望值盈余函数来表示，那么期望值可行分配集实际上可以表示为

$$X_E^*(N,\hat{f},\tau)=\{x|\ x\in\mathbf{R}^N;e_E(\hat{f},x,A)\geqslant 0,\forall A\in\tau\}.$$

定义 4.6 假设N是一个有限的局中人集合，$(N,\hat{f},\tau)$表示一个CGWUTPCS，其对应的期望值可行理性分配集(Expected imputation)定义为

$$\begin{aligned}X_E(N,\hat{f},\tau)&=\{x|\ x\in\mathbf{R}^N;x_i\geqslant E\{\hat{f}(i)\},\forall i\in N;x(A)=E\{\hat{f}(A)\},\forall A\in\tau\}\\&=X_E^0(N,\hat{f},\tau)\bigcap X_E^1(N,\hat{f},\tau).\end{aligned}$$

如果用期望值盈余函数来表示，那么Expected imputation实际上可以表示为

$$X_E(N,\hat{f},\tau)=\{x|\ x\in\mathbf{R}^N;e_E(\hat{f},x,i)\leqslant 0,\forall i\in N;e_E(\hat{f},x,A)=0,\forall A\in\tau\}.$$

所有的基于期望值的解概念，无论是集值解概念还是数值解概念，都应该从三大期望值理性分配集以及期望值可行理性分配集出发来寻找.本章先考虑联盟结构$\tau=\{N\}$的情形，然后在此基础上讨论一般联盟结构的情形.

4.2 期望值不确定核心的定义性质

三大期望值理性分配集综合考虑产生解概念期望值不确定核心.即期望值不确定核心是满足期望值个体理性、期望值结构理性和期望值集体理性的解概念.

定义 4.7 假设N是一个有限的局中人集合，$(N,\hat{f},\{N\})$表示一个带有大联盟结构的CGWUTP，其对应的期望值不确定核心定义为

$$\begin{aligned}&Core_E(N,\hat{f},\{N\})\\=&X_E^0(N,\hat{f},\{N\})\bigcap X_E^1(N,\hat{f},\{N\})\bigcap X_E^2(N,\hat{f},\{N\})\\=&X_E(N,\hat{f},\{N\})\bigcap X_E^2(N,\hat{f},\{N\})\\=&\{\ x|\ x\in\mathbf{R}^N;x_i\geqslant E\{\hat{f}(i)\},\forall i\in N;x(N)=E\{\hat{f}(N)\};\\&x(A)\geqslant E\{\hat{f}(A)\},\forall A\in\mathcal{P}(N)\}.\end{aligned}$$

定理 4.1 假设N是一个有限的局中人集合，$(N,\hat{f},\{N\})$表示一个带有大联盟结构的CGWUTP，那么它的期望值不确定核心是$\mathbf{R}^N$中有限个闭的半空间的交集，是有界闭集，是凸集.

证明 根据核心的定义可得

$$\begin{aligned} & Core_E(N,\hat{f},\{N\}) \\ = \ & \{\, x|\, x\in R^N; x_i \geqslant E\{\hat{f}(i)\}, \forall i\in N; x(N)=E\{\hat{f}(N)\}; \\ & x(A)\geqslant E\{\hat{f}(A)\}, \forall A\in \mathcal{P}(N)\}. \end{aligned}$$

因此本质上求解一个CGWUTP的期望值不确定是求解如下的不等式方程组:

$$\begin{cases} x\in \mathbf{R}^n, & \text{分配向量;} \\ x_i\geqslant E\{\hat{f}(i)\}, \forall i\in N, & \text{期望值个体理性;} \\ \sum_{i\in N} x_i = E\{\hat{f}(N)\}, & \text{期望值结构理性;} \\ \sum_{i\in A} x_i \geqslant E\{\hat{f}(A)\}, \forall A\in \mathcal{P}(N), & \text{期望值集体理性.} \end{cases}$$

根据数学分析的基本知识，可知期望值不确定核心是有限个闭的半空间的交集，因此一定是闭集，一定是凸集.下证期望值不确定核心是有界集合.根据期望值个体理性，可知期望值确定核心是有下界的，记为

$$\min_{i\in N} x_i \geqslant \min_{i\in N} E\{\hat{f}(i)\} =: l, \forall x\in Core_E(N,\hat{f},\{N\}).$$

综合运用期望值个体理性和期望值结构理性，可知

$$x_i = E\{\hat{f}(N)\} - \sum_{j\neq i} x_j \leqslant E\{\hat{f}(N)\} - (n-1)l =: u, \forall i\in N, \forall x\in Core_E(N,\hat{f},\{N\}),$$

因此期望值不确定核心中的元素有上界.二者结合得出，期望值不确定核心是一个有界集合.综上，期望值不确定核心是一个有界的、闭的、凸的多面体.

作为一个解概念，主要是关注解概念在等价变换意义下的变换规律.

定理 4.2 假设N是一个有限的局中人集合，$(N,\hat{f},\{N\})$表示一个带有大联盟结构的CGWUTP，那么

$$\forall \lambda>0, \forall b\in \mathbf{R}^N \Rightarrow Core_E(N,\lambda\hat{f}+b,\{N\}) = \lambda Core_E(N,\hat{f},\{N\})+b.$$

即合作博弈$(N,\lambda\hat{f}+b,\{N\}), \forall\lambda>0, b\in\mathbf{R}^N$与$(N,\hat{f},\{N\})$的期望值不确定核心之间具有协变关系.

证明 取定$\lambda>0, b\in\mathbf{R}^N$，根据定义合作博弈$(N,\hat{f},\{N\})$的期望值不确定核心是如下方程组的解集

$$E_1: \begin{cases} x\in \mathbf{R}^n, & \text{分配向量;} \\ x_i\geqslant E\{\hat{f}(i)\}, \forall i\in N, & \text{期望值个体理性;} \\ \sum_{i\in N} x_i = E\{\hat{f}(N)\}, & \text{期望值结构理性;} \\ \sum_{i\in A} x_i \geqslant E\{\hat{f}(A)\}, \forall A\in \mathcal{P}(N), & \text{期望值集体理性.} \end{cases}$$

同样根据定义可知合作博弈$(N,\lambda\hat{f}+b,\{N\})$的期望值不确定核心是如下方程组的解集

$$E_2: \begin{cases} y\in \mathbf{R}^n, & \text{分配向量;} \\ y_i\geqslant \lambda E\{\hat{f}(i)\}+b_i, \forall i\in N, & \text{期望值个体理性;} \\ \sum_{i\in N} y_i = \lambda E\{\hat{f}(N)\}+b(N), & \text{期望值结构理性;} \\ \sum_{i\in A} y_i \geqslant \lambda E\{\hat{f}(A)\}+b(A), \forall A\in \mathcal{P}(N), & \text{期望值集体理性.} \end{cases}$$

假设x是方程组E_1的解，显然$\lambda x+b$是方程组E_2的解，因为正仿射变换是等价变化，因此如果y是方程组E_2的解，那么$\dfrac{y}{\lambda}-\dfrac{b}{\alpha}$是方程组$E_1$的解，综上可得

$$Core_E(N,\lambda\hat{f}+b,\{N\}) = \lambda Core_E(N,\hat{f},\{N\})+b.$$

定理 4.3 假设N是一个有限的局中人集合，$(N,\hat{f},\{N\})$表示一个带有大联盟结构的CGWUTP，那么期望值不确定核心非空与否在期望值策略等价意义下是不变的.

4.3 各种期望值平衡概念

定义 4.8 假设N是有限的局中人集合，$S\in\mathcal{P}(N)$是一个非空子集，它的示性向量记为

$$e_S=\sum_{i\in S}e_i, e_i=(0,\cdots,1_{(\text{i-th})},\cdots,0)\in\mathbf{R}^N.$$

定义 4.9 假设N是有限的局中人集合，$\mathcal{B}=\{S_1,\cdots,S_k\}\subseteq\mathcal{P}(N)$是一个子集族，并且$\emptyset\notin\mathcal{B}$，$\mathcal{B}$的示性矩阵记为

$$M_{\mathcal{B}}=\begin{pmatrix} e_{S_1}\\ \vdots \\ e_{S_k}\end{pmatrix}.$$

其中e_S是S的示性向量.

定义 4.10 假设N是有限的局中人集合，$\mathcal{B}\subseteq\mathcal{P}(N)$是一个子集族，并且$\varnothing\notin\mathcal{B}$，权重$\delta=(\delta_A)_{A\in\mathcal{B}}$称为$\mathcal{B}$的一个严格平衡权重，如果满足

$$\delta>0,\delta M_{\mathcal{B}}=e_N.$$

如果一个子集族存在一个严格平衡权重，那么这个子集族称为严格平衡.N的所有严格平衡子集族构成的集合记为$StrBalFam(N)$，假设$\mathcal{B}\in StrBalFam(N)$，其对应的所有严格平衡权重集合记为$StrBalCoef(\mathcal{B})$.

定义 4.11 假设N是有限的局中人集合，$\mathcal{B}\subseteq\mathcal{P}(N)$是一个子集族，并且$\varnothing\notin\mathcal{B}$，权重$\delta=(\delta_A)_{A\in\mathcal{B}}$称为$\mathcal{B}$的一个弱平衡权重，如果满足

$$\delta\geqslant 0,\delta M_{\mathcal{B}}=e_N.$$

如果一个子集族存在一个弱平衡权重，那么这个子集族称为弱平衡.N的所有弱平衡子集族构成的集合记为$WeakBalFam(N)$，假设$\mathcal{B}\in WeakBalFam(N)$，其对应的所有弱平衡权重集合记为$WeakBalCoef(\mathcal{B})$.

定义 4.12 假设N是有限的局中人集合，$\mathcal{P}_0(N)$是所有非空子集构成的子集族，权重$\delta=(\delta_A)_{A\in\mathcal{P}_0(N)}$称为$\mathcal{P}_0(N)$的一个弱平衡权重，如果满足

$$\delta\geqslant 0,\delta M_{\mathcal{P}_0(N)}=e_N.$$

如果$\mathcal{P}_0(N)$存在一个弱平衡权重，那么称为全集弱平衡.所有全集弱平衡权重集合记为$WeakBalCoef(\mathcal{P}_0(N))$.

注释 4.1 对于一个弱平衡的子集族，可以在子集族中通过剔除弱平衡权重为零的子集而产生严格平衡的子集族；同样地，可以将一个严格平衡的子集族通过添加非空子集并且赋予零权重产生弱平衡子集族；所有的严格平衡子集可以扩充为全集弱平衡，所有的全集弱平衡可以精炼为严格平衡.因此本质上可以只考虑严格平衡、弱平衡和全集弱平衡的一种.

定理 4.4 假设N是有限的局中人集合，$\mathcal{B}\subseteq\mathcal{P}(N)$是一个子集族，并且$\varnothing\notin\mathcal{B}$，假

设$\delta=(\delta_A)_{A\in\mathcal{B}}>0$，那么$\mathcal{B}$相对于$\delta=(\delta_A)_{A\in\mathcal{B}}>0$是严格平衡的，当且仅当

$$\forall x\in\mathbf{R}^N,\sum_{A\in\mathcal{B}}\delta_A x(A)=x(N).$$

证明　$\mathcal{B}$相对于$\delta=(\delta_A)_{A\in\mathcal{B}}>0$是严格平衡的，当且仅当

$$\delta M_{\mathcal{B}}=e_N.$$

根据线性代数的基本知识可知，上式成立当且仅当

$$\forall x\in\mathbf{R}^N,\delta M_{\mathcal{B}}x=e_N x,$$

即

$$\forall x\in\mathbf{R}^N,\delta\begin{pmatrix}x(S_1)\\ \vdots\\ x(S_k)\end{pmatrix}=x(N),$$

即

$$\forall x\in\mathbf{R}^N,\sum_{A\in\mathcal{B}}\delta_A x(A)=x(N).$$

定理 4.5　假设N是有限的局中人集合，$\mathcal{B}\subseteq\mathcal{P}(N)$是一个子集族，并且$\varnothing\notin\mathcal{B}$，假设$\delta=(\delta_A)_{A\in\mathcal{B}}\geqslant 0$，那么$\mathcal{B}$相对于$\delta=(\delta_A)_{A\in\mathcal{B}}>0$是弱平衡的，当且仅当

$$\forall x\in\mathbf{R}^N,\sum_{A\in\mathcal{B}}\delta_A x(A)=x(N).$$

证明　$\mathcal{B}$相对于$\delta=(\delta_A)_{A\in\mathcal{B}}\geqslant 0$是弱平衡的，当且仅当

$$\delta M_{\mathcal{B}}=e_N.$$

根据线性代数的基本知识可知，上式成立当且仅当

$$\forall x\in\mathbf{R}^N,\delta M_{\mathcal{B}}x=e_N x,$$

即

$$\forall x\in\mathbf{R}^N,\delta\begin{pmatrix}x(S_1)\\ \vdots\\ x(S_k)\end{pmatrix}=x(N),$$

即

$$\forall x\in\mathbf{R}^N,\sum_{A\in\mathcal{B}}\delta_A x(A)=x(N).$$

定理 4.6　假设N是有限的局中人集合，$\mathcal{P}_0(N)$是所有的非空子集构成的子集族，假设$\delta=(\delta_A)_{A\in\mathcal{P}_0(N)}\geqslant 0$，那么$\mathcal{P}_0(N)$ 相对于$\delta=(\delta_A)_{A\in\mathcal{P}_0(N)}\geqslant 0$是全集弱平衡的，当且仅当

$$\forall x\in\mathbf{R}^N,\ \sum_{A\in\mathcal{P}_0(N)}\delta_A x(A)=x(N).$$

证明　$\mathcal{P}_0(N)$ 相对于$\delta=(\delta_A)_{A\in\mathcal{P}_0(N)}\geqslant 0$是全集弱平衡的，当且仅当

$$\delta M_{\mathcal{P}_0(N)}=e_N.$$

根据线性代数的基本知识可知，上式成立当且仅当

$$\forall x\in\mathbf{R}^N,\delta M_{\mathcal{P}_0(N)}x=e_N x,$$

即

$$\forall x \in \mathbf{R}^N, \delta \begin{pmatrix} x(S_1) \\ \vdots \\ x(S_{2^n-1}) \end{pmatrix} = x(N),$$

即

$$\forall x \in \mathbf{R}^N, \sum_{A \in \mathcal{P}_0(N)} \delta_A x(A) = x(N).$$

定义 4.13 假设N是有限的局中人集合，$(N, \hat{f}, \{N\})$是一个CGWUTP，称之为期望值严格平衡的，如果任取严格平衡的子集族$\mathcal{B} \in StrBalFam(N)$和对应的严格平衡权重$\delta \in StrBalCoef(\mathcal{B})$都满足

$$E\{\hat{f}(N)\} \geqslant \sum_{A \in \mathcal{B}} \delta_A E\{\hat{f}(A)\}.$$

定义 4.14 假设N是有限的局中人集合，$(N, \hat{f}, \{N\})$是一个CGWUTP，称之为期望值弱平衡的，如果任取弱平衡的子集族$\mathcal{B} \in WeakBalFam(N)$和对应的弱平衡权重$\delta \in WeakBalCoef(\mathcal{B})$都满足

$$E\{\hat{f}(N)\} \geqslant \sum_{A \in \mathcal{B}} \delta_A E\{\hat{f}(A)\}.$$

定理 4.7 假设N是有限的局中人集合，$(N, \hat{f}, \{N\})$是一个期望值严格平衡的CGWUTP当且仅当是一个期望值弱平衡的CGWUTP.

证明 严格平衡的子集族和严格平衡权重本质也是弱平衡的子集族和弱平衡的权重，因此如果$(N, \hat{f}, \{N\})$是期望值弱平衡的CGWUTP，那么也一定是期望值严格平衡的CGWUTP；反过来所有弱平衡的子集族和弱平衡的权重都可以转化为严格平衡的子集族和严格平衡权重，因此如果$(N, \hat{f}, \{N\})$是期望值严格平衡的CGWUTP，那么也一定是期望值弱平衡的CGWUTP.

定义 4.15 假设N是有限的局中人集合，$(N, \hat{f}, \{N\})$是一个CGWUTP，称之为期望值全集弱平衡的，如果取定子集族$\mathcal{P}_0(N)$和对应的弱平衡权重$\delta \in WeakBalCoef(\mathcal{P}_0(N))$都满足

$$E\{\hat{f}(N)\} \geqslant \sum_{A \in \mathcal{P}_0(N)} \delta_A E\{\hat{f}(A)\}.$$

定理 4.8 假设N是有限的局中人集合，$(N, \hat{f}, \{N\})$是一个CGWUTP，那么以下三者等价：

(1) $(N, \hat{f}, \{N\})$是期望值严格平衡的；

(2) $(N, \hat{f}, \{N\})$是期望值弱平衡的；

(3) $(N, \hat{f}, \{N\})$是期望值全集弱平衡的.

证明 前文已经证明了期望值严格平衡与期望值弱平衡的等价性，下证期望值弱平衡与期望值全集弱平衡是等价的.

(1) 假设$(N, \hat{f}, \{N\})$是期望值弱平衡的，根据定义显然是期望值全集弱平衡的.

(2) 假设$(N,\hat{f},\{N\})$是期望值全集弱平衡的，取定$\mathcal{B}\in WeakBalFam(N)$和$\delta\in WeakBalCoef(\mathcal{B})$，扩充$\mathcal{B}$为全集$\mathcal{P}_0(N)$，相应增加的子集赋予权重零，根据期望值全集弱平衡的定义，马上推得

$$E\{\hat{f}(N)\}\geqslant\sum_{A\in\mathcal{P}_0(N)}\delta_A E\{\hat{f}(A)\}=\sum_{A\in\mathcal{B}}\delta_A E\{\hat{f}(A)\}.$$

因此$(N,\hat{f},\{N\})$是期望值弱平衡的.

定义 4.16 假设N是有限的局中人集合，$(N,\hat{f},\{N\})$是一个CGWUTP，称之为期望值平衡博弈，如果它是期望值严格平衡的或者期望值弱平衡的或者期望值全集弱平衡的.

4.4 期望值不确定核心非空性定理

定理 4.9 (非空性定理V0) 假设N是有限的局中人集合，$(N,\hat{f},\{N\})$是一个CGWUTP，那么它的期望值不确定核心非空当且仅当$(N,\hat{f},\{N\})$是期望值平衡的.

定理 4.10 (非空性定理V1) 假设N是有限的局中人集合，$(N,\hat{f},\{N\})$是一个CGWUTP，那么它的期望值不确定核心非空当且仅当$(N,\hat{f},\{N\})$是期望值严格平衡的.即

$$Core_E(N,\hat{f},\{N\})\neq\varnothing$$

当且仅当

$$\forall\mathcal{B}\in StrBalFam(N),\forall\delta\in StrBalCoef(\mathcal{B}),E\{\hat{f}(N)\}\geqslant\sum_{A\in\mathcal{B}}\delta_A E\{\hat{f}(A)\}.$$

定理 4.11 (非空性定理V2) 假设N是有限的局中人集合，$(N,\hat{f},\{N\})$是一个CGWUTP，那么它的期望值不确定核心非空当且仅当$(N,\hat{f},\{N\})$是期望值弱平衡的.即

$$Core_E(N,\hat{f},\{N\})\neq\varnothing$$

当且仅当

$$\forall\mathcal{B}\in WeakBalFam(N),\forall\delta\in WeakBalCoef(\mathcal{B}),E\{\hat{f}(N)\}\geqslant\sum_{A\in\mathcal{B}}\delta_A E\{\hat{f}(A)\}.$$

定理 4.12 (非空性定理V3) 假设N是有限的局中人集合，$(N,\hat{f},\{N\})$是一个CGWUTP，那么它的期望值不确定核心非空当且仅当$(N,\hat{f},\{N\})$是期望值全集弱平衡的.即

$$Core_E(N,\hat{f},\{N\})\neq\varnothing$$

当且仅当

$$\forall\delta\in WeakBalCoef(\mathcal{P}_0(N)),E\{\hat{f}(N)\}\geqslant\sum_{A\in\mathcal{P}_0(N)}\delta_A E\{\hat{f}(A)\}.$$

在此证明定理的V3版本.为了证明定理，需要以下线性规划的基本对偶定理，其可参考数学优化相关的教材.

引理 4.1 (一般形式的线性规划的对偶) 假设$c\in\mathbf{R}^n,d\in\mathbf{R}^1,G\in M_{m\times n}(\mathbf{R}),h\in\mathbf{R}^m,A\in M_{l\times n}(\mathbf{R}),b\in\mathbf{R}^l$，一般形式的线性规划模型

$$\begin{aligned}&\min\ c^{\mathrm{T}}x+d\\&\text{s.t.}\ \ Gx-h\leqslant 0;\end{aligned}$$

$$Ax - b = 0$$

的对偶问题为

$$\begin{aligned} \min\ & \alpha^{\mathrm{T}} h + \beta^{\mathrm{T}} b - d \\ \text{s.t.}\ & \alpha \geqslant 0, G^{\mathrm{T}} \alpha + A^{\mathrm{T}} \beta + c = 0. \end{aligned}$$

二者等价.

引理 4.2 (标准形式的线性规划的对偶) 假设$c \in \mathbf{R}^n, d \in \mathbf{R}^1, A \in M_{l \times n}(\mathbf{R}), b \in \mathbf{R}^l$，标准形式的线性规划模型

$$\begin{aligned} \min\ & c^{\mathrm{T}} x + d \\ \text{s.t.}\ & x \geqslant 0; \\ & Ax - b = 0 \end{aligned}$$

的对偶问题为

$$\begin{aligned} \min\ & \beta^{\mathrm{T}} b - d \\ \text{s.t.}\ & \alpha \geqslant 0, -\alpha + A^{\mathrm{T}} \beta + c = 0. \end{aligned}$$

二者等价.

引理 4.3 (不等式形式的线性规划的对偶) 假设$c \in \mathbf{R}^n, d \in \mathbf{R}^1, A \in M_{m \times n}(\mathbf{R}), b \in \mathbf{R}^m$，不等式形式的线性规划模型

$$\begin{aligned} \min\ & c^{\mathrm{T}} x + d \\ \text{s.t.}\ & Ax \leqslant b \end{aligned}$$

的对偶问题为

$$\begin{aligned} \min\ & \alpha^{\mathrm{T}} b - d \\ \text{s.t.}\ & \alpha \geqslant 0, A^{\mathrm{T}} \alpha + c = 0. \end{aligned}$$

二者等价.

现在开始证明非空性定理的V3版本.

证明 (1) 首先假设$(N, \hat{f}, \{N\})$的期望值不确定核心非空，不防设

$$x \in Core_E(N, \hat{f}, \{N\}).$$

根据期望值不确定核心的定义可知

$$x_i \geqslant E\{\hat{f}(i)\}, \forall i \in N; x(N) = E\{\hat{f}(N)\}; x(A) \geqslant E\{\hat{f}(A)\}, \forall A \in \mathcal{P}(N).$$

假设$\delta \in WeakBalCoef(\mathcal{P}_0(N))$，根据权重的刻画定理可知

$$\sum_{A \in \mathcal{P}_0(N)} \delta_A x(A) = x(N),$$

利用核心的条件代入可得

$$E\{\hat{f}(N)\} = x(N) = \sum_{A \in \mathcal{P}_0(N)} \delta_A x(A) \geqslant \sum_{A \in \mathcal{P}_0(N)} \delta_A E\{\hat{f}(A)\}.$$

即合作博弈$(N,\hat{f},\{N\})$是期望值全集弱平衡的.

(2) 其次假设$(N,\hat{f},\{N\})$是期望值全集弱平衡的，即

$$\forall\delta\in WeakBalCoef(\mathcal{P}_0(N)), E\{\hat{f}(N)\}\geqslant\sum_{A\in\mathcal{P}_0(N)}\delta_A E\{\hat{f}(A)\}.$$

要证期望值不确定核心非空，关键是构造线性规划及其对偶形式.

(2.1) 构造线性规划

$$(P_1):\max\sum_{A\in\mathcal{P}_0(N)}\delta_A E\{\hat{f}(A)\}$$
$$\text{s.t.}\quad \delta=(\delta_A)_{A\in\mathcal{P}_0(N)}\geqslant 0, \delta M_{\mathcal{P}_0(N)}=e_N.$$

其中决策变量是$\delta=(\delta_A)_{A\in\mathcal{P}_0(N)}$. 显然可行域为$WeakBalCoef(\mathcal{P}_0(N))$，因为$\delta\geqslant 0$并且$\delta_A\leqslant 1,\forall A\in\mathcal{P}_0(N)$，所以可行域是有界的；又因为$\delta\geqslant 0$ 并且$\delta M_{\mathcal{P}_0(N)}=e_N$，所以可行域是闭的；显然$\delta_A=\dfrac{1}{2^{n-1}-1},\forall A\in\mathcal{P}_0(N)$是可行域中的点.综合起来，可行域是一个非空紧致集.问题P_1 的本质是在紧致集合上求解线性函数的最大值和最大点，因此一定存在且有限，不妨设最大值记为p^*，最优点记为Argmax P_1.

(2.2) 构造对偶问题.经过简单计算可以得到问题P_1的对偶问题是

$$(Q_1):\min\ x(N)$$
$$\text{s.t.}\quad x\in\mathbf{R}^N, x(A)\geqslant E\{\hat{f}(A)\},\forall A\in\mathcal{P}_0(N).$$

显然可见问题Q_1的可行域是集体理性集合，是具有下界的闭集，目标函数是可行域元素求和的最小值，因此一定存在而且有限.不妨设问题Q_1的最优值为q^*，最优解为Argmin Q_1. 根据线性规划的对偶定理可知q^*一定存在并且

$$p^*=q^*.$$

(2.3) 断言：如果期望值不确定核心非空，那么

$$q^*\leqslant E\{\hat{f}(N)\}.$$

因为期望值不确定核心非空，不妨假设

$$x\in Core_E(N,\hat{f},\{N\}),$$

根据期望值不确定核心的定义可知

$$x(A)\geqslant\hat{f}(A),\forall A\in\mathcal{P}_0(N), x(N)=E\{\hat{f}(N)\},$$

因此x在问题Q_1的可行域中并且$x(N)=E\{\hat{f}(N)\}$，因此一定有

$$q^*\leqslant E\{\hat{f}(N)\}.$$

(2.4) 断言：如果$q^*\leqslant E\{\hat{f}(N)\}$，那么

$$Core_E(N,\hat{f},\{N\})\neq\varnothing.$$

假设x是问题Q_1中的可行点并且

$$x(N)=q^*,$$

根据可行域的约束知道

$$x(N) \geqslant E\{\hat{f}(N)\}.$$

又因为

$$x(N) = q^* \leqslant E\{\hat{f}(N)\},$$

可知

$$x(N) = E\{\hat{f}(N)\}.$$

再根据可行域的定义可知

$$x(A) \geqslant E\{\hat{f}(A)\}, \forall A \in \mathcal{P}_0(N),$$

综上可得点x满足

$$x_i \geqslant E\{\hat{f}(i)\}, \forall i \in N; x(N) = E\{\hat{f}(N)\}; x(A) \geqslant E\{\hat{f}(A)\}, \forall A \in \mathcal{P}_0(N).$$

因此

$$x \in Core_E(N, \hat{f}, \{N\}).$$

(2.5) 断言：$p^* \leqslant E\{\hat{f}(N)\}$当且仅当

$$\forall \delta \in WeakBalCoef(\mathcal{P}_0(N)), E\{\hat{f}(N)\} \geqslant \sum_{A \in \mathcal{P}_0(N)} \delta_A E\{\hat{f}(A)\}.$$

根据问题P_1的表述可知

$$p^* \leqslant E\{\hat{f}(N)\}$$

当且仅当

$$\forall \delta \in WeakBalCoef(\mathcal{P}_0(N)), E\{\hat{f}(N)\} \geqslant \sum_{A \in \mathcal{P}_0(N)} \delta_A E\{\hat{f}(A)\}.$$

仔细观察上面的证明过程，实际上还证明了如下的定理.

定理 4.13 假设N是有限的局中人集合，$\mathcal{P}_0(N)$是所有非空子集构成的子集族，全集弱平衡权重集合记为$WeakBalCoef(\mathcal{P}_0(N))$是一个有界闭的多面体.

一个CGWUTP的子博弈的期望值不确定核心的非空性也是值得关注的，实际上很重要的是如下的特殊合作博弈.

定义 4.17 假设N是有限的局中人集合，$(N, \hat{f}, \{N\})$是一个CGWUTP，称为期望值全平衡的，如果每一个子博弈$(S, \hat{f}, \{S\}), \forall S \in \mathcal{P}_0(N)$都是期望值平衡的.

根据非空性定理，很容易得出如下的定理.

定理 4.14 假设N是有限的局中人集合，$(N, \hat{f}, \{N\})$是一个CGWUTP且为期望值全平衡的当且仅当每一个子博弈$(S, \hat{f}, \{S\}), \forall S \in \mathcal{P}_0(N)$的期望值不确定核心非空.

4.5 期望值平衡与期望值全平衡覆盖

根据非空性定理，要使

$$Core_E(N, \hat{f}, \{N\}) \neq \varnothing,$$

当且仅当

$$\forall \delta \in WeakBalCoef(\mathcal{P}_0(N)), E\{\hat{f}(N)\} \geqslant \sum_{A \in \mathcal{P}_0(N)} \delta_A E\{\hat{f}(A)\}.$$

因此要使期望值不确定核心非空，只需要使$E\{\hat{f}(N)\}$充分大即可.同理，对于一个合作博弈$(N, \hat{f}, \{N\})$，如果期望值不确定核心为空，只需要适度增大$E\{\hat{f}(N)\}$ 的值即可保证核心非空.一个自然的问题是：如何刚刚好地增大$E\{\hat{f}(N)\}$的值呢？根据非空性定理的要点，只需要做如下的处理.

定义 4.18 (平衡覆盖博弈)　假设N是有限的局中人集合，$(N, \hat{f}, \{N\})$是一个CGWUTP，其期望值平衡覆盖博弈定义为一个CGWUTP$(N, \bar{\hat{f}}, \{N\})$，其中

$$E\{\bar{\hat{f}}(A)\} = \begin{cases} E\{\hat{f}(A)\}, & \text{如果} A \in \mathcal{P}_1(N); \\ \max_{\delta \in WeakBalCoef(\mathcal{P}_0(N))} \sum_{B \in \mathcal{P}_0(N)} \delta_B E\{\hat{f}(B)\} & \text{如果} A = N. \end{cases}$$

定理 4.15　假设N是有限的局中人集合，$(N, \hat{f}, \{N\})$是一个CGWUTP，其平衡覆盖博弈为$(N, \bar{\hat{f}}, \{N\})$，那么

$$Core_E(N, \hat{f}, \{N\}) \neq \varnothing,$$

当且仅当

$$E\{\bar{\hat{f}}(N)\} = E\{\hat{f}(N)\}.$$

证明　已知

$$\delta = (\delta_A)_{A \in \mathcal{P}_0(N)}, \delta_A = 0, \forall A \in \mathcal{P}_2(N), \delta_N = 1$$

在全集弱平衡权重集合之中，因此根据期望值平衡覆盖博弈的定义可知

$$E\{\bar{\hat{f}}(N)\} \geqslant E\{\hat{f}(N)\}.$$

因此只需证明

$$Core_E(N, \hat{f}, \{N\}) \neq \varnothing \Leftrightarrow E\{\bar{\hat{f}}(N)\} \leqslant E\{\hat{f}(N)\}.$$

根据非空性定理可知

$$Core_E(N, \hat{f}, \{N\}) \neq \varnothing,$$

当且仅当

$$\forall \delta \in WeakBalCoef(\mathcal{P}_0(N)), E\{\hat{f}(N)\} \geqslant \sum_{A \in \mathcal{P}_0(N)} \delta_A E\{\hat{f}(A)\}.$$

根据定义可知

$$\forall \delta \in WeakBalCoef(\mathcal{P}_0(N)), E\{\hat{f}(N)\} \geqslant \sum_{A \in \mathcal{P}_0(N)} \delta_A E\{\hat{f}(A)\},$$

当且仅当

$$E\{\hat{f}(N)\} \geqslant E\{\bar{\hat{f}}(N)\}.$$

定义 4.19 (全平衡覆盖博弈)　假设N是有限的局中人集合，$(N, \hat{f}, \{N\})$是一个CGWUTP，

其期望值全平衡覆盖博弈定义为一个CGWUTP$(N, \hat{\hat{f}}, \{N\})$，其中

$$E\{\hat{\hat{f}}(A)\} = \max_{\delta \in WeakBalCoef(\mathcal{P}_0(A))} \sum_{B \in \mathcal{P}_0(A)} \delta_B E\{\hat{f}(B)\}, \forall A \in \mathcal{P}_0(N).$$

定理 4.16 假设N是有限的局中人集合，$(N, \hat{f}, \{N\})$是一个CGWUTP，其期望值全平衡覆盖博弈为$(N, \hat{\hat{f}}, \{N\})$，那么$(N, \hat{f}, \{N\})$是期望值全平衡的当且仅当

$$E\{\hat{f}(A)\} = E\{\hat{\hat{f}}(A)\}, \forall A \in \mathcal{P}(N).$$

证明 根据定义可知$(N, \hat{f}, \{N\})$是期望值全平衡的当且仅当

$$Core_E(S, \hat{f}, \{S\}) \neq \varnothing, \forall S \in \mathcal{P}_0(N).$$

根据上面的定理可知当且仅当

$$E\{\hat{f}(S)\} = E\{\bar{\hat{f}}(S)\},$$

其中

$$E\{\bar{\hat{f}}(S)\} = \max_{\delta \in WeakBalCoef(\mathcal{P}_0(S))} \sum_{B \in \mathcal{P}_0(S)} \delta_B E\{\hat{f}(B)\}, \forall S \in \mathcal{P}_0(N).$$

根据定义可知

$$E\{\bar{\hat{f}}(S)\} = E\{\hat{\hat{f}}(S)\}, \forall S \in \mathcal{P}_0(N).$$

因此命题得证.

4.6 期望值不确定核心的一致性

定义 4.20 假设N是一个有限的局中人集合，$\Gamma_{U,N}$表示其上的所有CGWUTP，解概念分为集值解概念和数值解概念.

(1) 集值解概念：$\phi : \Gamma_{U,N} \to \mathcal{P}(\mathbf{R}^N), \phi(N, \hat{f}, \tau) \subseteq \mathbf{R}^N$.

(2) 数值解概念：$\phi : \Gamma_{U,N} \to \mathbf{R}^N, \phi(N, \hat{f}, \tau) \in \mathbf{R}^N$.

显然期望值不确定核心是一种集值解概念.对于一个合作博弈$(N, \hat{f}, \{N\})$，取定$x \in Core_E(N, \hat{f}, \{N\})$，若其中某些人$S \subseteq N$按照分配$x$拿走自己的份额，一个自然的问题是：剩下的人$N \setminus S$如何分配利益$\sum_{i \in N \setminus S} x_i$呢？为了实现解概念的统一，这时候需要重新设计子博弈的支付函数，此为解概念的一致性问题.

定义 4.21 假设N是有限的局中人集合，$(N, \hat{f}, \{N\})$是一个CGWUTP，$x \in X_E^1(N, \hat{f}, \{N\})$是期望值结构理性向量并且$A \in \mathcal{P}_0(N)$.定义$A$相对于$x$的期望值Davis-Maschler约简博弈$(A, \hat{f}_{A,x}, \{A\})$为一个CGWUTP，要求期望值满足

$$E\{\hat{f}_{A,x}(B)\} = \begin{cases} \max_{Q \in \mathcal{P}(N \setminus A)} [E\{\hat{f}(Q \cup B)\} - x(Q)], & \text{如果} B \in \mathcal{P}_2(A); \\ 0, & \text{如果} B = \varnothing; \\ x(A), & \text{如果} B = A. \end{cases}$$

以上约简博弈的定义中体现了如下思想：首先，联盟A所创造的价值即x给定的价值$x(A)$；其次，空联盟的价值按照合作博弈的定义必须为0；再次，$B \in \mathcal{P}_2(N)$的联盟创造的价值可以首先选择$Q \in \mathcal{P}(N \setminus A)$一起构造成联盟$Q \cup B$，创造期望值价值$E\{\hat{f}(Q \cup B)\}$，

然后按照x 支付给联盟Q 报酬$x(Q)$，剩下的期望值收益$E\{\hat{f}(Q\cup B)\}-x(Q)$即$B$能超创造的价值，再做一个极大化，即$B$所能创造的最大价值.

定义 4.22　假设N是一个有限的局中人集合，$\Gamma_{U,N}$表示其上的所有带有大联盟结构的CGWUTP，有集值解概念：$\phi:\Gamma_{U,N}\rightarrow\mathcal{P}(\mathbf{R}^N),\phi(N,\hat{f},\{N\})\subseteq\mathbf{R}^N$，称其满足期望值Davis-Maschler约简博弈性质，如果

$$\forall(N,\hat{f},\{N\})\in\Gamma_{U,N},\forall A\in\mathcal{P}_0(N),\forall x\in\phi(N,\hat{f},\{N\})$$

都成立

$$(x_i)_{i\in A}\in\phi(A,\hat{f}_{A,x},\{A\}),$$

其中$(A,\hat{f}_{A,x},\{A\})$为A相对于x的期望值Davis-Maschler约简博弈.

定理 4.17　假设N是一个有限的局中人集合，$\Gamma_{U,N}$表示其上的所有带有大联盟结构的CGWUTP，解概念期望值不确定核心满足期望值Davis-Maschler约简博弈性质.

证明　假设

$$x\in Core_E(N,\hat{f},\{N\}).$$

要证

$$\forall A\in\mathcal{P}_0(N),(x_i)_{i\in A}\in Core_E(A,\hat{f}_{A,x},\{A\}),$$

只需证明

$$x(B)\geqslant E\{\hat{f}_{A,x}(B)\},\forall B\in\mathcal{P}_1(A);x(A)=E\{\hat{f}_{A,x}(A)\}.$$

根据期望值约简博弈价值函数的定义可知

$$x(A)=E\{\hat{f}_{A,x}(A)\}.$$

因此，只需证明

$$x(B)\geqslant E\{\hat{f}_{A,x}(B)\},\forall B\in\mathcal{P}_1(A).$$

根据期望值约简博弈的定义可知，取定$B\in\mathcal{P}_1(A)$有

$$E\{\hat{f}_{A,x}(B)\}=\max_{Q\in\mathcal{P}(N\setminus A)}[E\{\hat{f}(Q\cup B)\}-x(Q)],$$

假设$Q^*\in\mathcal{P}(N\setminus A)$取到上面的极大值，即

$$E\{\hat{f}_{A,x}(B)\}=E\{\hat{f}(Q^*\cup B)\}-x(Q^*).$$

因为

$$x\in Core_E(N,\hat{f},\{N\}),$$

根据定义一定有

$$x(B\cup Q^*)=x(B)+x(Q^*)\geqslant E\{\hat{f}(Q^*\cup B)\},$$

因此一定有

$$x(B)\geqslant E\{\hat{f}(Q^*\cup B)\}-x(Q^*)=E\{\hat{f}_{A,x}(B)\}.$$

综上

$$(x_i)_{i\in A} \in Core_E(A, \hat{f}_{A,x}, \{A\}).$$

即解概念期望值不确定核心满足期望值Davis-Maschler约简博弈性质.

可以考虑上面的期望值约简博弈性质的反问题：给定一个解概念ϕ，给定$x \in X_E^1(N, \hat{f}, \{N\})$，如果满足

$$(x_i, x_j) \in \phi(\ (i,j), \hat{f}_{(i,j),x}, \{(i,j)\}\ ), \forall (i,j) \in N \times N, i \neq j,$$

那么

$$x \in \phi(N, \hat{f}, \{N\})$$

是否成立?

将这个意思形式化为如下的定义.

定义 4.23 假设N是一个有限的局中人集合，$\Gamma_{U,N}$表示其上的所有带有大联盟结构的CGWUTP，有集值解概念：$\phi : \Gamma_{U,N} \to \mathcal{P}(\mathbf{R}^N), \phi(N, \hat{f}, \{N\}) \subseteq \mathbf{R}^N$，称其满足期望值Davis-Maschler反向约简博弈性质，如果

$$\forall (N, \hat{f}, \{N\}) \in \Gamma_{U,N}, \forall x \in X_E^1(N, \hat{f}, \{N\}),$$

且满足

$$(x_i, x_j) \in \phi(\ (i,j), \hat{f}_{(i,j),x}, \{(i,j)\}\ ), \forall (i,j) \in N \times N, i \neq j$$

都成立

$$x \in \phi(N, \hat{f}, \{N\}).$$

其中$((i,j), \hat{f}_{(i,j),x}, \{(i,j)\})$为$(i,j)$相对于$x$的期望值Davis-Maschler约简博弈.

定理 4.18 假设N是一个有限的局中人集合，$\Gamma_{U,N}$表示其上的所有带有大联盟结构的CGWUTP，解概念期望值不确定核心满足期望值Davis-Maschler反向约简博弈性质.

证明 假设

$$\forall (N, \hat{f}, \{N\}) \in \Gamma_{U,N}, \forall x \in X_E^1(N, \hat{f}, \{N\}),$$

且满足

$$(x_i, x_j) \in Core_E(\ (i,j), \hat{f}_{(i,j),x}, \{(i,j)\}\ ), \forall (i,j) \in N \times N, i \neq j.$$

要证

$$x \in Core_E(N, \hat{f}, \{N\}),$$

只需证明

$$x(A) \geqslant E\{\hat{f}(A)\}, \forall A \in \mathcal{P}_1(N); x(N) = E\{\hat{f}(N)\}.$$

因为$x \in X_E^1(N, \hat{f}, \{N\})$，所以根据期望值结构理性的定义可得

$$x(N) = E\{\hat{f}(N)\}.$$

因此，只需证明

$$x(A) \geqslant E\{\hat{f}(A)\}, \forall A \in \mathcal{P}_2(N).$$

取定$A \in \mathcal{P}_2(N)$，$i \in A, j \notin A$，根据假设有

$$(x_i, x_j) \in Core_E(\ (i,j), \hat{f}_{(i,j),x}, \{(i,j)\}\ ),$$

再根据期望值不确定核心的定义可得

$$x_i \geqslant E\{\hat{f}_{(i,j),x}(i)\}; x_j \geqslant E\{\hat{f}_{(i,j),x}(j)\}.$$

根据期望值约简博弈的定义可得

$$\hat{f}_{(i,j),x}(i) = \max_{Q \in \mathcal{P}(N \setminus (i,j))} [E\{\hat{f}(Q \cup i)\} - x(Q)]$$

取$Q = A \setminus \{i\}$，那么$i, j \notin A$，因此一定有

$$x_i \geqslant E\{\hat{f}(A \cup Q)\} - x(Q) = E\{\hat{f}(A)\} - x(A \setminus \{i\}) = E\{\hat{f}(A)\} - x(A) + x_i,$$

推出

$$x(A) \geqslant E\{\hat{f}(A)\}, \forall A \in \mathcal{P}_2(N),$$

综合起来即

$$x \in Core_E(N, \hat{f}, \{N\}).$$

结论：解概念期望值不确定核心满足期望值Davis-Maschler反向约简博弈性质.

4.7 不确定市场博弈的期望值不确定核心

假设有n个局中人$N = \{1, \cdots, i, \cdots, n\}$，每个局中人都拥有$l$种商品，商品的种类集记为$L = \{1, \cdots, j, \cdots, l\}$，商品的数量空间记为$\mathbf{R}_+^L$，用$a_i = (a_{ij})_{j \in L} \in \mathbf{R}_+^L$表示局中人$i$初始拥有的商品数量，每个局中人具有自己的生产能力去创造价值$u_i : \mathbf{R}_+^L \to \mathbf{R}$，为不确定变量.如果生产者$S \subseteq N$构成一个联盟，那么他们之间可以相互交换商品用来生产创造最大价值，因此此时联盟$S \subseteq N$所具有的商品总数为

$$a(S) = \sum_{i \in S} a_i \in \mathbf{R}_+^L,$$

他们的目的是制定一个交易方案$(x_i)_{i \in S}, x_i \in \mathbf{R}_+^L$，满足

$$x(S) = \sum_{i \in S} x_i = a(S),$$

使得联盟创造出更大的价值.这时在交易方案$(x_i)_{i \in S}$下，联盟创造的期望价值为

$$\sum_{i \in S} E\{u_i(x_i)\}.$$

将上面的设想转化为形式化语言，即不确定市场的定义.

定义 4.24　不确定市场是一个四元组$(N, L, (a_i)_{i \in N}, (u_i)_{i \in N})$，其中

(1) $N = \{1, \cdots, i, \cdots, n\}$是$n$个生产者集合；

(2) $L = \{1, \cdots, j, \cdots, l\}$是$l$类商品集合；

(3) $a_i \in R_+^L, \forall i \in N$是生产者$i$的初始商品数量；

(4) $u_i : R_+^L \to R, \forall i \in N$是生产者$i$的生产函数，为不确定变量.

定义 4.25 假设四元组$(N, L, (a_i)_{i\in N}, (u_i)_{i\in N})$是不确定市场，$S \in \mathcal{P}_0(N)$，定义联盟$S$的分配方案为

$$(x_i)_{i\in S}, \text{s.t.}, x_i \in \mathbf{R}_+^L, \forall i \in S; x(S) = \sum_{i\in S} x_i = \sum_{i\in S} a_i = a(S).$$

联盟S的所有分配方案记为$Alloc(S)$.

定理 4.19 假设四元组$(N, L, (a_i)_{i\in N}, (u_i)_{i\in N})$是不确定市场，$S \in \mathcal{P}_0(N)$，联盟$S$的分配方案集合$Alloc(S)$是$\mathbf{R}^{S\times L}$中有限个闭的半空间的交集，是有界闭集，是凸集.

定义 4.26 假设四元组$(N, L, (a_i)_{i\in N}, (u_i)_{i\in N})$是不确定市场，对应的不确定支付可转移博弈为$(N, \hat{f}, \{N\})$，其中

$$E\{\hat{f}(A)\} = \max_{(x_i)_{i\in A}\in Alloc(A)} \sum_{i\in A} E\{u_i(x_i)\}, \forall A \in \mathcal{P}(N).$$

首先要解决的第一个问题是:$\hat{f}(A)$有定义吗？如果对不确定生产函数$u_i, \forall i \in N$增加一些条件是可以给出肯定回答的.

定理 4.20 假设四元组$(N, L, (a_i)_{i\in N}, (u_i)_{i\in N})$是不确定市场，如果对于每个生产者$i \in N$，生产函数$u_i : \mathbf{R}_+^L \to \mathbf{R}$是期望值连续函数，那么

$$\max_{(x_i)_{i\in A}\in Alloc(A)} E\{u_i(x_i)\}$$

可以取到最大值.

证明 因为$\forall i \in N$，函数$u_i : \mathbf{R}_+^L \to R$是期望值连续函数，那么函数

$$\phi : \mathbf{R}_+^{A\times L} \to \mathbf{R}, \text{s.t.}, \phi((x_i)_{i\in A})) = \sum_{i\in A} E\{u_i(x_i)\}$$

是连续函数.又因为$Alloc(A) \subseteq \mathbf{R}_+^{A\times L}$是紧致集合，因此

$$\max_{(x_i)_{i\in A}\in Alloc(A)} \phi((x_i)_{i\in A}) = \max_{(x_i)_{i\in A}\in Alloc(A)} E\{u_i(x_i)\}$$

可以取到.

定义 4.27 假设N是一个有限集合，$(N, \hat{f}, \{N\})$是一个CGWUTP，称之为期望值不确定市场博弈，如果存在不确定市场$(N, L, (a_i)_{i\in N}, (u_i)_{i\in N})$，其中要求每个生产函数$\forall i \in N, u_i : \mathbf{R}_+^L \to \mathbf{R}$是期望值连续凹函数，使得

$$E\{\hat{f}(A)\} = \max_{(x_i)_{i\in A}\in Alloc(A)} \sum_{i\in A} E\{u_i(x_i)\}, \forall A \in \mathcal{P}(N).$$

定理 4.21 假设N是一个有限集合，$(N, \hat{f}, \{N\})$是一个期望值不确定市场博弈，那么

$$\forall \alpha > 0, b \in \mathbf{R}^N, (N, \alpha\hat{f} + b, \{N\})$$

依然是期望值不确定市场博弈.即正仿射变换不改变合作博弈的不确定市场属性.

证明 因为$(N, \hat{f}, \{N\})$是期望值不确定市场博弈，所以根据定义，存在不确定市场$(N, L, (a_i)_{i\in N}, (u_i)_{i\in N})$，其中每个生产函数$\forall i \in N, u_i : \mathbf{R}_+^L \to \mathbf{R}$都为期望值连续凹函数，并且

$$E\{\hat{f}(A)\} = \max_{(x_i)_{i\in A}\in Alloc(A)} \sum_{i\in A} E\{u_i(x_i)\}, \forall A \in \mathcal{P}(N).$$

构造新的市场$(N, L, (a_i)_{i\in N}, (v_i)_{i\in N})$，其中

$$v_i = \alpha u_i + b_i : \mathbf{R}_+^L \to \mathbf{R}, \forall i \in N,$$

显然$v_i, \forall i \in N$都是期望值连续凹函数，并且

$$\begin{aligned} & E\{\alpha \hat{f}(A) + b(A)\} \\ = & \alpha \max_{(x_i)_{i\in A}\in Alloc(A)} \sum_{i\in A} E\{u_i(x_i)\} + b(A) \\ = & \max_{(x_i)_{i\in A}\in Alloc(A)} \sum_{i\in A} [E\{\alpha u_i(x_i)\} + b_i] \\ = & \max_{(x_i)_{i\in A}\in Alloc(A)} \sum_{i\in A} [E\{v_i(x_i)\}], \end{aligned}$$

所以$(N, \alpha\hat{f} + b, \{N\})$可由不确定市场$(N, L, (a_i)_{i\in N}, (v_i)_{i\in N})$刻画，因此$(N, \alpha\hat{f} + b, \{N\})$是期望值不确定市场博弈.

定理 4.22　假设N是一个有限集合，$(N, \hat{f}, \{N\})$是一个期望值不确定市场博弈，那么

$$Core_E(N, \hat{f}, \{N\}) \neq \varnothing.$$

证明　因为$(N, \hat{f}, \{N\})$是期望值不确定市场博弈，因此根据定义，存在不确定市场$(N, L, (a_i)_{i\in N}, (u_i)_{i\in N})$，使得每个生产函数$\forall i \in N, u_i : \mathbf{R}_+^L \to \mathbf{R}$都为期望值连续凹函数，并且

$$E\{\hat{f}(A)\} = \max_{(x_i)_{i\in A}\in Alloc(A)} \sum_{i\in A} E\{u_i(x_i)\}, \forall A \in \mathcal{P}_0(N).$$

不妨假设

$$\begin{aligned} & x_A =: (x_{i,A})_{i\in A} \in \mathbf{R}_+^{A\times L}; \\ & \sum_{i\in A} x_{i,A} = \sum_{i\in A} a_i; \\ & \hat{f}(A) = \sum_{i\in A} u_i(x_{i,A}). \end{aligned}$$

根据非空性定理的V3版本，仅需证明

$$E\{\hat{f}(N)\} \geqslant \sum_{A\in\mathcal{P}_0(N)} \delta_A E\{\hat{f}(A)\}, \forall \delta \in WeakBalCoef(\mathcal{P}_0(N)).$$

因为$\delta \in WeakBalCoef(\mathcal{P}_0(N))$，所以有

$$\delta \geqslant 0, \quad \sum_{A\in\mathcal{P}_0(N), i\in A} \delta_A = 1, \forall i \in N,$$

定义

$$z_i = \sum_{A\in\mathcal{P}_0(N), i\in A} \delta_A x_{i,A}, \forall i \in N,$$

显然

$$z_i \in \mathbf{R}_+^L, \forall i \in N,$$

并且

$$z(N)$$

$$
\begin{aligned}
&= \sum_{i\in N} z_i \\
&= \sum_{i\in N} \sum_{A\in\mathcal{P}_0(N),i\in A} \delta_A x_{i,A} \\
&= \sum_{A\in\mathcal{P}_0(N)} \sum_{i\in A} \delta_A x_{i,A} \\
&= \sum_{A\in\mathcal{P}_0(N)} \delta_A a(A) \\
&= \sum_{A\in\mathcal{P}_0(N)} \sum_{i\in A} \delta_A a_i \\
&= \sum_{i\in N} \sum_{A\in\mathcal{P}_0(N),i\in A} \delta_A a_i \\
&= \sum_{i\in N} a_i [\sum_{A\in\mathcal{P}_0(N),i\in A} \delta_A] \\
&= \sum_{i\in N} a_i \\
&= a(N).
\end{aligned}
$$

因此$z=(z_i)_{i\in N}\in Alloc(N)$，根据定义可得

$$
\begin{aligned}
& E\{\hat{f}(N)\} \\
=\ & \max_{(x_i)_{i\in N}\in Alloc(N)} \sum_{i\in N} E\{u_i(x_i)\} \\
\geqslant\ & \sum_{i\in N} E\{u_i(z_i)\} \\
=\ & \sum_{i\in N} E\{u_i(\sum_{A\in\mathcal{P}_0(N),i\in A} \delta_A x_{i,A})\} \\
\geqslant\ & \sum_{i\in N} \sum_{\mathcal{P}_0(N),i\in A} \delta_A E\{u_i(x_{i,A})\} \\
=\ & \sum_{A\in\mathcal{P}_0(N)} \delta_A \sum_{i\in A} E\{u_i(x_{i,A})\} \\
=\ & \sum_{A\in\mathcal{P}_0(N)} \delta_A E\{\hat{f}(A)\}.
\end{aligned}
$$

上式中第二、三行利用了期望值不确定市场博弈的定义，第四行代入了z_i定义，第五行利用了函数u_i的期望值凹性，第六行利用了指标的交换性.因此根据非空性定理V3 版本可知，期望值不确定市场博弈的期望值不确定核心非空.

对于一个生产函数是期望值连续凹函数的市场$(N,L,(a_i)_{i\in N},(u_i)_{i\in N})$，可以定义与其对应的期望值不确定博弈$(N,\hat{f},\{N\})$，则

$$E\{\hat{f}(A)\}=\max_{(x_i)_{i\in A}\in Alloc(A)} \sum_{i\in A} E\{u_i(x_i)\}, \forall A\in\mathcal{P}(N).$$

取定$S\in\mathcal{P}_0(N)$，新的市场$(S,L,(a_i)_{i\in S},(u_i)_{i\in S})$也会产生一个对应的期望值不确定博

弈$(S,\bar{\bar{f}},\{S\})$，所以一个自然的问题是是否有

$$E\{\bar{\bar{f}}(B)\}=E\{\hat{f}(B)\},\forall B\in\mathcal{P}_0(S).$$

根据定义可知

$$E\{\hat{f}(B)\}=\max_{(x_i)_{i\in B}\in Alloc(B)}\sum_{i\in B}E\{u_i(x_i)\},\forall B\in\mathcal{P}_0(S).$$

再次根据定义可知

$$E\{\bar{\bar{f}}(B)\}=\max_{(x_i)_{i\in B}\in Alloc(B)}\sum_{i\in B}E\{u_i(x_i)\},\forall B\in\mathcal{P}_0(S).$$

因此上面的问题得到了肯定回答.

定理 4.23　假设$(N,L,(a_i)_{i\in N},(u_i)_{i\in N})$是所有生产函数都为期望值连续凹函数的不确定市场，与其对应的期望值不确定合作博弈为$(N,\hat{f},\{N\})$，则

$$E\{\hat{f}(A)\}=\max_{(x_i)_{i\in A}\in Alloc(A)}\sum_{i\in A}E\{u_i(x_i)\},\forall A\in\mathcal{P}(N).$$

取定$S\in\mathcal{P}_0(N)$，新的不确定市场$(S,L,(a_i)_{i\in S},(u_i)_{i\in S})$对应的期望值不确定合作博弈$(S,\bar{\bar{f}},\{S\})$，

$$E\{\bar{\bar{f}}(T)\}=\max_{(x_i)_{i\in T}\in Alloc(T)}\sum_{i\in T}E\{u_i(x_i)\},\forall T\in\mathcal{P}(S).$$

那么一定有

$$E\{\bar{\bar{f}}(B)\}=E\{\hat{f}(B)\},\forall B\in\mathcal{P}(S).$$

定义 4.28　假设N是一个有限集合，$(N,\hat{f},\{N\})$是一个不确定支付可转移合作博弈，$\forall A\in\mathcal{P}_0(N)$，子博弈$(A,\bar{\bar{f}},\{A\})$定义为

$$\bar{\bar{f}}(B)=\hat{f}(B),\forall B\in\mathcal{P}_0(A).$$

为了方便起见，子博弈$(A,\bar{\bar{f}},\{A\})$简记为$(A,\hat{f},\{A\})$.

定义 4.29　假设N是一个有限集合，$(N,\hat{f},\{N\})$是一个CGWUTP，称之为期望值全平衡博弈，如果$\forall A\in\mathcal{P}_0(N)$，子博弈$(A,\bar{\bar{f}},\{A\})$ 的期望值不确定核心非空.

定理 4.24　假设N是一个有限集合，$(N,\hat{f},\{N\})$是一个期望值不确定市场博弈，那么$\forall A\in\mathcal{P}_0(N)$，子博弈$(A,\hat{f},\{A\})$也为期望值不确定市场博弈.

证明　因为$(N,\hat{f},\{N\})$是期望值不确定市场博弈，因此根据定义存在每个生产函数$\forall i\in N,u_i:\mathbf{R}^L_+\to R$为期望值连续凹函数的市场$(N,L,(a_i)_{i\in N},(u_i)_{i\in N})$，使得

$$E\{\hat{f}(T)\}=\max_{(x_i)_{i\in T}\in Alloc(T)}\sum_{i\in T}E\{u_i(x_i)\},\forall T\in\mathcal{P}_0(N).$$

任意取定$\forall A\in\mathcal{P}_0(N)$，根据上一个定理的证明，新市场$(A,L,(a_i)_{i\in A},(u_i)_{i\in A})$ 对应的合作博弈是$(A,\hat{f},\{A\})$，所以$(A,\hat{f},\{A\})$也是期望值不确定市场博弈.

定理 4.25　假设N是一个有限集合，$(N,\hat{f},\{N\})$是一个期望值不确定市场博弈，那么$\forall A\in\mathcal{P}_0(N)$，子博弈$(A,\hat{f},\{A\})$的期望值核心非空.

定理 4.26　假设N是一个有限集合，$(N,\hat{f},\{N\})$是一个期望值不确定市场博弈，那么也是期望值全平衡博弈.

一个自然的问题是：期望值全平衡博弈是期望值不确定市场博弈吗？回答是肯定的.

定理 4.27 假设N是一个有限集合，$(N,\hat{f},\{N\})$是一个期望值全平衡博弈，那么也是期望值不确定市场博弈.

证明 因为正仿射变换不改变博弈的市场属性和全平衡属性，且任何博弈都期望值策略等价于期望值0规范博弈，所以只需证明任何期望值0规范的期望值全平衡博弈都是期望值不确定市场博弈.假设$(N,\hat{f},\{N\})$是0规范的期望值全平衡博弈，即

$$E\{\hat{f}(i)\}=0,\forall i\in N;Core_E(A,\hat{f},\{A\})\neq\varnothing,\forall A\in\mathcal{P}_0(N).$$

要构造一个具有期望值连续凹性质生产函数的市场$(N,L,(a_i)_{i\in N},(u_i)_{i\in N})$，使得

$$E\{\hat{f}(A)\}=\max_{(x_i)_{i\in A}\in Alloc(A)}\sum_{i\in A}E\{u_i(x_i)\},\forall A\in\mathcal{P}(N).$$

(1) 构造市场.令

$$N=L=\{1,\cdots,n\},a_i=e_i,\forall i\in N,$$

那么有

$$\mathbf{R}_+^L=\mathbf{R}_+^N,a(A)=\sum_{i\in A}a_i=e_A,\forall A\in\mathcal{P}(N),$$

取定$x\in\mathbf{R}_+^N$，定义集合

$$BalCoef(x)=\{\delta|\ \delta=(\delta_A)_{A\in\mathcal{P}_0(N)};\delta\geqslant 0;\delta M_{\mathcal{P}_0(N)}=x\}.$$

因为

$$\delta=(\delta_A)_{A\in\mathcal{P}_0(N)},\delta_A=\begin{cases}x_i, & \text{如果}A=\{i\};\\ 0, & \text{如果}|A|\geqslant 2.\end{cases}$$

是$BalCoef(x)$中的元素，并且$BalCoef(x)$是有界闭集，因此$BalCoef(x)$是非空紧致凸集合.定义函数$u:\mathbf{R}_+^N\to\mathbf{R}$为

$$E\{u(x)\}=\max_{\delta\in BalCoef(x)}[\sum_{A\in\mathcal{P}_0(N)}\delta_A E\{\hat{f}(A)\}],\forall x\in\mathbf{R}_+^N.$$

显然函数$u(x)$是良定的并且不确定的.令$u_i(x)=u(x):\mathbf{R}_+^N\to\mathbf{R},\forall i\in N$是生产函数.

(2) 研究函数$E\{u(x)\}$的性质.首先因为是线性函数的最大值，所以函数是连续的.其次函数是非负齐次的，零齐次很容易验证，下面验证函数是正齐次的，显然有

$$\forall\alpha>0,BalCoef(\alpha x)=\alpha BalCoef(x),\forall x\in\mathbf{R}_+^N,$$

因此对于$\alpha>0,x\in\mathbf{R}_+^N$有

$$\begin{aligned}&E\{u(\alpha x)\}\\=&\max_{\delta\in BalCoef(\alpha x)}[\sum_{A\in\mathcal{P}_0(N)}\delta_A E\{\hat{f}(A)\}]\\=&\max_{\delta\in BalCoef(x)}[\sum_{A\in\mathcal{P}_0(N)}\alpha\delta_A E\{\hat{f}(A)\}]\\=&\alpha\max_{\delta\in BalCoef(x)}[\sum_{A\in\mathcal{P}_0(N)}\delta_A E\{\hat{f}(A)\}]\\=&\alpha E\{u(x)\}.\end{aligned}$$

继续验证函数$E\{u\}$满足

$$\forall x,y\in\mathbf{R}_{+}^{N},E\{u(x+y)\}\geqslant E\{u(x)\}+E\{u(y)\}.$$

不妨假设

$$\exists\delta=(\delta_A)_{A\in\mathcal{P}_0(N)}\in BalCoef(x),\text{s.t.},E\{u(x)\}=\sum_{A\in\mathcal{P}_0(N)}\delta_A E\{\hat{f}(A)\},$$

和

$$\exists\eta=(\eta_A)_{A\in\mathcal{P}_0(N)}\in BalCoef(y),\text{s.t.},E\{u(y)\}=\sum_{A\in\mathcal{P}_0(N)}\eta_A E\{\hat{f}(A)\}.$$

显然有

$$\delta+\eta=(\delta_A+\eta_A)_{A\in\mathcal{P}_0(N)}\in BalCoef(x+y),$$

因此有

$$\begin{aligned}&E\{u(x+y)\}\\=&\max_{\gamma\in BalCoef(x+y)}[\sum_{A\in\mathcal{P}_0(N)}\gamma_A E\{\hat{f}(A)\}]\\\geqslant&\sum_{A\in\mathcal{P}_0(N)}(\delta_A+\eta_A)E\{\hat{f}(A)\}]\\=&E\{u(x)\}+E\{u(y)\}.\end{aligned}$$

二者综合得到$\forall x,y\in\mathbf{R}_{+}^{N},\forall\alpha\in[0,1]$有

$$\begin{aligned}&E\{u(\alpha x+(1-\alpha)y)\}\\\geqslant&E\{u(\alpha x)\}+E\{u((1-\alpha)y)\}\\=&\alpha E\{u(x)\}+(1-\alpha)E\{u(y)\}.\end{aligned}$$

因此函数$E\{u\}$是连续的凹函数.

(3) $E\{u(e_A)\}=E\{\hat{f}(A)\}$.容易验证

$$\begin{aligned}&BalCoef(e_A)\\=&\{\delta|\,\delta=(\delta_B)_{B\in\mathcal{P}_0(N)};\delta\geqslant 0;\delta M_{\mathcal{P}_0(N)}=e_A\}\\=&\{\delta|\,\delta=(\delta_B)_{B\in\mathcal{P}_0(A)};\delta\geqslant 0;\delta M_{\mathcal{P}_0(A)}=e_A\}\\=&WeakBalCoef(\mathcal{P}_0(A)).\end{aligned}$$

回忆一个合作博弈的期望值全平衡覆盖博弈的定义可知

$$\begin{aligned}&E\{u(e_A)\}\\=&\max_{\delta\in BalCoef(e_A)}[\sum_{B\in\mathcal{P}_0(N)}\delta_B E\{\hat{f}(B)\}]\\=&\max_{\delta\in WeakBalCoef(\mathcal{P}_0(A))}[\sum_{B\in\mathcal{P}_0(A)}\delta_B E\{\hat{f}(B)\}]\\=&E\{\hat{\hat{f}}(A)\},\end{aligned}$$

根据期望值全平衡博弈的性质可知

$$E\{u(e_A)\} = E\{\hat{\hat{f}}(A)\} = E\{\hat{f}(A)\}.$$

(4) 推导市场$(N, N, (e_i)_{i\in N}, (u_i)_{i\in N})$对应的期望值不确定市场合作博弈$(N, \hat{h}, \{N\})$.根据定义可知

$$E\{\hat{h}(A)\} = \max_{(x_i)_{i\in A}\in Alloc(A)}[\sum_{i\in A} E\{u_i(x_i)\}], \forall A \in \mathcal{P}_0(N),$$

根据分配集合的定义可知

$$\begin{aligned}
& Alloc(A) \\
= & \{(x_i)_{i\in A} |\, x_i \in \mathbf{R}_+^N, \forall i \in A; \sum_{i\in A} x_i = a(A) = \sum_{i\in A} e_i = e_A\} \\
\supseteq & \bigcup_{i\in A}\{(\hat{x}_i)_{i\in A} |\, \hat{x}_j = 0, \forall j \in A, j \neq i; \hat{x}_i \in \mathbf{R}_+^N; \hat{x}_i = e_A\},
\end{aligned}$$

因此必定有

$$E\{\hat{h}(A)\} \geqslant E\{u_i(\hat{x}_i)\} = E\{u(\hat{x}_i)\} = E\{u(e_A)\} = E\{\hat{f}(A)\}, \forall A \in \mathcal{P}_0(N).$$

另一方面，假设

$$\exists (x_i^*)_{i\in A} \in Alloc(A), \text{s.t.}, E\{\hat{h}(A)\} = \sum_{i\in A} E\{u(x_i^*)\},$$

根据函数的性质可得

$$\begin{aligned}
& E\{\hat{h}(A)\} \\
= & \sum_{i\in A} E\{u(x_i^*)\} \\
\leqslant & E\{u(\sum_{i\in A} x_i^*)\} \\
= & E\{u(e_A)\} = E\{\hat{f}(A)\}.
\end{aligned}$$

二者综合可得

$$E\{\hat{h}(A)\} = E\{\hat{f}(A)\}, \forall A \in \mathcal{P}_0(N).$$

即证明了$(N, \hat{f}, \{N\})$是一个期望值不确定市场博弈.

前文证明了期望值不确定市场博弈是期望值全平衡博弈，反过来也证明了期望值全平衡博弈是期望值不确定市场博弈，因此可以得出下面的定理.

定理 4.28 假设N是一个有限集合，$(N, \hat{f}, \{N\})$是一个期望值全平衡博弈当且仅当是期望值不确定市场博弈.

4.8 期望值可加博弈的期望值不确定核心

定义 4.30 假设N是有限的局中人集合，$(N, \hat{f}, \{N\})$为一个CGWUTP，称其为期望值可加的或者期望值线性可加的，如果满足

$$E\{\hat{f}(A)\} = \sum_{i\in A} E\{\hat{f}(i)\}, \forall A \in \mathcal{P}(N).$$

定理 4.29 假设N是有限的局中人集合，$(N,\hat{f},\{N\})$为一个CGWUTP，如果其是期望值可加的，那么一定是期望值全平衡的.

证明 假设$A\in\mathcal{P}_0(N)$，对于子博弈$(A,\hat{f},\{A\})$，断言：

$$(E\{\hat{f}(i)\})_{i\in A}\in Core_E(A,\hat{f},\{A\}).$$

验证如下：

$$(E\{\hat{f}(i)\})_{i\in A}\in\mathbf{R}^A;$$
$$E\{\hat{f}(i)\}\geqslant E\{\hat{f}(i)\},\forall i\in A;$$
$$\sum_{i\in A}E\{\hat{f}(i)\}=E\{\hat{f}(A)\};$$
$$\sum_{j\in B}E\{\hat{f}(j)\}=E\{\hat{f}(B)\}\geqslant E\{\hat{f}(B)\},\forall B\in\mathcal{P}_0(A).$$

因此每一个子博弈的期望值不确定核心非空，因此期望值可加的CGWUTP是期望值全平衡博弈.

定理 4.30 假设N是有限的局中人集合，$(N,\hat{f},\{N\})$和$(N,\hat{g},\{N\})$都是期望值全平衡的合作博弈，定义新的合作博弈$(N,\hat{h},\{N\})$，要求

$$E\{\hat{h}(A)\}=\min(E\{\hat{f}(A)\},E\{\hat{g}(A)\}),\forall A\in\mathcal{P}(N),$$

那么$(N,\hat{h},\{N\})$也是期望值全平衡的.取定$A\in\mathcal{P}_0(N)$，如果$E\{\hat{h}(A)\}=E\{\hat{f}(A)\}$，那么

$$Core_E(A,\hat{f},\{A\})\subseteq Core_E(A,\hat{h},\{A\}),$$

如果$E\{\hat{h}(A)\}=E\{\hat{g}(A)\}$，那么

$$Core_E(A,\hat{g},\{A\})\subseteq Core_E(A,\hat{h},\{A\}).$$

证明 取定$A\in\mathcal{P}_0(N)$，要证明

$$Core_E(A,\hat{h},\{A\})\neq\varnothing,$$

不妨设$E\{\hat{f}\}(A)\leqslant E\{g(A)\}$，那么有

$$E\{\hat{h}(A)\}=E\{\hat{f}(A)\}.$$

因为$(N,\hat{f},\{N\})$是期望值全平衡的合作博弈，因此

$$Core_E(A,\hat{f},\{A\})\neq\varnothing,$$

断言

$$Core_E(A,\hat{f},\{A\})\subseteq Core_E(A,\hat{h},\{A\}).$$

假设$x\in Core_E(A,\hat{f},\{A\})$，根据核心的定义可得

$$x(A)=E\{\hat{f}(A)\};x(B)\geqslant E\{\hat{f}(B)\},\forall B\in\mathcal{P}(A),$$

因此一定有

$$x(A)=E\{\hat{f}(A)\}=E\{\hat{h}(A)\};x(B)\geqslant E\{\hat{f}(B)\}\geqslant E\{\hat{h}(B)\},\forall B\in\mathcal{P}(A).$$

即

$$x\in Core_E(A,\hat{h},\{A\}),$$

所以

$$Core_E(A,\hat{f},\{A\}) \subseteq Core_E(A,\hat{h},\{A\}) \neq \varnothing.$$

定理 4.31 假设N是有限的局中人集合，$(N,\hat{f},\{N\})$是期望值全平衡的当且仅当其是有限个期望值可加博弈$(N,\hat{f}_i,\{N\})_{i=1,\cdots,k}$的最小博弈，即

$$E\{\hat{f}\} = \min\ (E\{\hat{f}_1\},\cdots,E\{\hat{f}_k\}).$$

证明 (1) 如果$(N,\hat{f}_i,\{N\})_{i=1,\cdots,k}$是有限个期望值可加博弈，如果

$$E\{\hat{f}\} = \min\ (E\{\hat{f}_1\},\cdots,E\{\hat{f}_k\}).$$

要证$(N,\hat{f},\{N\})$是期望值全平衡博弈.因为期望值可加博弈是期望值全平衡博弈，所以$(N,\hat{f}_i,\{N\})_{i=1,\cdots,k}$是有限个期望值全平衡博弈，根据上面的定理可知

$$(N,\hat{f},\{N\}), E\{\hat{f}\} = \min\ (E\{\hat{f}_1\},\cdots,E\{\hat{f}_k\})$$

是期望值全平衡博弈.

(2) 如果$(N,\hat{f},\{N\})$是期望值全平衡博弈，那么要构造出有限个期望值可加博弈$(N,\hat{f}_i,\{N\})_{i=1,\cdots,k}$，使得

$$E\{\hat{f}\} = \min\ (E\{\hat{f}_1\},\cdots,E\{\hat{f}_k\}).$$

令$M = 2\max_{A\in\mathcal{P}(N)}|E\{\hat{f}(A)\}|$.对于$A\in\mathcal{P}_0(N)$，因为$(N,\hat{f},\{N\})$是期望值全平衡的，所以

$$Core_E(A,\hat{f},\{A\}) \neq \varnothing,$$

取定$\hat{x}^A \in Core_E(A,\hat{f},\{A\})$，将$\hat{x}_A$扩充为$\mathbf{R}^N$中的向量$x^A$,

$$x_i^A = \hat{x}_i^A, \forall i\in A; x_i^A = M, \forall i \notin A.$$

根据核心的定义和向量的扩充定义可得

$$x_i^A \geqslant E\{\hat{f}(i)\}, \forall i\in N; \sum_{i\in A} x_i^A = E\{\hat{f}(A)\}.$$

对于空集$\varnothing$，定义$x^{\varnothing}$为

$$x_i^{\varnothing} = M, \forall i \in N.$$

对于$A\in\mathcal{P}(N)$，定义合作博弈$(N,\hat{f}_A,\{N\})$为

$$\hat{f}_A(B) =: \sum_{i\in B} x_i^A, \forall B\in\mathcal{P}_0(N); \hat{f}_A(\varnothing) =: 0.$$

根据定义可知$(N,\hat{f}_A,\{N\})$是期望值可加博弈.

(3) 断言：对于$\forall A,B\in\mathcal{P}(N)$，有$E\{\hat{f}_A(B)\}\geqslant E\{\hat{f}(B)\}$.当$A=\varnothing$时，有

$$E\{\hat{f}_{\varnothing}(B)\} = \sum_{i\in B} M = |B|M \geqslant E\{\hat{f}(B)\}.$$

当$B=\varnothing$时，显然成立.当$A\neq\varnothing, B\neq\varnothing$时，可得

$$\begin{aligned} & E\{\hat{f}_A(B)\} \\ = & \sum_{i\in B} x_i^A \\ = & \sum_{i\in B\cap A} x_i^A + \sum_{i\in B\setminus A} x_i^A \end{aligned}$$

$$\geqslant \quad E\{\hat{f}(A\cap B)\}+\sum_{i\in B\setminus A}x_i^A$$
$$= \quad E\{\hat{f}(A\cap B)\}+|B\setminus A|M.$$

分情况讨论.如果$B\subseteq A$，那么$A\cap B=B$并且$|B\setminus A|=0$，代入上面的式子可得

$$E\{\hat{f}_A(B)\}\geqslant E\{\hat{f}(B)\}.$$

如果$B\not\subseteq A$，那么$|B\setminus A|\geqslant 1$，根据$M$的定义可得

$$M\geqslant E\{\hat{f}(B)\}-E\{\hat{f}(A\cap B)\},$$

因此有

$$E\{\hat{f}_A(B)\}\geqslant E\{\hat{f}(A\cap B)\}+M$$
$$\geqslant \quad E\{\hat{f}(A\cap B)\}+E\{\hat{f}(A)\}-E\{\hat{f}(A\cap B)\}=E\{\hat{f}(B)\},$$

综上都有

$$E\{\hat{f}_A(B)\}\geqslant E\{\hat{f}(B)\},\forall A,B\in\mathcal{P}(N).$$

(4) 断言：$\forall B\in\mathcal{P}(N)$，成立

$$\min_{A\in\mathcal{P}(N)} E\{\hat{f}_A(B)\}=E\{\hat{f}(B)\}.$$

根据(3)中的结论可知

$$\min_{A\in\mathcal{P}(N)} E\{\hat{f}_A(B)\}\geqslant E\{\hat{f}(B)\},\forall B\in\mathcal{P}(N).$$

根据定义可知

$$E\{\hat{f}_B(B)\}=\sum_{i\in B}x_i^B=E\{\hat{f}(B)\}.$$

因此

$$\min_{A\in\mathcal{P}(N)} E\{\hat{f}_A(B)\}=E\{\hat{f}(B)\},\forall B\in\mathcal{P}(N).$$

至此构造了一系列的可加博弈:

$$(N,\hat{f}_A,\{N\})_{A\in\mathcal{P}(N)},\text{s.t.},E\{\hat{f}(\cdot)\}=\min_{A\in\mathcal{P}(N)} E\{\hat{f}_A(\cdot)\}.$$

因为期望值全平衡博弈当且仅当为期望值不确定市场博弈，因此有如下的简单定理.

定理 4.32　假设N是有限的局中人集合，$(N,\hat{f},\{N\})$是期望值不确定市场博弈当且仅当其是有限个期望值可加博弈$(N,\hat{f}_i,\{N\})_{i=1,\cdots,k}$的最小博弈，即

$$E\{\hat{f}\}=\min\ (E\{\hat{f}_1\},\cdots,E\{\hat{f}_k\}).$$

4.9 期望值凸博弈的期望值不确定核心

定义 4.31　假设N是有限的局中人集合，$(N,\hat{f},\{N\})$是一个CGWUTP，称其为期望值凸博弈，如果满足

$$\forall A,B\in\mathcal{P}(N),E\{\hat{f}(A)\}+E\{\hat{f}(B)\}\leqslant E\{\hat{f}(A\cap B)\}+E\{\hat{f}(A\cup B)\}.$$

定理 4.33 假设N是有限的局中人集合，$(N,\hat{f},\{N\})$是一个期望值凸博弈，那么$\forall A\in\mathcal{P}_0(N)$，子博弈$(A,\hat{f},\{A\})$也是期望值凸博弈.

证明 因为$(N,\hat{f},\{N\})$是期望值凸博弈，所以

$$\forall A,B\in\mathcal{P}(N),E\{\hat{f}(A)\}+E\{\hat{f}(B)\}\leqslant E\{\hat{f}(A\cap B)\}+E\{\hat{f}(A\cup B)\}.$$

特别地，满足

$$\forall S,T\in\mathcal{P}(A),E\{\hat{f}(S)\}+E\{\hat{f}(T)\}\leqslant E\{\hat{f}(S\cap T)\}+E\{\hat{f}(S\cup T)\}.$$

根据定义，即$(A,\hat{f},\{A\})$是期望值凸博弈.

定理 4.34 假设N是有限的局中人集合，$(N,\hat{f},\{N\})$是一个CGWUTP，那么下面三者等价：

(1) $(N,\hat{f},\{N\})$是期望值凸博弈；

(2) 对$\forall B\subseteq A\subseteq N,\forall Q\subseteq N\setminus A$，有

$$E\{\hat{f}(B\cup Q)\}-E\{\hat{f}(B)\}\leqslant E\{\hat{f}(A\cup Q)\}-E\{\hat{f}(A)\}.$$

(3) $\forall B\subseteq A\subseteq N,\forall i\in N\setminus A$，有

$$E\{\hat{f}(B\cup\{i\})\}-E\{\hat{f}(B)\}\leqslant E\{\hat{f}(A\cup\{i\})\}-E\{\hat{f}(A)\}.$$

证明 (1) 先证明(1) $\Rightarrow$ (2).取定

$$B\subseteq A\subseteq N,Q\subseteq N\setminus A,$$

利用博弈的期望值凸性可得

$$E\{\hat{f}(B\cup Q)\}+E\{\hat{f}(A)\}\leqslant E\{\hat{f}(B\cup Q\cup A)\}+E\{\hat{f}((B\cup Q)\cap A)\}.$$

显然可得

$$B\cup Q\cup A=A\cup Q,(B\cup Q)\cap A=B,$$

代入可得

$$E\{\hat{f}(B\cup Q)\}+E\{\hat{f}(A)\}\leqslant E\{\hat{f}(A\cup Q)\}+E\{\hat{f}(B)\}.$$

转化为

$$E\{\hat{f}(B\cup Q)\}-E\{\hat{f}(B)\}\leqslant E\{\hat{f}(A\cup Q)\}-E\{\hat{f}(A)\}.$$

(2) 再证明(2) $\Rightarrow$ (3).此时取定$Q=\{i\}$即可.

(3) 最后证明(3) $\Rightarrow$ (1).分情况讨论.任意取定$A,B\in\mathcal{P}(N)$.

情形一：$B\subseteq A$时，有

$$B\cap A=B,A\cup B=A,$$

因此必定有

$$E\{\hat{f}(A)\}+E\{\hat{f}(B)\}\leqslant E\{\hat{f}(A)\}+E\{\hat{f}(B)\}=E\{\hat{f}(A\cup B)\}+E\{\hat{f}(A\cap B)\}.$$

情形二：$B\not\subseteq A$时，定义$D=B\cap A,E=B\setminus A$.因为$B\not\subseteq A$，因此一定有$E\neq\varnothing$，不妨假设

$$E=\{i_1,\cdots,i_k\}.$$

显然有

$$D \subseteq A, E=\{i_1,\cdots,i_k\} \subseteq N \setminus A.$$

则

$$A \cup \{i_1,\cdots,i_l\} \supseteq D \cup \{i_1,\cdots,i_l\}, \forall l=0,1,\cdots,k-1,$$

并且

$$i_{l+1} \notin A \cup \{i_1,\cdots,i_l\}, l=0,1,\cdots,k-1.$$

因此根据结论(3)中的条件可得

$$\begin{aligned} & E\{\hat{f}(A \cup \{i_1,\cdots,i_l,i_{l+1}\})\}-E\{\hat{f}(A \cup \{i_1,\cdots,i_l\})\} \\ \geqslant\ & E\{\hat{f}(D \cup \{i_1,\cdots,i_l,i_{l+1}\})\}-E\{\hat{f}(D \cup \{i_1,\cdots,i_l\})\}, l=0,1,\cdots,k-1. \end{aligned}$$

相加得到

$$\begin{aligned} & E\{\hat{f}(A \cup \{i_1,\cdots,i_{k-1},i_k\})\}-E\{\hat{f}(A)\} \\ \geqslant\ & E\{\hat{f}(D \cup \{i_1,\cdots,i_{k-1},i_k\})\}-E\{\hat{f}(D)\}. \end{aligned}$$

即

$$E\{\hat{f}(A \cup E)\}-E\{\hat{f}(A)\} \geqslant E\{\hat{f}(D \cup E)\}-E\{\hat{f}(D)\}.$$

转化为

$$E\{\hat{f}(A \cup B)\}-E\{\hat{f}(A)\} \geqslant E\{\hat{f}(B)\}-E\{\hat{f}(A \cap B)\}.$$

进一步转化为

$$E\{\hat{f}(A)\}+E\{\hat{f}(B)\} \leqslant E\{\hat{f}(A \cap B)\}+E\{\hat{f}(A \cup B)\}.$$

接下来用构造性的方法给出期望值凸博弈的期望值不确定核心中的一个元素.

定理 4.35　假设N是有限的局中人集合，$(N,\hat{f},\{N\})$是一个CGWUTP，构造向量$x \in \mathbf{R}^N$为

$$\begin{aligned} x_1 &= E\{\hat{f}(1)\}; \\ x_2 &= E\{\hat{f}(1,2)\}-E\{\hat{f}(1)\}; \\ x_3 &= E\{\hat{f}(1,2,3)\}-E\{\hat{f}(1,2)\}; \\ &\vdots \\ x_n &= E\{\hat{f}(1,2,..,n)\}-E\{\hat{f}(1,2,\cdots,n-1)\}. \end{aligned}$$

那么

$$x \in Core_E(N,\hat{f},\{N\}) \neq \varnothing.$$

证明　首先验证x满足期望值结构理性，即

$$x(N)=\sum_{i \in N} x_i = E\{\hat{f}(1,2,\cdots,n)\}=E\{\hat{f}(N)\}.$$

其次验证x满足期望值集体理性，即

$$\forall A \in \mathcal{P}_0(N), x(A) \geqslant E\{\hat{f}(A)\}.$$

因为A是有限的，不妨假设

$$A = \{i_1, \cdots, i_k\}, i_1 < i_2 < \cdots < i_k,$$

因此

$$\{i_1, \cdots, i_{j-1}\} \subseteq \{1, 2, \cdots, i_j - 1\}, \forall j = 1, \cdots, k.$$

利用期望值凸性的等价刻画可得

$$\begin{aligned} & E\{\hat{f}(\{1, \cdots, i_j\})\} - E\{\hat{f}(\{1, \cdots, i_j - 1\})\} \\ \geqslant \; & E\{\hat{f}(\{i_1, \cdots, i_{j-1}, i_j\})\} - E\{\hat{f}(\{i_1, \cdots, i_{j-1}\})\}, \forall j = 1, \cdots, k. \end{aligned}$$

因此得到

$$\begin{aligned} x(A) &= \sum_{j=1}^{k} x_{i_j} \\ &= \sum_{j=1}^{k} [E\{\hat{f}(\{1, \cdots, i_j\})\} - E\{\hat{f}(\{1, \cdots, i_j - 1\})\}] \\ &\geqslant \sum_{j=1}^{k} [E\{\hat{f}(\{i_1, \cdots, i_{j-1}, i_j\})\} - E\{\hat{f}(\{i_1, \cdots, i_{j-1}\})\}] \\ &= E\{\hat{f}(\{i_1, \cdots, i_k\})\} = E\{\hat{f}(A)\}. \end{aligned}$$

二者综合可以得出

$$x \in Core_E(N, \hat{f}, \{N\}) \neq \varnothing.$$

定义 4.32 假设$N = \{1, \cdots, n\}$是一个有限集合，N的一个置换是如下的要素：

$$\pi = (i_1, \cdots, i_n), \{i_1, \cdots, i_n\} = \{1, \cdots, n\}.$$

所有的置换记为Permut(N).

定理 4.36 假设N是有限的局中人集合，$(N, \hat{f}, \{N\})$是一个**CGWUTP**，$\pi = (i_1, \cdots, i_n)$是一个置换，构造向量$x \in \mathbf{R}^N$为

$$\begin{aligned} x_1 &= E\{\hat{f}(i_1)\}; \\ x_2 &= E\{\hat{f}(i_1, i_2)\} - E\{\hat{f}(i_1)\}; \\ x_3 &= E\{\hat{f}(i_1, i_2, i_3)\} - E\{\hat{f}(i_1, i_2)\}; \\ &\vdots \\ x_n &= E\{\hat{f}(i_1, i_2, \cdots, i_n)\} - E\{\hat{f}(i_1, i_2, \cdots, i_{n-1})\}. \end{aligned}$$

那么

$$x \in Core_E(N, \hat{f}, \{N\}) \neq \varnothing.$$

证明 采用相似的证明思路即可.

定义 4.33　假设N是有限的局中人集合，$(N,\hat{f},\{N\})$是一个CGWUTP，$\pi=(i_1,\cdots,i_n)$是一个置换，构造向量$x\in\mathbf{R}^N$为

$$
\begin{aligned}
x_1 &= E\{\hat{f}(i_1)\};\\
x_2 &= E\{\hat{f}(i_1,i_2)\}-E\{\hat{f}(i_1)\};\\
x_3 &= E\{\hat{f}(i_1,i_2,i_3)\}-E\{\hat{f}(i_1,i_2)\};\\
&\vdots\\
x_n &= E\{\hat{f}(i_1,i_2,\cdots,i_n)\}-E\{\hat{f}(i_1,i_2,\cdots,i_{n-1})\}.
\end{aligned}
$$

上面的这个向量记为$x:=w^\pi$.

定理 4.37　假设N是有限的局中人集合，$(N,\hat{f},\{N\})$是一个CGWUTP，那么

$$ConvHull\,\{w^\pi|\forall\pi\in\mathrm{Permut}(N)\}\subseteq Core_E(N,\hat{f},\{N\}).$$

证明　显然

$$\{w^\pi|\,\pi\in\mathrm{Permut}(N)\}\subseteq Core_E(N,\hat{f},\{N\}).$$

因为期望值不确定核心是凸集，所以

$$ConvHull\,\{w^\pi|\forall\pi\in\mathrm{Permut}(N)\}\subseteq Core_E(N,\hat{f},\{N\}).$$

一个自然的问题是：反过来对吗？利用凸集分离定理可以较容易证明反方向的定理.综合起来得到如下的期望值凸博弈的期望值不确定核心的刻画定理.

定理 4.38　假设N是有限的局中人集合，$(N,\hat{f},\{N\})$是一个CGWUTP，那么

$$ConvHull\,\{w^\pi|\forall\pi\in\mathrm{Permut}(N)\}=Core_E(N,\hat{f},\{N\}).$$

定理 4.39　假设N是有限的局中人集合，$(N,\hat{f},\{N\})$是一个期望值凸博弈，那么

$$\forall A\in\mathcal{P}_0(N),\exists x\in Core_E(N,\hat{f},\{N\}),\text{s.t.},x(A)=E\{\hat{f}(A)\}.$$

证明　令

$$A=\{i_1,\cdots,i_k\}$$

考察一个置换

$$\pi=(i_1,\cdots,i_k,i_{k+1},\cdots,i_n)$$

那么$x=w^\pi\in Core_E(N,\hat{f},\{N\})$表示为

$$
\begin{aligned}
x_1 &= E\{\hat{f}(i_1)\};\\
x_2 &= E\{\hat{f}(i_1,i_2)\}-E\{\hat{f}(i_1)\};\\
x_3 &= E\{\hat{f}(i_1,i_2,i_3)\}-E\{\hat{f}(i_1,i_2)\};\\
&\vdots\\
x_n &= E\{\hat{f}(i_1,i_2,\cdots,i_n)\}-E\{\hat{f}(i_1,i_2,\cdots,i_{n-1})\}.
\end{aligned}
$$

显然有

$$x(A)=\sum_{j=1}^{k}x_j=E\{\hat{f}(i_1,\cdots,i_k)\}=E\{\hat{f}(A)\}.$$

4.10 一般联盟的期望值不确定核心

前面各节考虑了带有大联盟结构的CGWUTP的期望值不确定核心，本节考虑带有一般联盟结构的CGWUTP的期望值不确定核心.

定义 4.34 假设N是一个有限的局中人集合，$(N,\hat{f},\tau)$是带有一般联盟结构的CGWUTP，其期望值不确定核心定义为

$$\begin{aligned}&Core_E(N,\hat{f},\tau)\\=\ &X_E^0(N,\hat{f},\tau)\bigcap X_E^1(N,\hat{f},\tau)\bigcap X_E^2(N,\hat{f},\tau)\\=\ &X_E(N,\hat{f},\tau)\bigcap X_E^2(N,\hat{f},\tau)\\=\ &\{x|\ x\in\mathbf{R}^N;x_i\geqslant E\{\hat{f}_i\},\forall i\in N;x(A)=E\{\hat{f}(A)\},\forall A\in\tau;\\&\quad x(B)\geqslant E\{\hat{f}(B)\},\forall B\in\mathcal{P}(N)\}.\end{aligned}$$

定理 4.40 假设N是一个有限的局中人集合，$(N,\hat{f},\tau)$表示一个带有一般联盟结构的CGWUTP，那么它的期望值不确定核心是$\mathbf{R}^N$中有限个闭的半空间的交集，是有界闭集，是凸集.

证明 根据期望值不确定核心的定义可得

$$\begin{aligned}&Core_E(N,\hat{f},\tau)\\=\ &\{x|\ x\in\mathbf{R}^N;x_i\geqslant E\{\hat{f}_i\},\forall i\in N;x(A)=E\{\hat{f}(A)\},\forall A\in\tau;\\&\quad x(B)\geqslant E\{\hat{f}(B)\},\forall B\in\mathcal{P}(N)\}.\end{aligned}$$

因此本质上求解一个CGWUTP的期望值不确定核心是求解如下的不等式方程组：

$$\begin{cases}x\in\mathbf{R}^n, & \text{分配向量;}\\ x_i\geqslant E\{\hat{f}(i)\},\forall i\in N, & \text{期望值个体理性;}\\ \sum_{i\in A}x_i=E\{\hat{f}(A)\},\forall A\in\tau & \text{期望值结构理性;}\\ \sum_{i\in B}x_i\geqslant E\{\hat{f}(B)\},\forall B\in\mathcal{P}(N), & \text{期望值集体理性.}\end{cases}$$

根据数学分析的基本知识，可知期望值不确定核心是有限个闭的半空间的交集，因此一定是闭集，一定是凸集.下证核心是有界集合.根据期望值个体理性，可知期望值不确定核心是有下界的，记为

$$\min_{i\in N}x_i\geqslant\min_{i\in N}E\{\hat{f}(i)\}>l<0,\forall x\in Core_E(N,\hat{f},\tau).$$

综合运用期望值个体理性和期望值结构理性，取定$i\in A\in\tau$，可知

$$\begin{aligned}x_i&=E\{\hat{f}(A)\}-\sum_{j\neq i,j\in A}x_j\leqslant E\{\hat{f}(A)\}-(|A|-1)l\\&\leqslant\max_{A\in\mathcal{P}(N)}E\{\hat{f}(A)\}-(n-1)l=:u,\\&\forall i\in N,\forall x\in Core_E(N,\hat{f},\tau),\end{aligned}$$

因此期望值不确定核心中的元素有上界.二者结合得出，期望值不确定核心是一个有界集合.综上期望值不确定核心是一个有界的、闭的、凸的多面体.

作为一个解概念，主要关注解概念在等价变换意义下的变换规律.

定理 4.41 假设N是一个有限的局中人集合，$(N,\hat{f},\tau)$表示一个带有一般联盟结构的CGWUTP，那么

$$\forall\lambda>0,\forall b\in\mathbf{R}^N\Rightarrow Core_E(N,\lambda\hat{f}+b,\tau)=\lambda Core_E(N,\hat{f},\tau)+b.$$

即合作博弈$(N,\lambda\hat{f}+b,\tau),\forall\lambda>0,b\in\mathbf{R}^N$与$(N,\hat{f},\tau)$的核心之间具有协变关系.

证明 取定$\lambda>0,b\in\mathbf{R}^N$，根据定义合作博弈$(N,\hat{f},\tau)$的期望值不确定核心是如下方程组的解集:

$$E_1:\begin{cases}x\in\mathbf{R}^n, & \text{分配向量;}\\ x_i\geqslant E\{\hat{f}(i)\},\forall i\in N, & \text{期望值个体理性;}\\ \sum_{i\in A}x_i=E\{\hat{f}(A)\},\forall A\in\tau & \text{期望值结构理性;}\\ \sum_{i\in B}x_i\geqslant E\{\hat{f}(B)\},\forall B\in\mathcal{P}(N), & \text{期望值集体理性.}\end{cases}$$

同样根据定义可知合作博弈$(N,\lambda\hat{f}+b,\{N\})$的期望值不确定核心是如下方程组的解集:

$$E_2:\begin{cases}y\in\mathbf{R}^n, & \text{分配向量;}\\ y_i\geqslant E\{\hat{f}(i)\},\forall i\in N, & \text{期望值个体理性;}\\ \sum_{i\in A}y_i=E\{\hat{f}(A)\},\forall A\in\tau & \text{期望值结构理性;}\\ \sum_{i\in B}y_i\geqslant E\{\hat{f}(B)\},\forall B\in\mathcal{P}(N), & \text{期望值集体理性.}\end{cases}$$

假设x是方程组E_1的解，显然$\lambda x+b$是方程组E_2的解，因为正仿射变换是等价变化，因此如果y是方程组E_2的解，那么$\dfrac{y}{\lambda}-\dfrac{b}{\lambda}$是方程组$E_1$的解，综上可得

$$Core_E(N,\lambda\hat{f}+b,\tau)=\lambda Core_E(N,\hat{f},\tau)+b.$$

定理 4.42 假设N是一个有限的局中人集合，$(N,\hat{f},\tau)$表示一个带有一般联盟结构的CGWUTP，那么期望值不确定核心非空与否在期望值策略等价意义下是不变的.

定义 4.35 假设N是一个有限的局中人集合，$(N,\hat{f})$表示一个不带有联盟结构的CGWUTP，称其为期望值超可加的，如果满足

$$\forall A,B\in\mathcal{P}(N),A\cap B=\varnothing\Rightarrow E\{\hat{f}(A)\}+E\{\hat{f}(B)\}\leqslant E\{\hat{f}(A\cup B)\}.$$

定义 4.36 假设N是一个有限的局中人集合，$(N,\hat{f})$表示一个不带有联盟结构的CGWUTP，定义其对应的期望值超可加覆盖博弈$(N,\hat{f}^*)$为一个CGWUTP，满足

$$E\{\hat{f}^*(A)\}=\max_{\tau\in\mathrm{Part(A)}}\sum_{B\in\tau}E\{\hat{f}(B)\}.$$

定义 4.37 假设N是一个有限的局中人集合，$(N,\hat{f}),(N,\hat{g})$表示两个不带有联盟结构的CGWUTP，称博弈$(N,\hat{g})$期望值大于或者等于$(N,\hat{f})$，如果满足

$$E\{\hat{g}(A)\}\geqslant E\{\hat{f}(A)\},\forall A\in\mathcal{P}(N).$$

记为$(N,\hat{g})\geqslant(N,\hat{f})$.

定理 4.43 假设N是一个有限的局中人集合，$(N,\hat{f})$表示一个不带有联盟结构的CGWUTP，其对应的期望值超可加覆盖博弈为$(N,\hat{f}^*)$，那么有

(1) $E\{\hat{f}^*(A)\}\geqslant E\{\hat{f}(A)\},\forall A\in\mathcal{P}(N)$;

(2) $E\{\hat{f}^*(i)\} = E\{\hat{f}(i)\}, \forall i \in N$；

(3) $(N, \hat{f}^*)$是期望值超可加博弈；

(4) $(N, \hat{f}^*)$是期望值大于等于$(N, \hat{f})$的最小的期望值超可加博弈，即假设$(N, \hat{h})$是期望值超可加博弈，并且$(N, \hat{h}) \geqslant (N, \hat{f})$，那么一定有$(N, \hat{h}) \geqslant (N, g)$；

(5) $(N, \hat{f})$是期望值超可加博弈当且仅当$E\{\hat{f}(A)\} = E\{\hat{f}^*(A)\}, \forall A \in \mathcal{P}(N)$.

证明 (1) 显然有$E\{\hat{f}^*(\varnothing)\} = 0 = E\{\hat{f}(\varnothing)\}$，对于$A \in \mathcal{P}_0(N)$，显然$\tau = \{A\} \in \mathrm{Part}(N)$，因此一定有

$$E\{\hat{f}^*(A)\} = \max_{\tau \in \mathrm{Part(A)}} \sum_{B \in \tau} E\{\hat{f}(B)\} \geqslant E\{\hat{f}(A)\}.$$

(2) 对于$i \in N$只有一种划分即$\mathrm{Part}(i) = \{\tau = \{i\}\}$，因此必定有

$$E\{\hat{f}(i)\} = E\{\hat{f}^*(i)\}, \forall i \in N.$$

(3) 取定$A, B \in \mathcal{P}_0(N), A \cap B = \varnothing$，假设

$$\tau_1 = \{B_1, \cdots, B_k\} \in \mathrm{Part}(B)$$

和

$$\tau_2 = \{A_1, \cdots, A_l\} \in \mathrm{Part}(A)$$

分别取到下面各式的最大值

$$E\{\hat{f}^*(B)\} = \max_{\tau \in \mathrm{Part(B)}} \sum_{C \in \tau} E\{\hat{f}(C)\},$$

和

$$E\{\hat{f}^*(A)\} = \max_{\tau \in \mathrm{Part(A)}} \sum_{D \in \tau} E\{\hat{f}(D)\}.$$

即

$$E\{\hat{f}^*(B)\} = \sum_{i=1,\cdots,k} E\{\hat{f}(B_i)\},$$

和

$$E\{\hat{f}^*(A)\} = \sum_{j=1,\cdots,l} E\{\hat{f}(A_j)\}.$$

那么显然有

$$\{A_1, \cdots, A_l, B_1, \cdots, B_k\} \in \mathrm{Part}(A \cup B),$$

根据期望值超可加覆盖的定义有

$$E\{\hat{f}^*(A \cup B)\} \geqslant \sum_{i=1,\cdots,k} E\{\hat{f}(B_i)\} + \sum_{j=1,\cdots,l} E\{\hat{f}(A_j)\}.$$

又因为

$$E\{\hat{f}^*(B)\} + E\{\hat{f}^*(A)\} = \sum_{i=1,\cdots,k} E\{\hat{f}(B_k)\} + \sum_{j=1,\cdots,l} E\{\hat{f}(A_j)\},$$

二者综合可得

$$E\{\hat{f}^*(A)\} + E\{\hat{f}^*(B)\} \leqslant E\{\hat{f}^*(A \cup B)\}.$$

即$(N,\hat{f}^*)$是期望值超可加博弈.

(4) 假设$(N,\hat{h})$是期望值超可加博弈，并且$(N,\hat{h})\geqslant(N,\hat{f})$，取定$A\in\mathcal{P}_0(N)$，取定一个划分

$$\tau=\{A_1,\cdots,A_i,\cdots,A_k\}\in\mathrm{Part}(A)$$

使得达到下式的最大值

$$E\{\hat{f}^*(A)\}=\max_{\tau\in\mathrm{Part(A)}}\sum_{D\in\tau}E\{\hat{f}(D)\}.$$

即

$$E\{\hat{f}^*(A)\}=\sum_{i=1,\cdots,k}E\{\hat{f}(A_k)\}.$$

又因为$(N,\hat{h})$是期望值超可加的并且大于等于$(N,\hat{f})$，那么有

$$E\{\hat{f}(A_i)\}\leqslant E\{\hat{h}(A_i)\},i=1,\cdots,k;\ \sum_{i=1,\cdots,k}E\{\hat{h}(A_i)\}\leqslant E\{\hat{h}(\cup_{i=1,\cdots,k}A_i)\}=E\{\hat{h}(A)\},$$

因此必定有

$$E\{\hat{f}^*(A)\}=\sum_{i=1,\cdots,k}E\{\hat{f}(A_i)\}\leqslant\sum_{i=1,\cdots,k}E\{\hat{h}(A_i)\}\leqslant E\{\hat{h}(A)\},$$

即

$$(N,\hat{f}^*)\leqslant(N,\hat{h}).$$

(5) 首先，如果$(N,\hat{f})=(N,\hat{f}^*)$，因为$(N,\hat{f}^*)$是期望值超可加的，因此$(N,\hat{f})$也是期望值超可加的.其次，如果$(N,\hat{f})$是期望值超可加的，根据上面的结论可知$(N,\hat{f})\geqslant(N,\hat{f}^*)$，又因为$(N,\hat{f})\leqslant(N,\hat{f}^*)$，那么一定有$(N,\hat{f})=(N,\hat{f}^*)$.

定理 4.44　假设N是一个有限的局中人集合，$(N,\hat{f},\tau)$是带有一般联盟结构的CGWUTP，其对应的期望值超可加覆盖博弈为$(N,\hat{f}^*)$，那么有

$$Core_E(N,\hat{f},\tau)=Core_E(N,\hat{f}^*,\{N\})\cap X_E(N,\hat{f},\tau).$$

证明　(1) 首先证明

$$Core_E(N,\hat{f},\tau)\supseteq Core_E(N,\hat{f}^*,\{N\})\cap X_E(N,\hat{f},\tau).$$

假设$x\in Core_E(N,\hat{f}^*,\{N\})\cap X_E(N,\hat{f},\tau)$，因为$x\in X_E(N,\hat{f},\tau)$，所以$x$满足期望值个体理性和期望值结构理性，因此要证明$x\in Core_E(N,\hat{f},\tau)$，只需证明$x$的期望值集体理性，即

$$x(A)\geqslant E\{\hat{f}(A)\},\forall A\in\mathcal{P}(N).$$

又因为$x\in Core_E(N,\hat{f},\{N\})$，因此一定满足

$$x(A)\geqslant E\{\hat{f}^*(A)\},\forall A\in\mathcal{P}(N).$$

根据上面的定理可知

$$E\{\hat{f}^*(A)\}\geqslant E\{\hat{f}(A)\},\forall A\in\mathcal{P}(N).$$

综合起来一定有

$$x(A)\geqslant E\{\hat{f}^*(A)\}\geqslant E\{\hat{f}(A)\},\forall A\in\mathcal{P}(N).$$

因此证明了

$$x \in Core_E(N, \hat{f}, \tau).$$

即

$$Core_E(N, \hat{f}, \tau) \supseteq Core_E(N, \hat{f}^*, \{N\}) \cap X_E(N, \hat{f}, \tau).$$

(2) 其次证明

$$Core_E(N, \hat{f}, \tau) \subseteq Core_E(N, \hat{f}^*, \{N\}) \cap X_E(N, \hat{f}, \tau).$$

假设$x \in Core_E(N, \hat{f}, \tau)$.固定$A \in \mathcal{P}_0(N)$，给定一个划分

$$\sigma = \{A_1, \cdots, A_i, \cdots, A_k\} \in \text{Part}(A),$$

并且满足

$$E\{\hat{f}^*(A)\} = \sum_{i=1}^{k} E\{\hat{f}(A_i)\}.$$

因为$x \in Core_E(N, \hat{f}, \tau)$，根据期望值不确定核心的定义可得

$$x(A_i) \geqslant E\{\hat{f}(A_i)\}, i = 1, \cdots, k.$$

综合得到

$$x(A) = \sum_{i=1}^{k} x(A_i) \geqslant \sum_{i=1}^{k} E\{\hat{f}(A_i)\} = E\{\hat{f}^*(A)\}.$$

特别地，令$A = N$，可得

$$x(N) \geqslant E\{\hat{f}^*(N)\}.$$

因为$x \in Core_E(N, \hat{f}, \tau)$可得

$$x(N) = \sum_{B \in \tau} x(B) = \sum_{B \in \tau} E\{\hat{f}(B)\} \leqslant E\{\hat{f}^*(N)\},$$

二者结合得到

$$x(N) = E\{\hat{f}^*(N)\}.$$

因此

$$x \in Core_E(N, \hat{f}^*, \{N\}),$$

所以

$$Core_E(N, \hat{f}, \tau) \subseteq Core_E(N, \hat{f}^*, \{N\}).$$

根据核心的定义显然有

$$Core_E(N, \hat{f}, \tau) \subseteq X_E(N, \hat{f}, \tau),$$

二者结合推得

$$Core_E(N, \hat{f}, \tau) \subseteq Core_E(N, \hat{f}^*, \{N\}) \cap X_E(N, \hat{f}, \tau).$$

定理 4.45 假设N是一个有限的局中人集合，$(N, \hat{f}, \tau)$是带有一般联盟结构的CGWUTP，其对应的期望值超可加覆盖博弈为$(N, \hat{f}^*)$，有

(1) 如果$E\{\hat{f}^*(N)\} > \sum_{A\in\tau} E\{\hat{f}(A)\}$，可得

$$Core_E(N,\hat{f},\tau) = \varnothing.$$

(2) 如果$E\{\hat{f}^*(N)\} = \sum_{A\in\tau} E\{\hat{f}(A)\}$，可得

$$Core_E(N,\hat{f},\tau) = Core_E(N,\hat{f}^*,\{N\}).$$

证明 (1) 如果$E\{\hat{f}^*(N)\} > \sum_{A\in\tau} E\{\hat{f}(A)\}$，要证明

$$Core_E(N,\hat{f}^*,\{N\}) \cap X_E(N,\hat{f},\tau) = \varnothing.$$

如不然，那么存在

$$x \in Core_E(N,\hat{f}^*,\{N\}) \cap X_E(N,\hat{f},\tau),$$

因为

$$x \in X_E(N,\hat{f},\tau),$$

根据期望值结构理性可得

$$x(A) = E\{\hat{f}(A)\}, \forall A \in \tau,$$

因此可得

$$x(N) = \sum_{A\in\tau} x(A) = \sum_{A\in\tau} E\{\hat{f}(A)\}.$$

又因为

$$x \in Core_E(N,\hat{f}^*,\{N\}),$$

根据期望值不确定核心的定义可得

$$x(N) = E\{\hat{f}^*(N)\},$$

综合二者得到

$$\begin{aligned} & \sum_{A\in\tau} E\{\hat{f}(A)\} \\ = \ & x(N) = E\{\hat{f}^*(N)\} \\ > \ & \sum_{A\in\tau} E\{\hat{f}(A)\}, \end{aligned}$$

由此导出矛盾，因此

$$Core_E(N,\hat{f},\tau) = Core_E(N,\hat{f}^*,\{N\}) \cap X_E(N,\hat{f},\tau) = \varnothing.$$

(2) 如果$E\{\hat{f}^*(N)\} = \sum_{A\in\tau} E\{\hat{f}(A)\}$，要证明

$$Core_E(N,\hat{f}^*,\{N\}) \subseteq X_E(N,\hat{f},\tau).$$

取定$x \in Core_E(N,\hat{f}^*,\{N\})$，根据期望值不确定核心的定义可得

$$\begin{aligned} & x(S) \geqslant E\{\hat{f}^*(S)\} \geqslant E\{\hat{f}(S)\}, \forall S \in \mathcal{P}(N); \\ & \sum_{A\in\tau} x(A) = x(N) \geqslant \sum_{A\in\tau} E\{\hat{f}^*(A)\} \geqslant \sum_{A\in\tau} E\{\hat{f}(A)\}, \\ & \sum_{A\in\tau} x(A) = x(N) = E\{\hat{f}^*(N)\} = \sum_{A\in\tau} E\{\hat{f}(A)\}, \end{aligned}$$

上面第二行和第三行的所有不等式变为等式可得

$$x(A) = E\{\hat{f}(A)\}, \forall A \in \tau,$$

同时显然成立

$$x_i \geqslant E\{\hat{f}^*(i)\} \geqslant E\{\hat{f}(i)\}, \forall i \in N,$$

二者综合可得

$$x \in X_E(N, \hat{f}, \tau),$$

即

$$Core_E(N, \hat{f}^*, \{N\}) \subseteq X_E(N, \hat{f}, \tau).$$

由此可得

$$Core_E(N, \hat{f}, \tau) = Core_E(N, \hat{f}^*, \{N\}) \cap X_E(N, \hat{f}, \tau) = Core_E(N, \hat{f}^*, \{N\}).$$

第5章 乐观值不确定核心

对于不确定支付可转移合作博弈，立足于稳定分配的指导原则，采用乐观值作为一个评价指标，设计乐观值个体理性、结构理性和集体理性的分配方案，得到一个重要的解概念：乐观值不确定核心(Optimistic Uncertain Core).本章介绍了带有大联盟结构的CGWUTP的乐观值不确定核心的定义、性质、存在的充要条件、乐观值不确定市场博弈的核心、乐观值线性可加博弈的核心、乐观值凸博弈的核心、核心的一致性、具有一般联盟结构的CGWUTP的乐观值不确定核心.本章的很多结论与期望值情形雷同，因此证明过程省略.

5.1 乐观值解概念的原则

对于一个CGWUTPCS，考虑的解概念即如何合理分配财富的过程，使得人人在约束下获得最大利益，解概念有两种：一种是集合，另一种是单点.

定义 5.1 假设N是一个有限的局中人集合，$\Gamma_{U,N}$表示其上的所有CGWUTP，解概念分为集值解概念和数值解概念.

(1) 集值解概念：$\phi:\Gamma_{U,N}\to\mathcal{P}(\mathbf{R}^N),\phi(N,\hat{f},\tau)\subseteq\mathbf{R}^N$.

(2) 数值解概念：$\phi:\Gamma_{U,N}\to\mathbf{R}^N,\phi(N,\hat{f},\tau)\in\mathbf{R}^N$.

解概念的定义过程是一个立足于分配的合理、稳定的过程，可以充分发挥创造力，从以下几个方面出发至少可以定义几个理性的分配向量集合.

第一个方面：个体参加联盟合作得到的财富应该大于等于个体单干得到的财富.这条性质称之为个体理性.第二个方面：联盟结构中的联盟最终得到的财富应该是这个联盟创造的财富.这条性质称之为结构理性.第三个方面：一个群体最终得到的财富应该大于等于这个联盟创造的财富.这条性质称之为集体理性.因为支付是不确定的，所以采用α乐观值作为一个确定的数值衡量标准.

定义 5.2 假设N是一个有限的局中人集合，$\alpha\in(0,1]$，$(N,\hat{f},\tau)$表示一个CGWUTPCS，其对应的α乐观值个体理性分配集定义为

$$X^0_{\sup,\alpha}(N,\hat{f},\tau)=\{x|\,x\in\mathbf{R}^N;x_i\geqslant\{\hat{f}(i)\}_{\sup,\alpha},\forall i\in N\}.$$

如果用α乐观值盈余函数来表示，那么α乐观值个体理性分配集实际上可以表示为

$$X^0_{\sup,\alpha}(N,\hat{f},\tau)=\{x|\,x\in\mathbf{R}^N;e_{\sup,\alpha}(\hat{f},x,i)\leqslant 0,\forall i\in N\}.$$

定义 5.3 假设N是一个有限的局中人集合，$\alpha\in(0,1]$，$(N,\hat{f},\tau)$表示一个CGWUTPCS，其对应的α乐观值结构理性分配集(α-optimistic preimputation) 定义为

$$X^1_{\sup,\alpha}(N,\hat{f},\tau)=\{x|\,x\in\mathbf{R}^N;x(A)=\{\hat{f}(A)\}_{\sup,\alpha},\forall A\in\tau\}.$$

如果用α乐观值盈余函数来表示，那么α-optimistic preimputation实际上可以表示为

$$X^1_{\sup,\alpha}(N,\hat{f},\tau)=\{x|\,x\in\mathbf{R}^N;e_{\sup,\alpha}(\hat{f},x,A)=0,\forall A\in\tau\}.$$

定义 5.4 假设N是一个有限的局中人集合，$\alpha \in (0,1]$，$(N,\hat{f},\tau)$表示一个CGWUTPCS，其对应的α乐观值集体理性分配集定义为

$$X^2_{\sup,\alpha}(N,\hat{f},\tau)=\{x|\ x\in \mathbf{R}^N; x(A)\geqslant \{\hat{f}(A)\}_{\sup,\alpha}, \forall A\in \mathcal{P}(N)\}.$$

如果用α乐观值盈余函数来表示，那么α乐观值集体理性分配集实际上可以表示为

$$X^2_{\sup,\alpha}(N,\hat{f},\tau)=\{x|\ x\in \mathbf{R}^N; e_{\sup,\alpha}(\hat{f},x,B)\leqslant 0, \forall B\in \mathcal{P}(N)\}.$$

定义 5.5 假设N是一个有限的局中人集合，$\alpha \in (0,1]$，$(N,\hat{f},\tau)$表示一个CGWUTPCS，其对应的α乐观值可行分配向量集定义为

$$X^*_{\sup,\alpha}(N,\hat{f},\tau)=\{x|\ x\in \mathbf{R}^N; x(A)\leqslant \{\hat{f}(A)\}_{\sup,\alpha}, \forall A\in \tau\}.$$

如果用α乐观值盈余函数来表示，那么α乐观值可行分配集实际上可以表示为

$$X^*_{\sup,\alpha}(N,\hat{f},\tau)=\{x|\ x\in \mathbf{R}^N; e_{\sup,\alpha}(\hat{f},x,A)\geqslant 0, \forall A\in \tau\}.$$

定义 5.6 假设N是一个有限的局中人集合，$\alpha \in (0,1]$，$(N,\hat{f},\tau)$表示一个CGWUTPCS，其对应的α乐观值可行理性分配集(α-optimistic imputation)定义为

$$\begin{aligned} X_{\sup,\alpha}(N,\hat{f},\tau) &= \{x|\ x\in \mathbf{R}^N; x_i\geqslant \{\hat{f}(i)\}_{\sup,\alpha}, \forall i\in N;\\ &\qquad x(A)=\{\hat{f}(A)\}_{\sup,\alpha}, \forall A\in \tau\}\\ &= X^0_{\sup,\alpha}(N,\hat{f},\tau)\bigcap X^1_{\sup,\alpha}(N,\hat{f},\tau). \end{aligned}$$

如果用α乐观值盈余函数来表示，那么α-optimistic imputation实际上可以表示为

$$X_{\sup,\alpha}(N,\hat{f},\tau)=\{x|\ x\in \mathbf{R}^N; e_{\sup,\alpha}(\hat{f},x,i)\leqslant 0, \forall i\in N; e_{\sup,\alpha}(\hat{f},x,A)=0, \forall A\in \tau\}.$$

所有的基于α乐观值的解概念，无论是集值解概念还是数值解概念，都应该从三大α乐观值理性分配集以及α乐观值可行理性分配集出发来寻找.

5.2 乐观值不确定核心的定义性质

三大乐观值理性分配集综合考虑产生解概念乐观值不确定核心.即乐观值不确定核心是满足乐观值个体理性、结构理性和集体理性的解概念.

定义 5.7 假设N是一个有限的局中人集合，$\alpha \in (0,1]$，$(N,\hat{f},\{N\})$表示一个带有大联盟结构的CGWUTP，其对应的α乐观值不确定核心定义为

$$\begin{aligned} &Core_{\sup,\alpha}(N,\hat{f},\{N\})\\ =\ & X^0_{\sup,\alpha}(N,\hat{f},\{N\})\bigcap X^1_{\sup,\alpha}(N,\hat{f},\{N\})\bigcap X^2_{\sup,\alpha}(N,\hat{f},\{N\})\\ =\ & X_{\sup,\alpha}(N,\hat{f},\{N\})\bigcap X^2_{\sup,\alpha}(N,\hat{f},\{N\})\\ =\ & \{\ x|\ x\in \mathbf{R}^N; x_i\geqslant \{\hat{f}(i)\}_{\sup,\alpha}, \forall i\in N; x(N)=\{\hat{f}(N)\}_{\sup,\alpha};\\ & \quad x(A)\geqslant \{\hat{f}(A)\}_{\sup,\alpha}, \forall A\in \mathcal{P}(N)\}. \end{aligned}$$

定理 5.1 假设N是一个有限的局中人集合，$\alpha \in (0,1]$，$(N,\hat{f},\{N\})$表示一个带有大联盟结构的CGWUTP，那么它的α乐观值不确定核心是$\mathbf{R}^N$ 中有限个闭的半空间的交集，是有界闭集，是凸集.

作为一个解概念，主要关注解概念在等价变换意义下的变换规律.

定理 5.2　假设N是一个有限的局中人集合，$\alpha \in (0,1]$，$(N, \hat{f}, \{N\})$表示一个带有大联盟结构的CGWUTP，那么

$$\forall \lambda > 0, \forall b \in \mathbf{R}^N \Rightarrow Core_{\sup,\alpha}(N, \lambda \hat{f} + b, \{N\}) = \lambda Core_{\sup,\alpha}(N, \hat{f}, \{N\}) + b.$$

即合作博弈$(N, \lambda \hat{f} + b, \{N\}), \forall \lambda > 0, b \in \mathbf{R}^N$与$(N, \hat{f}, \{N\})$的乐观值不确定核心之间具有协变关系.

定理 5.3　假设N是一个有限的局中人集合，$\alpha \in (0,1]$，$(N, \hat{f}, \{N\})$表示一个带有大联盟结构的CGWUTP，那么乐观值不确定核心非空与否在乐观值策略等价意义下是不变的.

5.3 各种乐观值平衡概念

定义 5.8　假设N是有限的局中人集合，$S \in \mathcal{P}(N)$是一个非空子集，它的示性向量记为

$$e_S = \sum_{i \in S} e_i, e_i = (0, \cdots, 1_{\text{(i-th)}}, \cdots, 0) \in \mathbf{R}^N.$$

定义 5.9　假设N是有限的局中人集合，$\mathcal{B} = \{S_1, \cdots, S_k\} \subseteq \mathcal{P}(N)$是一个子集族，并且$\emptyset \notin \mathcal{B}$，$\mathcal{B}$的示性矩阵记为

$$M_{\mathcal{B}} = \begin{pmatrix} e_{S_1} \\ \vdots \\ e_{S_k} \end{pmatrix}.$$

其中e_S是S的示性向量.

定义 5.10　假设N是有限的局中人集合，$\mathcal{B} \subseteq \mathcal{P}(N)$是一个子集族，并且$\varnothing \notin \mathcal{B}$，权重$\delta = (\delta_A)_{A \in \mathcal{B}}$称为$\mathcal{B}$ 的一个严格平衡权重，如果满足

$$\delta > 0, \delta M_{\mathcal{B}} = e_N.$$

如果一个子集族存在一个严格平衡权重，那么这个子集族称为严格平衡.N的所有严格平衡子集族构成的集合记为$StrBalFam(N)$，假设$\mathcal{B} \in StrBalFam(N)$，其对应的所有严格平衡权重集合记为$StrBalCoef(\mathcal{B})$.

定义 5.11　假设N是有限的局中人集合，$\mathcal{B} \subseteq \mathcal{P}(N)$是一个子集族，并且$\varnothing \notin \mathcal{B}$，权重$\delta = (\delta_A)_{A \in \mathcal{B}}$称为$\mathcal{B}$ 的一个弱平衡权重，如果满足

$$\delta \geqslant 0, \delta M_{\mathcal{B}} = e_N.$$

如果一个子集族存在一个弱平衡权重，那么这个子集族称为弱平衡.N的所有弱平衡子集族构成的集合记为$WeakBalFam(N)$，假设$\mathcal{B} \in WeakBalFam(N)$，其对应的所有弱平衡权重集合记为$WeakBalCoef(\mathcal{B})$.

定义 5.12　假设N是有限的局中人集合，$\mathcal{P}_0(N)$是所有非空子集构成的子集族，权重$\delta = (\delta_A)_{A \in \mathcal{P}_0(N)}$称为$\mathcal{P}_0(N)$的一个弱平衡权重，如果满足

$$\delta \geqslant 0, \delta M_{\mathcal{P}_0(N)} = e_N.$$

如果$\mathcal{P}_0(N)$存在一个弱平衡权重，那么称为全集弱平衡.所有全集弱平衡权重集合记

为$WeakBalCoef(\mathcal{P}_0(N))$.

注释 5.1 对于一个弱平衡的子集族，可以在子集族中通过剔除弱平衡权重为零的子集而产生严格平衡的子集族；同样，可以将一个严格平衡的子集族通过添加非空子集并且赋予零权重产生弱平衡子集族；所有的严格平衡子集可以扩充为全集弱平衡，所有的全集弱平衡可以精炼为严格平衡.因此本质上可以只考虑严格平衡、弱平衡和全集弱平衡的一种.

定理 5.4 假设N是有限的局中人集合，$\mathcal{B} \subseteq \mathcal{P}(N)$是一个子集族，并且$\varnothing \notin \mathcal{B}$，假设$\delta = (\delta_A)_{A\in\mathcal{B}} > 0$，那么$\mathcal{B}$相对于$\delta = (\delta_A)_{A\in\mathcal{B}} > 0$是严格平衡的，当且仅当

$$\forall x \in \mathbf{R}^N, \sum_{A\in\mathcal{B}} \delta_A x(A) = x(N).$$

定理 5.5 假设N是有限的局中人集合，$\mathcal{B} \subseteq \mathcal{P}(N)$是一个子集族，并且$\varnothing \notin \mathcal{B}$，假设$\delta = (\delta_A)_{A\in\mathcal{B}} \geqslant 0$，那么$\mathcal{B}$相对于$\delta = (\delta_A)_{A\in\mathcal{B}} > 0$是弱平衡的，当且仅当

$$\forall x \in \mathbf{R}^N, \sum_{A\in\mathcal{B}} \delta_A x(A) = x(N).$$

定理 5.6 假设N是有限的局中人集合，$\mathcal{P}_0(N)$是所有的非空子集构成的子集族，假设$\delta = (\delta_A)_{A\in\mathcal{P}_0(N)} \geqslant 0$，那么$\mathcal{P}_0(N)$ 相对于$\delta = (\delta_A)_{A\in\mathcal{P}_0(N)} \geqslant 0$是全集弱平衡的，当且仅当

$$\forall x \in \mathbf{R}^N, \sum_{A\in\mathcal{P}_0(N)} \delta_A x(A) = x(N).$$

定义 5.13 假设N是有限的局中人集合，$\alpha \in (0,1]$，$(N, \hat{f}, \{N\})$是一个CGWUTP，称之为α乐观值严格平衡的，如果任取严格平衡的子集族$\mathcal{B} \in StrBalFam(N)$和对应的严格平衡权重$\delta \in StrBalCoef(\mathcal{B})$都满足

$$\{\hat{f}(N)\}_{\sup,\alpha} \geqslant \sum_{A\in\mathcal{B}} \delta_A \{\hat{f}(A)\}_{\sup,\alpha}.$$

定义 5.14 假设N是有限的局中人集合，$\alpha \in (0,1]$，$(N, \hat{f}, \{N\})$是一个CGWUTP，称之为α乐观值弱平衡的，如果任取弱平衡的子集族$\mathcal{B} \in WeakBalFam(N)$和对应的弱平衡权重$\delta \in WeakBalCoef(\mathcal{B})$都满足

$$\{\hat{f}(N)\}_{\sup,\alpha} \geqslant \sum_{A\in\mathcal{B}} \delta_A \{\hat{f}(A)\}_{\sup,\alpha}.$$

定理 5.7 假设N是有限的局中人集合，$\alpha \in (0,1]$，$(N, \hat{f}, \{N\})$是一个CGWUTP，那么其是α乐观值严格平衡的当且仅当是α乐观值弱平衡的.

定义 5.15 假设N是有限的局中人集合，$\alpha \in (0,1]$，$(N, \hat{f}, \{N\})$是一个CGWUTP，称之为α乐观值全集弱平衡的，如果取定子集族$\mathcal{P}_0(N)$，以及对应的弱平衡权重$\delta \in WeakBalCoef(\mathcal{P}_0(N))$，都满足

$$\{\hat{f}(N)\}_{\sup,\alpha} \geqslant \sum_{A\in\mathcal{P}_0(N)} \delta_A \{\hat{f}(A)\}_{\sup,\alpha}.$$

定理 5.8 假设N是有限的局中人集合，$\alpha \in (0,1]$，$(N, \hat{f}, \{N\})$是一个CGWUTP，那么以下三者等价：

(1) $(N, \hat{f}, \{N\})$是α乐观值严格平衡的；

(2) $(N,\hat{f},\{N\})$是α乐观值弱平衡的;

(3) $(N,\hat{f},\{N\})$是α乐观值全集弱平衡的.

定义 5.16 假设N是有限的局中人集合，$\alpha\in(0,1]$，$(N,\hat{f},\{N\})$是一个CGWUTP，称之为α乐观值平衡博弈，如果它是α乐观值严格平衡的或者α乐观值弱平衡的或者α乐观值全集弱平衡的.

5.4 乐观值不确定核心非空性定理

定理 5.9 (非空性定理V0) 假设N是有限的局中人集合，$\alpha\in(0,1]$，$(N,\hat{f},\{N\})$是一个CGWUTP，那么它的α乐观值不确定核心非空当且仅当$(N,\hat{f},\{N\})$是α乐观值平衡的.

定理 5.10 (非空性定理V1) 假设N是有限的局中人集合，$\alpha\in(0,1]$，$(N,\hat{f},\{N\})$是一个CGWUTP，那么它的α乐观值不确定核心非空当且仅当$(N,\hat{f},\{N\})$是α乐观值严格平衡的.即

$$Core_{\sup,\alpha}(N,\hat{f},\{N\})\neq\varnothing$$

当且仅当

$$\forall\mathcal{B}\in StrBalFam(N),\forall\delta\in StrBalCoef(\mathcal{B}),\{\hat{f}(N)\}_{\sup,\alpha}\geqslant\sum_{A\in\mathcal{B}}\delta_A\{\hat{f}(A)\}_{\sup,\alpha}.$$

定理 5.11 (非空性定理V2) 假设N是有限的局中人集合，$\alpha\in(0,1]$，$(N,\hat{f},\{N\})$是一个CGWUTP，那么它的α乐观值不确定核心非空当且仅当$(N,\hat{f},\{N\})$是α乐观值弱平衡的.即

$$Core_{\sup,\alpha}(N,\hat{f},\{N\})\neq\varnothing$$

当且仅当

$$\forall\mathcal{B}\in WeakBalFam(N),\forall\delta\in WeakBalCoef(\mathcal{B}),\{\hat{f}(N)\}_{\sup,\alpha}\geqslant\sum_{A\in\mathcal{B}}\delta_A\{\hat{f}(A)\}_{\sup,\alpha}.$$

定理 5.12 (非空性定理V3) 假设N是有限的局中人集合，$\alpha\in(0,1]$，$(N,\hat{f},\{N\})$是一个CGWUTP，那么它的α乐观值不确定核心非空当且仅当$(N,\hat{f},\{N\})$是α乐观值全集弱平衡的.即

$$Core_{\sup,\alpha}(N,\hat{f},\{N\})\neq\varnothing$$

当且仅当

$$\forall\delta\in WeakBalCoef(\mathcal{P}_0(N)),\{\hat{f}(N)\}_{\sup,\alpha}\geqslant\sum_{A\in\mathcal{P}_0(N)}\delta_A\{\hat{f}(A)\}_{\sup,\alpha}.$$

定理 5.13 假设N是有限的局中人集合，$\mathcal{P}_0(N)$是所有非空子集构成的子集族，全集弱平衡权重集合记为$WeakBalCoef(\mathcal{P}_0(N))$，它是一个有界、闭的多面体.

一个CGWUTP的子博弈的α乐观值不确定核心的非空性也是值得重点关注的，实际上很重要的是如下的特殊合作博弈.

定义 5.17 假设N是有限的局中人集合，$\alpha\in(0,1]$，$(N,\hat{f},\{N\})$是一个CGWUTP，称为α乐观值全平衡的，如果每一个子博弈$(S,\hat{f},\{S\}),\forall S\in\mathcal{P}_0(N)$都是$\alpha$乐观值平衡的.

根据非空性定理，很容易得出如下的定理.

定理 5.14 假设N是有限的局中人集合，$\alpha \in (0,1]$，$(N, \hat{f}, \{N\})$是一个CGWUTP，其为α乐观值全平衡的，当且仅当每一个子博弈$(S, \hat{f}, \{S\}), \forall S \in \mathcal{P}_0(N)$的$\alpha$乐观值不确定核心非空.

5.5 乐观值平衡与乐观值全平衡覆盖

根据非空性定理，要使得

$$Core_{\sup,\alpha}(N, \hat{f}, \{N\}) \neq \varnothing,$$

当且仅当

$$\forall \delta \in WeakBalCoef(\mathcal{P}_0(N)), E\{\hat{f}(N)\} \geqslant \sum_{A \in \mathcal{P}_0(N)} \delta_A E\{\hat{f}(A)\}.$$

因此要使α乐观值不确定核心非空，只需要$\{\hat{f}(N)\}_{\sup,\alpha}$充分大.同理，对于一个合作博弈$(N, \hat{f}, \{N\})$，如果$\alpha$乐观值不确定核心为空，只需要适度增大$\{\hat{f}(N)\}_{\sup,\alpha}$的值即可保证核心非空.一个自然的问题是：如何刚刚好地增大$\{\hat{f}(N)\}_{\sup,\alpha}$的值呢？根据非空性定理的要点，只需要做如下的处理.

定义 5.18 假设N是有限的局中人集合，$\alpha \in (0,1]$，$(N, \hat{f}, \{N\})$是一个CGWUTP，其α乐观值平衡覆盖博弈定义为一个$(N, \bar{\hat{f}}, \{N\})$，其中

$$\{\bar{\hat{f}}(A)\}_{\sup,\alpha} = \begin{cases} \{\hat{f}(A)\}_{\sup,\alpha}, & \text{如果} A \in \mathcal{P}_1(N); \\ \max_{\delta \in WeakBalCoef(\mathcal{P}_0(N))} \sum_{B \in \mathcal{P}_0(N)} \delta_B \{\hat{f}(B)\}_{\sup,\alpha}, & \text{如果} A = N. \end{cases}$$

定理 5.15 假设N是有限的局中人集合，$\alpha \in (0,1]$，$(N, \hat{f}, \{N\})$是一个CGWUTP，其平衡覆盖博弈为$(N, \bar{\hat{f}}, \{N\})$，那么

$$Core_{\sup,\alpha}(N, \hat{f}, \{N\}) \neq \varnothing$$

当且仅当

$$\{\bar{\hat{f}}(N)\}_{\sup,\alpha} = \{\hat{f}(N)\}_{\sup,\alpha}.$$

定义 5.19 假设N是有限的局中人集合，$\alpha \in (0,1]$，$(N, \hat{f}, \{N\})$是一个CGWUTP，其α乐观值全平衡覆盖博弈定义为一个$(N, \hat{\hat{f}}, \{N\})$，其中

$$\{\hat{\hat{f}}(A)\}_{\sup,\alpha} = \max_{\delta \in WeakBalCoef(\mathcal{P}_0(A))} \sum_{B \in \mathcal{P}_0(A)} \delta_B \{\hat{f}(B)\}_{\sup,\alpha}, \forall A \in \mathcal{P}_0(N).$$

定理 5.16 假设N是有限的局中人集合，$\alpha \in (0,1]$，$(N, \hat{f}, \{N\})$是一个CGWUTP，其α乐观值全平衡覆盖博弈为$(N, \hat{\hat{f}}, \{N\})$，那么$(N, \hat{f}, \{N\})$是$\alpha$乐观值全平衡的当且仅当

$$\{\hat{f}(A)\}_{\sup,\alpha} = \{\hat{\hat{f}}(A)\}_{\sup,\alpha}, \forall A \in \mathcal{P}(N).$$

5.6 乐观值不确定核心的一致性

定义 5.20 假设N是一个有限的局中人集合，$\Gamma_{U,N}$表示其上的所有CGWUTP，解概念分为集值解概念和数值解概念.

(1) 集值解概念：$\phi : \Gamma_{U,N} \to \mathcal{P}(\mathbf{R}^N), \phi(N, \hat{f}, \tau) \subseteq \mathbf{R}^N$.

(2) 数值解概念：$\phi : \Gamma_{U,N} \to \mathbf{R}^N, \phi(N,\hat{f},\tau) \in \mathbf{R}^N$.

显然α乐观值不确定核心是一种集值解概念.对于一个合作博弈$(N,\hat{f},\{N\})$，取定$x \in Core_{\sup,\alpha}(N,\hat{f},\{N\})$，若其中某些人$S \subseteq N$按照分配$x$ 拿走自己的份额，一个自然的问题是：剩下的人$N \setminus S$如何分配利益$\sum_{i \in N \setminus S} x_i$呢？为了实现解概念的统一，这时候需要重新设计子博弈的支付函数，此为解概念的一致性问题.

定义 5.21 假设N是有限的局中人集合，$\alpha \in (0,1]$，$(N,\hat{f},\{N\})$是CGWUTP，$x \in X^1_{\sup,\alpha}(N,\hat{f},\{N\})$是$\alpha$乐观值结构理性向量并且$A \in \mathcal{P}_0(N)$.定义$A$ 相对于x 的α乐观值Davis-Maschler约简博弈$(A,\hat{f}_{A,x},\{A\})$为一个CGWUTP，要求α乐观值满足

$$\{\hat{f}_{A,x}(B)\}_{\sup,\alpha} = \begin{cases} \max_{Q \in \mathcal{P}(N \setminus A)}[\{\hat{f}(Q \cup B)\}_{\sup,\alpha} - x(Q)], & 如果B \in \mathcal{P}_2(A); \\ 0, & 如果B = \varnothing; \\ x(A), & 如果B = A. \end{cases}$$

在上面的约简博弈的定义中体现了如下的思想：首先，联盟A所创造的价值即x给定的价值$x(A)$；其次，空联盟的价值按照合作博弈的定义必须为0；再次，$B \in \mathcal{P}_2(N)$的联盟创造的价值可以首先选择$Q \in \mathcal{P}(N \setminus A)$ 一起构造成联盟$Q \cup B$，创造α乐观值价值$\{\hat{f}(Q \cup B)\}_{\sup,\alpha}$，然后按照$x$ 支付给联盟Q 报酬$x(Q)$，剩下的α乐观值收益$\{\hat{f}(Q \cup B)\}_{\sup,\alpha} - x(Q)$即$B$能超创造的价值，再做一个极大化，即$B$ 所能创造的最大价值.

定义 5.22 假设N是一个有限的局中人集合，$\Gamma_{U,N}$表示其上的所有带有大联盟结构的CGWUTP，有集值解概念：$\phi : \Gamma_{U,N} \to \mathcal{P}(\mathbf{R}^N), \phi(N,\hat{f},\{N\}) \subseteq \mathbf{R}^N$，称其满足$\alpha$乐观值Davis-Maschler约简博弈性质，如果

$$\forall (N,\hat{f},\{N\}) \in \Gamma_{U,N}, \forall A \in \mathcal{P}_0(N), \forall x \in \phi(N,\hat{f},\{N\})$$

都成立

$$(x_i)_{i \in A} \in \phi(A,\hat{f}_{A,x},\{A\}),$$

其中$(A,\hat{f}_{A,x},\{A\})$称为A相对于x的α乐观值Davis-Maschler约简博弈.

定理 5.17 假设N是一个有限的局中人集合，$\alpha \in (0,1]$，$\Gamma_{U,N}$表示其上的所有带有大联盟结构的CGWUTP，解概念α乐观值不确定核心满足α乐观值Davis-Maschler约简博弈性质.

可以考虑上面的α乐观值约简博弈性质的反问题：给定一个解概念ϕ，以及$x \in X^1_{\sup,\alpha}(N,\hat{f},\{N\})$，如果满足

$$(x_i,x_j) \in \phi(\,(i,j),\hat{f}_{(i,j),x},\{(i,j)\}\,), \forall (i,j) \in N \times N, i \neq j,$$

那么

$$x \in \phi(N,\hat{f},\{N\})$$

是否成立？

将这个形式化为如下的定义.

定义 5.23 假设N是一个有限的局中人集合，$\alpha \in (0,1]$，$\Gamma_{U,N}$表示其上的所有带有大联盟结构的CGWUTP，有集值解概念：$\phi : \Gamma_{U,N} \to \mathcal{P}(\mathbf{R}^N), \phi(N,\hat{f},\{N\}) \subseteq \mathbf{R}^N$，称其满

足α乐观值Davis-Maschler反向约简博弈性质，如果

$$\forall(N,\hat{f},\{N\})\in\Gamma_{U,N},\forall x\in X^1_{\sup,\alpha}(N,\hat{f},\{N\})$$

且满足

$$(x_i,x_j)\in\phi(\ (i,j),\hat{f}_{(i,j),x},\{(i,j)\}\ ),\forall(i,j)\in N\times N,i\neq j$$

都有

$$x\in\phi(N,\hat{f},\{N\}).$$

其中$((i,j),\hat{f}_{(i,j),x},\{(i,j)\})$称为$(i,j)$相对于$x$的$\alpha$乐观值Davis-Maschler约简博弈.

定理 5.18 假设N是一个有限的局中人集合，$\alpha\in(0,1]$，$\Gamma_{U,N}$表示其上的所有带有大联盟结构的CGWUTP，那么解概念α乐观值不确定核心满足α乐观值Davis-Maschler反向约简博弈性质.

5.7 不确定市场博弈的乐观值不确定核心

这么考虑市场问题.假设有n个局中人$N=\{1,\cdots,i,\cdots,n\}$，每个局中人都拥有$l$种商品，商品的种类集记为$L=\{1,\cdots,j,\cdots,l\}$，商品的数量空间记为$\mathbf{R}^L_+$，用$a_i=(a_{ij})_{j\in L}\in\mathbf{R}^L_+$表示局中人$i$初始拥有的商品数量，每个局中人具有自己的生产能力去创造价值$u_i:\mathbf{R}^L_+\to\mathbf{R}$，为不确定变量.如果生产者$S\subseteq N$构成一个联盟，那么他们之间可以相互交换商品用来生产创造最大价值，因此此时联盟$S\subseteq N$所具有的商品总数为

$$a(S)=\sum_{i\in S}a_i\in\mathbf{R}^L_+,$$

他们的目的是制定一个交易方案$(x_i)_{i\in S},x_i\in\mathbf{R}^L_+$，满足

$$x(S)=\sum_{i\in S}x_i=a(S),$$

使得联盟创造出更大的价值.这时在交易方案$(x_i)_{i\in S}$下，选定乐观参数$\alpha\in(0,1]$，那么联盟创造的α乐观值为

$$\sum_{i\in S}\{u_i(x_i)\}_{\sup,\alpha}.$$

将上面的设想转化为形式化语言，即不确定市场的定义.

定义 5.24 不确定市场是一个四元组$(N,L,(a_i)_{i\in N},(u_i)_{i\in N})$，其中

(1) $N=\{1,\cdots,i,\cdots,n\}$是$n$个生产者集合；

(2) $L=\{1,\cdots,j,\cdots,l\}$是$l$类商品集合；

(3) $a_i\in R^L_+,\forall i\in N$是生产者$i$的初始商品数量；

(4) $u_i:\mathbf{R}^L_+\to\mathbf{R},\forall i\in N$是生产者$i$的生产函数，为不确定变量.

定义 5.25 假设四元组$(N,L,(a_i)_{i\in N},(u_i)_{i\in N})$是不确定市场，$S\in\mathcal{P}_0(N)$，定义联盟$S$的分配方案为

$$(x_i)_{i\in S},\text{s.t.},x_i\in\mathbf{R}^L_+,\forall i\in S;x(S)=\sum_{i\in S}x_i=\sum_{i\in S}a_i=a(S).$$

联盟S的所有分配方案记为$Alloc(S)$.

定理 5.19　假设四元组$(N,L,(a_i)_{i\in N},(u_i)_{i\in N})$是不确定市场，$S\in\mathcal{P}_0(N)$，联盟$S$的分配方案集合$Alloc(S)$是$\mathbf{R}^{S\times L}$中有限个闭的半空间的交集，是有界闭集，是凸集.

定义 5.26　假设四元组$(N,L,(a_i)_{i\in N},(u_i)_{i\in N})$是不确定市场，并且$\alpha\in(0,1]$，对应博弈为$(N,\hat{f},\{N\})$，其中

$$\{\hat{f}(A)\}_{\sup,\alpha}=\max_{(x_i)_{i\in A}\in Alloc(A)}\sum_{i\in A}\{u_i(x_i)\}_{\sup,\alpha},\forall A\in\mathcal{P}(N).$$

首先要解决的第一个问题是:$\hat{f}(A)$有定义吗？如果对不确定生产函数$u_i,\forall i\in N$增加一些条件是可以给出肯定回答的.

定理 5.20　假设四元组$(N,L,(a_i)_{i\in N},(u_i)_{i\in N})$是不确定市场，$\alpha\in(0,1]$，如果对于每个生产者$i\in N$，生产函数$u_i:\mathbf{R}_+^L\to\mathbf{R}$是$\alpha$乐观值连续函数，那么

$$\max_{(x_i)_{i\in A}\in Alloc(A)}\{u_i(x_i)\}_{\sup,\alpha}$$

可以取到最大值.

定义 5.27　假设N是一个有限集合，$(N,\hat{f},\{N\})$是一个CGWUTP，并且$\alpha\in(0,1]$，称之为α乐观值不确定市场博弈，如果存在不确定市场$(N,L,(a_i)_{i\in N},(u_i)_{i\in N})$，其中要求每个生产函数$\forall i\in N,u_i:\mathbf{R}_+^L\to\mathbf{R}$是$\alpha$乐观值连续凹函数，使得

$$\{\hat{f}(A)\}_{\sup,\alpha}=\max_{(x_i)_{i\in A}\in Alloc(A)}\sum_{i\in A}\{u_i(x_i)\}_{\sup,\alpha},\forall A\in\mathcal{P}(N).$$

定理 5.21　假设N是一个有限集合，$\alpha\in(0,1]$，$(N,\hat{f},\{N\})$是一个α乐观值不确定市场博弈，那么

$$\forall\lambda>0,b\in\mathbf{R}^N,(N,\lambda\hat{f}+b,\{N\})$$

依然是α乐观值不确定市场博弈.即正仿射变换不改变合作博弈的不确定市场属性.

定理 5.22　假设N是一个有限集合，$\alpha\in(0,1]$，$(N,\hat{f},\{N\})$是一个α乐观值不确定市场博弈，那么

$$Core_{\sup,\alpha}(N,\hat{f},\{N\})\neq\varnothing.$$

对于一个生产函数是α乐观值连续凹函数的市场$(N,L,(a_i)_{i\in N},(u_i)_{i\in N})$，可以定义与其对应的$\alpha$乐观值不确定博弈$(N,\hat{f},\{N\})$，则

$$\{\hat{f}(A)\}_{\sup,\alpha}=\max_{(x_i)_{i\in A}\in Alloc(A)}\sum_{i\in A}\{u_i(x_i)\}_{\sup,\alpha},\forall A\in\mathcal{P}(N).$$

取定$S\in\mathcal{P}_0(N)$，新的市场$(S,L,(a_i)_{i\in S},(u_i)_{i\in S})$也会产生一个对应的$\alpha$乐观值不确定博弈$(S,\bar{\hat{f}},\{S\})$，所以一个自然的问题是:

$$\{\bar{\hat{f}}(B)\}_{\sup,\alpha}=\{\hat{f}(B)\}_{\sup,\alpha},\forall B\in\mathcal{P}_0(S)$$

是否成立？

根据定义可知

$$\{\hat{f}(B)\}_{\sup,\alpha}=\max_{(x_i)_{i\in B}\in Alloc(B)}\sum_{i\in B}\{u_i(x_i)\}_{\sup,\alpha},\forall B\in\mathcal{P}_0(S).$$

再次根据定义可知

$$\{\bar{\bar{f}}(B)\}_{\sup,\alpha}=\max_{(x_i)_{i\in B}\in Alloc(B)}\sum_{i\in B}\{u_i(x_i)\}_{\sup,\alpha},\forall B\in\mathcal{P}_0(S).$$

因此上面的问题得到了肯定回答.

定理 5.23 假设$\alpha\in(0,1]$，$(N,L,(a_i)_{i\in N},(u_i)_{i\in N})$是所有生产函数都为$\alpha$乐观值连续凹函数的不确定市场，与其对应的$\alpha$乐观值不确定合作博弈为$(N,\hat{f},\{N\})$

$$\{\hat{f}(A)\}_{\sup,\alpha}=\max_{(x_i)_{i\in A}\in Alloc(A)}\sum_{i\in A}\{u_i(x_i)\}_{\sup,\alpha},\forall A\in\mathcal{P}(N).$$

取定$S\in\mathcal{P}_0(N)$，新的不确定市场$(S,L,(a_i)_{i\in S},(u_i)_{i\in S})$对应的$\alpha$乐观值不确定合作博弈$(S,\bar{\bar{f}},\{S\})$，

$$\{\bar{\bar{f}}(T)\}_{\sup,\alpha}=\max_{(x_i)_{i\in T}\in Alloc(T)}\sum_{i\in T}\{u_i(x_i)\}_{\sup,\alpha},\forall T\in\mathcal{P}(S).$$

那么一定有

$$\{\bar{\bar{f}}(B)\}_{\sup,\alpha}=\{\hat{f}(B)\}_{\sup,\alpha},\forall B\in\mathcal{P}(S).$$

定义 5.28 假设N是一个有限集合，$(N,\hat{f},\{N\})$是一个α乐观值不确定合作博弈，$\forall A\in\mathcal{P}_0(N)$，子博弈$(A,\bar{\bar{f}},\{A\})$定义为

$$\bar{\bar{f}}(B)=\hat{f}(B),\forall B\in\mathcal{P}_0(A).$$

为了方便起见，子博弈$(A,\bar{\bar{f}},\{A\})$简记为$(A,\hat{f},\{A\})$.

定义 5.29 假设N是一个有限集合，$\alpha\in(0,1]$，$(N,\hat{f},\{N\})$是一个CGWUTP，称之为α乐观值全平衡博弈，如果$\forall A\in\mathcal{P}_0(N)$，子博弈$(A,\bar{\bar{f}},\{A\})$ 的α乐观值不确定核心非空.

定理 5.24 假设N是一个有限集合，$\alpha\in(0,1]$，$(N,\hat{f},\{N\})$是一个α乐观值不确定市场博弈，那么$\forall A\in\mathcal{P}_0(N)$，子博弈$(A,\hat{f},\{A\})$也为$\alpha$乐观值不确定市场博弈.

定理 5.25 假设N是一个有限集合，$\alpha\in(0,1]$，$(N,\hat{f},\{N\})$是一个α乐观值不确定市场博弈，那么$\forall A\in\mathcal{P}_0(N)$，子博弈$(A,\hat{f},\{A\})$的$\alpha$乐观值核心非空.

定理 5.26 假设N是一个有限集合，$\alpha\in(0,1]$，$(N,\hat{f},\{N\})$是一个α乐观值不确定市场博弈，那么也是α乐观值全平衡博弈.

一个自然的问题是：α乐观值全平衡博弈是α乐观值不确定市场博弈吗？回答是肯定的.

定理 5.27 假设N是一个有限集合，$\alpha\in(0,1]$，$(N,\hat{f},\{N\})$是一个α乐观值全平衡博弈，那么也是α乐观值不确定市场博弈.

前文证明了α乐观值不确定市场博弈是α乐观值全平衡博弈，反过来也证明了α乐观值全平衡博弈是α乐观值不确定市场博弈，因此可以得出下面的定理.

定理 5.28 假设N是一个有限集合，$\alpha\in(0,1]$，$(N,\hat{f},\{N\})$是一个α乐观值全平衡博弈当且仅当是α乐观值不确定市场博弈.

5.8 乐观值可加博弈的乐观值不确定核心

定义 5.30 假设N是有限的局中人集合，$\alpha\in(0,1]$，$(N,\hat{f},\{N\})$为一个CGWUTP，称

其为α乐观值可加的或者α乐观值线性可加的，如果满足

$$\{\hat{f}(A)\}_{\sup,\alpha} = \sum_{i\in A}\{\hat{f}(i)\}_{\sup,\alpha}, \forall A \in \mathcal{P}(N).$$

定理 5.29　假设N是有限的局中人集合，$\alpha \in (0,1]$，$(N,\hat{f},\{N\})$为一个CGWUTP，如果其是α乐观值可加的，那么一定是α 乐观值全平衡的.

定理 5.30　假设N是有限的局中人集合，$\alpha \in (0,1]$，$(N,\hat{f},\{N\})$和$(N,\hat{g},\{N\})$都是α乐观值全平衡的合作博弈，定义新的合作博弈$(N,\hat{h},\{N\})$，要求

$$\{\hat{h}(A)\}_{\sup,\alpha} = \min(\{\hat{f}(A)\}_{\sup,\alpha},\{\hat{g}(A)\}_{\sup,\alpha}), \forall A \in \mathcal{P}(N),$$

那么$(N,\hat{h},\{N\})$也是α乐观值全平衡的.取定$A \in \mathcal{P}_0(N)$，如果

$$\{\hat{h}(A)\}_{\sup,\alpha} = \{\hat{f}(A)\}_{\sup,\alpha},$$

那么

$$Core_{\sup,\alpha}(A,\hat{f},\{A\}) \subseteq Core_{\sup,\alpha}(A,\hat{h},\{A\});$$

如果

$$\{\hat{h}(A)\}_{\sup,\alpha} = \{\hat{g}(A)\}_{\sup,\alpha},$$

那么

$$Core_{\sup,\alpha}(A,\hat{g},\{A\}) \subseteq Core_{\sup,\alpha}(A,\hat{h},\{A\}).$$

定理 5.31　假设N是有限的局中人集合，$\alpha \in (0,1]$，$(N,\hat{f},\{N\})$是α乐观值全平衡的当且仅当其是有限个α乐观值可加博弈$(N,\hat{f}_i,\{N\})_{i=1,\cdots,k}$的最小博弈，即

$$\{\hat{f}\}_{\sup,\alpha} = \min\ (\{\hat{f}_1\}_{\sup,\alpha},\cdots,\{\hat{f}_k\}_{\sup,\alpha}).$$

因为博弈是α乐观值全平衡博弈当且仅当为α乐观值不确定市场博弈，因此有如下的简单定理.

定理 5.32　假设N是有限的局中人集合，$\alpha \in (0,1]$，$(N,\hat{f},\{N\})$是α乐观值不确定市场博弈当且仅当其是有限个α乐观值可加博弈$(N,\hat{f}_i,\{N\})_{i=1,\cdots,k}$的最小博弈，即

$$\{\hat{f}\}_{\sup,\alpha} = \min\ (\{\hat{f}_1\}_{\sup,\alpha},\cdots,\{\hat{f}_k\}_{\sup,\alpha}).$$

5.9 乐观值凸博弈的乐观值不确定核心

定义 5.31　假设N是有限的局中人集合，$\alpha \in (0,1]$，$(N,\hat{f},\{N\})$是一个CGWUTP，称其为α乐观值凸博弈，如果满足

$$\forall A,B \in \mathcal{P}(N), \{\hat{f}(A)\}_{\sup,\alpha} + \{\hat{f}(B)\}_{\sup,\alpha} \leqslant \{\hat{f}(A\cap B)\}_{\sup,\alpha} + \{\hat{f}(A\cup B)\}_{\sup,\alpha}.$$

定理 5.33　假设N是有限的局中人集合，$\alpha \in (0,1]$，$(N,\hat{f},\{N\})$是一个α乐观值凸博弈，那么$\forall A \in \mathcal{P}_0(N)$，子博弈$(A,\hat{f},\{A\})$也是$\alpha$乐观值凸博弈.

定理 5.34　假设N是有限的局中人集合，$\alpha \in (0,1]$，$(N,\hat{f},\{N\})$是一个CGWUTP，那么以下三者等价：

(1) $(N,\hat{f},\{N\})$是α乐观值凸博弈；

(2) 对$\forall B \subseteq A \subseteq N, \forall Q \subseteq N \setminus A$，有

$$\{\hat{f}(B \cup Q)\}_{\sup,\alpha} - \{\hat{f}(B)\}_{\sup,\alpha} \leqslant \{\hat{f}(A \cup Q)\}_{\sup,\alpha} - \{\hat{f}(A)\}_{\sup,\alpha};$$

(3) 对$\forall B \subseteq A \subseteq N, \forall i \in N \setminus A$，有

$$\{\hat{f}(B \cup \{i\})\}_{\sup,\alpha} - \{\hat{f}(B)\}_{\sup,\alpha} \leqslant \{\hat{f}(A \cup \{i\})\}_{\sup,\alpha} - \{\hat{f}(A)\}_{\sup,\alpha}.$$

接下来用构造性的方法给出α乐观值凸博弈的α乐观值不确定核心中的一个元素.

定理 5.35 假设N是有限的局中人集合，$\alpha \in (0,1]$，$(N, \hat{f}, \{N\})$是一个CGWUTP，构造向量$x \in \mathbf{R}^N$为

$$\begin{aligned}
x_1 &= \{\hat{f}(1)\}_{\sup,\alpha};\\
x_2 &= \{\hat{f}(1,2)\}_{\sup,\alpha} - \{\hat{f}(1)\}_{\sup,\alpha};\\
x_3 &= \{\hat{f}(1,2,3)\}_{\sup,\alpha} - \{\hat{f}(1,2)\}_{\sup,\alpha};\\
&\ \vdots\\
x_n &= \{\hat{f}(1,2,\cdots,n)\}_{\sup,\alpha} - \{\hat{f}(1,2,\cdots,n-1)\}_{\sup,\alpha}.
\end{aligned}$$

那么

$$x \in Core_{\sup,\alpha}(N, \hat{f}, \{N\}) \neq \varnothing.$$

定义 5.32 假设$N = \{1, \cdots, n\}$是一个有限集合，N的一个置换是如下的要素：

$$\pi = (i_1, \cdots, i_n), \{i_1, \cdots, i_n\} = \{1, \cdots, n\}.$$

所有的置换记为$\mathrm{Permut}(N)$.

定理 5.36 假设N是有限的局中人集合，$\alpha \in (0,1]$，$(N, \hat{f}, \{N\})$是一个CGWUTP，$\pi = (i_1, \cdots, i_n)$是一个置换，构造向量$x \in \mathbf{R}^N$为

$$\begin{aligned}
x_1 &= \{\hat{f}(i_1)\}_{\sup,\alpha};\\
x_2 &= \{\hat{f}(i_1,i_2)\}_{\sup,\alpha} - \{\hat{f}(i_1)\}_{\sup,\alpha};\\
x_3 &= \{\hat{f}(i_1,i_2,i_3)\}_{\sup,\alpha} - \{\hat{f}(i_1,i_2)\}_{\sup,\alpha};\\
&\ \vdots\\
x_n &= \{\hat{f}(i_1,i_2,\cdots,i_n)\}_{\sup,\alpha} - \{\hat{f}(i_1,i_2,\cdots,i_{n-1})\}_{\sup,\alpha}.
\end{aligned}$$

那么

$$x \in Core_{\sup,\alpha}(N, \hat{f}, \{N\}) \neq \varnothing.$$

定义 5.33 假设N是有限的局中人集合，$\alpha \in (0,1]$，$(N, \hat{f}, \{N\})$是一个CGWUTP，$\pi = (i_1, \cdots, i_n)$是一个置换，构造向量$x \in \mathbf{R}^N$为

$$\begin{aligned}
x_1 &= \{\hat{f}(i_1)\}_{\sup,\alpha};\\
x_2 &= \{\hat{f}(i_1,i_2)\}_{\sup,\alpha} - \{\hat{f}(i_1)\}_{\sup,\alpha};\\
x_3 &= \{\hat{f}(i_1,i_2,i_3)\}_{\sup,\alpha} - \{\hat{f}(i_1,i_2)\}_{\sup,\alpha};\\
&\ \vdots
\end{aligned}$$

$$x_n = \{\hat{f}(i_1, i_2, \cdots, i_n)\}_{\sup,\alpha} - \{\hat{f}(i_1, i_2, \cdots, i_{n-1})\}_{\sup,\alpha}.$$

上面的这个向量记为$x := w^\pi$.

定理 5.37　假设N是有限的局中人集合，$\alpha \in (0, 1]$，$(N, \hat{f}, \{N\})$是一个CGWUTP，那么

$$ConvHull\,\{w^\pi | \forall \pi \in \mathrm{Permut}(N)\} \subseteq Core_{\sup,\alpha}(N, \hat{f}, \{N\}).$$

一个自然的问题是：反过来对吗？利用凸集分离定理可以较容易证明反方向的定理.综合起来得到如下的α乐观值凸博弈的α乐观值不确定核心的刻画定理.

定理 5.38　假设N是有限的局中人集合，$\alpha \in (0, 1]$，$(N, \hat{f}, \{N\})$是一个CGWUTP，那么

$$ConvHull\,\{w^\pi | \forall \pi \in \mathrm{Permut}(N)\} = Core_{\sup,\alpha}(N, \hat{f}, \{N\}).$$

定理 5.39　假设N是有限的局中人集合，$\alpha \in (0, 1]$，$(N, \hat{f}, \{N\})$是一个α乐观值凸博弈，那么

$$\forall A \in \mathcal{P}_0(N), \exists x \in Core_{\sup,\alpha}(N, \hat{f}, \{N\}), \text{s.t.}, x(A) = \{\hat{f}(A)\}_{\sup,\alpha}.$$

5.10 一般联盟的乐观值不确定核心

前面各节考虑了带有大联盟结构的CGWUTP的核心，本节考虑带有一般联盟结构的CGWUTP的α乐观值不确定核心.

定义 5.34　假设N是一个有限的局中人集合，$\alpha \in (0, 1]$，$(N, \hat{f}, \tau)$是带有一般联盟结构的CGWUTP，其α乐观值不确定核心定义为

$$\begin{aligned}
& Core_{\sup,\alpha}(N, \hat{f}, \tau) \\
= \ & X^0_{\sup,\alpha}(N, \hat{f}, \tau) \bigcap X^1_{\sup,\alpha}(N, \hat{f}, \tau) \bigcap X^2_{\sup,\alpha}(N, \hat{f}, \tau) \\
= \ & X_{\sup,\alpha}(N, \hat{f}, \tau) \bigcap X^2_{\sup,\alpha}(N, \hat{f}, \tau) \\
= \ & \{x |\, x \in \mathbf{R}^N; x_i \geqslant \{\hat{f}_i\}_{\sup,\alpha}, \forall i \in N; x(A) = \{\hat{f}(A)\}_{\sup,\alpha}, \forall A \in \tau; \\
& \quad x(B) \geqslant \{\hat{f}(B)\}_{\sup,\alpha}, \forall B \in \mathcal{P}(N)\}.
\end{aligned}$$

定理 5.40　假设N是一个有限的局中人集合，$\alpha \in (0, 1]$，$(N, \hat{f}, \tau)$表示一个带有一般联盟结构的CGWUTP，那么它的α乐观值不确定核心是$\mathbf{R}^N$中有限个闭的半空间的交集，是有界闭集，是凸集.

作为一个解概念，主要关注解概念在等价变换意义下的变换规律.

定理 5.41　假设N是一个有限的局中人集合，$\alpha \in (0, 1]$，$(N, \hat{f}, \tau)$表示一个带有一般联盟结构的CGWUTP，那么

$$\forall \lambda > 0, \forall b \in \mathbf{R}^N \Rightarrow Core_{\sup,\alpha}(N, \lambda\hat{f} + b, \tau) = \lambda Core_{\sup,\alpha}(N, \hat{f}, \tau) + b.$$

即合作博弈$(N, \lambda\hat{f} + b, \tau), \forall \lambda > 0, b \in \mathbf{R}^N$与$(N, \hat{f}, \tau)$的核心之间具有协变关系.

定理 5.42　假设N是一个有限的局中人集合，$\alpha \in (0, 1]$，$(N, \hat{f}, \tau)$表示一个带有一般联

盟结构的CGWUTP，那么α乐观值不确定核心非空与否在α乐观值策略等价意义下是不变的.

定义 5.35 假设N是一个有限的局中人集合，$\alpha \in (0,1]$，$(N,\hat{f})$表示一个不带有联盟结构的CGWUTP，称其为α乐观值超可加的，如果满足

$$\forall A,B \in \mathcal{P}(N), A\cap B=\varnothing \Rightarrow \{\hat{f}(A)\}_{\sup,\alpha}+\{\hat{f}(B)\}_{\sup,\alpha} \leqslant \{\hat{f}(A\cup B)\}_{\sup,\alpha}.$$

定义 5.36 假设N是一个有限的局中人集合，$\alpha \in (0,1]$，$(N,\hat{f})$表示一个不带有联盟结构的CGWUTP，定义其对应的α乐观值超可加覆盖博弈$(N,\hat{f}^*)$为一个CGWUTP，满足

$$\{\hat{f}^*(A)\}_{\sup,\alpha}=\max_{\tau\in \mathrm{Part(A)}}\sum_{B\in\tau}\{\hat{f}(B)\}_{\sup,\alpha}.$$

定义 5.37 假设N是一个有限的局中人集合，$\alpha \in (0,1]$，$(N,\hat{f}),(N,\hat{g})$表示两个不带有联盟结构的CGWUTP，称博弈$(N,\hat{g})$为α乐观值大于或者等于$(N,\hat{f})$，如果满足

$$\{\hat{g}(A)\}_{\sup,\alpha} \geqslant \{\hat{f}(A)\}_{\sup,\alpha}, \forall A\in \mathcal{P}(N).$$

记为$(N,\hat{g}) \geqslant (N,\hat{f})$.

定理 5.43 假设N是一个有限的局中人集合，$\alpha \in (0,1]$，$(N,\hat{f})$表示一个不带有联盟结构的CGWUTP，其对应的α乐观值超可加覆盖博弈为$(N,\hat{f}^*)$，那么有

(1) $\{\hat{f}^*(A)\}_{\sup,\alpha} \geqslant \{\hat{f}(A)\}_{\sup,\alpha}, \forall A\in\mathcal{P}(N)$；

(2) $\{\hat{f}^*(i)\}_{\sup,\alpha} = \{\hat{f}(i)\}_{\sup,\alpha}, \forall i\in N$；

(3) $(N,\hat{f}^*)$是α乐观值超可加博弈；

(4) $(N,\hat{f}^*)$是α乐观值大于等于$(N,\hat{f})$的最小的α乐观值超可加博弈，即假设$(N,\hat{h})$是α乐观值超可加博弈，并且$(N,\hat{h}) \geqslant (N,\hat{f})$，那么一定有$(N,\hat{h}) \geqslant (N,g)$；

(5) $(N,\hat{f})$是α乐观值超可加博弈当且仅当$\{\hat{f}(A)\}_{\sup,\alpha}=\{\hat{f}^*(A)\}_{\sup,\alpha}, \forall A\in\mathcal{P}(N)$.

定理 5.44 假设N是一个有限的局中人集合，$\alpha \in (0,1]$，$(N,\hat{f},\tau)$是带有一般联盟结构的CGWUTP，其对应的α乐观值超可加覆盖博弈为$(N,\hat{f}^*)$，那么有

$$Core_{\sup,\alpha}(N,\hat{f},\tau)=Core_{\sup,\alpha}(N,\hat{f}^*,\{N\})\cap X_{\sup,\alpha}(N,\hat{f},\tau).$$

定理 5.45 假设N是一个有限的局中人集合，$\alpha \in (0,1]$，$(N,\hat{f},\tau)$是带有一般联盟结构的CGWUTP，其对应的α乐观值超可加覆盖博弈为$(N,\hat{f}^*)$，那么有

(1) 如果$\{\hat{f}^*(N)\}_{\sup,\alpha} > \sum_{A\in\tau}\{\hat{f}(A)\}_{\sup,\alpha}$，可得

$$Core_{\sup,\alpha}(N,\hat{f},\tau)=\varnothing.$$

(2) 如果$\{\hat{f}^*(N)\}_{\sup,\alpha} = \sum_{A\in\tau}\{\hat{f}(A)\}_{\sup,\alpha}$，可得

$$Core_{\sup,\alpha}(N,\hat{f},\tau)=Core_{\sup,\alpha}(N,\hat{f}^*,\{N\}).$$

第6章 悲观值不确定核心

对于不确定支付可转移合作博弈，立足于稳定分配的指导原则，采用悲观值作为一个评价指标，设计悲观值个体理性、结构理性和集体理性的分配方案，得到一个重要的解概念：悲观值不确定核心(Pessimistic Uncertain Core).本章介绍了带有大联盟结构的CGWUTP的悲观值不确定核心的定义、性质、存在的充要条件、悲观值不确定市场博弈的核心、悲观值线性可加博弈的核心、悲观值凸博弈的核心、核心的一致性、具有一般联盟结构的CGWUTP的悲观值不确定核心.本章的结论与期望值情形雷同，因此省略证明.

6.1 悲观值解概念的原则

对于一个CGWUTPCS，考虑的解概念即如何合理分配财富的过程，使得人人在约束下获得最大利益，解概念有两种：一种是集合，另一种是单点.

定义 6.1 假设N是一个有限的局中人集合，$\Gamma_{U,N}$表示其上的所有CGWUTP，解概念分为集值解概念和数值解概念.

(1) 集值解概念：$\phi:\Gamma_{U,N}\to\mathcal{P}(\mathbf{R}^N),\phi(N,\hat{f},\tau)\subseteq\mathbf{R}^N$.

(2) 数值解概念：$\phi:\Gamma_{U,N}\to\mathbf{R}^N,\phi(N,\hat{f},\tau)\in\mathbf{R}^N$.

解概念的定义过程是一个立足于分配的合理、稳定的过程，可以充分发挥创造力，从以下几个方面出发至少可以定义几个理性的分配向量集合.

第一个方面：个体参加联盟合作得到的财富应该大于等于个体单干得到的财富.这条性质称之为个体理性.第二个方面：联盟结构中的联盟最终得到的财富应该是这个联盟创造的财富.这条性质称之为结构理性.第三个方面：一个群体最终得到的财富应该大于等于这个联盟创造的财富.这条性质称之为集体理性.因为支付是不确定的，所以采用α悲观值作为一个确定的数值衡量标准.

定义 6.2 假设N是一个有限的局中人集合，$\alpha\in(0,1]$，$(N,\hat{f},\tau)$表示一个CGWUTPCS，其对应的α悲观值个体理性分配集定义为

$$X^0_{\inf,\alpha}(N,\hat{f},\tau)=\{x|\ x\in\mathbf{R}^N;x_i\geqslant\{\hat{f}(i)\}_{\inf,\alpha},\forall i\in N\}.$$

如果用α悲观值盈余函数来表示，那么α悲观值个体理性分配集实际上可以表示为

$$X^0_{\inf,\alpha}(N,\hat{f},\tau)=\{x|\ x\in\mathbf{R}^N;e_{\inf,\alpha}(\hat{f},x,i)\leqslant 0,\forall i\in N\}.$$

定义 6.3 假设N是一个有限的局中人集合，$\alpha\in(0,1]$，$(N,\hat{f},\tau)$表示一个CGWUTPCS，其对应的α悲观值结构理性分配集(α-optimistic preimputation) 定义为

$$X^1_{\inf,\alpha}(N,\hat{f},\tau)=\{x|\ x\in\mathbf{R}^N;x(A)=\{\hat{f}(A)\}_{\inf,\alpha},\forall A\in\tau\}.$$

如果用α悲观值盈余函数来表示，那么α-optimistic preimputation实际上可以表示为

$$X^1_{\inf,\alpha}(N,\hat{f},\tau)=\{x|\ x\in\mathbf{R}^N;e_{\inf,\alpha}(\hat{f},x,A)=0,\forall A\in\tau\}.$$

定义 6.4　假设N是一个有限的局中人集合，$\alpha\in(0,1]$，$(N,\hat{f},\tau)$表示一个CGWUTPCS，其对应的α悲观值集体理性分配集定义为

$$X^2_{\text{inf},\alpha}(N,\hat{f},\tau)=\{x|\ x\in\mathbf{R}^N;x(A)\geqslant\{\hat{f}(A)\}_{\text{inf},\alpha},\forall A\in\mathcal{P}(N)\}.$$

如果用α悲观值盈余函数来表示，那么α悲观值集体理性分配集实际上可以表示为

$$X^2_{\text{inf},\alpha}(N,\hat{f},\tau)=\{x|\ x\in\mathbf{R}^N;e_{\text{inf},\alpha}(\hat{f},x,B)\leqslant 0,\forall B\in\mathcal{P}(N)\}.$$

定义 6.5　假设N是一个有限的局中人集合，$\alpha\in(0,1]$，$(N,\hat{f},\tau)$表示一个CGWUTPCS，其对应的α悲观值可行分配向量集定义为

$$X^*_{\text{inf},\alpha}(N,\hat{f},\tau)=\{x|\ x\in\mathbf{R}^N;x(A)\leqslant\{\hat{f}(A)\}_{\text{inf},\alpha},\forall A\in\tau\}.$$

如果用α悲观值盈余函数来表示，那么α悲观值可行分配集实际上可以表示为

$$X^*_{\text{inf},\alpha}(N,\hat{f},\tau)=\{x|\ x\in\mathbf{R}^N;e_{\text{inf},\alpha}(\hat{f},x,A)\geqslant 0,\forall A\in\tau\}.$$

定义 6.6　假设N是一个有限的局中人集合，$\alpha\in(0,1]$，$(N,\hat{f},\tau)$表示一个CGWUTPCS，其对应的α悲观值可行理性分配集(α-optimistic imputation)定义为

$$\begin{aligned}X_{\text{inf},\alpha}(N,\hat{f},\tau)&=\{x|\ x\in\mathbf{R}^N;x_i\geqslant\{\hat{f}(i)\}_{\text{inf},\alpha},\forall i\in N;\\&\qquad x(A)=\{\hat{f}(A)\}_{\text{inf},\alpha},\forall A\in\tau\}\\&=X^0_{\text{inf},\alpha}(N,\hat{f},\tau)\bigcap X^1_{\text{inf},\alpha}(N,\hat{f},\tau).\end{aligned}$$

如果用α悲观值盈余函数来表示，那么α-optimistic imputation实际上可以表示为

$$X_{\text{inf},\alpha}(N,\hat{f},\tau)=\{x|\ x\in\mathbf{R}^N;e_{\text{inf},\alpha}(\hat{f},x,i)\leqslant 0,\forall i\in N;e_{\text{inf},\alpha}(\hat{f},x,A)=0,\forall A\in\tau\}.$$

所有的基于α悲观值的解概念，无论是集值解概念还是数值解概念，都应该从三大α悲观值理性分配集以及α悲观值可行理性分配集出发来寻找.

6.2 悲观值不确定核心的定义性质

三大悲观值理性分配集综合考虑产生解概念悲观值不确定核心.即悲观值不确定核心是满足悲观值个体理性、结构理性和集体理性的解概念.

定义 6.7　假设N是一个有限的局中人集合，$\alpha\in(0,1]$，$(N,\hat{f},\{N\})$表示一个带有大联盟结构的CGWUTP，其对应的α悲观值不确定核心定义为

$$\begin{aligned}&Core_{\text{inf},\alpha}(N,\hat{f},\{N\})\\=\ &X^0_{\text{inf},\alpha}(N,\hat{f},\{N\})\bigcap X^1_{\text{inf},\alpha}(N,\hat{f},\{N\})\bigcap X^2_{\text{inf},\alpha}(N,\hat{f},\{N\})\\=\ &X_{\text{inf},\alpha}(N,\hat{f},\{N\})\bigcap X^2_{\text{inf},\alpha}(N,\hat{f},\{N\})\\=\ &\{\,x|\ x\in\mathbf{R}^N;x_i\geqslant\{\hat{f}(i)\}_{\text{inf},\alpha},\forall i\in N;x(N)=\{\hat{f}(N)\}_{\text{inf},\alpha};\\&\ x(A)\geqslant\{\hat{f}(A)\}_{\text{inf},\alpha},\forall A\in\mathcal{P}(N)\}.\end{aligned}$$

定理 6.1　假设N是一个有限的局中人集合，$\alpha\in(0,1]$，$(N,\hat{f},\{N\})$表示一个带有大联盟结构的CGWUTP，那么它的α悲观值不确定核心是$\mathbf{R}^N$ 中有限个闭的半空间的交集，是有界闭集，是凸集.

作为一个解概念，主要关注解概念在等价变换意义下的变换规律.

定理 6.2 假设N是一个有限的局中人集合，$\alpha \in (0,1]$，$(N, \hat{f}, \{N\})$表示一个带有大联盟结构的CGWUTP，那么

$$\forall \lambda > 0, \forall b \in \mathbf{R}^N \Rightarrow Core_{\inf,\alpha}(N, \lambda \hat{f} + b, \{N\}) = \lambda Core_{\inf,\alpha}(N, \hat{f}, \{N\}) + b.$$

即合作博弈$(N, \lambda \hat{f} + b, \{N\}), \forall \lambda > 0, b \in \mathbf{R}^N$与$(N, \hat{f}, \{N\})$的悲观值不确定核心之间具有协变关系.

定理 6.3 假设N是一个有限的局中人集合，$\alpha \in (0,1]$，$(N, \hat{f}, \{N\})$表示一个带有大联盟结构的CGWUTP，那么悲观值不确定核心非空与否在悲观值策略等价意义下是不变的.

6.3 各种悲观值平衡概念

定义 6.8 假设N是有限的局中人集合，$S \in \mathcal{P}(N)$是一个非空子集，它的示性向量记为

$$e_S = \sum_{i \in S} e_i, e_i = (0, \cdots, 1_{(\text{i-th})}, \cdots, 0) \in \mathbf{R}^N.$$

定义 6.9 假设N是有限的局中人集合，$\mathcal{B} = \{S_1, \cdots, S_k\} \subseteq \mathcal{P}(N)$是一个子集族，并且$\emptyset \notin \mathcal{B}$，$\mathcal{B}$的示性矩阵记为

$$M_{\mathcal{B}} = \begin{pmatrix} e_{S_1} \\ \vdots \\ e_{S_k} \end{pmatrix}.$$

其中e_S是S的示性向量.

定义 6.10 假设N是有限的局中人集合，$\mathcal{B} \subseteq \mathcal{P}(N)$是一个子集族，并且$\varnothing \notin \mathcal{B}$，权重$\delta = (\delta_A)_{A \in \mathcal{B}}$称为$\mathcal{B}$ 的一个严格平衡权重，如果满足

$$\delta > 0, \delta M_{\mathcal{B}} = e_N.$$

如果一个子集族存在一个严格平衡权重，那么这个子集族称为严格平衡.N的所有严格平衡子集族构成的集合记为$StrBalFam(N)$，假设$\mathcal{B} \in StrBalFam(N)$，其对应的所有严格平衡权重集合记为$StrBalCoef(\mathcal{B})$.

定义 6.11 假设N是有限的局中人集合，$\mathcal{B} \subseteq \mathcal{P}(N)$是一个子集族，并且$\varnothing \notin \mathcal{B}$，权重$\delta = (\delta_A)_{A \in \mathcal{B}}$称为$\mathcal{B}$ 的一个弱平衡权重，如果满足

$$\delta \geqslant 0, \delta M_{\mathcal{B}} = e_N.$$

如果一个子集族存在一个弱平衡权重，那么这个子集族称为弱平衡.N的所有弱平衡子集族构成的集合记为$WeakBalFam(N)$，假设$\mathcal{B} \in WeakBalFam(N)$，其对应的所有弱平衡权重集合记为$WeakBalCoef(\mathcal{B})$.

定义 6.12 假设N是有限的局中人集合，$\mathcal{P}_0(N)$是所有非空子集构成的子集族，权重$\delta = (\delta_A)_{A \in \mathcal{P}_0(N)}$称为$\mathcal{P}_0(N)$的一个弱平衡权重，如果满足

$$\delta \geqslant 0, \delta M_{\mathcal{P}_0(N)} = e_N.$$

如果$\mathcal{P}_0(N)$存在一个弱平衡权重，那么称为全集弱平衡.所有全集弱平衡权重集合记

为$WeakBalCoef(\mathcal{P}_0(N))$.

注释 6.1 对于一个弱平衡的子集族，可以在子集族中通过剔除弱平衡权重为零的子集而产生严格平衡的子集族；同样，可以将一个严格平衡的子集族通过添加非空子集并且赋予零权重产生弱平衡子集族；所有的严格平衡子集可以扩充为全集弱平衡，所有的全集弱平衡可以精炼为严格平衡.因此，本质上可以只考虑严格平衡、弱平衡和全集弱平衡的一种.

定理 6.4 假设N是有限的局中人集合，$\mathcal{B} \subseteq \mathcal{P}(N)$是一个子集族，并且$\varnothing \notin \mathcal{B}$，假设$\delta = (\delta_A)_{A\in\mathcal{B}} > 0$，那么$\mathcal{B}$相对于$\delta = (\delta_A)_{A\in\mathcal{B}} > 0$是严格平衡的，当且仅当

$$\forall x \in \mathbf{R}^N, \sum_{A\in\mathcal{B}} \delta_A x(A) = x(N).$$

定理 6.5 假设N是有限的局中人集合，$\mathcal{B} \subseteq \mathcal{P}(N)$是一个子集族，并且$\varnothing \notin \mathcal{B}$，假设$\delta = (\delta_A)_{A\in\mathcal{B}} \geqslant 0$，那么$\mathcal{B}$相对于$\delta = (\delta_A)_{A\in\mathcal{B}} > 0$是弱平衡的，当且仅当

$$\forall x \in \mathbf{R}^N, \sum_{A\in\mathcal{B}} \delta_A x(A) = x(N).$$

定理 6.6 假设N是有限的局中人集合，$\mathcal{P}_0(N)$是所有的非空子集构成的子集族，假设$\delta = (\delta_A)_{A\in\mathcal{P}_0(N)} \geqslant 0$，那么$\mathcal{P}_0(N)$ 相对于$\delta = (\delta_A)_{A\in\mathcal{P}_0(N)} \geqslant 0$是全集弱平衡的，当且仅当

$$\forall x \in \mathbf{R}^N, \sum_{A\in\mathcal{P}_0(N)} \delta_A x(A) = x(N).$$

定义 6.13 假设N是有限的局中人集合，$\alpha \in (0,1]$，$(N, \hat{f}, \{N\})$是一个CGWUTP，称之为α悲观值严格平衡的，如果任取严格平衡的子集族$\mathcal{B} \in StrBalFam(N)$和对应的严格平衡权重$\delta \in StrBalCoef(\mathcal{B})$，都满足

$$\{\hat{f}(N)\}_{\inf,\alpha} \geqslant \sum_{A\in\mathcal{B}} \delta_A \{\hat{f}(A)\}_{\inf,\alpha}.$$

定义 6.14 假设N是有限的局中人集合，$\alpha \in (0,1]$，$(N, \hat{f}, \{N\})$是一个CGWUTP，称之为α悲观值弱平衡的，如果任取弱平衡的子集族$\mathcal{B} \in WeakBalFam(N)$和对应的弱平衡权重$\delta \in WeakBalCoef(\mathcal{B})$，都满足

$$\{\hat{f}(N)\}_{\inf,\alpha} \geqslant \sum_{A\in\mathcal{B}} \delta_A \{\hat{f}(A)\}_{\inf,\alpha}.$$

定理 6.7 假设N是有限的局中人集合，$\alpha \in (0,1]$，$(N, \hat{f}, \{N\})$是一个α悲观值严格平衡的CGWUTP当且仅当是一个α悲观值弱平衡的CGWUTP.

定义 6.15 假设N是有限的局中人集合，$\alpha \in (0,1]$，$(N, \hat{f}, \{N\})$是一个CGWUTP，称之为α悲观值全集弱平衡的，如果取定子集族$\mathcal{P}_0(N)$和对应的弱平衡权重$\delta \in WeakBalCoef(\mathcal{P}_0(N))$，都满足

$$\{\hat{f}(N)\}_{\inf,\alpha} \geqslant \sum_{A\in\mathcal{P}_0(N)} \delta_A \{\hat{f}(A)\}_{\inf,\alpha}.$$

定理 6.8 假设N是有限的局中人集合，$\alpha \in (0,1]$，$(N, \hat{f}, \{N\})$是一个CGWUTP，那么以下三者等价：

(1) $(N, \hat{f}, \{N\})$是α悲观值严格平衡的；

(2) $(N, \hat{f}, \{N\})$是α悲观值弱平衡的;

(3) $(N, \hat{f}, \{N\})$是α悲观值全集弱平衡的.

定义 6.16 假设N是有限的局中人集合，$\alpha \in (0, 1]$，$(N, \hat{f}, \{N\})$是一个CGWUTP，称之为α悲观值平衡博弈，如果它是α悲观值严格平衡的或者α悲观值弱平衡的或者α悲观值全集弱平衡的.

6.4 悲观值不确定核心非空性定理

定理 6.9 (非空性定理V0) 假设N是有限的局中人集合，$\alpha \in (0, 1]$，$(N, \hat{f}, \{N\})$是一个CGWUTP，那么它的α悲观值不确定核心非空当且仅当$(N, \hat{f}, \{N\})$是α悲观值平衡的.

定理 6.10 (非空性定理V1) 假设N是有限的局中人集合，$\alpha \in (0, 1]$，$(N, \hat{f}, \{N\})$是一个CGWUTP，那么它的α悲观值不确定核心非空当且仅当$(N, \hat{f}, \{N\})$是α悲观值严格平衡的.即

$$Core_{\inf,\alpha}(N, \hat{f}, \{N\}) \neq \varnothing$$

当且仅当

$$\forall \mathcal{B} \in StrBalFam(N), \forall \delta \in StrBalCoef(\mathcal{B}), \{\hat{f}(N)\}_{\inf,\alpha} \geqslant \sum_{A \in \mathcal{B}} \delta_A \{\hat{f}(A)\}_{\inf,\alpha}.$$

定理 6.11 (非空性定理V2) 假设N是有限的局中人集合，$\alpha \in (0, 1]$，$(N, \hat{f}, \{N\})$是一个CGWUTP，那么它的α悲观值不确定核心非空当且仅当$(N, \hat{f}, \{N\})$是α悲观值弱平衡的.即

$$Core_{\inf,\alpha}(N, \hat{f}, \{N\}) \neq \varnothing$$

当且仅当

$$\forall \mathcal{B} \in WeakBalFam(N), \forall \delta \in WeakBalCoef(\mathcal{B}), \{\hat{f}(N)\}_{\inf,\alpha} \geqslant \sum_{A \in \mathcal{B}} \delta_A \{\hat{f}(A)\}_{\inf,\alpha}.$$

定理 6.12 (非空性定理V3) 假设N是有限的局中人集合，$(N, \hat{f}, \{N\})$是一个CGWUTP，并且$\alpha \in (0, 1]$，那么它的α悲观值不确定核心非空当且仅当$(N, \hat{f}, \{N\})$是α悲观值全集弱平衡的.即

$$Core_{\inf,\alpha}(N, \hat{f}, \{N\}) \neq \varnothing$$

当且仅当

$$\forall \delta \in WeakBalCoef(\mathcal{P}_0(N)), \{\hat{f}(N)\}_{\inf,\alpha} \geqslant \sum_{A \in \mathcal{P}_0(N)} \delta_A \{\hat{f}(A)\}_{\inf,\alpha}.$$

定理 6.13 假设N是有限的局中人集合，$\mathcal{P}_0(N)$是所有非空子集构成的子集族，全集弱平衡权重集合记为$WeakBalCoef(\mathcal{P}_0(N))$，它是一个有界、闭的多面体.

一个CGWUTP的子博弈的α悲观值不确定核心的非空性也是值得重点关注的，实际上很重要的是如下的特殊合作博弈.

定义 6.17 假设N是有限的局中人集合，$\alpha \in (0, 1]$，$(N, \hat{f}, \{N\})$是一个CGWUTP，称为α悲观值全平衡的，如果每一个子博弈$(S, \hat{f}, \{S\}), \forall S \in \mathcal{P}_0(N)$都是$\alpha$悲观值平衡的.

根据非空性定理，很容易得出如下的定理.

定理 6.14 假设N是有限的局中人集合，$\alpha \in (0,1]$，$(N,\hat{f},\{N\})$是一个CGWUTP，其为α悲观值全平衡的当且仅当每一个子博弈$(S,\hat{f},\{S\}),\forall S \in \mathcal{P}_0(N)$的$\alpha$悲观值不确定核心非空.

6.5 悲观值平衡与悲观值全平衡覆盖

根据非空性定理，要使得

$$Core_{\inf,\alpha}(N,\hat{f},\{N\}) \neq \varnothing,$$

当且仅当

$$\forall \delta \in WeakBalCoef(\mathcal{P}_0(N)), E\{\hat{f}(N)\} \geqslant \sum_{A\in\mathcal{P}_0(N)} \delta_A E\{\hat{f}(A)\}.$$

因此要使得α悲观值不确定核心非空，只需要$\{\hat{f}(N)\}_{\inf,\alpha}$充分大.同理，对于一个合作博弈$(N,\hat{f},\{N\})$，如果$\alpha$乐观值不确定核心为空，只需要适度增大$\{\hat{f}(N)\}_{\inf,\alpha}$的值即可保证核心非空.一个自然的问题是：如何刚刚好地增大$\{\hat{f}(N)\}_{\inf,\alpha}$的值呢？根据非空性定理的要点，只需要做如下的处理.

定义 6.18 假设N是有限的局中人集合，$\alpha \in (0,1]$，$(N,\hat{f},\{N\})$是一个CGWUTP，其α悲观值平衡覆盖博弈定义为一个$(N,\bar{\hat{f}},\{N\})$，其中

$$\{\bar{\hat{f}}(A)\}_{\inf,\alpha} = \begin{cases} \{\hat{f}(A)\}_{\inf,\alpha}, & \text{如果}A \in \mathcal{P}_1(N); \\ \max_{\delta\in WeakBalCoef(\mathcal{P}_0(N))} \sum_{B\in\mathcal{P}_0(N)} \delta_B\{\hat{f}(B)\}_{\inf,\alpha}, & \text{如果}A = N. \end{cases}$$

定理 6.15 假设N是有限的局中人集合，$\alpha \in (0,1]$，$(N,\hat{f},\{N\})$是一个CGWUTP，其平衡覆盖博弈为$(N,\bar{\hat{f}},\{N\})$，那么

$$Core_{\inf,\alpha}(N,\hat{f},\{N\}) \neq \varnothing$$

当且仅当

$$\{\bar{\hat{f}}(N)\}_{\inf,\alpha} = \{\hat{f}(N)\}_{\inf,\alpha}.$$

定义 6.19 假设N是有限的局中人集合，$\alpha \in (0,1]$，$(N,\hat{f},\{N\})$是一个CGWUTP，其α悲观值全平衡覆盖博弈定义为一个$(N,\hat{\hat{f}},\{N\})$，其中

$$\{\hat{\hat{f}}(A)\}_{\inf,\alpha} = \max_{\delta\in WeakBalCoef(\mathcal{P}_0(A))} \sum_{B\in\mathcal{P}_0(A)} \delta_B\{\hat{f}(B)\}_{\inf,\alpha}, \forall A \in \mathcal{P}_0(N).$$

定理 6.16 假设N是有限的局中人集合，$\alpha \in (0,1]$，$(N,\hat{f},\{N\})$是一个CGWUTP，其α悲观值全平衡覆盖博弈为$(N,\hat{\hat{f}},\{N\})$，那么$(N,\hat{f},\{N\})$是α悲观值全平衡的当且仅当

$$\{\hat{f}(A)\}_{\inf,\alpha} = \{\hat{\hat{f}}(A)\}_{\inf,\alpha}, \forall A \in \mathcal{P}(N).$$

6.6 悲观值不确定核心的一致性

定义 6.20 假设N是一个有限的局中人集合，$\Gamma_{U,N}$表示其上的所有CGWUTP，解概念分为集值解概念和数值解概念.

(1) 集值解概念：$\phi : \Gamma_{U,N} \to \mathcal{P}(\mathbf{R}^N), \phi(N,\hat{f},\tau) \subseteq \mathbf{R}^N$.

(2) 数值解概念：$\phi:\Gamma_{U,N}\to\mathbf{R}^N,\phi(N,\hat{f},\tau)\in\mathbf{R}^N$.

显然α悲观值不确定核心是一种集值解概念.对于一个合作博弈$(N,\hat{f},\{N\})$，取定$x\in Core_{\inf,\alpha}(N,\hat{f},\{N\})$，若其中某些人$S\subseteq N$按照分配$x$拿走自己的份额，一个自然的问题是：剩下的人$N\setminus S$如何分配利益$\sum_{i\in N\setminus S}x_i$呢？为了实现解概念的统一，这时候需要重新设计子博弈的支付函数，此为解概念的一致性问题.

定义 6.21　假设N是有限的局中人集合，$\alpha\in(0,1]$，$(N,\hat{f},\{N\})$是一个CGWUTP，$x\in X^1_{\inf,\alpha}(N,\hat{f},\{N\})$是$\alpha$悲观值结构理性向量并且$A\in\mathcal{P}_0(N)$. 定义$A$相对于$x$的$\alpha$悲观值Davis-Maschler约简博弈$(A,\hat{f}_{A,x},\{A\})$为一个CGWUTP，要求$\alpha$悲观值满足

$$\{\hat{f}_{A,x}(B)\}_{\inf,\alpha}=\begin{cases}\max_{Q\in\mathcal{P}(N\setminus A)}[\{\hat{f}(Q\cup B)\}_{\inf,\alpha}-x(Q)], & \text{如果}B\in\mathcal{P}_2(A);\\ 0, & \text{如果}B=\varnothing;\\ x(A), & \text{如果}B=A.\end{cases}$$

在上面的约简博弈的定义中体现了如下的思想：首先，联盟A所创造的价值即x给定的价值$x(A)$；其次，空联盟的价值按照合作博弈的定义必须为0；再次，$B\in\mathcal{P}_2(N)$的联盟创造的价值可以首先选择$Q\in\mathcal{P}(N\setminus A)$一起构造成联盟$Q\cup B$，创造$\alpha$悲观值价值$\{\hat{f}(Q\cup B)\}_{\inf,\alpha}$，然后按照$x$支付给联盟$Q$报酬$x(Q)$，剩下的$\alpha$悲观值收益$\{\hat{f}(Q\cup B)\}_{\inf,\alpha}-x(Q)$即$B$能超创造的价值，再做一个极大化，即$B$所能创造的最大价值.

定义 6.22　假设N是一个有限的局中人集合，$\Gamma_{U,N}$表示其上的所有带有大联盟结构的CGWUTP，有集值解概念：$\phi:\Gamma_{U,N}\to\mathcal{P}(\mathbf{R}^N),\phi(N,\hat{f},\{N\})\subseteq\mathbf{R}^N$，称其满足$\alpha$悲观值Davis-Maschler约简博弈性质，如果

$$\forall(N,\hat{f},\{N\})\in\Gamma_{U,N},\forall A\in\mathcal{P}_0(N),\forall x\in\phi(N,\hat{f},\{N\})$$

都成立

$$(x_i)_{i\in A}\in\phi(A,\hat{f}_{A,x},\{A\}),$$

其中$(A,\hat{f}_{A,x},\{A\})$为A相对于x的α悲观值Davis-Maschler约简博弈.

定理 6.17　假设N是一个有限的局中人集合，$\alpha\in(0,1]$，$\Gamma_{U,N}$表示其上的所有带有大联盟结构的CGWUTP，解概念α悲观值不确定核心满足α悲观值Davis-Maschler约简博弈性质.

可以考虑上面的α悲观值约简博弈性质的反问题：给定一个解概念ϕ，给定$x\in X^1_{\inf,\alpha}(N,\hat{f},\{N\})$，如果满足

$$(x_i,x_j)\in\phi(\,(i,j),\hat{f}_{(i,j),x},\{(i,j)\}\,),\forall(i,j)\in N\times N,i\neq j,$$

那么

$$x\in\phi(N,\hat{f},\{N\})$$

是否成立？

将这个形式化为如下的定义.

定义 6.23　假设N是一个有限的局中人集合，$\alpha\in(0,1]$，$\Gamma_{U,N}$表示其上的所有带有大联盟结构的CGWUTP，有集值解概念：$\phi:\Gamma_{U,N}\to\mathcal{P}(\mathbf{R}^N),\phi(N,\hat{f},\{N\})\subseteq\mathbf{R}^N$，称其满

足α悲观值Davis-Maschler反向约简博弈性质，如果

$$\forall(N,\hat{f},\{N\})\in\Gamma_{U,N},\forall x\in X^{1}_{\inf,\alpha}(N,\hat{f},\{N\})$$

且

$$(x_i,x_j)\in\phi(\ (i,j),\hat{f}_{(i,j),x},\{(i,j)\}\ ),\forall(i,j)\in N\times N,i\neq j$$

都成立

$$x\in\phi(N,\hat{f},\{N\}).$$

其中$((i,j),\hat{f}_{(i,j),x},\{(i,j)\})$为$(i,j)$相对于$x$的$\alpha$悲观值Davis-Maschler约简博弈.

定理 6.18 假设N是一个有限的局中人集合，$\alpha\in(0,1]$，$\Gamma_{U,N}$表示其上的所有带有大联盟结构的CGWUTP，解概念α悲观值不确定核心满足α悲观值Davis-Maschler反向约简博弈性质.

6.7 不确定市场博弈的悲观值不确定核心

这么考虑市场问题.假设有n个局中人$N=\{1,\cdots,i,\cdots,n\}$，每个局中人都拥有$l$种商品，商品的种类集记为$L=\{1,\cdots,j,\cdots,l\}$，商品的数量空间记为$\mathbf{R}^L_+$，用$a_i=(a_{ij})_{j\in L}\in\mathbf{R}^L_+$ 表示局中人i 初始拥有的商品数量，每个局中人具有自己的生产能力去创造价值$u_i:\mathbf{R}^L_+\to\mathbf{R}$，为不确定变量.如果生产者$S\subseteq N$构成一个联盟，那么他们之间可以相互交换商品用来生产创造最大价值，因此此时联盟$S\subseteq N$所具有的商品总数为

$$a(S)=\sum_{i\in S}a_i\in\mathbf{R}^L_+,$$

他们的目的是制定一个交易方案$(x_i)_{i\in S},x_i\in\mathbf{R}^L_+$，满足

$$x(S)=\sum_{i\in S}x_i=a(S),$$

使得联盟创造出更大的价值.这时在交易方案$(x_i)_{i\in S}$下，选定悲观参数$\alpha\in(0,1]$，那么联盟创造的α悲观值为

$$\sum_{i\in S}\{u_i(x_i)\}_{\inf,\alpha}.$$

将上面的设想转化为形式化语言，即不确定市场的定义.

定义 6.24 不确定市场是一个四元组$(N,L,(a_i)_{i\in N},(u_i)_{i\in N})$，其中

(1) $N=\{1,\cdots,i,\cdots,n\}$是$n$个生产者集合;

(2) $L=\{1,\cdots,j,\cdots,l\}$是$l$类商品集合;

(3) $a_i\in\mathbf{R}^L_+,\forall i\in N$是生产者$i$的初始商品数量;

(4) $u_i:\mathbf{R}^L_+\to\mathbf{R},\forall i\in N$是生产者$i$的生产函数，为不确定变量.

定义 6.25 假设四元组$(N,L,(a_i)_{i\in N},(u_i)_{i\in N})$是不确定市场，$S\in\mathcal{P}_0(N)$，定义联盟$S$的分配方案为

$$(x_i)_{i\in S},\text{s.t.},x_i\in\mathbf{R}^L_+,\forall i\in S;x(S)=\sum_{i\in S}x_i=\sum_{i\in S}a_i=a(S).$$

联盟S的所有分配方案记为$Alloc(S)$.

定理 6.19　假设四元组$(N,L,(a_i)_{i\in N},(u_i)_{i\in N})$是不确定市场，$S\in\mathcal{P}_0(N)$，联盟$S$的分配方案集合$Alloc(S)$是$\mathbf{R}^{S\times L}$中有限个闭的半空间的交集，是有界闭集，是凸集.

定义 6.26　假设四元组$(N,L,(a_i)_{i\in N},(u_i)_{i\in N})$是不确定市场，并且$\alpha\in(0,1]$，对应博弈为$(N,\hat{f},\{N\})$，其中

$$\{\hat{f}(A)\}_{\inf,\alpha}=\max_{(x_i)_{i\in A}\in Alloc(A)}\sum_{i\in A}\{u_i(x_i)\}_{\inf,\alpha},\forall A\in\mathcal{P}(N).$$

首先要解决的第一个问题是:$\hat{f}(A)$有定义吗？如果对不确定生产函数$u_i,\forall i\in N$增加一些条件是可以给出肯定回答的.

定理 6.20　假设四元组$(N,L,(a_i)_{i\in N},(u_i)_{i\in N})$是不确定市场，并且$\alpha\in(0,1]$，如果对于每个生产者$i\in N$，生产函数$u_i:\mathbf{R}_+^L\to\mathbf{R}$是$\alpha$悲观值连续函数，那么

$$\max_{(x_i)_{i\in A}\in Alloc(A)}\{u_i(x_i)\}_{\inf,\alpha}$$

可以取到最大值.

定义 6.27　假设N是一个有限集合，$(N,\hat{f},\{N\})$是一个CGWUTP，并且$\alpha\in(0,1]$，称之为α悲观值不确定市场博弈，如果存在不确定市场$(N,L,(a_i)_{i\in N},(u_i)_{i\in N})$，其中要求每个生产函数$\forall i\in N,u_i:\mathbf{R}_+^L\to\mathbf{R}$是$\alpha$悲观值连续凹函数，使得

$$\{\hat{f}(A)\}_{\inf,\alpha}=\max_{(x_i)_{i\in A}\in Alloc(A)}\sum_{i\in A}\{u_i(x_i)\}_{\inf,\alpha},\forall A\in\mathcal{P}(N).$$

定理 6.21　假设N是一个有限集合，$\alpha\in(0,1]$，$(N,\hat{f},\{N\})$是一个α悲观值不确定市场博弈，那么

$$\forall\lambda>0,b\in\mathbf{R}^N,(N,\lambda\hat{f}+b,\{N\})$$

依然是α悲观值不确定市场博弈.即正仿射变换不改变合作博弈的不确定市场属性.

定理 6.22　假设N是一个有限集合，$\alpha\in(0,1]$，$(N,\hat{f},\{N\})$是一个α悲观值不确定市场博弈，那么

$$Core_{\inf,\alpha}(N,\hat{f},\{N\})\neq\varnothing.$$

对于一个生产函数是α悲观值连续凹函数的市场$(N,L,(a_i)_{i\in N},(u_i)_{i\in N})$，可以定义与其对应的$\alpha$悲观值不确定博弈$(N,\hat{f},\{N\})$，则

$$\{\hat{f}(A)\}_{\inf,\alpha}=\max_{(x_i)_{i\in A}\in Alloc(A)}\sum_{i\in A}\{u_i(x_i)\}_{\inf,\alpha},\forall A\in\mathcal{P}(N).$$

取定$S\in\mathcal{P}_0(N)$，新的市场$(S,L,(a_i)_{i\in S},(u_i)_{i\in S})$也会产生一个对应的$\alpha$悲观值不确定博弈$(S,\bar{\hat{f}},\{S\})$，所以一个自然的问题是：

$$\{\bar{\hat{f}}(B)\}_{\inf,\alpha}=\{\hat{f}(B)\}_{\inf,\alpha},\forall B\in\mathcal{P}_0(S)$$

是否成立？

根据定义可知

$$\{\hat{f}(B)\}_{\inf,\alpha}=\max_{(x_i)_{i\in B}\in Alloc(B)}\sum_{i\in B}\{u_i(x_i)\}_{\inf,\alpha},\forall B\in\mathcal{P}_0(S).$$

再次根据定义可知

$$\{\bar{\hat{f}}(B)\}_{\inf,\alpha} = \max_{(x_i)_{i\in B}\in Alloc(B)} \sum_{i\in B}\{u_i(x_i)\}_{\inf,\alpha}, \forall B \in \mathcal{P}_0(S).$$

因此上面的问题得到了肯定回答.

定理 6.23 假设$\alpha \in (0,1]$，$(N, L, (a_i)_{i\in N}, (u_i)_{i\in N})$是所有生产函数都为$\alpha$悲观值连续凹函数的不确定市场，与其对应的$\alpha$悲观值不确定合作博弈为$(N, \hat{f}, \{N\})$，则

$$\{\hat{f}(A)\}_{\inf,\alpha} = \max_{(x_i)_{i\in A}\in Alloc(A)} \sum_{i\in A}\{u_i(x_i)\}_{\inf,\alpha}, \forall A \in \mathcal{P}(N).$$

取定$S \in \mathcal{P}_0(N)$，新的不确定市场$(S, L, (a_i)_{i\in S}, (u_i)_{i\in S})$对应的$\alpha$悲观值不确定合作博弈$(S, \bar{\hat{f}}, \{S\})$，则

$$\{\bar{\hat{f}}(T)\}_{\inf,\alpha} = \max_{(x_i)_{i\in T}\in Alloc(T)} \sum_{i\in T}\{u_i(x_i)\}_{\inf,\alpha}, \forall T \in \mathcal{P}(S).$$

那么一定有

$$\{\bar{\hat{f}}(B)\}_{\inf,\alpha} = \{\hat{f}(B)\}_{\inf,\alpha}, \forall B \in \mathcal{P}(S).$$

定义 6.28 假设N是一个有限集合，$(N, \hat{f}, \{N\})$是一个α悲观值不确定合作博弈，$\forall A \in \mathcal{P}_0(N)$，子博弈$(A, \bar{\hat{f}}, \{A\})$定义为

$$\bar{\hat{f}}(B) = \hat{f}(B), \forall B \in \mathcal{P}_0(A).$$

为了方便起见，子博弈$(A, \bar{\hat{f}}, \{A\})$简记为$(A, \hat{f}, \{A\})$.

定义 6.29 假设N是一个有限集合，$\alpha \in (0,1]$，$(N, \hat{f}, \{N\})$是一个CGWUTP，称之为α悲观值全平衡博弈，如果$\forall A \in \mathcal{P}_0(N)$，子博弈$(A, \bar{\hat{f}}, \{A\})$ 的α悲观值不确定核心非空.

定理 6.24 假设N是一个有限集合，$\alpha \in (0,1]$，$(N, \hat{f}, \{N\})$是一个α悲观值不确定市场博弈，那么$\forall A \in \mathcal{P}_0(N)$，子博弈$(A, \hat{f}, \{A\})$也为$\alpha$悲观值不确定市场博弈.

定理 6.25 假设N是一个有限集合，$\alpha \in (0,1]$，$(N, \hat{f}, \{N\})$是一个α悲观值不确定市场博弈，那么$\forall A \in \mathcal{P}_0(N)$，子博弈$(A, \hat{f}, \{A\})$的$\alpha$悲观值核心非空.

定理 6.26 假设N是一个有限集合，$\alpha \in (0,1]$，$(N, \hat{f}, \{N\})$是一个α悲观值不确定市场博弈，那么也是α悲观值全平衡博弈.

一个自然的问题是：α悲观值全平衡博弈是α悲观值不确定市场博弈吗？回答是肯定的.

定理 6.27 假设N是一个有限集合，$\alpha \in (0,1]$，$(N, \hat{f}, \{N\})$是一个α悲观值全平衡博弈，那么也是α悲观值不确定市场博弈.

前文证明了α悲观值不确定市场博弈是α悲观值全平衡博弈，反过来也证明了α悲观值全平衡博弈是α悲观值不确定市场博弈，因此可以得出下面的定理.

定理 6.28 假设N是一个有限集合，$\alpha \in (0,1]$，$(N, \hat{f}, \{N\})$是一个α悲观值全平衡博弈当且仅当是α悲观值不确定市场博弈.

6.8 悲观值可加博弈的悲观值不确定核心

定义 6.30 假设N是有限的局中人集合，$\alpha \in (0,1]$，$(N, \hat{f}, \{N\})$为一个CGWUTP，称

其为α悲观值可加的或者α悲观值线性可加的，如果满足

$$\{\hat{f}(A)\}_{\inf,\alpha}=\sum_{i\in A}\{\hat{f}(i)\}_{\inf,\alpha},\forall A\in\mathcal{P}(N).$$

定理 6.29　假设N是有限的局中人集合，$\alpha\in(0,1]$，$(N,\hat{f},\{N\})$为一个CGWUTP，如果其是α悲观值可加的，那么一定是α 悲观值全平衡的.

定理 6.30　假设N是有限的局中人集合，$\alpha\in(0,1]$，$(N,\hat{f},\{N\})$和$(N,\hat{g},\{N\})$都是α悲观值全平衡的合作博弈，定义新的合作博弈$(N,\hat{h},\{N\})$，要求

$$\{\hat{h}(A)\}_{\inf,\alpha}=\min(\{\hat{f}(A)\}_{\inf,\alpha},\{\hat{g}(A)\}_{\inf,\alpha}),\forall A\in\mathcal{P}(N),$$

那么$(N,\hat{h},\{N\})$也是α悲观值全平衡的.取定$A\in\mathcal{P}_0(N)$，如果

$$\{\hat{h}(A)\}_{\inf,\alpha}=\{\hat{f}(A)\}_{\inf,\alpha},$$

那么

$$Core_{\inf,\alpha}(A,\hat{f},\{A\})\subseteq Core_{\inf,\alpha}(A,\hat{h},\{A\});$$

如果

$$\{\hat{h}(A)\}_{\inf,\alpha}=\{\hat{g}(A)\}_{\inf,\alpha},$$

那么

$$Core_{\inf,\alpha}(A,\hat{g},\{A\})\subseteq Core_{\inf,\alpha}(A,\hat{h},\{A\}).$$

定理 6.31　假设N是有限的局中人集合，$\alpha\in(0,1]$，$(N,\hat{f},\{N\})$是α悲观值全平衡的当且仅当其是有限个α悲观值可加博弈$(N,\hat{f}_i,\{N\})_{i=1,\cdots,k}$的最小博弈，即

$$\{\hat{f}\}_{\inf,\alpha}=\min\ (\{\hat{f}_1\}_{\inf,\alpha},\cdots,\{\hat{f}_k\}_{\inf,\alpha}).$$

因为博弈是α悲观值全平衡博弈当且仅当为α悲观值不确定市场博弈，因此有如下的简单定理.

定理 6.32　假设N是有限的局中人集合，$\alpha\in(0,1]$，$(N,\hat{f},\{N\})$是α悲观值不确定市场博弈当且仅当其是有限个α悲观值可加博弈$(N,\hat{f}_i,\{N\})_{i=1,\cdots,k}$的最小博弈，即

$$\{\hat{f}\}_{\inf,\alpha}=\min\ (\{\hat{f}_1\}_{\inf,\alpha},\cdots,\{\hat{f}_k\}_{\inf,\alpha}).$$

6.9 悲观值凸博弈的悲观值不确定核心

定义 6.31　假设N是有限的局中人集合，$\alpha\in(0,1]$，$(N,\hat{f},\{N\})$是一个CGWUTP，称其为α悲观值凸博弈，如果满足

$$\forall A,B\in\mathcal{P}(N),\{\hat{f}(A)\}_{\inf,\alpha}+\{\hat{f}(B)\}_{\inf,\alpha}\leqslant\{\hat{f}(A\cap B)\}_{\inf,\alpha}+\{\hat{f}(A\cup B)\}_{\inf,\alpha}.$$

定理 6.33　假设N是有限的局中人集合，$\alpha\in(0,1]$，$(N,\hat{f},\{N\})$是一个α悲观值凸博弈，那么$\forall A\in\mathcal{P}_0(N)$，子博弈$(A,\hat{f},\{A\})$也是$\alpha$悲观值凸博弈.

定理 6.34　假设N是有限的局中人集合，$\alpha\in(0,1]$，$(N,\hat{f},\{N\})$是一个CGWUTP，那么以下三者等价：

(1) $(N,\hat{f},\{N\})$是α悲观值凸博弈；

(2) $\forall B \subseteq A \subseteq N, \forall Q \subseteq N \setminus A$成立

$$\{\hat{f}(B \cup Q)\}_{\inf,\alpha} - \{\hat{f}(B)\}_{\inf,\alpha} \leqslant \{\hat{f}(A \cup Q)\}_{\inf,\alpha} - \{\hat{f}(A)\}_{\inf,\alpha}.$$

(3) $\forall B \subseteq A \subseteq N, \forall i \in N \setminus A$成立

$$\{\hat{f}(B \cup \{i\})\}_{\inf,\alpha} - \{\hat{f}(B)\}_{\inf,\alpha} \leqslant \{\hat{f}(A \cup \{i\})\}_{\inf,\alpha} - \{\hat{f}(A)\}_{\inf,\alpha}.$$

接下来用构造性的方法给出α悲观值凸博弈的α悲观值不确定核心中的一个元素.

定理 6.35 假设N是有限的局中人集合，$\alpha \in (0,1]$，$(N, \hat{f}, \{N\})$是一个CGWUTP，构造向量$x \in \mathbf{R}^N$为

$$\begin{aligned} x_1 &= \{\hat{f}(1)\}_{\inf,\alpha}; \\ x_2 &= \{\hat{f}(1,2)\}_{\inf,\alpha} - \{\hat{f}(1)\}_{\inf,\alpha}; \\ x_3 &= \{\hat{f}(1,2,3)\}_{\inf,\alpha} - \{\hat{f}(1,2)\}_{\inf,\alpha}; \\ &\vdots \\ x_n &= \{\hat{f}(1,2,\cdots,n)\}_{\inf,\alpha} - \{\hat{f}(1,2,\cdots,n-1)\}_{\inf,\alpha}. \end{aligned}$$

那么

$$x \in Core_{\inf,\alpha}(N, \hat{f}, \{N\}) \neq \varnothing.$$

定义 6.32 假设$N = \{1, \cdots, n\}$是一个有限集合，N的一个置换是如下的要素：

$$\pi = (i_1, \cdots, i_n), \{i_1, \cdots, i_n\} = \{1, \cdots, n\}.$$

所有的置换记为$\mathrm{Permut}(N)$.

定理 6.36 假设N是有限的局中人集合，$\alpha \in (0,1]$，$(N, \hat{f}, \{N\})$是一个CGWUTP，$\pi = (i_1, \cdots, i_n)$是一个置换，构造向量$x \in \mathbf{R}^N$为

$$\begin{aligned} x_1 &= \{\hat{f}(i_1)\}_{\inf,\alpha}; \\ x_2 &= \{\hat{f}(i_1, i_2)\}_{\inf,\alpha} - \{\hat{f}(i_1)\}_{\inf,\alpha}; \\ x_3 &= \{\hat{f}(i_1, i_2, i_3)\}_{\inf,\alpha} - \{\hat{f}(i_1, i_2)\}_{\inf,\alpha}; \\ &\vdots \\ x_n &= \{\hat{f}(i_1, i_2, \cdots, i_n)\}_{\inf,\alpha} - \{\hat{f}(i_1, i_2, \cdots, i_{n-1})\}_{\inf,\alpha}. \end{aligned}$$

那么

$$x \in Core_{\inf,\alpha}(N, \hat{f}, \{N\}) \neq \varnothing.$$

定义 6.33 假设N是有限的局中人集合，$\alpha \in (0,1]$，$(N, \hat{f}, \{N\})$是一个CGWUTP，$\pi = (i_1, \cdots, i_n)$是一个置换，构造向量$x \in \mathbf{R}^N$为

$$\begin{aligned} x_1 &= \{\hat{f}(i_1)\}_{\inf,\alpha}; \\ x_2 &= \{\hat{f}(i_1, i_2)\}_{\inf,\alpha} - \{\hat{f}(i_1)\}_{\inf,\alpha}; \\ x_3 &= \{\hat{f}(i_1, i_2, i_3)\}_{\inf,\alpha} - \{\hat{f}(i_1, i_2)\}_{\inf,\alpha}; \\ &\vdots \end{aligned}$$

$$x_n = \{\hat{f}(i_1, i_2, \cdots, i_n)\}_{\inf,\alpha} - \{\hat{f}(i_1, i_2, \cdots, i_{n-1})\}_{\inf,\alpha}.$$

上面的这个向量记为$x := w^{\pi}$.

定理 6.37　假设N是有限的局中人集合，$\alpha \in (0,1]$，$(N, \hat{f}, \{N\})$是一个CGWUTP，那么

$$ConvHull\,\{w^{\pi}|\forall \pi \in \mathrm{Permut}(N)\} \subseteq Core_{\inf,\alpha}(N, \hat{f}, \{N\}).$$

一个自然的问题是：反过来对吗？利用凸集分离定理可以较容易证明反方向的定理.综合起来得到如下的α悲观值凸博弈的α悲观值不确定核心的刻画定理.

定理 6.38　假设N是有限的局中人集合，$\alpha \in (0,1]$，$(N, \hat{f}, \{N\})$是一个CGWUTP，那么

$$ConvHull\,\{w^{\pi}|\forall \pi \in \mathrm{Permut}(N)\} = Core_{\inf,\alpha}(N, \hat{f}, \{N\}).$$

定理 6.39　假设N是有限的局中人集合，$\alpha \in (0,1]$，$(N, \hat{f}, \{N\})$是一个α悲观值凸博弈，那么

$$\forall A \in \mathcal{P}_0(N), \exists x \in Core_{\inf,\alpha}(N, \hat{f}, \{N\}), \mathrm{s.t.}, x(A) = \{\hat{f}(A)\}_{\inf,\alpha}.$$

6.10 一般联盟的悲观值不确定核心

前面各节考虑了带有大联盟结构的CGWUTP的核心，本节考虑带有一般联盟结构的CGWUTP的α悲观值不确定核心.

定义 6.34　假设N是一个有限的局中人集合，$\alpha \in (0,1]$，$(N, \hat{f}, \tau)$是带有一般联盟结构的CGWUTP，其α悲观值不确定核心定义为

$$\begin{aligned}
& Core_{\inf,\alpha}(N, \hat{f}, \tau) \\
= \;& X^0_{\inf,\alpha}(N, \hat{f}, \tau) \bigcap X^1_{\inf,\alpha}(N, \hat{f}, \tau) \bigcap X^2_{\inf,\alpha}(N, \hat{f}, \tau) \\
= \;& X_{\inf,\alpha}(N, \hat{f}, \tau) \bigcap X^2_{\inf,\alpha}(N, \hat{f}, \tau) \\
= \;& \{x|\, x \in \mathbf{R}^N; x_i \geqslant \{\hat{f}_i\}_{\inf,\alpha}, \forall i \in N; x(A) = \{\hat{f}(A)\}_{\inf,\alpha}, \forall A \in \tau; \\
& \quad x(B) \geqslant \{\hat{f}(B)\}_{\inf,\alpha}, \forall B \in \mathcal{P}(N)\}.
\end{aligned}$$

定理 6.40　假设N是一个有限的局中人集合，$\alpha \in (0,1]$，$(N, \hat{f}, \tau)$表示一个带有一般联盟结构的CGWUTP，那么它的α悲观值不确定核心是$\mathbf{R}^N$中有限个闭的半空间的交集，是有界闭集，是凸集.

作为一个解概念，主要关注解概念在等价变换意义下的变换规律.

定理 6.41　假设N是一个有限的局中人集合，$\alpha \in (0,1]$，$(N, \hat{f}, \tau)$表示一个带有一般联盟结构的CGWUTP，那么

$$\forall \lambda > 0, \forall b \in \mathbf{R}^N \Rightarrow Core_{\inf,\alpha}(N, \lambda\hat{f} + b, \tau) = \lambda Core_{\inf,\alpha}(N, \hat{f}, \tau) + b.$$

即合作博弈$(N, \lambda\hat{f} + b, \tau), \forall \lambda > 0, b \in \mathbf{R}^N$与$(N, \hat{f}, \tau)$的核心之间具有协变关系.

定理 6.42　假设N是一个有限的局中人集合，$\alpha \in (0,1]$，$(N, \hat{f}, \tau)$表示一个带有一般联

盟结构的CGWUTP，那么α悲观值不确定核心非空与否在α乐观值策略等价意义下是不变的.

定义 6.35 假设N是一个有限的局中人集合，$\alpha\in(0,1]$，$(N,\hat{f})$表示一个不带有联盟结构的CGWUTP，称其为α悲观值超可加的，如果满足

$$\forall A,B\in\mathcal{P}(N),A\cap B=\varnothing\Rightarrow\{\hat{f}(A)\}_{\inf,\alpha}+\{\hat{f}(B)\}_{\inf,\alpha}\leqslant\{\hat{f}(A\cup B)\}_{\inf,\alpha}.$$

定义 6.36 假设N是一个有限的局中人集合，$\alpha\in(0,1]$，$(N,\hat{f})$表示一个不带有联盟结构的CGWUTP，定义其对应的α悲观值超可加覆盖博弈$(N,\hat{f}^*)$为一个CGWUTP，满足

$$\{\hat{f}^*(A)\}_{\inf,\alpha}=\max_{\tau\in\mathrm{Part(A)}}\sum_{B\in\tau}\{\hat{f}(B)\}_{\inf,\alpha}.$$

定义 6.37 假设N是一个有限的局中人集合，$\alpha\in(0,1]$，$(N,\hat{f}),(N,\hat{g})$表示两个不带有联盟结构的CGWUTP，称博弈$(N,\hat{g})\alpha$悲观值大于或者等于$(N,\hat{f})$，如果满足

$$\{\hat{g}(A)\}_{\inf,\alpha}\geqslant\{\hat{f}(A)\}_{\inf,\alpha},\forall A\in\mathcal{P}(N).$$

记为$(N,\hat{g})\geqslant(N,\hat{f})$.

定理 6.43 假设N是一个有限的局中人集合，$\alpha\in(0,1]$，$(N,\hat{f})$表示一个不带有联盟结构的CGWUTP，其对应的α悲观值超可加覆盖博弈为$(N,\hat{f}^*)$，那么有

(1) $\{\hat{f}^*(A)\}_{\inf,\alpha}\geqslant\{\hat{f}(A)\}_{\inf,\alpha},\forall A\in\mathcal{P}(N)$；

(2) $\{\hat{f}^*(i)\}_{\inf,\alpha}=\{\hat{f}(i)\}_{\inf,\alpha},\forall i\in N$；

(3) $(N,\hat{f}^*)$是α悲观值超可加博弈；

(4) $(N,\hat{f}^*)$是α悲观值大于等于$(N,\hat{f})$的最小的α悲观值超可加博弈,即假设$(N,\hat{h})$是α悲观值超可加博弈，并且$(N,\hat{h})\geqslant(N,\hat{f})$，那么一定有$(N,\hat{h})\geqslant(N,g)$；

(5) $(N,\hat{f})$是α悲观值超可加博弈当且仅当$\{\hat{f}(A)\}_{\inf,\alpha}=\{\hat{f}^*(A)\}_{\inf,\alpha},\forall A\in\mathcal{P}(N)$.

定理 6.44 假设N是一个有限的局中人集合，$\alpha\in(0,1]$，$(N,\hat{f},\tau)$是带有一般联盟结构的CGWUTP，其对应的α悲观值超可加覆盖博弈为$(N,\hat{f}^*)$，那么有

$$Core_{\inf,\alpha}(N,\hat{f},\tau)=Core_{\inf,\alpha}(N,\hat{f}^*,\{N\})\cap X_{\inf,\alpha}(N,\hat{f},\tau).$$

定理 6.45 假设N是一个有限的局中人集合，$\alpha\in(0,1]$，$(N,\hat{f},\tau)$是带有一般联盟结构的CGWUTP，其对应的α悲观值超可加覆盖博弈为$(N,\hat{f}^*)$，那么有

(1) 如果$\{\hat{f}^*(N)\}_{\inf,\alpha}>\sum_{A\in\tau}\{\hat{f}(A)\}_{\inf,\alpha}$，可得

$$Core_{\inf,\alpha}(N,\hat{f},\tau)=\varnothing.$$

(2) 如果$\{\hat{f}^*(N)\}_{\inf,\alpha}=\sum_{A\in\tau}\{\hat{f}(A)\}_{\inf,\alpha}$，可得

$$Core_{\inf,\alpha}(N,\hat{f},\tau)=Core_{\inf,\alpha}(N,\hat{f}^*,\{N\}).$$

第7章 期望值不确定沙普利值

对于不确定支付可转移合作博弈，立足于稳定分配的指导原则，基于经验设计了多个分配公理，得到一个重要的数值解概念：期望值不确定沙普利值(Expected Uncertain Shapley Value).本章介绍了不确定支付可转移合作博弈的期望值不确定沙普利公理、沙普利值的计算公式、沙普利值的一致性、期望值凸博弈的沙普利值以及期望值不确定沙普利值的各种公理化刻画.

7.1 期望值解概念的原则

对于一个CGWUTPCS，考虑的解概念即如何合理分配财富的过程，使得人人在约束下获得最大利益，解概念有两种：一种是集合，另一种是单点.

定义 7.1 假设N是一个有限的局中人集合，$\Gamma_{U,N}$表示其上的所有CGWUTP，解概念分为集值解概念和数值解概念.

(1) 集值解概念：$\phi : \Gamma_{U,N} \to \mathcal{P}(\mathbf{R}^N), \phi(N, \hat{f}, \tau) \subseteq \mathbf{R}^N$.

(2) 数值解概念：$\phi : \Gamma_{U,N} \to \mathbf{R}^N, \phi(N, \hat{f}, \tau) \in \mathbf{R}^N$.

解概念的定义过程是一个立足于分配的合理、稳定的过程，可以充分发挥创造力，从以下几个方面出发至少可以定义几个理性的分配向量集合.

第一个方面：个体参加联盟合作得到的财富应该大于等于个体单干得到的财富.这条性质称之为个体理性.第二个方面：联盟结构中的联盟最终得到的财富应该是这个联盟创造的财富.这条性质称之为结构理性.第三个方面：一个群体最终得到的财富应该大于等于这个联盟创造的财富.这条性质称之为集体理性.因为支付是不确定的，所以采用期望值作为一个确定的数值衡量标准.

定义 7.2 假设N是一个有限的局中人集合，$(N, \hat{f}, \tau)$表示一个CGWUTPCS，其对应的期望值个体理性分配集定义为

$$X_E^0(N, \hat{f}, \tau) = \{x |\, x \in \mathbf{R}^N; x_i \geqslant E\{\hat{f}(i)\}, \forall i \in N\}.$$

如果用期望值盈余函数来表示，那么期望值个体理性分配集实际上可以表示为

$$X_E^0(N, \hat{f}, \tau) = \{x |\, x \in \mathbf{R}^N; e_E(\hat{f}, x, i) \leqslant 0, \forall i \in N\}.$$

定义 7.3 假设N是一个有限的局中人集合，$(N, \hat{f}, \tau)$表示一个CGWUTPCS，其对应的期望值结构理性分配集(Expected preimputation)定义为

$$X_E^1(N, \hat{f}, \tau) = \{x |\, x \in \mathbf{R}^N; x(A) = E\{\hat{f}(A)\}, \forall A \in \tau\}.$$

如果用期望值盈余函数来表示，那么Expected preimputation实际上可以表示为

$$X_E^1(N, \hat{f}, \tau) = \{x |\, x \in \mathbf{R}^N; e_E(\hat{f}, x, A) = 0, \forall A \in \tau\}.$$

定义 7.4 假设N是一个有限的局中人集合，$(N,\hat{f},\tau)$表示一个CGWUTPCS，其对应的期望值集体理性分配集定义为

$$X_E^2(N,\hat{f},\tau)=\{x|\ x\in\mathbf{R}^N;x(A)\geqslant E\{\hat{f}(A)\},\forall A\in\mathcal{P}(N)\}.$$

如果用期望值盈余函数来表示，那么期望值集体理性分配集实际上可以表示为

$$X_E^2(N,\hat{f},\tau)=\{x|\ x\in\mathbf{R}^N;e_E(\hat{f},x,B)\leqslant 0,\forall B\in\mathcal{P}(N)\}.$$

定义 7.5 假设N是一个有限的局中人集合，$(N,\hat{f},\tau)$表示一个CGWUTPCS，其对应的期望值可行分配向量集定义为

$$X_E^*(N,\hat{f},\tau)=\{x|\ x\in\mathbf{R}^N;x(A)\leqslant E\{\hat{f}(A)\},\forall A\in\tau\}.$$

如果用期望值盈余函数来表示，那么期望值可行分配集实际上可以表示为

$$X_E^*(N,\hat{f},\tau)=\{x|\ x\in\mathbf{R}^N;e_E(\hat{f},x,A)\geqslant 0,\forall A\in\tau\}.$$

定义 7.6 假设N是一个有限的局中人集合，$(N,\hat{f},\tau)$表示一个CGWUTPCS，其对应的期望值可行理性分配集(Expected imputation)定义为

$$\begin{aligned}X_E(N,\hat{f},\tau)&=\{x|\ x\in\mathbf{R}^N;x_i\geqslant E\{\hat{f}(i)\},\forall i\in N;x(A)=E\{\hat{f}(A)\},\forall A\in\tau\}\\&=X_E^0(N,\hat{f},\tau)\bigcap X_E^1(N,\hat{f},\tau).\end{aligned}$$

如果用期望值盈余函数来表示，那么Expected imputation实际上可以表示为

$$X_E(N,\hat{f},\tau)=\{x|\ x\in\mathbf{R}^N;e_E(\hat{f},x,i)\leqslant 0,\forall i\in N;e_E(\hat{f},x,A)=0,\forall A\in\tau\}.$$

所有的基于期望值的解概念，无论是集值解概念还是数值解概念，都应该从三大期望值理性分配集以及期望值可行理性分配集出发来寻找.

7.2 期望值数值解的公理体系

定义 7.7 假设N是一个有限的局中人集合，$\Gamma_{U,N}$表示其上所有带有大联盟结构的不确定支付可转移合作博弈，假设有一个数值解概念$\phi:\Gamma_{U,N}\rightarrow\mathbf{R}^N,\phi(N,\hat{f},\{N\})\in\mathbf{R}^N$，局中人$i\in N$，在解概念意义下，局中人$i$获得的分配记为$\phi_i(N,\hat{f},\{N\})$，分配向量记为$\phi(N,\hat{f},\{N\})=(\phi_i(N,\hat{f},\{N\}))_{i\in N}\in\mathbf{R}^N$.

定义 7.8 (期望值有效公理) 假设N是一个有限的局中人集合，$\Gamma_{U,N}$表示其上所有带有大联盟结构的CGWUTP，假设有一个数值解概念$\phi:\Gamma_{U,N}\rightarrow\mathbf{R}^N,\phi(N,\hat{f},\{N\})\in\mathbf{R}^N$，称其满足期望值有效公理，如果满足

$$\sum_{i\in N}\phi_i(N,\hat{f},\{N\})=E\{\hat{f}(N)\};\forall(N,\hat{f},\{N\})\in\Gamma_{U,N}.$$

定义 7.9 假设N是一个有限的局中人集合，$(N,\hat{f},\{N\})$是一个CGWUTP，称局中人i和j关于$(N,\hat{f},\{N\})$是期望值对称的，如果满足

$$\forall A\subseteq N\setminus\{i,j\}\Rightarrow E\{\hat{f}(A\cup\{i\})\}=E\{\hat{f}(A\cup\{j\})\}.$$

如果局中人i和j关于$(N,\hat{f},\{N\})$是期望值对称的，记为$i\approx_{(N,\hat{f},\{N\}),E}j$，或者简单记为$i\approx_E j$.

定义 7.10 (期望值对称公理) 假设N是一个有限的局中人集合，$\Gamma_{U,N}$表示其上所有带有大联盟结构的CGWUTP，假设有一个数值解概念$\phi:\Gamma_{U,N}\to\mathbf{R}^N, \phi(N,\hat{f},\{N\})\in\mathbf{R}^N$，称其满足对称公理，如果满足

$$\phi_i(N,\hat{f},\{N\})=\phi_j(N,\hat{f},\{N\}),\forall(N,\hat{f},\{N\})\in\Gamma_{U,N},\forall i\approx_{(N,\hat{f},\{N\}),E}j.$$

定义 7.11 (期望值协变公理) 假设N是一个有限的局中人集合，$\Gamma_{U,N}$表示其上所有带有大联盟结构的CGWUTP，假设有一个数值解概念$\phi:\Gamma_{U,N}\to\mathbf{R}^N, \phi(N,\hat{f},\{N\})\in\mathbf{R}^N$，称其满足期望值协变公理，如果满足

$$\exists(N,\hat{h},\{N\}),\text{s.t.},E\{\hat{h}(B)\}=E\{\lambda\hat{f}(B)+b(B)\},$$

那么有

$$\phi(N,\hat{h},\{N\})=\lambda\phi(N,\hat{f},\{N\})+b,\forall(N,\hat{f},\{N\})\in\Gamma_{U,N},\forall\lambda>0,b\in\mathbf{R}^N.$$

定义 7.12 假设N是一个有限的局中人集合，$(N,\hat{f},\{N\})$是一个CGWUTP，称局中人i关于$(N,\hat{f},\{N\})$是期望值零贡献的，如果满足

$$\forall A\subseteq N\Rightarrow E\{\hat{f}(A\cup\{i\})\}=E\{\hat{f}(A)\}.$$

如果局中人i关于$(N,\hat{f},\{N\})$是期望值零贡献的，记为$i\in Null_E(N,\hat{f},\{N\})$，或者简单记为$i\in Null_E$.

定义 7.13 假设N是一个有限的局中人集合，$(N,\hat{f},\{N\})$是一个CGWUTP，称局中人i关于$(N,\hat{f},\{N\})$是期望值哑元的，如果满足

$$\forall A\subseteq N\setminus\{i\}\Rightarrow E\{\hat{f}(A\cup\{i\})\}=E\{\hat{f}(A)\}+E\{\hat{f}(i)\}.$$

如果局中人i关于$(N,\hat{f},\{N\})$是期望值哑元的，记为$i\in Dummy_E(N,\hat{f},\{N\})$，或者简单记为$i\in Dummy_E$.

定义 7.14 (期望值零贡献公理) 假设N是一个有限的局中人集合，$\Gamma_{U,N}$表示其上所有带有大联盟结构的CGWUTP，假设有一个数值解概念$\phi:\Gamma_{U,N}\to\mathbf{R}^N, \phi(N,\hat{f},\{N\})\in\mathbf{R}^N$，称其满足期望值零贡献公理，如果满足

$$\phi_i(N,\hat{f},\{N\})=0,\forall(N,\hat{f},\{N\})\in\Gamma_{U,N},\forall i\in Null_e(N,\hat{f},\{N\}).$$

定义 7.15 (期望值加法公理) 假设N是一个有限的局中人集合，$\Gamma_{U,N}$表示其上所有带有大联盟结构的CGWUTP，假设有一个数值解概念$\phi:\Gamma_{U,N}\to\mathbf{R}^N, \phi(N,\hat{f},\{N\})\in\mathbf{R}^N$，称其满足期望值加法公理，如果满足

$$\exists(N,\hat{h},\{N\}),\text{s.t.},E\{\hat{h}(B)\}=E\{\hat{f}(B)+\hat{g}(B)\},$$

那么有

$$\phi(N,\hat{h},\{N\})=\phi(N,\hat{f},\{N\})+\phi(N,\hat{g},\{N\}),\forall(N,\hat{f},\{N\}),(N,\hat{g},\{N\})\in\Gamma_{U,N}.$$

定义 7.16 (期望值线性公理) 假设N是一个有限的局中人集合，$\Gamma_{U,N}$表示其上所有带有大联盟结构的CGWUTP，假设有一个数值解概念$\phi:\Gamma_{U,N}\to\mathbf{R}^N, \phi(N,\hat{f},\{N\})\in\mathbf{R}^N$，称其满足期望值线性公理，如果满足

$$\exists(N,\hat{h},\{N\}),\text{s.t.},E\{\hat{h}(B)\}=E\{\lambda\hat{f}(B)+\mu\hat{g}(B)\},$$

那么有

$$\phi(N,\hat{h},\{N\})=\lambda\phi(N,\hat{f},\{N\})+\mu\phi(N,\hat{g},\{N\}),$$
$$\forall(N,\hat{f},\{N\}),(N,\hat{g},\{N\})\in\Gamma_N,\forall\lambda,\mu\in\mathbf{R}.$$

定义 7.17 (期望值边际单调公理) 假设N是一个有限的局中人集合，$\Gamma_{U,N}$表示其上所有带有大联盟结构的CGWUTP，假设有一个数值解概念$\phi:\Gamma_{U,N}\to\mathbf{R}^N,\phi(N,\hat{f},\{N\})\in\mathbf{R}^N$，称其满足期望值边际单调公理，如果对于任意取定的$i\in N$和$\forall(N,\hat{f},\{N\}),(N,\hat{g},\{N\})$，满足

$$E\{\hat{f}(A\cup\{i\})\}-E\{\hat{f}(A)\}\geqslant E\{\hat{g}(A\cup\{i\})\}-E\{\hat{g}(A)\},\forall A\subseteq N\setminus\{i\},$$

一定有

$$\phi_i(N,\hat{f},\{N\})\geqslant\phi_i(N,\hat{g},\{N\}).$$

定义 7.18 (期望值边际公理) 假设N是一个有限的局中人集合，$\Gamma_{U,N}$表示其上所有带有大联盟结构的CGWUTP，假设有一个数值解概念$\phi:\Gamma_{U,N}\to\mathbf{R}^N,\phi(N,\hat{f},\{N\})\in\mathbf{R}^N$，称其满足期望值边际公理，如果对于任意取定的$i\in N$和$\forall(N,\hat{f},\{N\}),(N,\hat{g},\{N\})$，满足

$$E\{\hat{f}(A\cup\{i\})\}-E\{\hat{f}(A)\}=E\{\hat{g}(A\cup\{i\})\}-E\{\hat{g}(A)\},\forall A\subseteq N\setminus\{i\},$$

一定有

$$\phi_i(N,\hat{f},\{N\})=\phi_i(N,\hat{g},\{N\}).$$

定理 7.1 假设N是一个有限的局中人集合，$\Gamma_{U,N}$表示其上所有带有大联盟结构的CGWUTP，假设有一个数值解概念$\phi:\Gamma_{U,N}\to\mathbf{R}^N,\phi(N,\hat{f},\{N\})\in\mathbf{R}^N$，如果其满足期望值边际单调公理，那么一定满足期望值边际公理.

证明 取定的$i\in N$和$(N,\hat{f},\{N\}),(N,\hat{g},\{N\})$，满足

$$E\{\hat{f}(A\cup\{i\})\}-E\{\hat{f}(A)\}=E\{\hat{g}(A\cup\{i\})\}-E\{\hat{g}(A)\},\forall A\subseteq N\setminus\{i\},$$

显然上面的等式可以转化为

$$E\{\hat{f}(A\cup\{i\})\}-E\{\hat{f}(A)\}\geqslant E\{\hat{g}(A\cup\{i\})\}-E\hat{g}(A)\},\forall A\subseteq N\setminus\{i\}$$

且

$$E\{\hat{f}(A\cup\{i\})\}-E\{\hat{f}(A)\}\leqslant E\{\hat{g}(A\cup\{i\})\}-E\{\hat{g}(A)\},\forall A\subseteq N\setminus\{i\}.$$

因为解概念ϕ满足期望值边际单调公理，因此一定有

$$\phi_i(N,\hat{f},\{N\})\geqslant\phi_i(N,\hat{g},\{N\}),\phi_i(N,\hat{f},\{N\})\leqslant\phi_i(N,\hat{g},\{N\}),$$

二者综合得到

$$\phi_i(N,\hat{f},\{N\})=\phi_i(N,\hat{g},\{N\}).$$

上文介绍的各种公理相互组合可以产生各种解概念，但是并不能保证解概念是唯一的.因此，需要探索集结尽可能少的公理产生唯一的解概念.

7.3 满足部分期望值公理的解

例 7.1 假设N是一个有限的局中人集合，$\Gamma_{U,N}$表示其上所有带有大联盟结构的CGWUTP，定义一个数值解概念$\phi:\Gamma_{U,N}\to\mathbf{R}^N, \phi(N,\hat{f},\{N\})\in\mathbf{R}^N$为

$$\phi_i(N,\hat{f},\{N\})=E\{\hat{f}(i)\},\forall i\in N,\forall(N,\hat{f},\{N\})\in\Gamma_{U,N}.$$

那么此解概念ϕ满足期望值加法、期望值对称、期望值零贡献和期望值协变公理，但是不满足期望值有效公理.

例 7.2 假设N是一个有限的局中人集合，$\Gamma_{U,N}$表示其上所有带有大联盟结构的CGWUTP，定义一个数值解概念$\phi:\Gamma_{N}\to\mathbf{R}^N, \phi(N,\hat{f},\{N\})\in\mathbf{R}^N$为

$$\forall i\in N,\forall(N,\hat{f},\{N\})\in\Gamma_{U,N},$$

$$\phi_i(N,\hat{f},\{N\})=\begin{cases}E\{\hat{f}(i)\}+\dfrac{E\{\hat{f}(N)\}-\sum_{j\in N}E\{\hat{f}(j)\}}{n-|Dummy_E(N,\hat{f},\{N\})|}, & \text{如果}i\notin Dummy_E;\\ E\{\hat{f}(i)\}, & \text{如果}i\in Dummy_E.\end{cases}$$

那么此解概念ϕ满足期望值有效、期望值对称、期望值零贡献和期望值协变公理，但是不满足期望值加法公理.

例 7.3 假设N是一个有限的局中人集合，$\Gamma_{U,N}$表示其上所有带有大联盟结构的CGWUTP，定义一个数值解概念$\phi:\Gamma_{U,N}\to\mathbf{R}^N, \phi(N,\hat{f},\{N\})\in\mathbf{R}^N$为

$$\forall i\in N,\phi_i(N,\hat{f},\{N\})=\max_{A\in\mathcal{P}_0(N\setminus\{i\})}[E\{\hat{f}(A\cup\{i\})\}-E\{\hat{f}(A)\}]$$

那么此解概念ϕ满足期望值对称、期望值零贡献和期望值协变公理，但是不满足期望值有效和期望值加法公理.

例 7.4 假设N是一个有限的局中人集合，$\Gamma_{U,N}$表示其上所有带有大联盟结构的CGWUTP，定义一个数值解概念$\phi:\Gamma_{U,N}\to\mathbf{R}^N, \phi(N,\hat{f},\{N\})\in\mathbf{R}^N$为

$$\forall i\in N,\phi_i(N,\hat{f},\{N\})=E\{\hat{f}(1,2,\cdots,i-1,i)\}-E\{\hat{f}(1,2,\cdots,i-1)\}.$$

那么此解概念ϕ满足期望值有效、期望值加法、期望值零贡献和期望值协变公理，但是不满足期望值对称公理.

7.4 期望值不确定沙普利值经典刻画

定义 7.19 假设N是一个包含n个人的有限的局中人集合，$\mathrm{Permut}(N)$表示N中的所有置换，假设$\pi\in\mathrm{Permut}(N)$，定义

$$P_i(\pi)=\{j|\ j\in N;\pi(j)<\pi(i)\}.$$

表示按照置换π在局中人i之前的局中人集合.

定理 7.2 假设N是一个包含n个人的有限的局中人集合，$\mathrm{Permut}(N)$表示N中的所有置换，假设$\pi\in\mathrm{Permut}(N)$，那么

$$P_i(\pi)=\varnothing\Leftrightarrow\pi(i)=1;$$

$$\#P_i(\pi)=1\Leftrightarrow\pi(i)=2;$$

$$P_i(\pi) \cup \{i\} = P_k(\pi) \Leftrightarrow \pi(k) = \pi(i) + 1.$$

定义 7.20 假设N是一个有限的局中人集合，$\Gamma_{U,N}$表示其上所有带有大联盟结构的CGWUTP，假设$\pi \in \text{Permut}(N)$，定义一个数值解概念$\phi_E^\pi : \Gamma_N \to \mathbf{R}^N, \phi_E(N, \hat{f}, \{N\}) \in \mathbf{R}^N$为

$$\phi_{E,i}^\pi(N, \hat{f}, \{N\}) = E\{\hat{f}(P_i(\pi) \cup \{i\})\} - E\{\hat{f}(P_i(\pi))\},$$
$$\forall i \in N, \forall (N, \hat{f}, \{N\}) \in \Gamma_{U,N}.$$

根据上一节中的例子可知，解概念ϕ^π满足期望值有效、期望值协变、期望值零贡献和期望值加法公理，但是不满足期望值对称公理.

定义 7.21 假设N是一个有限的局中人集合，$\Gamma_{U,N}$表示其上所有带有大联盟结构的CGWUTP，假设$\pi \in \text{Permut}(N)$，定义一个数值解概念$Sh : \Gamma_N \to \mathbf{R}^N, Sh(N, \hat{f}, \{N\}) \in \mathbf{R}^N$为

$$Sh_{E,i}(N, \hat{f}, \{N\}) = \frac{1}{n!} \sum_{\pi \in \text{Permut}(N)} [E\{\hat{f}(P_i(\pi) \cup \{i\})\} - E\{\hat{f}(P_i(\pi))\}],$$
$$\forall i \in N, \forall (N, \hat{f}, \{N\}) \in \Gamma_{U,N}.$$

即

$$Sh_{E,i}(N, \hat{f}, \{N\}) = \frac{1}{n!} \sum_{\pi \in \text{Permut}(N)} \phi_{E,i}^\pi(N, \hat{f}, \{N\}), \forall i \in N, \forall (N, \hat{f}, \{N\}) \in \Gamma_{U,N}.$$

这个数值解概念称为期望值不确定沙普利值.

定理 7.3 假设N是一个有限的局中人集合，$\Gamma_{U,N}$表示其上所有带有大联盟结构的CGWUTP，期望值不确定沙普利值可以具体表示为

$$Sh_{E,i}(N, \hat{f}, \{N\}) = \sum_{A \in \mathcal{P}(N \setminus \{i\})} \frac{|A|! \times (n - |A| - 1)!}{n!} (E\{\hat{f}(A \cup \{i\})\} - E\{\hat{f}(A)\}), \forall i \in N.$$

证明 根据定义可知

$$Sh_{E,i}(N, \hat{f}, \{N\}) = \frac{1}{n!} \sum_{\pi \in \text{Permut}(N)} [E\{\hat{f}(P_i(\pi) \cup \{i\})\} - E\{\hat{f}(P_i(\pi))\}], \forall i \in N.$$

固定$A \in \mathcal{P}(N \setminus \{i\})$，需要计算有多少个置换$\pi$使得$P_i(\pi) = A$.显然这种类型的置换为$(A, i, A^c \setminus \{i\})$，前面的集合$A$内部有$|A|!$种内部排列，后面的集合$A^c \setminus \{i\}$内部有$(n - |A| - 1)!$种排列，所以满足$P_i(\pi) = A$的置换有$|A|! \times (n - |A| - 1)!$种，所以$\forall i \in N$有

$$Sh_{E,i}(N, \hat{f}, \{N\}) = \sum_{A \in \mathcal{P}(N \setminus \{i\})} \frac{|A|! \times (n - |A| - 1)!}{n!} (E\{\hat{f}(A \cup \{i\})\} - E\{\hat{f}(A)\}).$$

定理 7.4 假设N是一个有限的局中人集合，$\Gamma_{U,N}$表示其上所有带有大联盟结构的CGWUTP，假设$\pi \in \text{Permut}(N)$，期望值不确定沙普利值满足期望值有效、期望值对称、期望值零贡献、期望值加法、期望值协变和期望值线性公理.

证明 根据定义可知

$$Sh_E(N, \hat{f}, \{N\}) = \frac{1}{n!} \sum_{\pi \in \text{Permut}(N)} \phi_E^\pi(N, \hat{f}, \{N\}).$$

根据前面的例子可知

$$\forall \pi \in \text{Permut}(N), \phi_E^{\pi}$$

是满足期望值有效、期望值零贡献、期望值加法和期望值协变公理的数值解概念.期望值不确定沙普利值作为它们的平均，显然满足期望值有效、期望值零贡献、期望值加法、期望值协变和期望值线性公理，下一步证明期望值不确定沙普利值满足期望值对称公理. 取定$(N, \hat{f}, \{N\}) \in \Gamma_{U,N}$，假设$i \approx_{(N,\hat{f},\{N\}),E} j$，下证

$$Sh_{E,i}(N, \hat{f}, \{N\}) = Sh_{E,j}(N, \hat{f}, \{N\}).$$

定义映射$\alpha : \text{Permut}(N) \to \text{Permut}(N)$使得

$$\alpha(\pi)(k) = \begin{cases} \pi(j), & \text{如果} k = i; \\ \pi(i), & \text{如果} k = j; \\ \pi(k), & \text{如果} k \neq i, j. \end{cases}$$

置换集合是一个群，当前的映射α相当于一个特殊的置换的作用，因此α是单射和满射.断言：如果$i \approx_{(N,\hat{f},\{N\}),E} j$，那么

$$E\{\hat{f}(P_i(\pi) \cup \{i\})\} - E\{\hat{f}(P_i(\pi))\} = E\{\hat{f}(P_j(\alpha(\pi)) \cup \{j\})\} - E\{\hat{f}(P_j(\alpha(\pi)))\}.$$

情形一：如果$\pi(i) < \pi(j)$.显然

$$P_i(\pi) = P_j(\alpha(\pi)), P_i(\pi), P_j(\alpha(\pi)) \subseteq N \setminus \{i, j\}.$$

根据期望值对称的定义可知

$$E\{\hat{f}(P_i(\pi))\} = E\{\hat{f}(P_j(\alpha(\pi)))\}, E\{\hat{f}(P_i(\pi) \cup \{i\})\} = E\{\hat{f}(P_j(\alpha(\pi)) \cup \{j\})\},$$

因此一定有

$$E\{\hat{f}(P_i(\pi) \cup \{i\})\} - E\{\hat{f}(P_i(\pi))\} = E\{\hat{f}(P_j(\alpha(\pi)) \cup \{j\})\} - E\{\hat{f}(P_j(\alpha(\pi)))\}.$$

情形二：如果$\pi(i) > \pi(j)$. 显然

$$P_i(\pi) \cup \{i\} = P_j(\alpha(\pi)) \cup \{j\}, P_i(\pi) \setminus \{j\} = P_j(\alpha(\pi)) \setminus \{i\} \subseteq N \setminus \{i, j\}.$$

根据期望值对称的定义可知

$$E\{\hat{f}(P_i(\pi) \cup \{i\})\} = E\{\hat{f}(P_j(\alpha(\pi)) \cup \{j\})\},$$
$$E\{\hat{f}((P_i(\pi) \setminus \{j\}) \cup \{j\})\} = E\{\hat{f}((P_j(\alpha(\pi)) \setminus \{i\}) \cup \{i\})\},$$

即

$$E\{\hat{f}(P_i(\pi) \cup \{i\})\} = E\{\hat{f}(P_j(\alpha(\pi)) \cup \{j\})\}, E\{\hat{f}(P_i(\pi))\} = E\{\hat{f}(P_j(\alpha(\pi)))\},$$

因此一定有

$$E\{\hat{f}(P_i(\pi) \cup \{i\})\} - E\{\hat{f}(P_i(\pi))\} = E\{\hat{f}(P_j(\alpha(\pi)) \cup \{j\})\} - E\{\hat{f}(P_j(\alpha(\pi)))\}.$$

因为α是双射，所以$\forall i \approx_{(N,\hat{f},\{N\})} j$，有

$$\begin{aligned} & Sh_{E,i}(N, \hat{f}, \{N\}) \\ = & \frac{1}{n!} \sum_{\pi \in \text{Permut}(N)} [E\{\hat{f}(P_i(\pi) \cup \{i\})\} - E\{\hat{f}(P_i(\pi))\}] \end{aligned}$$

$$
\begin{aligned}
&= \frac{1}{n!}\sum_{\pi\in \mathrm{Permut}(N)}[E\{\hat{f}(P_j(\alpha(\pi))\cup\{j\})\}-E\{\hat{f}(P_j(\alpha(\pi)))\}]\\
&= \frac{1}{n!}\sum_{\pi\in \mathrm{Permut}(N)}[E\{\hat{f}(P_j(\pi)\cup\{j\})\}-E\{\hat{f}(P_j(\pi))\}]\\
&= Sh_{E,j}(N,\hat{f},\{N\}).
\end{aligned}
$$

因此期望值不确定沙普利值满足期望值对称公理.

定义 7.22 假设N是一个有限的局中人集合，任取$A\in\mathcal{P}_0(N)$，定义A上的期望值$1-0$承载博弈$(N,\hat{C}_{(A,1,0)},\{N\})$为

$$
E\{\hat{C}_{(A,1,0)}(B)\}=\begin{cases}1, & \text{如果}A\subseteq B;\\ 0, & \text{其他情形}.\end{cases}
$$

定义 7.23 假设N是一个有限的局中人集合，任取$A\in\mathcal{P}_0(N),\alpha\in R$，定义$A$上的期望值$\alpha-0$承载博弈$(N,\hat{C}_{(A,\alpha,0)},\{N\})$为

$$
E\{\hat{C}_{(A,\alpha,0)}(B)\}=\begin{cases}\alpha, & \text{如果}A\subseteq B;\\ 0, & \text{其他情形}.\end{cases}
$$

定理 7.5 假设N是一个有限的局中人集合，$\Gamma_{U,N}$表示其上所有带有大联盟结构的CGWUTP，$(N,\hat{f},\{N\})$是一个不确定支付可转移合作博弈，那么它在期望值意义下是有限个期望值$1-0$承载博弈的线性组合.

证明 根据不确定支付可转移合作博弈的期望值向量表示，可知$\Gamma_{U,N}$是一个线性空间，并且

$$
\Gamma_{U,N}\cong \mathbf{R}^{2^n-1}.
$$

因此只需要证明$(N,\hat{C}_{(A,1,0)},\{N\}),A\in\mathcal{P}_0(N)$在期望值意义构成了$\Gamma_{U,N}$的基.如不然，那么必定有

$$
\exists\alpha=(\alpha_A)_{A\in\mathcal{P}_0(N)}\neq 0,\text{s.t.},\sum_{A\in\mathcal{P}_0(N)}\alpha_A E\{\hat{C}_{(A,1,0)}(B)\}=0,\forall B\in\mathcal{P}(N).
$$

令

$$
\tau=\{A|\ A\in\mathcal{P}_0(N);\alpha_A\neq 0\}.
$$

因为$\alpha\neq 0$，所以$\tau\neq\varnothing$，按照集合的包含关系，取定B_0是τ中的极小集合，即没有τ中的其他集合严格被它包含.需要证明

$$
\sum_{A\in\mathcal{P}_0(N)}\alpha_A E\{\hat{C}_{(A,1,0)}(B_0)\}\neq 0.
$$

从而产生矛盾.根据前面的推导可知

$$
\begin{aligned}
&\sum_{A\in\mathcal{P}_0(N)}\alpha_A E\{\hat{C}_{(A,1,0)}(B_0)\}\\
=&\sum_{A\in\mathcal{P}_0(N),A\subset B_0}\alpha_A E\{\hat{C}_{(A,1,0)}(B_0)\}+\\
&\alpha_{B_0}E\{\hat{C}_{(B_0,1,0)}(B_0)\}+\sum_{A\in\mathcal{P}_0(N),A\not\subseteq B_0}\alpha_A E\{\hat{C}_{(A,1,0)}(B_0)\},
\end{aligned}
$$

因为$B_0 = \min \tau$，所以一定有

$$\forall A \in \mathcal{P}_0(N), A \subset B_0, \alpha_A = 0.$$

根据期望值$1-0$承载博弈的定义可知

$$\forall A \in \mathcal{P}_0(N), A \not\subseteq B_0, E\{\hat{C}_{(A,1,0)}(B_0)\} = 0.$$

综合起来可得

$$\begin{aligned} & \sum_{A \in \mathcal{P}_0(N)} \alpha_A E\{\hat{C}_{(A,1,0)}(B_0)\} \\ = & \sum_{A \in \mathcal{P}_0(N), A \subset B_0} \alpha_A E\{\hat{C}_{(A,1,0)}(B_0)\} + \\ & \alpha_{B_0} E\{\hat{C}_{(B_0,1,0)}(B_0)\} + \sum_{A \in \mathcal{P}_0(N), A \not\subseteq B_0} \alpha_A E\{\hat{C}_{(A,1,0)}(B_0)\} \\ = & \alpha_{B_0} E\{\hat{C}_{(B_0,1,0)}(B_0)\} = \alpha_{B_0} \neq 0. \end{aligned}$$

矛盾.因此$(N, \hat{C}_{(A,1,0)}, \{N\}), A \in \mathcal{P}_0(N)$构成了$\Gamma_{U,N}$的基.因此任何一个不确定支付可转移合作博弈$(N, \hat{f}, \{N\})$在期望值意义下都可以表示为有限个期望值承载博弈的线性组合.

定理 7.6 假设N是一个有限的局中人集合，$\Gamma_{U,N}$表示其上所有带有大联盟结构的CGWUTP，$(N, \hat{C}_{(A,\alpha,0)}, \{N\}), A \neq \varnothing$为$A$上的期望值$\alpha - 0$ 承载博弈，假设$\phi : \Gamma_{U,N} \to \mathbf{R}^N, \phi(N, \hat{f}, \tau) \in \mathbf{R}^N$是一个数值解概念，满足期望值有效、期望值对称、期望值零贡献公理，那么有

$$\phi_i(N, \hat{C}_{(A,\alpha,0)}, \{N\}) = \begin{cases} \dfrac{\alpha}{|A|}, & \text{如果} i \in A; \\ 0, & \text{如果} i \notin A. \end{cases}$$

证明 (1) 断言：在博弈$(N, \hat{C}_{(A,\alpha,0)}, \{N\})$中，$\forall i \notin A$，局中人$i$是期望值零贡献的.因为$\forall B \in \mathcal{P}(N)$，有

$$A \subseteq B \cup \{i\} \Leftrightarrow A \subseteq B,$$

所以一定有

$$\forall B \in \mathcal{P}(N), \forall i \notin A, E\{\hat{C}_{(A,\alpha,0)}(B \cup \{i\})\} = E\{\hat{C}_{(A,\alpha,0)}(B)\}.$$

根据定义

$$\forall i \notin A, i \in Null_E(N, \hat{C}_{(A,,\alpha,0)}, \{N\}).$$

因为数值解概念ϕ_i满足期望值零贡献公理，所以一定有

$$\forall i \notin A, \phi_i(N, \hat{C}_{(A,\alpha,0)}, \{N\}) = 0.$$

(2) 在博弈$(N, \hat{C}_{(A,\alpha,0)}, \{N\})$中，$\forall i, j \in A$，局中人$i, j$是期望值对称的.因为$\forall B \in \mathcal{P}(N \setminus \{i, j\})$，有

$$A \not\subseteq B \cup \{i\}, A \not\subseteq B \cup \{j\},$$

所以一定有

$$\forall B \in \mathcal{P}(N \setminus \{i, j\}), \forall i, j \in A, E\{\hat{C}_{(A,\alpha,0)}(B \cup \{i\})\} = E\{\hat{C}_{(A,\alpha,0)}(B \cup \{j\})\} = 0.$$

根据定义

$$\forall i,j \in A, i \approx_{(N,\hat{C}_{(A,\alpha,0)},\{N\}),E} j.$$

因为数值解概念ϕ_i满足期望值对称公理，所以一定有

$$\forall i,j \in A, \phi_i(N,\hat{C}_{(A,\alpha,0)},\{N\}) = \phi_j(N,\hat{C}_{(A,\alpha,0)},\{N\}).$$

(3) 因为解概念满足期望值有效性，所以一定有

$$\sum_{i\in N} \phi_i(N,\hat{C}_{(A,\alpha,0)},\{N\}) = E\{C_{(A,\alpha,0)}(N)\} = \alpha.$$

因为$i \in Null_E(N,\hat{C}_{(A,\alpha,0)},\{N\}), \forall i \in A$，且$i \approx_{(N,\hat{C}_{(A,\alpha,0)},\{N\}),E} j, \forall i,j \in A$，所以可得

$$\forall i \notin A, \phi_i(N,\hat{C}_{(A,\alpha,0)},\{N\}) = 0;$$

$$\forall i \in A, \phi_i(N,\hat{C}_{(A,\alpha,0)},\{N\}) = \frac{\alpha}{|A|}.$$

定理 7.7 假设N是一个有限的局中人集合，$\Gamma_{U,N}$表示其上所有带有大联盟结构的CGWUTP，其上满足期望值有效、期望值对称、期望值零贡献和加法公理的数值解概念是存在唯一的，即期望值不确定沙普利值.

证明 根据前面的定理可知期望值不确定沙普利值是满足期望值有效、期望值对称、期望值零贡献和期望值加法公理的数值解.因此要证明上面的定理，只需要证明满足期望值有效、期望值对称、期望值零贡献和期望值加法公理的数值解概念是唯一的.假设$\phi : \Gamma_{U,N} \to \mathbf{R}^N, \phi(N,\hat{f},\{N\}) \in \mathbf{R}^N$是一个数值解概念，满足期望值有效、期望值对称、期望值零贡献和期望值加法公理，下证

$$\phi(N,\hat{f},\{N\}) = Sh_E(N,\hat{f},\{N\}), \forall (N,\hat{f},\{N\}) \in \Gamma_{U,N}.$$

根据前面的定理可知

$$\exists (\alpha_A)_{A\in\mathcal{P}_0(N)}, \text{s.t.}, E\{\hat{f}(B)\} = \sum_{A\in\mathcal{P}_0(N)} E\{hatC_{(A,\alpha_A,0)}(B)\}, \forall B \in \mathcal{P}(N).$$

因为解概念ϕ满足期望值加法公理，所以

$$\phi_i(N,\hat{f},\{N\}) = \sum_{A\in\mathcal{P}_0(N)} \phi_i(N,\hat{C}_{(A,\alpha_A,0)},\{N\}), \forall i \in N.$$

同样因为期望值不确定沙普利值Sh_E满足期望值加法公理，所以

$$Sh_{E,i}(N,\hat{f},\{N\}) = \sum_{A\in\mathcal{P}_0(N)} Sh_{E,i}(N,\hat{C}_{(A,\alpha_A,0)},\{N\}), \forall i \in N.$$

因为解概念ϕ和期望值不确定沙普利值Sh_E满足期望值有效、期望值对称和期望值零贡献公理，根据前文的定理可知

$$\phi_i(N,\hat{C}_{(A,\alpha_A,0)},\{N\}) = Sh_{E,i}(N,\hat{C}_{(A,\alpha_A,0)},\{N\}), \forall i \in N.$$

综上可得

$$\phi(N,\hat{f},\{N\}) = Sh_E(N,\hat{f},\{N\}), \forall (N,\hat{f},\{N\}) \in \Gamma_{U,N}.$$

7.5 期望值不确定沙普利值边际刻画

本节研究期望值不确定沙普利值的边际刻画，首先回顾本章第二节中的关于期望值边际单调公理和期望值边际公理的定义及定理.

定义 7.24 (期望值边际单调公理) 假设N是一个有限的局中人集合，$\Gamma_{U,N}$表示其上所有带有大联盟结构的CGWUTP，假设有一个数值解概念$\phi:\Gamma_{U,N}\rightarrow\mathbf{R}^N,\phi(N,\hat{f},\{N\})\in\mathbf{R}^N$，称其满足期望值边际单调公理，如果对于任意取定的$i\in N$和$(N,\hat{f},\{N\}),(N,\hat{g},\{N\})$，满足

$$E\{\hat{f}(A\cup\{i\})\}-E\{\hat{f}(A)\}\geqslant E\{\hat{g}(A\cup\{i\})\}-E\{\hat{g}(A)\},\forall A\subseteq N\setminus\{i\},$$

一定有

$$\phi_i(N,\hat{f},\{N\})\geqslant\phi_i(N,\hat{g},\{N\}).$$

定义 7.25 (期望值边际公理) 假设N是一个有限的局中人集合，$\Gamma_{U,N}$表示其上所有带有大联盟结构的CGWUTP，假设有一个数值解概念$\phi:\Gamma_{U,N}\rightarrow\mathbf{R}^N,\phi(N,\hat{f},\{N\})\in\mathbf{R}^N$，称其满足期望值边际公理，如果对于任意取定的$i\in N$和$(N,\hat{f},\{N\}),(N,\hat{g},\{N\})$，满足

$$E\{\hat{f}(A\cup\{i\})\}-E\{\hat{f}(A)\}=E\{\hat{g}(A\cup\{i\})\}-E\{\hat{g}(A)\},\forall A\subseteq N\setminus\{i\},$$

一定有

$$\phi_i(N,\hat{f},\{N\})=\phi_i(N,\hat{g},\{N\}).$$

定理 7.8 假设N是一个有限的局中人集合，$\Gamma_{U,N}$表示其上所有带有大联盟结构的CGWUTP，假设有一个数值解概念$\phi:\Gamma_{U,N}\rightarrow\mathbf{R}^N,\phi(N,\hat{f},\{N\})\in\mathbf{R}^N$，如果其满足期望值边际单调公理，那么一定满足期望值边际公理.

定理 7.9 假设N是一个有限的局中人集合，$\Gamma_{U,N}$表示其上所有带有大联盟结构的CGWUTP，那么期望值不确定沙普利值满足期望值边际单调公理和期望值边际公理.

证明 任意取定的$i\in N$和$(N,\hat{f},\{N\}),(N,\hat{g},\{N\})$，满足

$$E\{\hat{f}(A\cup\{i\})\}-E\{\hat{f}(A)\}\geqslant E\{\hat{g}(A\cup\{i\})\}-E\{\hat{g}(A)\},\forall A\subseteq N\setminus\{i\},$$

根据期望值不确定沙普利值的定义可知

$$\begin{aligned}&Sh_{E,i}(N,\hat{f},\{N\})\\=&\sum_{A\in\mathcal{P}(N\setminus\{i\})}\frac{|A|!\times(n-|A|-1)!}{n!}(E\{\hat{f}(A\cup\{i\})\}-E\{\hat{f}(A)\})\\\geqslant&\sum_{A\in\mathcal{P}(N\setminus\{i\})}\frac{|A|!\times(n-|A|-1)!}{n!}(E\{\hat{g}(A\cup\{i\})\}-E\{\hat{g}(A)\})\\=&Sh_{E,i}(N,\hat{g},\{N\}).\end{aligned}$$

因此期望值不确定沙普利值满足期望值边际单调公理，自然满足期望值边际公理.

定理 7.10 假设N是一个有限的局中人集合，$\Gamma_{U,N}$表示其上所有带有大联盟结构的CGWUTP，假设有一个数值解概念$\phi:\Gamma_{U,N}\rightarrow\mathbf{R}^N,\phi(N,\hat{f},\{N\})\in\mathbf{R}^N$，满足期望值有效、期望值对称和期望值边际公理，那么一定满足期望值零贡献公理.

证明 取定$(N,\hat{f},\{N\})$，要证明

$$\phi_i(N,\hat{f},\{N\})=0,\forall i\in Null_E(N,\hat{f},\{N\}).$$

定义博弈$(N,\hat{g},\{N\})$为

$$\hat{g}(A)=0,\forall A\in\mathcal{P}(N).$$

显然有

$$i\in Null_E(N,g,\{N\}),i\approx_{(N,g,\{N\}),E}j,\forall i,j\in N.$$

根据解概念ϕ的期望值有效、期望值对称公理，可知

$$\forall i\in N,\phi_i(N,g,\{N\})=0.$$

根据定义可知$\forall i\in Null_E(N,\hat{f},\{N\})$,

$$E\{\hat{f}(A\cup\{i\})\}-E\{\hat{f}(A)\}=E\{\hat{g}(A\cup\{i\})\}-E\{\hat{g}(A)\}=0,\forall A\in\mathcal{P}(N\setminus\{i\}).$$

根据解概念满足期望值边际公理，可得

$$\forall i\in Null_E(N,\hat{f},\{N\}),\phi_i(N,\hat{f},\{N\})=\phi_i(N,\hat{g},\{N\})=0.$$

因此解概念ϕ满足期望值零贡献公理.

定理 7.11 假设N是一个有限的局中人集合，$\Gamma_{U,N}$表示其上所有带有大联盟结构的CGWUTP，取定$(N,\hat{f},\{N\})\in\Gamma_{U,N}$，定义子集族为

$$I_E(N,\hat{f},\{N\})=\{A|A\in\mathcal{P}(N);\exists B\subseteq A,\text{s.t.},E\{\hat{f}(B)\}\neq 0\}.$$

那么子集族$I_E(N,\hat{f},\{N\})$具有如下性质：

(1) $\varnothing\notin I_E(N,\hat{f},\{N\})$，$A\notin I_E(N,\hat{f},\{N\})$当且仅当$E\{\hat{f}(B)\}=0,\forall B\subseteq A$；

(2) 按照集合的包含关系，令$A_*=\min I_E(N,\hat{f},\{N\})$，那么有$E\{\hat{f}(A_*)\}\neq 0,E\{\hat{f}(B)\}=0,\forall B\subset A_*$.

定理 7.12 假设N是一个有限的局中人集合，$\Gamma_{U,N}$表示其上所有带有大联盟结构的CGWUTP，取定$(N,\hat{f},\{N\})\in\Gamma_{U,N},A\in\mathcal{P}(N)$，定义博弈$(N,\hat{f}_A,\{N\})$为

$$\hat{f}_A(B)=\hat{f}(A\cap B),\forall B\in\mathcal{P}(N).$$

那么博弈$(N,\hat{f}_A,\{N\})$具有如下性质：

(1) $A^c\subseteq Null_E(N,\hat{f}_A,\{N\}),\forall A\in\mathcal{P}(N)$；

(2) $\forall A\in I_E(N,\hat{f},\{N\})$，那么$I_E(N,\hat{f}-\hat{f}_A,\{N\})\subset I_E(N,\hat{f},\{N\})$.

证明 (1) 任取$i\in A^c,B\in\mathcal{P}(N)$，根据定义可得

$$\begin{aligned}&E\{\hat{f}_A(B\cup\{i\})\}\\=\;&E\{\hat{f}(A\cap(B\cup\{i\}))\}\\=\;&E\{\hat{f}(A\cap B)\}=E\{\hat{f}_A(B)\},\end{aligned}$$

因此$i\in Null_E(N,\hat{f}_A,\{N\})$，即

$$A^c\subseteq Null_E(N,\hat{f}_A,\{N\}).$$

(2) 首先需要证明$I_E(N,\hat{f}-\hat{f}_A,\{N\})\subseteq I_E(N,\hat{f},\{N\})$.取定$B\in I_E(N,\hat{f}-\hat{f}_A,\{N\})$，根据定义可得

$$\exists D\subseteq B, \text{s.t.}, E\{(\hat{f}-\hat{f}_A)(D)\}=E\{\hat{f}(D)\}-E\{\hat{f}(A\cap D)\}\neq 0,$$

那么一定有$E\{\hat{f}(D)\}\neq 0$或者$E\{\hat{f}(A\cap D)\}\neq 0$.因为$D\subseteq B, A\cap D\subseteq B$，根据定义可知

$$B\in I_E(N,\hat{f},\{N\}).$$

其次证明$I_E(N,\hat{f}-\hat{f}_A,\{N\})\neq I_E(N,\hat{f},\{N\})$.断言：$A\notin I_E(N,\hat{f}-\hat{f}_A,\{N\})$，任取$B\subseteq A$，有

$$\begin{aligned}
& E\{(\hat{f}-\hat{f}_A)(B)\}\\
= & E\{\hat{f}(B)\}-E\{\hat{f}_A(B)\}\\
= & E\{\hat{f}(B)\}-E\{\hat{f}(A\cap B)\}\\
= & E\{\hat{f}(B)\}-E\{\hat{f}(B)\}\\
= & 0.
\end{aligned}$$

因此$A\notin I_E(N,\hat{f}-\hat{f}_A,\{N\})$，即$I_E(N,\hat{f}-\hat{f}_A,\{N\})\neq I_E(N,\hat{f},\{N\})$.综上，证明了

$$I_E(N,\hat{f}-\hat{f}_A,\{N\})\subseteq I_E(N,\hat{f},\{N\}).$$

定理 7.13 假设N是一个有限的局中人集合，$\Gamma_{U,N}$表示其上所有带有大联盟结构的CGWUTP，假设有一个数值解概念$\phi:\Gamma_{U,N}\to \mathbf{R}^N, \phi(N,\hat{f},\{N\})\in\mathbf{R}^N$，满足期望值有效、期望值对称和期望值边际公理，那么其一定是唯一的，即期望值不确定沙普利值.

证明 期望值不确定沙普利值作为数值解概念是满足期望值有效、期望值对称和期望值边际公理的.下证如果数值解概念ϕ满足期望值有效、期望值对称和期望值有效公理，那么其是唯一的.证明的思路是对$I_E(N,\hat{f},\{N\})$ 的个数利用归纳法.

(1) 当$|I_E(N,\hat{f},\{N\})|=0$时，可得$N\notin I_E(N,\hat{f},\{N\})$，根据定义可知

$$\forall A\in\mathcal{P}(N)\Rightarrow E\{\hat{f}(A)\}=0.$$

因此$(N,\hat{f},\{N\})$是零博弈.那么$N=Null_E(N,\hat{f},\{N\})$，因为数值解满足期望值零贡献公理，所以

$$\phi_i(N,\hat{f},\{N\})=0,\forall i\in N,$$

根据期望值不确定沙普利值的计算公式可得对$\forall i\in N$，有

$$Sh_{E,i}(N,\hat{f},\{N\})=\sum_{A\in\mathcal{P}(N\backslash\{i\})}\frac{|A|!\times(n-|A|-1)!}{n!}(E\{\hat{f}(A\cup\{i\})\}-E\{\hat{f}(A)\})=0,$$

综合上面的计算可得

$$\phi_i(N,\hat{f},\{N\})=Sh_{E,i}(N,\hat{f},\{N\})=0,\forall i\in N.$$

(2) 假设当$I_E(N,\hat{f},\{N\})<k$时，定理成立，即

$$\phi_i(N,\hat{f},\{N\})=Sh_{E,i}(N,\hat{f},\{N\}),\forall i\in N,\forall(N,\hat{f},\{N\})\in\Gamma_{U,N}.$$

(3) 要证当$I_E(N,\hat{f},\{N\})=k$时，定理成立，即

$$\phi_i(N,\hat{f},\{N\})=Sh_{E,i}(N,\hat{f},\{N\}),\forall i\in N,\forall(N,\hat{f},\{N\})\in\Gamma_{U,N}.$$

此时令

$$\hat{A}=\bigcap_{A\in I_E(N,\hat{f},\{N\})}A,$$

分两步完成证明.

(3.1) 要证$\phi_i(N,\hat{f},\{N\})=Sh_{E,i}(N,\hat{f},\{N\}),\forall i\notin\hat{A}$.因为$i\notin\hat{A}$，所以一定存在$A\in I_E(N,\hat{f},\{N\})$ 使得$i\notin A$，根据上面的定理可得

$$I_E(N,\hat{f}-\hat{f}_A,\{N\})\subset I_E(N,\hat{f},\{N\}),$$

即

$$|I_E(N,\hat{f}-\hat{f}_A,\{N\})|<|I_E(N,\hat{f},\{N\})|=k,$$

根据归纳法可知

$$\phi_j(N,\hat{f}-\hat{f}_A,\{N\})=Sh_{E,j}(N,\hat{f}-\hat{f}_A,\{N\}),\forall j\in N.$$

计算局中人i在博弈$(N,\hat{f}-\hat{f}_A,\{N\})$中的期望值边际贡献，$\forall B\subseteq N\setminus\{i\}$，可得

$$\begin{aligned}&E\{(\hat{f}-\hat{f}_A)(B\cup\{i\})\}\\=\;&E\{\hat{f}(B\cup\{i\})\}-E\{\hat{f}_A(B\cup\{i\})\}\\=\;&E\{\hat{f}(B\cup\{i\})\}-E\{\hat{f}(A\cap(B\cup\{i\}))\}\\=\;&E\{\hat{f}(B\cup\{i\})\}-E\{\hat{f}(A\cap B)\}\\=\;&E\{\hat{f}(B\cup\{i\})\}-E\{\hat{f}_A(B)\},\end{aligned}$$

因此可得

$$E\{(\hat{f}-\hat{f}_A)(B\cup\{i\})\}-E\{(\hat{f}-\hat{f}_A)(B)\}=E\{\hat{f}(B\cup\{i\})\}-E\{\hat{f}(B)\},\forall B\subseteq N\setminus\{i\}.$$

因为解概念ϕ满足期望值边际公理，所以

$$\phi_i(N,\hat{f},\{N\})=\phi_i(N,\hat{f}-\hat{f}_A,\{N\}),$$

因为期望值不确定沙普利值Sh满足期望值边际公理，所以

$$Sh_{E,i}(N,\hat{f},\{N\})=Sh_{E,i}(N,\hat{f}-\hat{f}_A,\{N\}).$$

前面已经证明

$$\phi_j(N,\hat{f}-\hat{f}_A,\{N\})=Sh_{E,j}(N,\hat{f}-\hat{f}_A,\{N\}),\forall j\in N,$$

所以可得

$$\phi_i(N,\hat{f},\{N\})=Sh_{E,i}(N,\hat{f},\{N\}),\forall i\notin\hat{A}.$$

(3.2) 要证$\phi_i(N,\hat{f},\{N\})=Sh_{E,i}(N,\hat{f},\{N\}),\forall i\in\hat{A}$.分为三种情况.

(3.2.1) 如果$|\hat{A}|=0$，显然成立.

(3.2.2) 如果$|\hat{A}|=1$，根据(3.1)的证明可知

$$\phi_i(N,\hat{f},\{N\})=Sh_{E,i}(N,\hat{f},\{N\}),\forall i\notin\hat{A}.$$

解概念ϕ和Sh_E都是期望值有效的，所以

$$\begin{aligned}&E\{\phi_i(N,\hat{f},\{N\})\}\\=\ &E\{\hat{f}(N)\}-\sum_{j\notin\hat{A}}\phi_i(N,\hat{f},\{N\})\\=\ &E\{\hat{f}(N)\}-\sum_{j\notin\hat{A}}Sh_{E,i}(N,\hat{f},\{N\})\\=\ &Sh_{E,i}(N,\hat{f},\{N\}),\forall i\in\hat{A}.\end{aligned}$$

(3.2.3) 如果$|\hat{A}|\geqslant 2$，断言：$\forall i,j\in\hat{A},i\approx_{(N,\hat{f},\{N\}),E}j$. 首先断言：对于$\forall A,\hat{A}\not\subseteq A$，必有$E\{\hat{f}(A)\}=0$.如不然，那么$E\{\hat{f}(A)\}\neq 0$，根据定义可得$A\in I_E(N,\hat{f},\{N\})$，那么必有$\hat{A}\subseteq A$，矛盾.其次任取$i,j\in\hat{A}$，任取$B\subseteq N\setminus\{i,j\}$，可得

$$\hat{A}\not\subseteq B\cup\{i\},\hat{A}\not\subseteq B\cup\{j\},$$

因此必定有

$$E\{\hat{f}(B\cup\{i\})\}=0=E\{\hat{f}(B\cup\{j\})\},\forall B\subseteq N\setminus\{i,j\}.$$

即

$$i\approx_{(N,\hat{f},\{N\}),E}j,\forall i,j\in\hat{A}.$$

因为解概念ϕ和期望值不确定沙普利值Sh_E都是满足期望值对称公理的，所以一定有

$$\phi_i(N,\hat{f},\{N\})=\phi_j(N,\hat{f},\{N\});Sh_{E,i}(N,\hat{f},\{N\})=Sh_{E,j}(N,\hat{f},\{N\}),\forall i,j\in\hat{A}.$$

根据对称性、有效性和前面的结论得到

$$\begin{aligned}&\phi_i(N,\hat{f},\{N\})\\=\ &\frac{1}{|\hat{A}|}\sum_{j\in\hat{A}}\phi_j(N,\hat{f},\{N\})\\=\ &\frac{1}{|\hat{A}|}[E\{\hat{f}(N)\}-\sum_{j\notin\hat{A}}\phi_j(N,\hat{f},\{N\})]\\=\ &\frac{1}{|\hat{A}|}[E\{\hat{f}(N)\}-\sum_{j\notin\hat{A}}Sh_{E,j}(N,\hat{f},\{N\})]\\=\ &\frac{1}{|\hat{A}|}\sum_{j\in\hat{A}}Sh_{E,j}(N,\hat{f},\{N\})\\=\ &Sh_{E,i}(N,\hat{f},\{N\}),\forall i\in\hat{A}.\end{aligned}$$

综上证明了

$$\phi_i(N,\hat{f},\{N\})=Sh_{E,i}(N,\hat{f},\{N\}),\forall i\in N,\forall(N,\hat{f},\{N\})\in\Gamma_{U,N}.$$

即满足期望值有效、期望值对称和期望值边际公理的数值解概念存在且唯一，就是期望值不确定沙普利值.

7.6 期望值凸博弈的期望值不确定沙普利值

在上一章中，由期望值凸博弈的定义和期望值不确定核心的性质得到了如下结果.

定义 7.26 假设N是有限的局中人集合，$(N,\hat{f},\{N\})$是一个CGWUTP，称其为期望值凸博弈，如果满足

$$\forall A,B\in\mathcal{P}(N),E\{\hat{f}(A)\}+E\{\hat{f}(B)\}\leqslant E\{\hat{f}(A\cap B)\}+E\{\hat{f}(A\cup B)\}.$$

定义 7.27 假设N是有限的局中人集合，$(N,\hat{f},\{N\})$是一个CGWUTP，$\pi=(i_1,\cdots,i_n)$是一个置换，构造向量$x\in\mathbf{R}^N$为

$$\begin{aligned}
x_1&=E\{\hat{f}(i_1)\};\\
x_2&=E\{\hat{f}(i_1,i_2)\}-E\{\hat{f}(i_1)\};\\
x_3&=E\{\hat{f}(i_1,i_2,i_3)\}-E\{\hat{f}(i_1,i_2)\};\\
&\vdots\\
x_n&=E\{\hat{f}(i_1,i_2,\cdots,i_n)\}-E\{\hat{f}(i_1,i_2,\cdots,i_{n-1})\}.
\end{aligned}$$

上面的这个向量记为$x:=w_E^\pi$.

定理 7.14 假设N是有限的局中人集合，$(N,\hat{f},\{N\})$是一个CGWUTP，$\pi=(i_1,\cdots,i_n)$是一个置换，向量$x=w_E^\pi\in\mathbf{R}^N$为

$$\begin{aligned}
x_1&=E\{\hat{f}(i_1)\};\\
x_2&=E\{\hat{f}(i_1,i_2)\}-E\{\hat{f}(i_1)\};\\
x_3&=E\{\hat{f}(i_1,i_2,i_3)\}-E\{\hat{f}(i_1,i_2)\};\\
&\vdots\\
x_n&=E\{\hat{f}(i_1,i_2,\cdots,i_n)\}-E\{\hat{f}(i_1,i_2,\cdots,i_{n-1})\}.
\end{aligned}$$

那么

$$x=w_E^\pi\in Core_E(N,\hat{f},\{N\})\neq\varnothing.$$

定理 7.15 假设N是有限的局中人集合，$(N,\hat{f},\{N\})$是一个期望值凸博弈，那么

$$Sh_E(N,\hat{f},\{N\})\in Core_E(N,\hat{f},\{N\}).$$

证明 根据期望值不确定沙普利值的定义可得

$$Sh_{E,i}(N,\hat{f},\{N\})=\frac{1}{n!}\sum_{\pi\in\mathrm{Permut}(N)}[E\{\hat{f}(P_i(\pi)\cup\{i\})\}-E\{\hat{f}(P_i(\pi))\}],\forall i\in N.$$

根据定义可知

$$w_{E,i}^\pi=E\{\hat{f}(P_i(\pi)\cup\{i\})\}-E\{\hat{f}(P_i(\pi))\},\forall i\in N,$$

因此

$$Sh_E(N,\hat{f},\{N\})=\frac{1}{n!}\sum_{\pi\in\mathrm{Permut}(N)}w_E^\pi.$$

因为$w_E^{\pi} \in Core_E(N, \hat{f}, \{N\})$，并且期望值不确定核心是凸集合，因此

$$Sh_E(N, \hat{f}, \{N\}) \in Core_E(N, \hat{f}, \{N\}).$$

7.7 期望值不确定沙普利值的一致性

对于期望值不确定核心，定义了期望值David-Maschler约简博弈，在这个意义下，证明了期望值不确定核心的一致性.对于期望值不确定沙普利值，需要重新定义约简博弈，这个博弈称之为期望值Hart-Mas-Collel 约简博弈.

定义 7.28 假设N是有限的局中人集合，$(N, \hat{f}, \{N\})$是一个CGWUTP，$x \in X_E^1(N, \hat{f}, \{N\})$是期望值结构理性向量并且$A \in \mathcal{P}_0(N)$.定义$A$ 相对于x 的期望值Davis-Maschler约简博弈$(A, \hat{f}_{A,x}, \{A\})$，要求期望值满足

$$E\{\hat{f}_{A,x}(B)\} = \begin{cases} \max_{Q \in \mathcal{P}(N \setminus A)}[E\{\hat{f}(Q \cup B)\} - x(Q)], & 如果B \in \mathcal{P}_2(A); \\ 0, & 如果B = \varnothing; \\ x(A), & 如果B = A. \end{cases}$$

定义 7.29 假设N是一个有限的局中人集合，$\Gamma_{U,N}$表示其上所有带有大联盟结构的CGWUTP，假设有一个数值解概念$\phi: \Gamma_{U,N} \to \mathbf{R}^N, \phi(N, \hat{f}, \{N\}) \in \mathbf{R}^N$，$A \in \mathcal{P}_0(N)$，固定一个博弈$(N, \hat{f}, \{N\})$，那么$(N, \hat{f}, \{N\})$在$A$上的相对于$\phi$的期望值Hart-Mas-Collel 约简博弈定义为$(A, \hat{f}_{(A,\phi)}, \{A\})$，要求期望值满足

$$E\{\hat{f}_{(A,\phi)}(B)\} = \begin{cases} E\{\hat{f}(B \cup A^c)\} - \sum_{i \in A^c} \phi_i(B \cup A^c, \hat{f}, \{B \cup A^c\}), \\ \qquad 如果B \in \mathcal{P}_0(A); \\ 0, \qquad 如果B = \varnothing. \end{cases}$$

注释 7.1 期望值Hart-Mas-Collel约简博弈与期望值Davis-Maschler约简博弈有两个重要区别.第一，期望值Hart-Mas-Collel约简博弈适用于数值解概念；期望值Davis-Maschler约简博弈不仅适用于数值解概念，也适用于集值解概念.第二，在期望值Hart-Mas-Collel约简博弈中，联盟B选用的合作联盟是A^c，但是在期望值Davis-Maschler约简博弈中，联盟B 选用的合作联盟是$D \subseteq A^c$.

例 7.5 假设N是一个有限的局中人集合，$\Gamma_{U,N}$表示其上所有带有大联盟结构的CGWUTP，对于$T \in \mathcal{P}_0(N)$，已知T上的期望值$1-0$承载博弈记为$(N, \hat{C}_{(T,1,0)}, \{N\})$，满足

$$E\{\hat{C}_{(T,1,0)}(R)\} = \begin{cases} 1, & 如果T \subseteq R; \\ 0, & 如果T \not\subseteq R. \end{cases}$$

期望值承载博弈的期望值不确定沙普利值为

$$Sh_{E,i}(N, \hat{C}_{(T,1,0)}, \{N\}) = \begin{cases} \dfrac{1}{|T|}, & 如果i \in T; \\ 0, & 如果i \notin T. \end{cases}$$

取定$A \in \mathcal{P}_0(N)$，计算承载博弈$(N, \hat{C}_{(T,1,0)}, \{N\})$在$A$上的相对于期望值不确定沙普利值的期望值Hart-Mas-Collel约简博弈

$$(A, \hat{C}_{(T,1,0),A,Sh_E}, \{A\}).$$

需要分情况讨论.

情形一：$A \cap T = \varnothing$.假设$B \subseteq A$，那么$B \subseteq N \setminus T = T^c$，容易知道$T^c \subseteq Null_E(N, C_{(T,1,0)},$

$\{N\})$.那么一定有

$$Sh_{E,i}(N,\hat{C}_{(T,1,0)},\{N\})=0,\forall i\in T^c.$$

因为

$$B\cup A^c\supseteq A^c\supseteq T,$$

因此一定有

$$\begin{aligned}&E\{\hat{C}_{(T,1,0),A,Sh_E}(B)\}\\=&E\{\hat{C}_{(T,1,0)}(B\cup A^c)\}-\sum_{i\in A^c}Sh_{E,i}(B\cup A^c,\hat{C}_{(T,1,0)},\{B\cup A^c\})\\=&1-\sum_{i\in T}Sh_{E,i}(B\cup A^c,\hat{C}_{(T,1,0)},\{B\cup A^c\})\\=&1-|T|\frac{1}{|T|}=0.\end{aligned}$$

情形二：$A\cap T\neq\varnothing$.假设$B\subseteq A$.如果$B\supseteq A\cap T$，那么$R\cup A^c\supseteq T$，因此有

$$\hat{C}_{(T,1,0)}(B\cup A^c)=1.$$

计算得到

$$\sum_{i\in A^c}Sh_{E,i}(B\cup A^c,\hat{C}_{(T,1,0)},\{B\cup A^c\})=\frac{|T\setminus A|}{|T|}.$$

如果$B\not\supseteq A\cap T$，那么$B\cup A^c\not\supseteq T$，因此有

$$\hat{C}_{(T,1,0)}(B\cup A^c)=0.$$

计算得到

$$\sum_{i\in A^c}Sh_{E,i}(B\cup A^c,\hat{C}_{(T,1,0)},\{B\cup A^c\})=0.$$

对于情形二可得

$$E\{\hat{C}_{(T,1,0),A,Sh_E}(B)\}=\begin{cases}1-\dfrac{|T\setminus A|}{|T|}, & \text{如果}B\supseteq A\cap T;\\0, & \text{如果}B\not\supseteq A\cap T.\end{cases}$$

综合情形一和情形二，可得

$$E\{\hat{C}_{(T,1,0),A,Sh_E}(B)\}=\begin{cases}1-\dfrac{|T\setminus A|}{|T|}, & \text{如果}B\supseteq A\cap T;\\0, & \text{如果}B\not\supseteq A\cap T.\end{cases}$$

定义 7.30 (期望值线性公理) 假设N是一个有限的局中人集合，$\Gamma_{U,N}$表示其上所有带有大联盟结构的CGWUTP，假设有一个数值解概念$\phi:\Gamma_{U,N}\to\mathbf{R}^N,\phi(N,\hat{f},\{N\})\in\mathbf{R}^N$，称其满足期望值线性公理，如果满足

$$\exists(N,\hat{h},\{N\}),\text{s.t.},E\{\hat{h}(B)\}=E\{\lambda\hat{f}(B)+\mu\hat{g}(B)\},$$

那么$\forall(N,\hat{f},\{N\}),(N,\hat{g},\{N\})\in\Gamma_N,\forall\lambda,\mu\in\mathbf{R}$，有

$$\phi(N,\hat{h},\{N\})=\lambda\phi(N,\hat{f},\{N\})+\mu\phi(N,\hat{g},\{N\}).$$

根据期望值不确定沙普利值的计算公式，对$\forall i \in N$有

$$Sh_{E,i}(N,\hat{f},\{N\}) = \sum_{A\in\mathcal{P}(N\setminus\{i\})} \frac{|A|!\times(n-|A|-1)!}{n!}(E\{\hat{f}(A\cup\{i\})\} - E\{\hat{f}(A)\}).$$

可得期望值不确定沙普利值是期望值线性解概念.

定理 7.16 假设N是一个有限的局中人集合，$\Gamma_{U,N}$表示其上所有带有大联盟结构的CGWUTP，数值解概念$\phi:\Gamma_{U,N}\to\mathbf{R}^N, \phi(N,\hat{f},\{N\})\in\mathbf{R}^N$ 满足期望值线性公理，取定$(N,\hat{f},\{N\}),(N,g,\{N\})\in\Gamma_{U,N}$，那么任取$\lambda,\mu\in\mathbf{R}$ 有

$$\forall A\in\mathcal{P}_0(N), (\lambda\hat{f}+\mu\hat{g})_{(A,\phi)} = \lambda\hat{f}_{(A,\phi)} + \mu\hat{g}_{(A,\phi)},$$

其中$(A,\hat{f}_{(A,\phi)},\{A\}),(A,g_{(A,\phi)},\{A\}),(A,(\lambda\hat{f}+\mu\hat{g})_{(A,\phi)},\{A\})$是期望值Hart-Mas-Collel约简博弈.

证明 令$\hat{h}=\lambda\hat{f}+\mu\hat{g}$，根据定义$(A,\hat{h}_{(A,\phi)},\{A\})$满足

$$E\{\hat{h}_{(A,\phi)}(B)\} = \begin{cases} E\{\hat{h}(B\cup A^c)\} - \sum_{i\in A^c}\phi_i(B\cup A^c,h,\{B\cup A^c\}), \\ \qquad\qquad \text{如果}B\in\mathcal{P}_0(A); \\ 0, \qquad\qquad \text{如果}B=\varnothing. \end{cases}$$

根据$\hat{h}$的定义和ϕ的期望值线性性可转化为

$$\begin{aligned} & E\{\hat{h}_{(A,\phi)}(B)\} \\ = \ & E\{\hat{h}(B\cup A^c)\} - \sum_{i\in A^c}\phi_i(B\cup A^c,h,\{B\cup A^c\}) \\ = \ & (\lambda\hat{f}+\mu\hat{g})(B\cup A^c) - \sum_{i\in A^c}\phi_i(B\cup A^c,\lambda\hat{f}+\mu\hat{g},\{B\cup A^c\}) \\ = \ & \lambda E\{\hat{f}(B\cup A^c)\} - \lambda\sum_{i\in A^c}\phi_i(B\cup A^c,\hat{f},\{B\cup A^c\}) + \\ & \mu\hat{g}(B\cup A^c) - \beta\sum_{i\in A^c}\phi_i(B\cup A^c,\hat{g},\{B\cup A^c\}) \\ = \ & \lambda E\{\hat{f}_{(A,\phi)}(B)\} + \mu E\{\hat{g}_{(A,\phi)}(B)\}, \forall B\in\mathcal{P}_0(A); \\ & E\{\hat{h}_{(A,\phi)}(\varnothing)\} = \lambda E\{\hat{f}_{(A,\phi)}(\varnothing)\} + \mu E\{\hat{g}_{(A,\phi)}(\varnothing)\} = 0. \end{aligned}$$

定义 7.31 假设N是一个有限的局中人集合，$\Gamma_{U,N}$表示其上所有带有大联盟结构的CGWUTP，数值解概念$\phi:\Gamma_{U,N}\to\mathbf{R}^N, \phi(N,\hat{f},\{N\})\in\mathbf{R}^N$ 称为满足期望值Hart-Mas-Collel约简博弈一致性，如果

$$\phi_i(N,\hat{f},\{N\}) = \phi_i(A,\hat{f}_{(A,\phi)},\{A\}), \forall A\in\mathcal{P}_0(N), \forall i\in A.$$

定理 7.17 假设N是一个有限的局中人集合，$\Gamma_{U,N}$表示其上所有带有大联盟结构的CGWUTP，期望值不确定沙普利值满足期望值Hart-Mas-Collel约简博弈一致性，即

$$Sh_{E,i}(N,\hat{f},\{N\}) = Sh_{E,i}(A,\hat{f}_{(A,\phi)},\{A\}), \forall A\in\mathcal{P}_0(N), \forall i\in A.$$

证明 令G表示

$$Sh_{E,i}(N,\hat{f},\{N\}) = Sh_{E,i}(A,\hat{f}_{(A,\phi)},\{A\}), \forall A\in\mathcal{P}_0(N), \forall i\in A$$

成立的所有不确定支付可转移合作博弈构成的集合，要证明$G=\Gamma_N$，分两步完成证明.

第一步，所有的期望值$1-0$承载博弈$(N,\hat{C}_{(T,1,0)},\{N\})_{T\in\mathcal{P}_0(N)}$包含在$G$中.已知

$$T^c=Null_E(N,\hat{C}_{(T,1,0)},\{N\});i\approx_{(N,C_{(T,1,0)},\{N\}),E}j,\forall i,j\in T.$$

任取$A\in\mathcal{P}_0(N)$.分两种情况.

情形一：如果$A\cap T=\varnothing$，那么$A\subseteq T^c$，根据期望值零贡献公理可知

$$Sh_{E,i}(N,\hat{f},\{N\})=0,\forall i\in A.$$

在前面的例子中，计算了当$A\cap T=\varnothing$时，期望值Hart-Mas-Collel约简博弈为$(A,\hat{C}_{(T,1,0),A,Sh_E}=0,\{A\})$. 所以根据期望值零贡献公理可知

$$Sh_{E,i}(A,\hat{C}_{(T,1,0),A,Sh_E},\{A\})=0,\forall i\in A.$$

因此

$$Sh_{E,i}(N,\hat{f},\{N\})=Sh_{E,i}(A,\hat{f}_{(A,\phi)},\{A\}),\forall i\in A.$$

情形二：如果$A\cap T\neq\varnothing$，根据前面的定理可知

$$Sh_{e,i}(N,\hat{f},\{N\})=\frac{1}{|T|},\forall i\in A\cap T;Sh_{E,i}(N,\hat{f},\{N\})=0,\forall i\in A\cap T^c,$$

在前面的例子中，计算了当$A\cap T\neq\varnothing$时，期望值Hart-Mas-Collel约简博弈为$(A,\hat{C}_{(T,1,0),A,Sh_E},\{A\})$，其中

$$E\{\hat{C}_{(T,1,0),A,Sh_E}(B)\}=\begin{cases}1-\dfrac{|T\setminus A|}{|T|}, & \text{如果}B\supseteq A\cap T;\\ 0, & \text{如果}B\not\supseteq A\cap T.\end{cases}$$

所以根据期望值对称和期望值零贡献公理可知

$$Sh_{E,i}(A,C_{(T,1,0),A,Sh},\{A\})=\begin{cases}\dfrac{1}{|T|}, & \text{如果}i\in A\cap T;\\ 0, & \text{如果}i\in A\cap T^c.\end{cases}$$

因此

$$Sh_{E,i}(N,\hat{f},\{N\})=Sh_{E,i}(A,\hat{f}_{(A,\phi)},\{A\}),\forall i\in A.$$

第二步，Γ_N包含在G中.任意取定$(N,\hat{f},\{N\})\in\Gamma_N$，根据前文中的定理可知

$$\exists\alpha=(\alpha_T)_{T\in\mathcal{P}_0(N)},\text{s.t.},E\{\hat{f}(\cdot)\}=\sum_{T\in\mathcal{P}_0(N)}\alpha_T E\{\hat{C}_{(T,1,0)}(\cdot)\},$$

因为期望值不确定沙普利值满足期望值线性公理，所以$\forall i\in A\in\mathcal{P}_0(N)$，可得

$$\begin{aligned}&Sh_{E,i}(N,\hat{f},\{N\})\\=\ &Sh_{E,i}(N,\sum_{T\in\mathcal{P}_0(N)}\alpha_T\hat{C}_{(T,1,0)},\{N\})\\=\ &\sum_{T\in\mathcal{P}_0(N)}\alpha_T Sh_{E,i}(N,\hat{C}_{(T,1,0)},\{N\})\\=\ &\sum_{T\in\mathcal{P}_0(N)}\alpha_T Sh_{E,i}(A,\hat{C}_{(T,1,0),A,Sh_E},\{A\})\\=\ &Sh_{E,i}(A,\sum_{T\in\mathcal{P}_0(N)}\alpha_T\hat{C}_{(T,1,0),A,Sh_E},\{A\})\end{aligned}$$

$$\begin{aligned}
&= Sh_{E,i}(A,(\sum_{T\in\mathcal{P}_0(N)}\alpha_T\hat{C}_{(T,1,0)})_{A,Sh_E},\{A\})\\
&= Sh_{E,i}(A,\hat{f}_{(A,Sh_E)},\{A\}),\forall i\in A\in\mathcal{P}_0(N).
\end{aligned}$$

由此证明了期望值不确定沙普利值满足期望值Hart-Mas-Collel约简博弈一致性.

定理 7.18 假设N是一个有限的局中人集合，$\Gamma_{U,N}$表示其上所有带有大联盟结构的CGWUTP，如果数值解概念$\phi:\Gamma_{U,N}\to\mathbf{R}^N,\phi(N,\hat{f},\{N\})\in\mathbf{R}^N$满足期望值有效、期望值对称和期望值协变公理，并且满足期望值Hart-Mas-Collel约简博弈一致性，那么其是唯一的，即期望值不确定沙普利值.

证明 本定理需要证明

$$\phi_i(N,\hat{f},\{N\})=Sh_{E,i}(N,\hat{f},\{N\}),\forall(N,\hat{f},\{N\}),\forall i\in N.$$

思路是对局中人集合N中局中人的个数做归纳法.

(1) 当$n=1$时，根据有效性可得

$$\phi_1(N,\hat{f},\{N\})=E\{\hat{f}(1)\}=Sh_{E,1}(N,\hat{f},\{N\}).$$

定理成立.

(2) 当$n=2$时，分情况讨论.

情形一：$E\{\hat{f}(1,2)\}>E\{\hat{f}(1)\}+E\{\hat{f}(2)\}$时.令$b=(E\{\hat{f}(1)\},E\{\hat{f}(2)\})^{\mathrm{T}}$，构造新的博弈$(N,\hat{g},\{N\})$满足

$$E\{\hat{g}(A)\}=\frac{E\{\hat{f}(A)\}-b(A)}{E\{\hat{f}(1,2)\}-E\{\hat{f}(1)\}-E\{\hat{f}(2)\}},\forall A\in\mathcal{P}(N),$$

显然有

$$\begin{aligned}
&E\{\hat{f}(A)\}=(E\{\hat{f}(1,2)\}-E\{\hat{f}(1)\}-E\{\hat{f}(2)\})E\{\hat{g}(A)\}+b(A),\forall A\in\mathcal{P}(N),\\
&E\{g(1)\}=0,E\{g(2)\}=0,E\{g(1,2)\}=1.
\end{aligned}$$

因为解概念是满足期望值有效、期望值对称公理的，所以

$$\phi_1(N,\hat{g},\{N\})=\phi_2(N,\hat{g},\{N\})=\frac{1}{2}.$$

同样因为期望值不确定沙普利值是满足期望值有效、期望值对称公理的，所以

$$Sh_{E,1}(N,\hat{g},\{N\})=Sh_{E,2}(N,\hat{g},\{N\})=\frac{1}{2}.$$

又因为解概念是满足期望值协变公理的，所以有

$$\begin{aligned}
&\phi_1(N,\hat{f},\{N\})\\
=\;&(E\{\hat{f}(1,2)\}-E\{\hat{f}(1)\}-E\{\hat{f}(2)\})\phi_1(N,\hat{g},\{N\})+b_1\\
=\;&E\{\hat{f}(1)\}+\frac{1}{2}(E\{\hat{f}(1,2)\}-E\{\hat{f}(1)\}-E\{\hat{f}(2)\}),\\
&\phi_2(N,\hat{f},\{N\})\\
=\;&(E\{\hat{f}(1,2)\}-E\{\hat{f}(1)\}-E\{\hat{f}(2)\})\phi_2(N,\hat{g},\{N\})+b_2
\end{aligned}$$

$$= E\{\hat{f}(2)\} + \frac{1}{2}(E\{\hat{f}(1,2)\} - E\{\hat{f}(1)\} - E\{\hat{f}(2)\}).$$

期望值不确定沙普利值也满足期望值协变公理，因此有

$$\begin{aligned}
& Sh_{E,1}(N, \hat{f}, \{N\}) \\
= & (E\{\hat{f}(1,2)\} - E\{\hat{f}(1)\} - E\{\hat{f}(2)\})\phi_1(N, \hat{g}, \{N\}) + b_1 \\
= & E\{\hat{f}(1)\} + \frac{1}{2}(E\{\hat{f}(1,2)\} - E\{\hat{f}(1)\} - E\{\hat{f}(2)\}), \\
& Sh_{E,2}(N, \hat{f}, \{N\}) \\
= & (E\{\hat{f}(1,2)\} - E\{\hat{f}(1)\} - E\{\hat{f}(2)\})\phi_2(N, \hat{g}, \{N\}) + b_2 \\
= & E\{\hat{f}(2)\} + \frac{1}{2}(E\{\hat{f}(1,2)\} - E\{\hat{f}(1)\} - E\{\hat{f}(2)\}),
\end{aligned}$$

推得

$$\phi_i(N, \hat{f}, \{N\}) = Sh_{E,i}(N, \hat{f}, \{N\}), \forall i = 1, 2.$$

情形二：$E\{\hat{f}(1,2)\} = E\{\hat{f}(1)\} + E\{\hat{f}(2)\}$时和情形三：$E\{\hat{f}(1,2)\} < E\{\hat{f}(1)\} + E\{\hat{f}(2)\}$时可类似计算.定理成立.并且成立重要的等式

$$\begin{aligned}
& \phi_1(N, \hat{f}, \{N\}) - \phi_2(N, \hat{f}, \{N\}) \\
= & E\{\hat{f}(1)\} - E\{\hat{f}(2)\} \\
= & Sh_{E,1}(N, \hat{f}, \{N\}) - Sh_{E,2}(N, \hat{f}, \{N\}).
\end{aligned}$$

(3) 假设定理对所有的$(K, \hat{f}, \{K\})$都成立，其中$2 \leqslant k = |K| < n$，即

$$\phi(K, \hat{f}, \{K\}) = Sh_E(K, \hat{f}, \{K\}).$$

下证定理对$(N, \hat{f}, \{N\})$也成立，其中$|N| = n$，即

$$\phi(N, \hat{f}, \{N\}) = Sh(N, \hat{f}, \{N\}).$$

任意取定$i, j \in N$，令$A = \{i, j\}$，显然有$i \cup A^c = N \backslash \{j\}, j \cup A^c = N \backslash \{i\}$，$(N, \hat{f}, \{N\})$在$A$上的相对于$\phi$的期望值Hart-Mas-Collel约简博弈为$((i,j), \hat{f}_{(i,j,\phi)}, (i,j))$，其中

$$E\{\hat{f}_{(i,j,\phi)}(i)\} = E\{\hat{f}(N \setminus \{j\})\} - \sum_{k \neq i,j} \phi_k(N \setminus \{j\}, \hat{f}, \{N \setminus \{j\}\});$$

$$E\{\hat{f}_{(i,j,\phi)}(j)\} = E\{\hat{f}(N \setminus \{i\})\} - \sum_{k \neq i,j} \phi_k(N \setminus \{i\}, \hat{f}, \{N \setminus \{i\}\}).$$

同理，$(N, \hat{f}, \{N\})$在A上的相对于解概念沙普利值Sh_E的期望值Hart-Mas-Collel约简博弈为$((i,j), \hat{f}_{(i,j,Sh_E)}, (i,j))$，其中

$$E\{\hat{f}_{(i,j,Sh_E)}(i)\} = E\{\hat{f}(N \setminus \{j\})\} - \sum_{k \neq i,j} Sh_{E,k}(N \setminus \{j\}, \hat{f}, \{N \setminus \{j\}\});$$

$$E\{\hat{f}_{(i,j,Sh_E)}(j)\} = E\{\hat{f}(N \setminus \{i\})\} - \sum_{k \neq i,j} Sh_{E,k}(N \setminus \{i\}, \hat{f}, \{N \setminus \{i\}\}).$$

根据归纳假设有

$$\phi_k(N \setminus \{j\}, \hat{f}, \{N \setminus \{j\}\}) = Sh_{E,k}(N \setminus \{j\}, \hat{f}, \{N \setminus \{j\}\}), \forall k \neq j;$$

$$\phi_k(N \setminus \{i\}, \hat{f}, \{N \setminus \{i\}\}) = Sh_{E,k}(N \setminus \{i\}, \hat{f}, \{N \setminus \{i\}\}), \forall k \neq i.$$

那么可得

$$E\{\hat{f}_{(i,j,\phi)}(i)\} = E\{\hat{f}_{(i,j,Sh_E)}(i)\};$$
$$E\{\hat{f}_{(i,j,\phi)}(j)\} = E\{\hat{f}_{(i,j,Sh_E)}(j)\}.$$

根据(2)中的最后一个公式可得

$$\begin{aligned} & \phi_i((i,j),\hat{f}_{(i,j,\phi)},(i,j)) - \phi_j((i,j),\hat{f}_{(i,j,\phi)},(i,j)) \\ = \ & E\{\hat{f}_{(i,j,\phi)}(i)\} - E\{\hat{f}_{(i,j,\phi)}(j)\}; \\ & Sh_{E,i}((i,j),\hat{f}_{(i,j,Sh_E)},(i,j)) - Sh_{E,j}((i,j),\hat{f}_{(i,j,Sh_E)},(i,j)) \\ = \ & E\{\hat{f}_{(i,j,Sh_E)}(i)\} - E\{\hat{f}_{(i,j,Sh_E)}(j)\}. \end{aligned}$$

可得

$$\begin{aligned} & \phi_i((i,j),\hat{f}_{(i,j,\phi)},(i,j)) - \phi_j((i,j),\hat{f}_{(i,j,\phi)},(i,j)) \\ = \ & Sh_{E,i}((i,j),\hat{f}_{(i,j,Sh_E)},(i,j)) - Sh_{E,j}((i,j),\hat{f}_{(i,j,Sh_E)},(i,j)). \end{aligned}$$

因为解概念ϕ满足期望值Hart-Mas-Collel约简博弈一致公理，可得

$$\phi_k((i,j),\hat{f}_{(i,j,\phi)},(i,j)) = \phi_k(N,\hat{f},\{N\}), k = i,j;$$

同理期望值不确定沙普利值Sh_E满足期望值Hart-Mas-Collel约简博弈一致公理，可得

$$Sh_{E,k}((i,j),\hat{f}_{(i,j,Sh)},(i,j)) = Sh_{E,k}(N,\hat{f},\{N\}), k = i,j.$$

可将

$$\begin{aligned} & \phi_i((i,j),\hat{f}_{(i,j,\phi)},(i,j)) - \phi_j((i,j),\hat{f}_{(i,j,\phi)},(i,j)) \\ = \ & Sh_{E,i}((i,j),\hat{f}_{(i,j,Sh_E)},(i,j)) - Sh_{E,j}((i,j),\hat{f}_{(i,j,Sh_E)},(i,j)). \end{aligned}$$

替换为

$$\phi_i(N,\hat{f},\{N\}) - \phi_j(N,\hat{f},\{N\}) = Sh_{E,i}(N,\hat{f},\{N\}) - Sh_{E,j}(N,\hat{f},\{N\}).$$

对j做加法可得

$$n\phi_i(N,\hat{f},\{N\}) - \sum_{j\in N}\phi_j(N,\hat{f},\{N\}) = nSh_{E,i}(N,\hat{f},\{N\}) - \sum_{j\in N} Sh_{E,j}(N,\hat{f},\{N\}).$$

利用有效性

$$\sum_{j\in N}\phi_j(N,\hat{f},\{N\}) = E\{\hat{f}(N)\}, \sum_{j\in N} Sh_{E,j}(N,\hat{f},\{N\}) = E\{\hat{f}(N)\},$$

可得

$$n\phi_i(N,\hat{f},\{N\}) - E\{\hat{f}(N)\} = nSh_{E,i}(N,\hat{f},\{N\}) - E\{\hat{f}(N)\}.$$

即

$$\phi_i(N,\hat{f},\{N\}) = Sh_{E,i}(N,\hat{f},\{N\}), \forall i \in N.$$

7.8 一般联盟期望值解概念公理体系

定义 7.32 假设N是一个有限的局中人集合，$\mathrm{Part}(N)$表示N上的所有划分，假设$\tau \in$

$\text{Part}(N)$，任取$i \in N$，用A_i或者$A_i(\tau)$表示在τ中的包含i的唯一非空子集，用

$$\text{Pair}(\tau) = \{\{i,j\}|\, i,j \in N; A_i(\tau) = A_j(\tau)\}$$

表示与划分τ对应的伙伴对.τ中的某个子集可以记为$A(\tau)$.

定义 7.33　假设N是一个有限的局中人集合，$\Gamma_{U,N}$表示其上所有带有一般联盟结构的CGWUTP，假设有一个数值解概念$\phi:\Gamma_{U,N} \to \mathbf{R}^N, \phi(N,\hat{f},\tau) \in \mathbf{R}^N$，局中人$i \in N$，在解概念意义下，局中人$i$获得的分配记为$\phi_i(N,\hat{f},\tau)$，分配向量记为$\phi(N,\hat{f},\tau) = (\phi_i(N,\hat{f},\tau))_{i\in N} \in \mathbf{R}^N$.

定义 7.34 (期望值结构有效公理)　假设N是一个有限的局中人集合，$\Gamma_{U,N}$表示其上所有带有一般联盟结构的CGWUTP，假设有一个数值解概念$\phi:\Gamma_{U,N} \to \mathbf{R}^N, \phi(N,\hat{f},\tau) \in \mathbf{R}^N$，称其满足期望值结构有效公理，如果

$$\sum_{i\in A} \phi_i(N,\hat{f},\tau) = E\{\hat{f}(A)\}; \forall (N,\hat{f},\tau) \in \Gamma_{U,N}, \forall A \in \tau.$$

定义 7.35　假设N是一个有限的局中人集合，$(N,\hat{f},\tau)$是一个CGWUTPCS，称局中人i和j关于$(N,\hat{f},\tau)$是期望值对称的，如果满足

$$\forall A \subseteq N \setminus \{i,j\} \Rightarrow E\{\hat{f}(A\cup\{i\})\} = E\{\hat{f}(A\cup\{j\})\}.$$

如果局中人i和j关于$(N,\hat{f},\tau)$是期望值对称的，记为$i \approx_{(N,\hat{f},\tau),E} j$或者简单记为$i \approx_{\hat{f},E} j$或者$i \approx_E j$.

定义 7.36 (期望值限制对称公理)　假设N是一个有限的局中人集合，$\Gamma_{U,N}$表示其上所有带有一般联盟结构的CGWUTP，假设有一个数值解概念$\phi:\Gamma_{U,N} \to \mathbf{R}^N, \phi(N,\hat{f},\tau) \in \mathbf{R}^N$，称其满足期望值限制对称公理，如果满足

$$\phi_i(N,\hat{f},\tau) = \phi_j(N,\hat{f},\tau), \forall (N,\hat{f},\tau) \in \Gamma_{U,N}, \forall i \approx_{\hat{f},E} j, \{i,j\} \in \text{Pair}(\tau).$$

定义 7.37 (期望值协变公理)　假设N是一个有限的局中人集合，$\Gamma_{U,N}$表示其上所有带有一般联盟结构的CGWUTP，假设有一个数值解概念$\phi:\Gamma_{U,N} \to \mathbf{R}^N, \phi(N,\hat{f},\tau) \in \mathbf{R}^N$，称其满足期望值协变公理，如果满足

$$\exists (N,\hat{h},\tau), \text{s.t.}, E\{\hat{h}(B)\} = E\{\lambda\hat{f}(B) + b(B)\},$$

那么有

$$\phi(N,\hat{h},\tau) = \lambda\phi(N,\hat{f},\tau) + b, \forall (N,\hat{f},\tau) \in \Gamma_{U,N}, \forall \lambda > 0, b \in \mathbf{R}^N.$$

定义 7.38　假设N是一个有限的局中人集合，$(N,\hat{f},\tau)$是一个CGWUTPCS，称局中人i关于$(N,\hat{f},\tau)$是期望值零贡献的，如果满足

$$\forall A \subseteq N \Rightarrow E\{\hat{f}(A\cup\{i\})\} = E\{\hat{f}(A)\}.$$

如果局中人i关于$(N,\hat{f},\tau)$是期望值零贡献的，记为$i \in Null_E(N,\hat{f},\tau)$或者简单记为$i \in Null_E$.

定义 7.39　假设N是一个有限的局中人集合，$(N,\hat{f},\tau)$是一个CGWUTPCS，称局中人i关于$(N,\hat{f},\tau)$是期望值哑元的，如果满足

$$\forall A \subseteq N \setminus \{i\} \Rightarrow E\{\hat{f}(A\cup\{i\})\} = E\{\hat{f}(A)\} + E\{\hat{f}(i)\}.$$

如果局中人i关于$(N,\hat{f},\tau)$是期望值哑元的，记为$i \in Dummy_E(N,\hat{f},\tau)$或者简单记为$i \in Dummy_E$.

定义 7.40 (期望值零贡献公理) 假设N是一个有限的局中人集合，$\Gamma_{U,N}$表示其上所有带有一般联盟结构的CGWUTP，假设有一个数值解概念$\phi:\Gamma_{U,N}\to\mathbf{R}^N,\phi(N,\hat{f},\tau)\in\mathbf{R}^N$，称其满足期望值零贡献公理，如果满足

$$\phi_i(N,\hat{f},\tau)=0,\forall(N,\hat{f},\tau)\in\Gamma_{U,N},\forall i\in Null_E(N,\hat{f},\tau).$$

定义 7.41 (期望值加法公理) 假设N是一个有限的局中人集合，$\Gamma_{U,N}$表示其上所有带有一般联盟结构的CGWUTP，假设有一个数值解概念$\phi:\Gamma_{U,N}\to\mathbf{R}^N,\phi(N,\hat{f},\tau)\in\mathbf{R}^N$，称其满足期望值加法公理，如果满足

$$\exists(N,\hat{h},\tau),\text{s.t.},E\{\hat{h}(B)\}=E\{\hat{f}(B)+\hat{g}(B)\},$$

那么有

$$\phi(N,\hat{h},\tau)=\phi(N,\hat{f},\tau)+\phi(N,\hat{g},\tau),\forall(N,\hat{f},\tau),(N,\hat{g},\tau)\in\Gamma_{U,N}.$$

定义 7.42 (期望值线性公理) 假设N是一个有限的局中人集合，$\Gamma_{U,N}$表示其上所有带有一般联盟结构的CGWUTP，假设有一个数值解概念$\phi:\Gamma_{U,N}\to\mathbf{R}^N,\phi(N,\hat{f},\tau)\in\mathbf{R}^N$，称其满足期望值线性公理，如果满足

$$\exists(N,\hat{h},\tau),\text{s.t.},E\{\hat{h}(B)\}=E\{\lambda\hat{f}(B)+\mu\hat{g}(B)\},$$

那么有

$$\phi(N,\hat{h},\tau)=\lambda\phi(N,\hat{f},\tau)+\mu\phi(N,\hat{g},\tau),\forall(N,\hat{f},\tau),(N,\hat{g},\tau)\in\Gamma_{U,N},\forall\lambda,\mu\in\mathbf{R}.$$

定义 7.43 (期望值边际单调公理) 假设N是一个有限的局中人集合，$\Gamma_{U,N}$表示其上所有带有一般联盟结构的CGWUTP，假设有一个数值解概念$\phi:\Gamma_{U,N}\to\mathbf{R}^N,\phi(N,\hat{f},\tau)\in\mathbf{R}^N$，称其满足期望值边际单调公理，如果对于任意取定的$i\in N$和$(N,\hat{f},\tau),(N,\hat{g},\tau)$，满足

$$E\{\hat{f}(A\cup\{i\})\}-E\{\hat{f}(A)\}\geqslant E\{\hat{g}(A\cup\{i\})\}-E\{\hat{g}(A)\},\forall A\subseteq N\setminus\{i\},$$

一定有

$$\phi_i(N,\hat{f},\tau)\geqslant\phi_i(N,\hat{g},\tau).$$

定义 7.44 (期望值边际公理) 假设N是一个有限的局中人集合，$\Gamma_{U,N}$表示其上所有带有一般联盟结构的CGWUTP，假设有一个数值解概念$\phi:\Gamma_{U,N}\to\mathbf{R}^N,\phi(N,\hat{f},\tau)\in\mathbf{R}^N$，称其满足期望值边际公理，如果对于任意取定的$i\in N$和$(N,\hat{f},\tau),(N,\hat{g},\tau)$，满足

$$E\{\hat{f}(A\cup\{i\})\}-E\{\hat{f}(A)\}=E\{\hat{g}(A\cup\{i\})\}-E\{\hat{g}(A)\},\forall A\subseteq N\setminus\{i\},$$

一定有

$$\phi_i(N,\hat{f},\tau)=\phi_i(N,\hat{g},\tau).$$

7.9 一般联盟结构期望值不确定沙普利值定义

定义 7.45 假设N是一个有限的局中人集合，$\Gamma_{U,N,\tau}$表示其上所有带有一般联盟结构τ的CGWUTP，定义一般联盟期望值不确定沙普利值$Sh_{*,E}:\Gamma_{U,N,\tau}\to\mathbf{R}^N,\phi(N,\hat{f},\tau)\in$

$\mathbf{R}^N$为

$$Sh_{*,E,i}(N,\hat{f},\tau)=Sh_{E,i}(A_i,\hat{f},\{A_i\}),\forall i\in N,$$

其中A_i是唯一满足$A_i\in\tau,i\in A_i$的子集，Sh_E是带有大联盟的期望值不确定沙普利值.

定理 7.19 假设N是一个有限的局中人集合，$\Gamma_{U,N,\tau}$表示其上所有带有一般联盟结构τ的CGWUTP，一般联盟期望值不确定沙普利值$Sh_{*,E}:\Gamma_{U,N,\tau}\to\mathbf{R}^N,\phi(N,\hat{f},\tau)\in\mathbf{R}^N$满足期望值结构有效、期望值限制对称、期望值零贡献和期望值加法公理.

证明 (1) 期望值结构有效公理.$\forall A\in\tau$，根据一般联盟期望值不确定沙普利值的定义，可得

$$\begin{aligned}&\sum_{i\in A}Sh_{*,E,i}(N,\hat{f},\tau)\\=&\sum_{i\in A}Sh_{E,i}(A_i,\hat{f},\{A_i\})\\=&\sum_{i\in A}Sh_{E,i}(A,\hat{f},\{A\})\\=&e\{\hat{f}(A)\}.\end{aligned}$$

(2) 期望值限制对称公理.假设$i\approx_{(N,\hat{f},\tau),E}j,\{i,j\}\in\mathrm{Pair}(\tau)$，根据定义可得

$$E\{\hat{f}(B\cup\{i\})\}=E\{\hat{f}(B\cup\{j\})\},\forall B\subseteq N\setminus\{i,j\};A_i=A_j=:A,$$

特别地，有

$$E\{\hat{f}(B\cup\{i\})\}=E\{\hat{f}(B\cup\{j\})\},\forall B\subseteq A\setminus\{i,j\};A_i=A_j=:A.$$

即

$$i\approx_{(A,\hat{f},\{A\}),E}j,$$

因此根据大联盟期望值不确定沙普利值的定义和性质可得

$$\begin{aligned}&Sh_{*,E,i}(N,\hat{f},\tau)\\=&Sh_{E,i}(A_i,\hat{f},\{A_i\})\\=&Sh_{E,i}(A,\hat{f},\{A\})\\=&Sh_{E,j}(A,\hat{f},\{A\})\\=&Sh_{E,j}(A_j,\hat{f},\{A_j\})\\=&Sh_{*,E,j}(N,\hat{f},\tau).\end{aligned}$$

(3) 期望值零贡献公理.假设$i\in Null_E(N,\hat{f},\tau),i\in A_i(\tau)$，根据定义可得

$$E\{\hat{f}(B\cup\{i\})\}=E\{\hat{f}(B)\},\forall B\subseteq N,$$

特别地，有

$$E\{\hat{f}(B\cup\{i\})\}=E\{\hat{f}(B)\},\forall B\subseteq A_i,$$

因此一定有

$$i\in Null_E(A_i,\hat{f},\{A_i\}),$$

根据一般联盟期望值不确定沙普利值的定义可得

$$\begin{aligned}&Sh_{*,E,i}(N,\hat{f},\tau)\\=\;&Sh_{E,i}(A_i,\hat{f},\{A_i\})\\=\;&0.\end{aligned}$$

(4) 期望值加法公理.$(N,\hat{f},\tau),(N,\hat{g},\tau)$是两个带有相同一般联盟结构的合作博弈，取定$i\in N$，假设$i\in A_i$，根据大联盟期望值不确定沙普利值的定义可得

$$\begin{aligned}&Sh_{*,E,i}(N,\hat{f}+g,\tau)\\=\;&Sh_{E,i}(A_i,\hat{f}+\hat{g},\{A_i\})\\=\;&Sh_{E,i}(A_i,\hat{f},\{A_i\})+Sh_{E,i}(A_i,\hat{g},\{A_i\})\\=\;&Sh_{*,E,i}(N,\hat{f},\tau)+Sh_{*,E,i}(N,\hat{g},\tau).\end{aligned}$$

定义 7.46 假设N是一个有限的局中人集合，任取$A\in\mathcal{P}_0(N),\tau\in\mathrm{Part}(N)$，定义$A$上的带有一般联盟结构$\tau$的期望值$1-0$承载博弈为$(N,\hat{C}_{(A,1,0)},\tau)$，期望值满足

$$E\{\hat{C}_{(A,1,0)}(B)\}=\begin{cases}1, & \text{如果}A\subseteq B;\\0, & \text{其他情形.}\end{cases}$$

定义 7.47 假设N是一个有限的局中人集合，任取$A\in\mathcal{P}_0(N),\alpha\in R,\tau\in\mathrm{Part}(N)$，定义$A$上的带有一般联盟结构$\tau$的期望值$\alpha-0$承载博弈为$(N,\hat{C}_{(A,\alpha,0)},\tau)$，期望值满足

$$E\{\hat{C}_{(A,\alpha,0)}(B)\}=\begin{cases}\alpha, & \text{如果}A\subseteq B;\\0, & \text{其他情形.}\end{cases}$$

定理 7.20 假设N是一个有限的局中人集合，$\Gamma_{U,N,\tau}$表示其上所有带有一般联盟结构τ的CGWUTP，$(N,\hat{f},\tau)$是一个不确定支付可转移合作博弈，那么它在期望值意义下是有限个带有一般联盟结构τ的期望值$1-0$承载博弈的线性组合.

证明 固定一般联盟结构$\tau\in\mathrm{Part}(N)$，根据合作博弈的期望值向量表示，可知$\Gamma_{U,N,\tau}$是一个线性空间，并且

$$\Gamma_{U,N,\tau}\cong\mathbf{R}^{2^n-1}.$$

因此只需要证明$(N,\hat{C}_{(A,1,0)},\tau),A\in\mathcal{P}_0(N)$构成了$\Gamma_{U,N,\tau}$的基.如不然，那么必定有

$$\exists\alpha=(\alpha_A)_{A\in\mathcal{P}_0(N)}\neq 0,\text{s.t.},\sum_{A\in\mathcal{P}_0(N)}\alpha_A E\{\hat{C}_{(A,1,0)}(B)\}=0,\forall B\in\mathcal{P}(N).$$

令

$$\eta=\{A|\ A\in\mathcal{P}_0(N);\alpha_A\neq 0\}.$$

因为$\alpha\neq 0$，所以$\eta\neq\varnothing$，按照集合的包含关系，取定B_0是η中的极小集合，即没有η中的其他集合严格被它包含.这里需要证明

$$\sum_{A\in\mathcal{P}_0(N)}\alpha_A E\{\hat{C}_{(A,1,0)}(B_0)\}\neq 0.$$

从而产生矛盾.根据前面的推导可知

$$\sum_{A\in\mathcal{P}_0(N)}\alpha_A E\{\hat{C}_{(A,1,0)}(B_0)\}$$

$$
\begin{aligned}
= & \sum_{A\in\mathcal{P}_0(N),A\subset B_0}\alpha_A E\{\hat{C}_{(A,1,0)}(B_0)\}+\\
& \alpha_{B_0}E\{\hat{C}_{(B_0,1,0)}(B_0)\}+\sum_{A\in\mathcal{P}_0(N),A\not\subseteq B_0}\alpha_A E\{\hat{C}_{(A,1,0)}(B_0)\},
\end{aligned}
$$

因为$B_0=\min\eta$，所以一定有

$$\forall A\in\mathcal{P}_0(N),A\subset B_0,\alpha_A=0.$$

根据带有一般联盟结构τ的期望值$1-0$承载博弈的定义可知

$$\forall A\in\mathcal{P}_0(N),A\not\subseteq B_0,E\{\hat{C}_{(A,1,0)}(B_0)\}=0.$$

综合起来可得

$$
\begin{aligned}
& \sum_{A\in\mathcal{P}_0(N)}\alpha_A E\{\hat{C}_{(A,1,0)}(B_0)\}\\
= & \sum_{A\in\mathcal{P}_0(N),A\subset B_0}\alpha_A E\{\hat{C}_{(A,1,0)}(B_0)\}+\\
& \alpha_{B_0}E\{\hat{C}_{(B_0,1,0)}(B_0)\}+\sum_{A\in\mathcal{P}_0(N),A\not\subseteq B_0}\alpha_A E\{\hat{C}_{(A,1,0)}(B_0)\}\\
= & \alpha_{B_0}E\{\hat{C}_{(B_0,1,0)}(B_0)\}=\alpha_{B_0}\neq 0.
\end{aligned}
$$

矛盾.因此$(N,\hat{C}_{(A,1,0)},\tau),A\in\mathcal{P}_0(N)$构成了$\Gamma_{U,N,\tau}$的基.故任何一个合作博弈$(N,\hat{f},\tau)$在期望值意义下都可以表示为有限个期望值$1-0$承载博弈的线性组合.

定理 7.21 假设N是一个有限的局中人集合，$\Gamma_{U,N,\tau}$表示其上所有带有一般联盟结构τ的CGWUTP，$(N,\hat{C}_{(T,\alpha,0)},\tau),T\neq\varnothing$为$T$上的期望值$\alpha-0$承载博弈，假设$\phi:\Gamma_{U,N,\tau}\to\mathbf{R}^N,\phi(N,\hat{f},\tau)\in\mathbf{R}^N$是一个数值解概念，满足期望值结构有效、期望值限制对称、期望值零贡献公理，那么有

$$
\phi_i(N,\hat{C}_{(T,\alpha,0)},\tau)=\begin{cases}\dfrac{\alpha}{|T|}, & 如果i\in T,\exists A\in\tau,\text{s.t.},T\subseteq A;\\ 0, & 如果i\notin T或者\forall A\in\tau,T\not\subseteq A.\end{cases}
$$

证明 (1) 断言：在博弈$(N,\hat{C}_{(T,\alpha,0)},\tau)$中，$\forall i\notin T$，局中人$i$是期望值零贡献的.因为$\forall B\in\mathcal{P}(N)$

$$T\subseteq B\cup\{i\}\Leftrightarrow T\subseteq B,$$

所以一定有

$$\forall B\in\mathcal{P}(N),\forall i\notin T,E\{\hat{C}_{(T,\alpha,0)}(B\cup\{i\})\}=E\{\hat{C}_{(T,\alpha,0)}(B)\}.$$

根据定义

$$\forall i\notin T,i\in Null_E(N,\hat{C}_{(T,,\alpha,0)},\tau).$$

因为数值解概念ϕ_i满足期望值零贡献公理，所以一定有

$$\forall i\notin T,\phi_i(N,\hat{C}_{(T,\alpha,0)},\tau)=0.$$

(2) 断言：在博弈$(N,\hat{C}_{(T,\alpha,0)},\tau)$中，如果$\forall A\in\tau,T\not\subseteq A$，那么一定有

$$\forall i\in N,\phi_i(N,\hat{C}_{(T,\alpha,0)},\tau)=0.$$

在(1)中，已经证明了

$$\forall i \notin T, \phi_i(N, \hat{C}_{(T,\alpha,0)}, \tau) = 0.$$

因此为了证明上面的断言只需证明此时

$$\forall i \in T, \phi_i(N, \hat{C}_{(T,\alpha,0)}, \tau) = 0.$$

假设$i \in T$，将$A_i(\tau)$中的局中人分为两个部分：

$$A_i(\tau) \cap T^c, A_i(\tau) \cap T,$$

对于第一部分中的局中人$j \in A_i(\tau) \cap T^c$，已知

$$\forall j \in A_i(\tau) \cap T^c, \phi_j(N, \hat{C}_{(T,\alpha,0)}, \tau) = 0.$$

接下来计算第二部分中的局中人的分配值.取定$j \in A_i(\tau) \cap T$，显然$T \not\subseteq A_i(\tau)$，任取$B \subseteq N \setminus \{i, j\}$，因为$i, j \in T; i, j \notin B$，可得

$$T \not\subseteq B \cup \{i\}, T \not\subseteq B \cup \{j\}.$$

根据承载博弈的定义可知

$$E\{\hat{C}_{(T,\alpha,0)}(B \cup \{i\})\} = 0 = E\{\hat{C}_{(T,\alpha,0)}(B \cup \{j\})\},$$

即

$$i, j \in \mathrm{Pair}(\tau), i \approx_{\hat{C}_{(T,\alpha,0)},E} j,$$

所以根据解概念的期望值限制对称性可得

$$\phi_i(N, \hat{C}_{(T,\alpha,0)}, \tau) = \phi_j(N, \hat{C}_{(T,\alpha,0)}, \tau).$$

综合起来得到

$$\begin{aligned}
&\phi_i(N, \hat{C}_{(T,\alpha,0)}, \tau) = 0, \forall i \in T^c;\\
&\phi_i(N, \hat{C}_{(T,\alpha,0)}, \tau) = \phi_j(N, \hat{C}_{(T,\alpha,0)}, \tau), \forall i, j \in A(\tau) \cap T;\\
&\sum_{i \in A(\tau)} \phi_i(N, \hat{C}_{(T,\alpha,0)}, \tau)\\
= &\sum_{i \in A(\tau) \cap T^c} \phi_i(N, \hat{C}_{(T,\alpha,0)}, \tau) + \sum_{i \in A(\tau) \cap T} \phi_i(N, \hat{C}_{(T,\alpha,0)}, \tau)\\
= &|A(\tau) \cap T| \phi_i(N, \hat{C}_{(T,\alpha,0)}, \tau)\\
= &E\{\hat{C}_{(T,\alpha,0)}(A(\tau))\} = 0,
\end{aligned}$$

因此得到当T满足$\forall A \in \tau, T \not\subseteq A$时，

$$\forall i \in N, \phi_i(N, \hat{C}_{(T,\alpha,0)}, \tau) = 0.$$

(3) 断言：在博弈$(N, \hat{C}_{(T,\alpha,0)}, \tau)$中，如果$\exists A \in \tau, \text{s.t.}, T \subseteq A$，那么一定有

$$\forall i \in T^c, \phi_i(N, \hat{C}_{(T,\alpha,0)}, \tau) = 0;$$
$$\forall i \in T, \phi_i(N, \hat{C}_{(T,\alpha,0)}, \tau) = \frac{\alpha}{|T|}.$$

在(1)中，已经证明了

$$\forall i \in T^c, \phi_i(N, \hat{C}_{(T,\alpha,0)}, \tau) = 0.$$

因此为了证明上面的断言只需证明此时

$$\forall i\in T,\phi_i(N,\hat{C}_{(T,\alpha,0)},\tau)=\frac{\alpha}{|T|}.$$

假设$i\in T$，由于$T\subseteq A$，因此将A中的局中人分为两个部分：

$$A\cap T^c,A\cap T,$$

对于第一部分中的局中人$j\in A\cap T^c$，已知

$$\forall j\in A\cap T^c,\phi_j(N,\hat{C}_{(T,\alpha,0)},\tau)=0.$$

接下来计算第二部分中的局中人的分配值.取定$j\in A\cap T=T$，显然$T\subseteq A$，任取$B\subseteq N\setminus\{i,j\}$，因为$i,j\in T;i,j\notin B$，可得

$$T\not\subseteq B\cup\{i\},T\not\subseteq B\cup\{j\}.$$

根据期望值承载博弈的定义可知

$$E\{\hat{C}_{(T,\alpha,0)}(B\cup\{i\})\}=0=E\{\hat{C}_{(T,\alpha,0)}(B\cup\{j\})\},$$

即

$$i,j\in\mathrm{Pair}(\tau),i\approx_{\hat{C}_{(T,\alpha,0)},E}j,$$

所以根据解概念的期望值限制对称性可得

$$\phi_i(N,\hat{C}_{(T,\alpha,0)},\tau)=\phi_j(N,\hat{C}_{(T,\alpha,0)},\tau).$$

综合起来得到

$$\begin{aligned}
&\phi_i(N,\hat{C}_{(T,\alpha,0)},\tau)=0,\forall i\in T^c;\\
&\phi_i(N,\hat{C}_{(T,\alpha,0)},\tau)=\phi_j(N,\hat{C}_{(T,\alpha,0)},\tau),\forall i,j\in T;\\
&\sum_{i\in A}\phi_i(N,\hat{C}_{(T,\alpha,0)},\tau)\\
=&\sum_{i\in A\cap T^c}\phi_i(N,\hat{C}_{(T,\alpha,0)},\tau)+\sum_{i\in A\cap T}\phi_i(N,\hat{C}_{(T,\alpha,0)},\tau)\\
=&|T|\phi_i(N,\hat{C}_{(T,\alpha,0)},\tau)\\
=&E\{\hat{C}_{(T,\alpha,0)}(A(\tau))\}=\alpha,
\end{aligned}$$

因此得到当T满足$\exists A\in\tau,s.t.,T\subseteq A$时，一定有

$$\begin{aligned}
&\forall i\in T^c,\phi_i(N,\hat{C}_{(T,\alpha,0)},\tau)=0;\\
&\forall i\in T,\phi_i(N,\hat{C}_{(T,\alpha,0)},\tau)=\frac{\alpha}{|T|}.
\end{aligned}$$

定理 7.22 假设N是一个有限的局中人集合，$\Gamma_{U,N,\tau}$表示其上所有带有一般联盟结构τ的CGWUTP，假设有一个数值解概念$\phi:\Gamma_{U,N,\tau}\to\mathbf{R}^N,\phi(N,\hat{f},\tau)\in\mathbf{R}^N$，其满足期望值结构有效、期望值限制对称、期望值零贡献和期望值加法公理，那么其必定是存在唯一的，即一般联盟期望值不确定沙普利值.

证明 (1) 一般联盟期望值不确定沙普利值$Sh_{*,E}$满足期望值结构有效、期望值限制对称、期望值零贡献和期望值加法公理，因此定理中的存在性部分已经解决.

(2) 下证这个解概念是唯一的.因为$\Gamma_{U,N,\tau}$具有线性结构

$$\Gamma_{U,N,\tau} \cong \mathbf{R}^{2^n-1},$$

并且

$$(N, \hat{C}_{(T,1,0)}, \tau)_{T\in\mathcal{P}_0(N)}$$

是基，所以任意取定$(N,\hat{f},\tau)\in\Gamma_{U,N,\tau}$，有

$$\exists\alpha=(\alpha_T)_{T\in\mathcal{P}_0(N)}, \text{s.t.}, E\{\hat{f}(B)\}=\sum_{T\in\mathcal{P}_0(N)} E\{\hat{C}_{(T,\alpha_T,0)}(B)\}, \forall B\in\mathcal{P}(N),$$

解概念ϕ满足期望值加法公理，一般联盟期望值不确定沙普利值也满足期望值加法公理，因此一定有

$$\phi_i(N,\hat{f},\tau)=\sum_{T\in\mathcal{P}_0(N)}\phi_i(N,\hat{C}_{(T,\alpha_T,0)},\tau);$$

$$Sh_{*,E,i}(N,\hat{f},\tau)=\sum_{T\in\mathcal{P}_0(N)} Sh_{*,E,i}(N,\hat{C}_{(T,\alpha_T,0)},\tau).$$

要验证

$$\phi(N,\hat{f},\tau)=Sh_{*,E}(N,\hat{f},\tau), \forall(N,\hat{f},\tau)\in\Gamma_{U,N,\tau},$$

只需验证

$$\phi(N,\hat{C}_{(T,\alpha,0)},\tau)=Sh_{*,E}(N,\hat{C}_{(T,\alpha,0)},\tau), \forall T\in\mathcal{P}_0(N).$$

根据上面的定理可知

$$\phi_i(N,\hat{C}_{(T,\alpha,0)},\tau)=\begin{cases}\dfrac{\alpha}{|T|}, & \text{如果} i\in T, \exists A\in\tau, \text{s.t.}, T\subseteq A;\\ 0, & \text{如果} i\notin T \text{或者} \forall A\in\tau, T\nsubseteq A.\end{cases}$$

和

$$Sh_{*,E,i}(N,\hat{C}_{(T,\alpha,0)},\tau)=\begin{cases}\dfrac{\alpha}{|T|}, & \text{如果} i\in T, \exists A\in\tau, \text{s.t.}, T\subseteq A;\\ 0, & \text{如果} i\notin T \text{或者} \forall A\in\tau, T\nsubseteq A.\end{cases}$$

因此

$$\phi(N,\hat{C}_{(T,\alpha,0)},\tau)=Sh_{*,E}(N,\hat{C}_{(T,\alpha,0)},\tau), \forall T\in\mathcal{P}_0(N).$$

综上可得

$$\phi(N,\hat{f},\tau)=Sh_{*,E}(N,\hat{f},\tau), \forall(N,\hat{f},\tau)\in\Gamma_{U,N,\tau}.$$

对于带有大联盟结构的不确定支付可转移合作博弈，定义了期望值Hart-Mas-Collel约简博弈；同样对于带有一般联盟结构的不确定支付可转移合作博弈，也可以定义与联盟结构有关的期望值Hart-Mas-Collel 约简博弈.

定义 7.48 假设N是有限的局中人集合，$(N,\hat{f},\tau)$为一个带有联盟结构的CGWUTP，$S\in\mathcal{P}_0(N)$是一个非空子集，S诱导的带有联盟结构的子博弈记为

$$(S,\hat{f},\tau_S), \tau_S=\{A\cap S|\forall A\in\tau\}\setminus\{\varnothing\}.$$

定义 7.49 假设N是一个有限的局中人集合，$\Gamma_{U,N,\tau}$表示其上所有带有一般联盟结构τ的CGWUTPCS，假设有一个数值解概念$\phi:\Gamma_{U,N,\tau}\to\mathbf{R}^N, \phi(N,\hat{f},\{\tau\})\in\mathbf{R}^N$，对

于$A \in \mathcal{P}_0(N)$并且$\exists R \in \tau, \text{s.t.}, A \subseteq R$，此时$\tau_A = \{A\}$，固定一个博弈$(N, \hat{f}, \tau)$，那么$(N, \hat{f}, \tau)$在$A$上的相对于$\phi$的期望值Hart-Mas-Collel结构约简博弈定义为$(A, \hat{f}^{\tau}_{(A,\phi)}, \{A\})$，其中

$$E\{\hat{f}^{\tau}_{(A,\phi)}(B)\} = \begin{cases} E\{\hat{f}(B \cup (R \setminus A))\} - \sum_{i \in A^c} \phi_i(B \cup (R \setminus A), \hat{f}, \{B \cup (R \setminus A)\}), \\ \qquad \text{如果} B \in \mathcal{P}_0(A); \\ 0, \qquad \text{如果} B = \varnothing. \end{cases}$$

定义 7.50 假设N是一个有限的局中人集合，$\Gamma_{U,N,\tau}$表示其上所有带有一般联盟结构τ的CGWUTP，假设有一个数值解概念$\phi : \Gamma_{U,N,\tau} \to \mathbf{R}^N, \phi(N, \hat{f}, \{\tau\}) \in \mathbf{R}^N$，称其满足期望值Hart-Mas-Collel结构约简博弈性质，如果任取$A \in \mathcal{P}_0(N)$并且$\exists R \in \tau, \text{s.t.}, A \subseteq R$，有

$$\phi_i(N, \hat{f}, \tau) = \phi_i(A, \hat{f}^{\tau}_{(A,\phi)}, \{A\}), \forall i \in A, \forall (N, \hat{f}, \tau) \in \Gamma_{U,N,\tau}.$$

定理 7.23 假设N是一个有限的局中人集合，$\Gamma_{U,N,\tau}$表示其上所有带有一般联盟结构τ的CGWUTP，一般联盟期望值不确定沙普利值$Sh_{*,E}$满足期望值Hart-Mas-Collel 结构约简博弈性质.

证明 根据一般联盟期望值不确定沙普利值的定义可知

$$Sh_{*,E,i}(N, \hat{f}, \tau) = Sh_{E,i}(A_i, \hat{f}, \{A_i\}), \forall i \in N,$$

因此考虑带有大联盟结构的博弈$(R, \hat{f}, \{R\}), \forall R \in \tau$，知道大联盟结构的期望值不确定沙普利值是满足期望值Hart-Mas-Collel约简博弈性质的，即

$$Sh_{E,i}(R, \hat{f}, \{R\}) = Sh_{E,i}(A, \hat{f}_{(A,Sh_e)}, \{A\}), \forall i \in A, \forall A \in \mathcal{P}_0(R),$$

根据定义知道，任取$A \in \mathcal{P}_0(N)$并且$\exists R \in \tau, \text{s.t.}, A \subseteq R$，那么

$$(A, \hat{f}^{\tau}_{(A,\phi)}, \{A\}) = (A, \hat{f}_{(A,\phi)}, \{A\}),$$

此时$A, \hat{f}_{(A,\phi)}, \{A\})$是$(R, \hat{f}, \{R\})$的期望值Hart-Mas-Collel约简博弈，因此一定有

$$\begin{aligned} & Sh_{*,E,i}(N, \hat{f}, \tau) \\ = \ & Sh_{E,i}(A_i, \hat{f}, \{A_i\}) \\ =: \ & Sh_{E,i}(R, \hat{f}, \{R\}) \\ = \ & Sh_{E,i}(A, \hat{f}_{(A,Sh_E)}, \{A\}) \\ = \ & Sh_{E,i}(A, \hat{f}^{\tau}_{(A,Sh_E)}, \{A\}) \\ = \ & Sh_{*,E,i}(A, \hat{f}^{\tau}_{(A,Sh_E)}, \{A\}), \forall i \in A. \end{aligned}$$

定理 7.24 假设N是一个有限的局中人集合，$\Gamma_{U,N,\tau}$表示其上所有带有一般联盟结构τ的CGWUTP，假设有一个数值解概念$\phi : \Gamma_{U,N,\tau} \to \mathbf{R}^N, \phi(N, \hat{f}, \{\tau\}) \in \mathbf{R}^N$，如果其满足期望值结构有效、期望值限制对称、期望值协变公理和期望值Hart-Mas-Collel结构约简博弈性质，那么ϕ 即$Sh_{*,E}$.

证明 固定$(N, \hat{f}, \tau)$，考虑带有大联盟的不确定支付可转移合作博弈

$$(R, \hat{f}, \{R\}), \forall R \in \tau,$$

解概念$\phi : \Gamma_{U,N,\tau} \to \mathbf{R}^N, \phi(N, \hat{f}, \{\tau\}) \in \mathbf{R}^N$满足期望值结构有效、期望值限制对称、期望值

协变公理以及期望值Hart-Mas-Collel 结构约简博弈性质，即解概念ϕ在每个$(R,\hat{f},\{R\})$上满足期望值有效、期望值对称、期望值协变和期望值Hart-Mas-Collel约简博弈性质，因此在每个$(R,\hat{f},\{R\})$上，解概念ϕ即大联盟结构下的期望值不确定沙普利值Sh_E，则

$$\phi_i(N,\hat{f},\tau)=Sh_{E,i}(A_i,\hat{f},\{A_i\}),$$

即

$$\phi(N,\hat{f},\tau)=Sh_{*,E}(N,\hat{f},\tau),\forall(N,\hat{f},\tau)\in\Gamma_{U,N,\tau}.$$

第8章 乐观值不确定沙普利值

对于不确定支付可转移合作博弈，立足于稳定分配的指导原则，基于经验设计了多个分配公理，得到一个重要的数值解概念：乐观值不确定沙普利值(Optimistic Uncertain Shapley Value).本章介绍了不确定支付可转移合作博弈的乐观值不确定沙普利公理、沙普利值的计算公式、沙普利值的一致性、乐观值凸博弈的沙普利值以及乐观值不确定沙普利值的各种公理化刻画.本章的很多结论与期望值情形类似，所以省略了证明过程.

8.1 乐观值解概念的原则

对于一个CGWUTPCS，考虑的解概念即如何合理分配财富的过程，使得人人在约束下获得最大利益，解概念有两种：一种是集合，另一种是单点.

定义 8.1 假设N是一个有限的局中人集合，$\Gamma_{U,N}$表示其上的所有CGWUTP，解概念分为集值解概念和数值解概念.

(1) 集值解概念：$\phi:\Gamma_{U,N}\to\mathcal{P}(\mathbf{R}^N),\phi(N,\hat{f},\tau)\subseteq\mathbf{R}^N$.

(2) 数值解概念：$\phi:\Gamma_{U,N}\to\mathbf{R}^N,\phi(N,\hat{f},\tau)\in\mathbf{R}^N$.

解概念的定义过程是一个立足于分配的合理、稳定的过程，可以充分发挥创造力，从以下几个方面出发至少可以定义几个理性的分配向量集合.

第一个方面：个体参加联盟合作得到的财富应该大于等于个体单干得到的财富.这条性质称之为个体理性.第二个方面：联盟结构中的联盟最终得到的财富应该是这个联盟创造的财富.这条性质称之为结构理性.第三个方面：一个群体最终得到的财富应该大于等于这个联盟创造的财富.这条性质称之为集体理性.因为支付是不确定的，所以采用α乐观值作为一个确定的数值衡量标准.

定义 8.2 假设N是一个有限的局中人集合，$\alpha\in(0,1]$，$(N,\hat{f},\tau)$表示一个CGWUTPCS，其对应的α乐观值个体理性分配集定义为

$$X^0_{\mathrm{sup},\alpha}(N,\hat{f},\tau)=\{x|\ x\in\mathbf{R}^N;x_i\geqslant\{\hat{f}(i)\}_{\mathrm{sup},\alpha},\forall i\in N\}.$$

如果用α乐观值盈余函数来表示，那么α乐观值个体理性分配集实际上可以表示为

$$X^0_{\mathrm{sup},\alpha}(N,\hat{f},\tau)=\{x|\ x\in\mathbf{R}^N;e_{\mathrm{sup},\alpha}(\hat{f},x,i)\leqslant 0,\forall i\in N\}.$$

定义 8.3 假设N是一个有限的局中人集合，$\alpha\in(0,1]$，$(N,\hat{f},\tau)$表示一个CGWUTPCS，其对应的α乐观值结构理性分配集(α-optimistic preimputation) 定义为

$$X^1_{\mathrm{sup},\alpha}(N,\hat{f},\tau)=\{x|\ x\in\mathbf{R}^N;x(A)=\{\hat{f}(A)\}_{\mathrm{sup},\alpha},\forall A\in\tau\}.$$

如果用α乐观值盈余函数来表示，那么α-optimistic preimputation实际上可以表示为

$$X^1_{\mathrm{sup},\alpha}(N,\hat{f},\tau)=\{x|\ x\in\mathbf{R}^N;e_{\mathrm{sup},\alpha}(\hat{f},x,A)=0,\forall A\in\tau\}.$$

定义 8.4　假设N是一个有限的局中人集合，$\alpha\in(0,1]$，$(N,\hat{f},\tau)$表示一个CGWUTPCS，其对应的α乐观值集体理性分配集定义为

$$X^2_{\sup,\alpha}(N,\hat{f},\tau)=\{x|\ x\in\mathbf{R}^N;x(A)\geqslant\{\hat{f}(A)\}_{\sup,\alpha},\forall A\in\mathcal{P}(N)\}.$$

如果用α乐观值盈余函数来表示，那么α乐观值集体理性分配集实际上可以表示为

$$X^2_{\sup,\alpha}(N,\hat{f},\tau)=\{x|\ x\in\mathbf{R}^N;e_{\sup,\alpha}(\hat{f},x,B)\leqslant 0,\forall B\in\mathcal{P}(N)\}.$$

定义 8.5　假设N是一个有限的局中人集合，$\alpha\in(0,1]$，$(N,\hat{f},\tau)$表示一个CGWUTPCS，其对应的α乐观值可行分配向量集定义为

$$X^*_{\sup,\alpha}(N,\hat{f},\tau)=\{x|\ x\in\mathbf{R}^N;x(A)\leqslant\{\hat{f}(A)\}_{\sup,\alpha},\forall A\in\tau\}.$$

如果用α乐观值盈余函数来表示，那么α乐观值可行分配集实际上可以表示为

$$X^*_{\sup,\alpha}(N,\hat{f},\tau)=\{x|\ x\in\mathbf{R}^N;e_{\sup,\alpha}(\hat{f},x,A)\geqslant 0,\forall A\in\tau\}.$$

定义 8.6　假设N是一个有限的局中人集合，$\alpha\in(0,1]$，$(N,\hat{f},\tau)$表示一个CGWUTPCS，其对应的α乐观值可行理性分配集(α-optimistic imputation)定义为

$$\begin{aligned}X_{\sup,\alpha}(N,\hat{f},\tau)&=\{x|\ x\in\mathbf{R}^N;x_i\geqslant\{\hat{f}(i)\}_{\sup,\alpha},\forall i\in N;\\&\qquad x(A)=\{\hat{f}(A)\}_{\sup,\alpha},\forall A\in\tau\}\\&=X^0_{\sup,\alpha}(N,\hat{f},\tau)\bigcap X^1_{\sup,\alpha}(N,\hat{f},\tau).\end{aligned}$$

如果用α乐观值盈余函数来表示，那么α-optimistic imputation实际上可以表示为

$$\begin{aligned}X_{\sup,\alpha}(N,\hat{f},\tau)&=\{x|\ x\in\mathbf{R}^N;e_{\sup,\alpha}(\hat{f},x,i)\leqslant 0,\forall i\in N;\\&\qquad e_{\sup,\alpha}(\hat{f},x,A)=0,\forall A\in\tau\}.\end{aligned}$$

所有的基于α乐观值的解概念，无论是集值解概念还是数值解概念，都应该从三大α乐观值理性分配集以及α乐观值可行理性分配集出发来寻找.

8.2 乐观值数值解的公理体系

定义 8.7　假设N是一个有限的局中人集合，$\Gamma_{U,N}$表示其上所有带有大联盟结构的不确定支付可转移合作博弈，假设有一个数值解概念$\phi:\Gamma_{U,N}\to\mathbf{R}^N,\phi(N,\hat{f},\{N\})\in\mathbf{R}^N$，局中人$i\in N$，在解概念意义下，局中人$i$获得的分配记为$\phi_i(N,\hat{f},\{N\})$，分配向量记为$\phi(N,\hat{f},\{N\})=(\phi_i(N,\hat{f},\{N\}))_{i\in N}\in\mathbf{R}^N$.

定义 8.8 (乐观值有效公理)　假设N是一个有限的局中人集合，$\alpha\in(0,1]$，$\Gamma_{U,N}$表示其上所有带有大联盟结构的CGWUTP，假设有一个数值解概念$\phi:\Gamma_{U,N}\to\mathbf{R}^N,\phi(N,\hat{f},\{N\})\in\mathbf{R}^N$，称其满足$\alpha$乐观值有效公理，如果满足

$$\sum_{i\in N}\phi_i(N,\hat{f},\{N\})=\{\hat{f}(N)\}_{\sup,\alpha};\forall(N,\hat{f},\{N\})\in\Gamma_{U,N}.$$

定义 8.9　假设N是一个有限的局中人集合，$\alpha\in(0,1]$，$(N,\hat{f},\{N\})$是一个CGWUTP，称局中人i和j关于$(N,\hat{f},\{N\})$是α乐观值对称的，如果满足

$$\forall A\subseteq N\setminus\{i,j\}\Rightarrow E\{\hat{f}(A\cup\{i\})\}=\{\hat{f}(A\cup\{j\})\}_{\sup,\alpha}.$$

如果局中人i和j关于$(N,\hat{f},\{N\})$是α乐观值对称的，记为$i\approx_{(N,\hat{f},\{N\}),\sup,\alpha} j$ 或者简单记为$i\approx_{\sup,\alpha} j$.

定义 8.10 (乐观值对称公理) 假设N是一个有限的局中人集合，$\alpha\in(0,1]$，$\Gamma_{U,N}$表示其上所有带有大联盟结构的CGWUTP，假设有一个数值解概念$\phi:\Gamma_{U,N}\to\mathbf{R}^N,\phi(N,\hat{f},\{N\})\in\mathbf{R}^N$，称其满足$\alpha$乐观值对称公理，如果满足

$$\phi_i(N,\hat{f},\{N\})=\phi_j(N,\hat{f},\{N\}),\forall(N,\hat{f},\{N\})\in\Gamma_{U,N},\forall i\approx_{(N,\hat{f},\{N\}),\sup,\alpha} j.$$

定义 8.11 (乐观值协变公理) 假设N是一个有限的局中人集合，$\alpha\in(0,1]$，$\Gamma_{U,N}$表示其上所有带有大联盟结构的CGWUTP，假设有一个数值解概念$\phi:\Gamma_{U,N}\to\mathbf{R}^N,\phi(N,\hat{f},\{N\})\in\mathbf{R}^N$，称其满足$\alpha$乐观值协变公理，如果满足

$$\exists(N,\hat{h},\{N\}),\text{s.t.},\{\hat{h}(B)\}_{\sup,\alpha}=\{\lambda\hat{f}(B)+b(B)\}_{\sup,\alpha},$$

那么有

$$\phi(N,\hat{h},\{N\})=\lambda\phi(N,\hat{f},\{N\})+b,\forall(N,\hat{f},\{N\})\in\Gamma_{U,N},\forall\lambda>0,b\in\mathbf{R}^N.$$

定义 8.12 假设N是一个有限的局中人集合，$\alpha\in(0,1]$，$(N,\hat{f},\{N\})$是一个CGWUTP，称局中人i关于$(N,\hat{f},\{N\})$是α乐观值零贡献的，如果满足

$$\forall A\subseteq N\Rightarrow\{\hat{f}(A\cup\{i\})\}_{\sup,\alpha}=\{\hat{f}(A)\}_{\sup,\alpha}.$$

如果局中人i关于$(N,\hat{f},\{N\})$是α乐观值零贡献的，记为$i\in Null_{\sup,\alpha}(N,\hat{f},\{N\})$ 或者简单记为$i\in Null_{\sup,\alpha}$.

定义 8.13 假设N是一个有限的局中人集合，$\alpha\in(0,1]$，$(N,\hat{f},\{N\})$是一个CGWUTP，称局中人i关于$(N,\hat{f},\{N\})$是α乐观值哑元的，如果满足

$$\forall A\subseteq N\setminus\{i\}\Rightarrow\{\hat{f}(A\cup\{i\})\}_{\sup,\alpha}=\{\hat{f}(A)\}_{\sup,\alpha}+\{\hat{f}(i)\}_{\sup,\alpha}.$$

如果局中人i关于$(N,\hat{f},\{N\})$是α乐观值哑元的，记为$i\in Dummy_{\sup,\alpha}(N,\hat{f},\{N\})$ 或者简单记为$i\in Dummy_{\sup,\alpha}$.

定义 8.14 (乐观值零贡献公理) 假设N是一个有限的局中人集合，$\alpha\in(0,1]$，$\Gamma_{U,N}$表示其上所有带有大联盟结构的CGWUTP，又假设有一个数值解概念$\phi:\Gamma_{U,N}\to\mathbf{R}^N,\phi(N,\hat{f},\{N\})\in\mathbf{R}^N$，称其满足$\alpha$乐观值零贡献公理，如果满足

$$\phi_i(N,\hat{f},\{N\})=0,\forall(N,\hat{f},\{N\})\in\Gamma_{U,N},\forall i\in Null_{\sup,\alpha}(N,\hat{f},\{N\}).$$

定义 8.15 (乐观值加法公理) 假设N是一个有限的局中人集合，$\alpha\in(0,1]$，$\Gamma_{U,N}$表示其上所有带有大联盟结构的CGWUTP，又假设有一个数值解概念$\phi:\Gamma_{U,N}\to\mathbf{R}^N,\phi(N,\hat{f},\{N\})\in\mathbf{R}^N$，称其满足$\alpha$乐观值加法公理，如果满足

$$\exists(N,\hat{h},\{N\}),\text{s.t.},\{\hat{h}(B)\}_{\sup,\alpha}=\{\hat{f}(B)+\hat{g}(B)\}_{\sup,\alpha},$$

那么有

$$\phi(N,\hat{h},\{N\})=\phi(N,\hat{f},\{N\})+\phi(N,\hat{g},\{N\}).$$

定义 8.16 (乐观值线性公理) 假设N是一个有限的局中人集合，$\alpha\in(0,1]$，$\Gamma_{U,N}$表示其上所有带有大联盟结构的CGWUTP，又假设有一个数值解概念$\phi:\Gamma_{U,N}\to\mathbf{R}^N,\phi(N,\hat{f},$

$\{N\}) \in \mathbf{R}^N$，称其满足α乐观值线性公理，如果满足

$$\exists(N, \hat{h}, \{N\}), \text{s.t.}, \{\hat{h}(B)\}_{\sup,\alpha} = \{\lambda \hat{f}(B) + \mu \hat{g}(B)\}_{\sup,\alpha},$$

那么有

$$\phi(N, \hat{h}, \{N\}) = \lambda\phi(N, \hat{f}, \{N\}) + \mu\phi(N, \hat{g}, \{N\}),$$
$$\forall(N, \hat{f}, \{N\}), (N, \hat{g}, \{N\}) \in \Gamma_N, \forall\lambda, \mu \in \mathbf{R}.$$

定义 8.17 (乐观值边际单调公理)　假设N是一个有限的局中人集合，$\alpha \in (0,1]$，$\Gamma_{U,N}$表示其上所有带有大联盟结构的CGWUTP，又假设有一个数值解概念$\phi : \Gamma_{U,N} \to \mathbf{R}^N, \phi(N, \hat{f}, \{N\}) \in \mathbf{R}^N$，称其满足$\alpha$乐观值边际单调公理，如果对于任意取定的$i \in N$和$\forall(N, \hat{f}, \{N\}), (N, \hat{g}, \{N\})$，满足

$$\{\hat{f}(A \cup \{i\})\}_{\sup,\alpha} - \{\hat{f}(A)\}_{\sup,\alpha} \geqslant \{\hat{g}(A \cup \{i\})\}_{\sup,\alpha} - \{\hat{g}(A)\}_{\sup,\alpha},$$
$$\forall A \subseteq N \setminus \{i\},$$

一定有

$$\phi_i(N, \hat{f}, \{N\}) \geqslant \phi_i(N, \hat{g}, \{N\}).$$

定义 8.18 (乐观值边际公理)　假设N是一个有限的局中人集合，$\alpha \in (0,1]$，$\Gamma_{U,N}$表示其上所有带有大联盟结构的CGWUTP，又假设有一个数值解概念$\phi : \Gamma_{U,N} \to \mathbf{R}^N, \phi(N, \hat{f}, \{N\}) \in \mathbf{R}^N$，称其满足$\alpha$乐观值边际公理，如果对于任意取定的$i \in N$和$\forall(N, \hat{f}, \{N\}), (N, \hat{g}, \{N\})$，满足

$$\{\hat{f}(A \cup \{i\})\}_{\sup,\alpha} - \{\hat{f}(A)\}_{\sup,\alpha} = \{\hat{g}(A \cup \{i\})\}_{\sup,\alpha} - \{\hat{g}(A)\}_{\sup,\alpha}, \forall A \subseteq N \setminus \{i\},$$

一定有

$$\phi_i(N, \hat{f}, \{N\}) = \phi_i(N, \hat{g}, \{N\}).$$

定理 8.1　假设N是一个有限的局中人集合，$\alpha \in (0,1]$，$\Gamma_{U,N}$表示其上所有带有大联盟结构的CGWUTP，假设有一个数值解概念$\phi : \Gamma_{U,N} \to \mathbf{R}^N, \phi(N, \hat{f}, \{N\}) \in \mathbf{R}^N$，如果其满足$\alpha$乐观值边际单调公理，那么一定满足$\alpha$乐观值边际公理.

以上介绍的各种公理相互组合可以产生各种解概念，但是并不能保证解概念是唯一的.因此需要探索集结尽可能少的公理产生唯一的解概念.

8.3 满足部分乐观值公理的解

例 8.1　假设N是一个有限的局中人集合，$\alpha \in (0,1]$，$\Gamma_{U,N}$表示其上所有带有大联盟结构的CGWUTP，定义一个数值解概念$\phi : \Gamma_{U,N} \to \mathbf{R}^N, \phi(N, \hat{f}, \{N\}) \in \mathbf{R}^N$为

$$\phi_i(N, \hat{f}, \{N\}) = \{\hat{f}(i)\}_{\sup,\alpha}, \forall i \in N, \forall(N, \hat{f}, \{N\}) \in \Gamma_{U,N}.$$

那么此解概念ϕ满足α乐观值加法、α乐观值对称、α乐观值零贡献和α乐观值协变公理，但是不满足α乐观值有效公理.

例 8.2　假设N是一个有限的局中人集合，$\alpha \in (0,1]$，$\Gamma_{U,N}$表示其上所有带有大联盟结

构的CGWUTP，定义一个数值解概念$\phi:\Gamma_N\to\mathbf{R}^N,\phi(N,\hat{f},\{N\})\in\mathbf{R}^N$为

$$\forall i\in N,\forall(N,\hat{f},\{N\})\in\Gamma_{U,N},$$

$$\phi_i(N,\hat{f},\{N\})=\begin{cases}\{\hat{f}(i)\}_{\sup,\alpha}+\dfrac{\{\hat{f}(N)\}_{\sup,\alpha}-\sum_{j\in N}\{\hat{f}(j)\}_{\sup,\alpha}}{n-|Dummy_{\sup,\alpha}(N,\hat{f},\{N\})|},\\ \qquad\text{如果} i\notin Dummy_{\sup,\alpha};\\ \{\hat{f}(i)\}_{\sup,\alpha},\\ \qquad\text{如果} i\in Dummy_{\sup,\alpha}.\end{cases}$$

那么此解概念ϕ满足α乐观值有效、α乐观值对称、α乐观值零贡献和α乐观值协变公理，但是不满足α乐观值加法公理.

例 8.3　假设N是一个有限的局中人集合，$\alpha\in(0,1]$，$\Gamma_{U,N}$表示其上所有带有大联盟结构的CGWUTP，定义一个数值解概念$\phi:\Gamma_{U,N}\to\mathbf{R}^N,\phi(N,\hat{f},\{N\})\in\mathbf{R}^N$为

$$\forall i\in N,\phi_i(N,\hat{f},\{N\})=\max_{A\in\mathcal{P}_0(N\setminus\{i\})}[\{\hat{f}(A\cup\{i\})\}_{\sup,\alpha}-\{\hat{f}(A)\}_{\sup,\alpha}].$$

那么此解概念ϕ满足α乐观值对称、α乐观值零贡献和α乐观值协变公理，但是不满足α乐观值有效和α乐观值加法公理.

例 8.4　假设N是一个有限的局中人集合，$\alpha\in(0,1]$，$\Gamma_{U,N}$表示其上所有带有大联盟结构的CGWUTP，定义一个数值解概念$\phi:\Gamma_{U,N}\to\mathbf{R}^N,\phi(N,\hat{f},\{N\})\in\mathbf{R}^N$为

$$\forall i\in N,\phi_i(N,\hat{f},\{N\})=\{\hat{f}(1,2,\cdots,i-1,i)\}_{\sup,\alpha}-\{\hat{f}(1,2,\cdots,i-1)\}_{\sup,\alpha}.$$

那么此解概念ϕ满足α乐观值有效、α乐观值加法、α乐观值零贡献和α乐观值协变公理，但是不满足α乐观值对称公理.

8.4 乐观值不确定沙普利值经典刻画

定义 8.19　假设N是一个包含n个人的有限的局中人集合，$\mathrm{Permut}(N)$表示N中的所有置换，假设$\pi\in\mathrm{Permut}(N)$，定义

$$P_i(\pi)=\{j|\ j\in N;\pi(j)<\pi(i)\}.$$

表示按照置换π在局中人i之前的局中人集合.

定理 8.2　假设N是一个包含n个人的有限的局中人集合，$\mathrm{Permut}(N)$表示N中的所有置换，假设$\pi\in\mathrm{Permut}(N)$，那么

$$P_i(\pi)=\varnothing\Leftrightarrow\pi(i)=1;$$

$$\#P_i(\pi)=1\Leftrightarrow\pi(i)=2;$$

$$P_i(\pi)\cup\{i\}=P_k(\pi)\Leftrightarrow\pi(k)=\pi(i)+1.$$

定义 8.20　假设N是一个有限的局中人集合，$\alpha\in(0,1]$，$\Gamma_{U,N}$表示其上所有带有大联盟结构的CGWUTP，假设$\pi\in\mathrm{Permut}(N)$，定义一个数值解概念$\phi^{\pi}_{\sup,\alpha}:\Gamma_N\to\mathbf{R}^N,\phi_{\sup,\alpha}(N,\hat{f},\{N\})\in\mathbf{R}^N$为

$$\phi^{\pi}_{\sup,\alpha,i}(N,\hat{f},\{N\})=\{\hat{f}(P_i(\pi)\cup\{i\})\}_{\sup,\alpha}-\{\hat{f}(P_i(\pi))\}_{\sup,\alpha},\forall i\in N,\forall(N,\hat{f},\{N\})\in\Gamma_{U,N}.$$

根据上一节中的例子可知，解概念$\phi^{\pi}_{\sup,\alpha}$满足α乐观值有效、α乐观值协变、α乐观值零贡献和α乐观值加法公理，但是不满足α 乐观值对称公理.

定义 8.21　假设N是一个有限的局中人集合，$\alpha \in (0,1]$，$\Gamma_{U,N}$表示其上所有带有大联盟结构的CGWUTP，假设$\pi \in \text{Permut}(N)$，定义一个数值解概念$Sh_{\sup,\alpha}: \Gamma_N \to \mathbf{R}^N, Sh(N,\hat{f},\{N\}) \in \mathbf{R}^N$为

$$Sh_{\sup,\alpha,i}(N,\hat{f},\{N\}) = \frac{1}{n!}\sum_{\pi\in\text{Permut}(N)}[\{\hat{f}(P_i(\pi)\cup\{i\})\}_{\sup,\alpha} - \{\hat{f}(P_i(\pi))\}_{\sup,\alpha}],$$
$$\forall i \in N, \forall(N,\hat{f},\{N\}) \in \Gamma_{U,N}.$$

即

$$Sh_{\sup,\alpha,i}(N,\hat{f},\{N\}) = \frac{1}{n!}\sum_{\pi\in\text{Permut}(N)}\phi^{\pi}_{\sup,\alpha,i}(N,\hat{f},\{N\}), \forall i \in N, \forall(N,\hat{f},\{N\}) \in \Gamma_{U,N}.$$

这个数值解概念称为α乐观值不确定沙普利值.

定理 8.3　假设N是一个有限的局中人集合，$\alpha \in (0,1]$，$\Gamma_{U,N}$表示其上所有带有大联盟结构的CGWUTP，α乐观值不确定沙普利值可以具体表示为

$$\begin{aligned} Sh_{\sup,\alpha,i}(N,\hat{f},\{N\}) &= \sum_{A\in\mathcal{P}(N\backslash\{i\})}\frac{|A|!\times(n-|A|-1)!}{n!}\times \\ &\quad (\{\hat{f}(A\cup\{i\})\}_{\sup,\alpha} - \{\hat{f}(A)\}_{\sup,\alpha}), \forall i \in N. \end{aligned}$$

定理 8.4　假设N是一个有限的局中人集合，$\alpha \in (0,1]$，$\Gamma_{U,N}$表示其上所有带有大联盟结构的CGWUTP，假设$\pi \in \text{Permut}(N)$，α乐观值不确定沙普利值满足α乐观值有效、α乐观值对称、α乐观值零贡献、α乐观值加法、α乐观值协变、α乐观值线性公理.

定义 8.22　假设N是一个有限的局中人集合，$\alpha \in (0,1]$，任取$A \in \mathcal{P}_0(N)$，定义A上的α乐观值$1-0$承载博弈为$(N,\hat{C}_{(A,1,0)},\{N\})$为

$$\{\hat{C}_{(A,1,0)}(B)\}_{\sup,\alpha} = \begin{cases} 1, & \text{如果} A \subseteq B; \\ 0, & \text{其他情形}. \end{cases}$$

定义 8.23　假设N是一个有限的局中人集合，$\alpha \in (0,1]$，任取$A \in \mathcal{P}_0(N), \alpha \in R$，定义$A$上的$\alpha$乐观值$\beta-0$承载博弈为$(N,\hat{C}_{(A,\beta,0)},\{N\})$为

$$\{\hat{C}_{(A,\beta,0)}(B)\}_{\sup,\alpha} = \begin{cases} \beta, & \text{如果} A \subseteq B; \\ 0, & \text{其他情形}. \end{cases}$$

定理 8.5　假设N是一个有限的局中人集合，$\alpha \in (0,1]$，$\Gamma_{U,N}$表示其上所有带有大联盟结构的CGWUTP，$(N,\hat{f},\{N\})$是一个不确定支付可转移合作博弈，那么它在α乐观值意义下是有限个α乐观值$1-0$承载博弈的线性组合.

定理 8.6　假设N是一个有限的局中人集合，$\alpha \in (0,1]$，$\Gamma_{U,N}$表示其上所有带有大联盟结构的CGWUTP，$(N,\hat{C}_{(A,\beta,0)},\{N\}), A \neq \varnothing$为$A$ 上的α乐观值$\beta-0$ 承载博弈，假设$\phi: \Gamma_{U,N} \to \mathbf{R}^N, \phi(N,\hat{f},\tau) \in \mathbf{R}^N$是一个数值解概念，满足$\alpha$ 乐观值有效、α乐观值对称、α乐观值零贡献公理，那么有

$$\phi_i(N,\hat{C}_{(A,\beta,0)},\{N\}) = \begin{cases} \dfrac{\beta}{|A|}, & \text{如果} i \in A; \\ 0, & \text{如果} i \notin A. \end{cases}$$

定理 8.7 假设N是一个有限的局中人集合，$\alpha\in(0,1]$，$\Gamma_{U,N}$表示其上所有带有大联盟结构的CGWUTP，其上满足α乐观值有效、α乐观值对称、乐观值零贡献和加法公理的数值解概念是存在唯一的，即α乐观值不确定沙普利值.

8.5 乐观值不确定沙普利值边际刻画

定义 8.24 (乐观值边际单调公理) 假设N是一个有限的局中人集合，$\alpha\in(0,1]$，$\Gamma_{U,N}$表示其上所有带有大联盟结构的 CGWUTP，又假设有一个数值解概念 $\phi:\Gamma_{U,N}\to\mathbf{R}^N,\phi(N,\hat{f},\{N\})\in\mathbf{R}^N$，称其满足$\alpha$乐观值边际单调公理，如果对于任意取定的$i\in N$和$(N,\hat{f},\{N\}),(N,\hat{g},\{N\})$，满足

$$\{\hat{f}(A\cup\{i\})\}_{\sup,\alpha}-\{\hat{f}(A)\}_{\sup,\alpha}\geqslant\{\hat{g}(A\cup\{i\})\}_{\sup,\alpha}-\{\hat{g}(A)\}_{\sup,\alpha},\forall A\subseteq N\setminus\{i\},$$

一定有

$$\phi_i(N,\hat{f},\{N\})\geqslant\phi_i(N,\hat{g},\{N\}).$$

定义 8.25 (乐观值边际公理) 假设N是一个有限的局中人集合，$\alpha\in(0,1]$，$\Gamma_{U,N}$表示其上所有带有大联盟结构的 CGWUTP，又假设有一个数值解概念 $\phi:\Gamma_{U,N}\to\mathbf{R}^N,\phi(N,\hat{f},\{N\})\in\mathbf{R}^N$，称其满足$\alpha$乐观值边际公理，如果对于任意取定的 $i\in N$和 $(N,\hat{f},\{N\}),(N,\hat{g},\{N\})$，满足

$$\{\hat{f}(A\cup\{i\})\}_{\sup,\alpha}-\{\hat{f}(A)\}_{\sup,\alpha}=\{\hat{g}(A\cup\{i\})\}_{\sup,\alpha}-\{\hat{g}(A)\}_{\sup,\alpha},\forall A\subseteq N\setminus\{i\},$$

一定有

$$\phi_i(N,\hat{f},\{N\})=\phi_i(N,\hat{g},\{N\}).$$

定理 8.8 假设N是一个有限的局中人集合，$\alpha\in(0,1]$，$\Gamma_{U,N}$表示其上所有带有大联盟结构的CGWUTP，假设有一个数值解概念$\phi:\Gamma_{U,N}\to\mathbf{R}^N,\phi(N,\hat{f},\{N\})\in\mathbf{R}^N$，如果其满足$\alpha$乐观值边际单调公理，那么一定满足$\alpha$乐观值边际公理.

定理 8.9 假设N是一个有限的局中人集合，$\alpha\in(0,1]$，$\Gamma_{U,N}$表示其上所有带有大联盟结构的CGWUTP，那么α乐观值不确定沙普利值满足α乐观值边际单调公理和α乐观值边际公理.

定理 8.10 假设N是一个有限的局中人集合，$\alpha\in(0,1]$，$\Gamma_{U,N}$表示其上所有带有大联盟结构的CGWUTP，假设有一个数值解概念$\phi:\Gamma_{U,N}\to\mathbf{R}^N,\phi(N,\hat{f},\{N\})\in\mathbf{R}^N$，满足$\alpha$乐观值有效、$\alpha$乐观值对称和$\alpha$乐观值边际公理，那么一定满足$\alpha$乐观值零贡献公理.

定理 8.11 假设N是一个有限的局中人集合，$\alpha\in(0,1]$，$\Gamma_{U,N}$表示其上所有带有大联盟结构的CGWUTP，取定$(N,\hat{f},\{N\})\in\Gamma_{U,N}$，定义子集族为

$$I_{\sup,\alpha}(N,\hat{f},\{N\})=\{A|A\in\mathcal{P}(N);\exists B\subseteq A,\text{s.t.},\{\hat{f}(B)\}_{\sup,\alpha}\neq0\}.$$

那么子集族$I_{\sup,\alpha}(N,\hat{f},\{N\})$具有如下性质：

(1) $\varnothing\notin I_{\sup,\alpha}(N,\hat{f},\{N\})$，$A\notin I_{\sup,\alpha}(N,\hat{f},\{N\})$当且仅当$\{\hat{f}(B)\}_{\sup,\alpha}=0,\forall B\subseteq A$；

(2) 按照集合的包含关系，令$A_*=\min I_{\sup,\alpha}(N,\hat{f},\{N\})$，那么有$\{\hat{f}(A_*)\}_{\sup,\alpha}\neq$

$0, \{\hat{f}(B)\}_{\sup,\alpha} = 0, \forall B \subset A_*$.

定理 8.12　假设N是一个有限的局中人集合，$\alpha \in (0,1]$，$\Gamma_{U,N}$表示其上所有带有大联盟结构的CGWUTP，取定$(N, \hat{f}, \{N\}) \in \Gamma_{U,N}, A \in \mathcal{P}(N)$，定义博弈$(N, \hat{f}_A, \{N\})$为

$$\hat{f}_A(B) = \hat{f}(A \cap B), \forall B \in \mathcal{P}(N).$$

那么博弈$(N, \hat{f}_A, \{N\})$具有如下性质：

(1) $A^c \subseteq Null_{\sup,\alpha}(N, \hat{f}_A, \{N\}), \forall A \in \mathcal{P}(N)$；

(2) $\forall A \in I_{\sup,\alpha}(N, \hat{f}, \{N\})$，$I_{\sup,\alpha}(N, \hat{f} - \hat{f}_A, \{N\}) \subset I_{\sup,\alpha}(N, \hat{f}, \{N\})$.

定理 8.13　假设N是一个有限的局中人集合，$\alpha \in (0,1]$，$\Gamma_{U,N}$表示其上所有带有大联盟结构的CGWUTP，假设有一个数值解概念$\phi : \Gamma_{U,N} \to \mathbf{R}^N, \phi(N, \hat{f}, \{N\}) \in \mathbf{R}^N$，满足$\alpha$乐观值有效、$\alpha$乐观值对称和$\alpha$乐观值边际公理，那么其一定是唯一的，即乐观值不确定沙普利值.

8.6 乐观值凸博弈的乐观值不确定沙普利值

在前面的章节中，由α乐观值凸博弈的定义和α乐观值不确定核心的性质得到了如下一些结果.

定义 8.26　假设N是有限的局中人集合，$\alpha \in (0,1]$，$(N, \hat{f}, \{N\})$是一个CGWUTP，称其为α乐观值凸博弈，如果满足

$$\forall A, B \in \mathcal{P}(N), \{\hat{f}(A)\}_{\sup,\alpha} + \{\hat{f}(B)\}_{\sup,\alpha} \leqslant \{\hat{f}(A \cap B)\}_{\sup,\alpha} + \{\hat{f}(A \cup B)\}_{\sup,\alpha}.$$

定义 8.27　假设N是有限的局中人集合，$\alpha \in (0,1]$，$(N, \hat{f}, \{N\})$是一个CGWUTP，$\pi = (i_1, \cdots, i_n)$是一个置换，构造向量$x \in \mathbf{R}^N$为

$$\begin{aligned}
x_1 &= \{\hat{f}(i_1)\}_{\sup,\alpha};\\
x_2 &= \{\hat{f}(i_1, i_2)\}_{\sup,\alpha} - \{\hat{f}(i_1)\}_{\sup,\alpha};\\
x_3 &= \{\hat{f}(i_1, i_2, i_3)\}_{\sup,\alpha} - \{\hat{f}(i_1, i_2)\}_{\sup,\alpha};\\
&\vdots\\
x_n &= \{\hat{f}(i_1, i_2, \cdots, i_n)\}_{\sup,\alpha} - \{\hat{f}(i_1, i_2, \cdots, i_{n-1})\}_{\sup,\alpha}.
\end{aligned}$$

上面的这个向量记为$x := w^{\pi}_{\sup,\alpha}$.

定理 8.14　假设N是有限的局中人集合，$\alpha \in (0,1]$，$(N, \hat{f}, \{N\})$是一个CGWUTP，$\pi = (i_1, \cdots, i_n)$是一个置换，向量$x = w^{\pi}_{\sup,\alpha} \in \mathbf{R}^N$为

$$\begin{aligned}
x_1 &= \{\hat{f}(i_1)\}_{\sup,\alpha};\\
x_2 &= \{\hat{f}(i_1, i_2)\}_{\sup,\alpha} - \{\hat{f}(i_1)\}_{\sup,\alpha};\\
x_3 &= \{\hat{f}(i_1, i_2, i_3)\}_{\sup,\alpha} - \{\hat{f}(i_1, i_2)\}_{\sup,\alpha};\\
&\vdots\\
x_n &= \{\hat{f}(i_1, i_2, \cdots, i_n)\}_{\sup,\alpha} - \{\hat{f}(i_1, i_2, \cdots, i_{n-1})\}_{\sup,\alpha}.
\end{aligned}$$

那么

$$x = w^{\pi}_{\sup,\alpha} \in Core_{\sup,\alpha}(N, \hat{f}, \{N\}) \neq \varnothing.$$

定理 8.15 假设N是有限的局中人集合，$\alpha \in (0,1]$，$(N, \hat{f}, \{N\})$是一个α乐观值凸博弈，那么

$$Sh_{\sup,\alpha}(N, \hat{f}, \{N\}) \in Core_{\sup,\alpha}(N, \hat{f}, \{N\}).$$

8.7 乐观值不确定沙普利值的一致性

对于α乐观值不确定核心，定义了α乐观值David-Maschler约简博弈，在这个意义下，证明了α乐观值不确定核心的一致性.对于α乐观值不确定沙普利值，需要重新定义约简博弈，这个博弈称之为α乐观值Hart-Mas-Collel 约简博弈.

定义 8.28 假设N是有限的局中人集合，$\alpha \in (0,1]$，$(N, \hat{f}, \{N\})$是一个CGWUTP，$x \in X^1_E(N, \hat{f}, \{N\})$是$\alpha$乐观值结构理性向量并且$A \in \mathcal{P}_0(N)$.定义$A$ 相对于x 的α乐观值Davis-Maschler约简博弈$(A, \hat{f}_{A,x}, \{A\})$，要求其$\alpha$乐观值满足

$$\{\hat{f}_{A,x}(B)\}_{\sup,\alpha} = \begin{cases} \max_{Q\in\mathcal{P}(N\setminus A)}[\{\hat{f}(Q\cup B)\}_{\sup,\alpha} - x(Q)], & \text{如果}B \in \mathcal{P}_2(A); \\ 0, & \text{如果}B = \varnothing; \\ x(A), & \text{如果}B = A. \end{cases}$$

定义 8.29 假设N是一个有限的局中人集合，$\alpha \in (0,1]$，$\Gamma_{U,N}$表示其上所有带有大联盟结构的CGWUTP，假设有一个数值解概念$\phi : \Gamma_{U,N} \to \mathbf{R}^N, \phi(N, \hat{f}, \{N\}) \in \mathbf{R}^N$，$A \in \mathcal{P}_0(N)$，固定一个博弈$(N, \hat{f}, \{N\})$，那么$(N, \hat{f}, \{N\})$在$A$上的相对于$\phi$的$\alpha$乐观值Hart-Mas-Collel 约简博弈定义为$(A, \hat{f}_{(A,\phi)}, \{A\})$，要求其$\alpha$乐观值满足

$$\{\hat{f}_{(A,\phi)}(B)\}_{\sup,\alpha} = \begin{cases} \{\hat{f}(B\cup A^c)\}_{\sup,\alpha} - \sum_{i\in A^c}\phi_i(B\cup A^c, \hat{f}, \{B\cup A^c\}), \\ \qquad \text{如果}B \in \mathcal{P}_0(A); \\ 0, \qquad \text{如果}B = \varnothing. \end{cases}$$

注释 8.1 α乐观值Hart-Mas-Collel约简博弈与α乐观值Davis-Maschler约简博弈有两个重要区别.第一，α乐观值Hart-Mas-Collel约简博弈适用于数值解概念；α乐观值Davis-Maschler约简博弈不仅适用于数值解概念，也适用于集值解概念.第二，在α乐观值Hart-Mas-Collel约简博弈中，联盟B选用的合作联盟是A^c，但是在α乐观值Davis-Maschler约简博弈中，联盟B 选用的合作联盟是$D \subseteq A^c$.

例 8.5 假设N是一个有限的局中人集合，$\alpha \in (0,1]$，$\Gamma_{U,N}$表示其上所有带有大联盟结构的CGWUTP，对于$T \in \mathcal{P}_0(N)$，已知T上的乐观值$1-0$承载博弈记为$(N, \hat{C}_{(T,1,0)}, \{N\})$，满足

$$\{\hat{C}_{(T,1,0)}(R)\}_{\sup,\alpha} = \begin{cases} 1, & \text{如果}T \subseteq R; \\ 0, & \text{如果}T \not\subseteq R. \end{cases}$$

已知α乐观值承载博弈的α乐观值不确定沙普利值为

$$Sh_{\sup,\alpha,i}(N, \hat{C}_{(T,1,0)}, \{N\}) = \begin{cases} \dfrac{1}{|T|}, & \text{如果}i \in T; \\ 0, & \text{如果}i \notin T. \end{cases}$$

取定$A \in \mathcal{P}_0(N)$，计算承载博弈$(N, \hat{C}_{(T,1,0)}, \{N\})$在$A$上的相对于$\alpha$乐观值不确定沙普利值

的α乐观值Hart-Mas-Collel约简博弈

$$(A, \hat{C}_{(T,1,0),A,Sh_{\sup,\alpha}}, \{A\}).$$

需要分情况讨论.

情形一：$A \cap T = \varnothing$.假设$B \subseteq A$，那么$B \subseteq N \setminus T = T^c$，则$T^c \subseteq Null_{\sup,\alpha}(N, C_{(T,1,0)}, \{N\})$，故一定有

$$Sh_{\sup,\alpha,i}(N, \hat{C}_{(T,1,0)}, \{N\}) = 0, \forall i \in T^c.$$

由于

$$B \cup A^c \supseteq A^c \supseteq T,$$

因此一定有

$$\begin{aligned}
&\{\hat{C}_{(T,1,0),A,Sh_{\sup,\alpha}}(B)\}_{\sup,\alpha}\\
=\ &\{\hat{C}_{(T,1,0)}(B \cup A^c)\}_{\sup,\alpha} - \sum_{i \in A^c} Sh_{\sup,\alpha,i}(B \cup A^c, \hat{C}_{(T,1,0)}, \{B \cup A^c\})\\
=\ &1 - \sum_{i \in T} Sh_{\sup,\alpha,i}(B \cup A^c, \hat{C}_{(T,1,0)}, \{B \cup A^c\})\\
=\ &1 - |T|\frac{1}{|T|} = 0.
\end{aligned}$$

情形二：$A \cap T \neq \varnothing$.假设$B \subseteq A$.如果$B \supseteq A \cap T$，那么$R \cup A^c \supseteq T$，因此有

$$\hat{C}_{(T,1,0)}(B \cup A^c) = 1.$$

计算得到

$$\sum_{i \in A^c} Sh_{\sup,\alpha,i}(B \cup A^c, \hat{C}_{(T,1,0)}, \{B \cup A^c\}) = \frac{|T \setminus A|}{|T|}.$$

如果$B \not\supseteq A \cap T$，那么$B \cup A^c \not\supseteq T$，因此有

$$\hat{C}_{(T,1,0)}(B \cup A^c) = 0.$$

计算得到

$$\sum_{i \in A^c} Sh_{\sup,\alpha,i}(B \cup A^c, \hat{C}_{(T,1,0)}, \{B \cup A^c\}) = 0.$$

对于情形二可得

$$\{\hat{C}_{(T,1,0),A,Sh_{\sup,\alpha}}(B)\}_{\sup,\alpha} = \begin{cases} 1 - \dfrac{|T \setminus A|}{|T|}, & \text{如果} B \supseteq A \cap T; \\ 0, & \text{如果} B \not\supseteq A \cap T. \end{cases}$$

综合情形一和情形二，可得

$$\{\hat{C}_{(T,1,0),A,Sh_{\sup,\alpha}}(B)\}_{\sup,\alpha} = \begin{cases} 1 - \dfrac{|T \setminus A|}{|T|}, & \text{如果} B \supseteq A \cap T; \\ 0, & \text{如果} B \not\supseteq A \cap T. \end{cases}$$

定义 8.30 (乐观值线性公理) 假设N是一个有限的局中人集合，$\alpha \in (0,1]$，$\Gamma_{U,N}$表示其上所有带有大联盟结构的CGWUTP，又假设有一个数值解概念$\phi : \Gamma_{U,N} \to \mathbf{R}^N$, $\phi(N, \hat{f}, \{N\}) \in \mathbf{R}^N$，称其满足$\alpha$乐观值线性公理，如果满足

$$\exists (N, \hat{h}, \{N\}), \text{s.t.}, \{\hat{h}(B)\}_{\sup,\alpha} = \{\lambda \hat{f}(B) + \mu \hat{g}(B)\}_{\sup,\alpha},$$

那么对$\forall(N,\hat{f},\{N\}),(N,\hat{g},\{N\})\in\Gamma_N,\forall\lambda,\mu\in\mathbf{R}$有

$$\phi(N,\hat{h},\{N\})=\lambda\phi(N,\hat{f},\{N\})+\mu\phi(N,\hat{g},\{N\}).$$

根据α乐观值不确定沙普利值的计算公式，有

$$\begin{aligned}Sh_{\sup,\alpha,i}(N,\hat{f},\{N\}) &= \sum_{A\in\mathcal{P}(N\backslash\{i\})}\frac{|A|!\times(n-|A|-1)!}{n!}\times\\&\quad(\{\hat{f}(A\cup\{i\})\}_{\sup,\alpha}-\{\hat{f}(A)\}_{\sup,\alpha}),\forall i\in N.\end{aligned}$$

可得α乐观值不确定沙普利值是α乐观值线性解概念.

定理 8.16 假设N是一个有限的局中人集合，$\alpha\in(0,1]$，$\Gamma_{U,N}$表示其上所有带有大联盟结构的CGWUTP，数值解概念$\phi:\Gamma_{U,N}\to\mathbf{R}^N,\phi(N,\hat{f},\{N\})\in\mathbf{R}^N$满足$\alpha$乐观值线性公理，取定$(N,\hat{f},\{N\}),(N,g,\{N\})\in\Gamma_{U,N}$，那么任取$\lambda,\mu\in\mathbf{R}$有

$$\forall A\in\mathcal{P}_0(N),(\lambda\hat{f}+\mu\hat{g})_{(A,\phi)}=\lambda\hat{f}_{(A,\phi)}+\mu\hat{g}_{(A,\phi)},$$

其中$(A,\hat{f}_{(A,\phi)},\{A\}),(A,g_{(A,\phi)},\{A\}),(A,(\lambda\hat{f}+\mu\hat{g})_{(A,\phi)},\{A\})$是$\alpha$乐观值Hart-Mas-Collel约简博弈.

定义 8.31 假设N是一个有限的局中人集合，$\alpha\in(0,1]$，$\Gamma_{U,N}$表示其上所有带有大联盟结构的CGWUTP，数值解概念$\phi:\Gamma_{U,N}\to\mathbf{R}^N,\phi(N,\hat{f},\{N\})\in\mathbf{R}^N$称为满足$\alpha$乐观值Hart-Mas-Collel约简博弈一致性，如果

$$\phi_i(N,\hat{f},\{N\})=\phi_i(A,\hat{f}_{(A,\phi)},\{A\}),\forall A\in\mathcal{P}_0(N),\forall i\in A.$$

定理 8.17 假设N是一个有限的局中人集合，$\alpha\in(0,1]$，$\Gamma_{U,N}$表示其上所有带有大联盟结构的CGWUTP，α乐观值不确定沙普利值满足α乐观值Hart-Mas-Collel约简博弈一致性，即

$$Sh_{\sup,\alpha,i}(N,\hat{f},\{N\})=Sh_{\sup,\alpha,i}(A,\hat{f}_{(A,\phi)},\{A\}),\forall A\in\mathcal{P}_0(N),\forall i\in A.$$

定理 8.18 假设N是一个有限的局中人集合，$\alpha\in(0,1]$，$\Gamma_{U,N}$表示其上所有带有大联盟结构的CGWUTP，如果数值解概念$\phi:\Gamma_{U,N}\to\mathbf{R}^N,\phi(N,\hat{f},\{N\})\in\mathbf{R}^N$满足$\alpha$乐观值有效、$\alpha$乐观值对称和$\alpha$乐观值协变公理，并且满足$\alpha$乐观值Hart-Mas-Collel约简博弈一致性，那么其是唯一的，即α乐观值不确定沙普利值.

8.8 一般联盟乐观值解概念公理体系

定义 8.32 假设N是一个有限的局中人集合，$\mathrm{Part}(N)$表示N上的所有划分，假设$\tau\in\mathrm{Part}(N)$，任取$i\in N$，用A_i或者$A_i(\tau)$表示在τ中的包含i的唯一非空子集，用

$$\mathrm{Pair}(\tau)=\{\{i,j\}|\ i,j\in N;A_i(\tau)=A_j(\tau)\}$$

表示与划分τ对应的伙伴对.τ中的某个子集可以记为$A(\tau)$.

定义 8.33 假设N是一个有限的局中人集合，$\Gamma_{U,N}$表示其上所有带有一般联盟结构的CGWUTP，假设有一个数值解概念$\phi:\Gamma_{U,N}\to\mathbf{R}^N,\phi(N,\hat{f},\tau)\in\mathbf{R}^N$，局中人$i\in N$，在解概念意义下，局中人$i$获得的分配记为$\phi_i(N,\hat{f},\tau)$，分配向量记为$\phi(N,\hat{f},\tau)=(\phi_i(N,\hat{f},\tau))_{i\in N}\in\mathbf{R}^N$.

定义 8.34 (乐观值结构有效公理) 假设N是一个有限的局中人集合，$\alpha \in (0,1]$，$\Gamma_{U,N}$表示其上所有带有一般联盟结构的 CGWUTP，又假设有一个数值解概念$\phi : \Gamma_{U,N} \to \mathbf{R}^N, \phi(N,\hat{f},\tau) \in \mathbf{R}^N$，称其满足$\alpha$乐观值结构有效公理，如果

$$\sum_{i\in A} \phi_i(N,\hat{f},\tau) = \{\hat{f}(A)\}_{\sup,\alpha}; \forall (N,\hat{f},\tau) \in \Gamma_{U,N}, \forall A \in \tau.$$

定义 8.35 假设N是一个有限的局中人集合，$\alpha \in (0,1]$，$(N,\hat{f},\tau)$是CGWUTPCS，称局中人i和j关于$(N,\hat{f},\tau)$是α乐观值对称的，如果满足

$$\forall A \subseteq N \setminus \{i,j\} \Rightarrow \{\hat{f}(A\cup\{i\})\}_{\sup,\alpha} = \{\hat{f}(A\cup\{j\})\}_{\sup,\alpha}.$$

如果局中人i和j关于$(N,\hat{f},\tau)$是α乐观值对称的，记为$i \approx_{(N,\hat{f},\tau),\sup,\alpha} j$或者简单记为$i \approx_{\hat{f},\sup,\alpha} j$ 或者$i \approx_{\sup,\alpha} j$.

定义 8.36 (乐观值限制对称公理) 假设N是一个有限的局中人集合，$\alpha \in (0,1]$，$\Gamma_{U,N}$表示其上所有带有一般联盟结构的 CGWUTP，又假设有一个数值解概念 $\phi : \Gamma_{U,N} \to \mathbf{R}^N, \phi(N,\hat{f},\tau) \in \mathbf{R}^N$，称其满足$\alpha$乐观值限制对称公理，如果满足

$$\phi_i(N,\hat{f},\tau) = \phi_j(N,\hat{f},\tau), \forall (N,\hat{f},\tau) \in \Gamma_{U,N}, \forall i \approx_{\hat{f},\sup,\alpha} j, \{i,j\} \in \mathrm{Pair}(\tau).$$

定义 8.37 (乐观值协变公理) 假设N是一个有限的局中人集合，$\alpha \in (0,1]$，$\Gamma_{U,N}$表示其上所有带有一般联盟结构的CGWUTP，假设有一个数值解概念$\phi : \Gamma_{U,N} \to \mathbf{R}^N, \phi(N,\hat{f},\tau) \in \mathbf{R}^N$，称其满足$\alpha$乐观值协变公理，如果满足

$$\exists (N,\hat{h},\tau), \text{s.t.}, \{\hat{h}(B)\}_{\sup,\alpha} = \{\lambda \hat{f}(B) + b(B)\}_{\sup,\alpha},$$

那么有

$$\phi(N,\hat{h},\tau) = \lambda\phi(N,\hat{f},\tau) + b, \forall (N,\hat{f},\tau) \in \Gamma_{U,N}, \forall \lambda > 0, b \in \mathbf{R}^N.$$

定义 8.38 假设N是一个有限的局中人集合，$\alpha \in (0,1]$，$(N,\hat{f},\tau)$是CGWUTPCS，称局中人i关于$(N,\hat{f},\tau)$是α乐观值零贡献的，如果满足

$$\forall A \subseteq N \Rightarrow \{\hat{f}(A\cup\{i\})\}_{\sup,\alpha} = \{\hat{f}(A)\}_{\sup,\alpha}.$$

如果局中人i关于$(N,\hat{f},\tau)$是α乐观值零贡献的，记为$i \in Null_{\sup,\alpha}(N,\hat{f},\tau)$或者简单记为$i \in Null_{\sup,\alpha}$.

定义 8.39 假设N是一个有限的局中人集合，$\alpha \in (0,1]$，$(N,\hat{f},\tau)$是CGWUTPCS，称局中人i关于$(N,\hat{f},\tau)$是α乐观值哑元的，如果满足

$$\forall A \subseteq N \setminus \{i\} \Rightarrow \{\hat{f}(A\cup\{i\})\}_{\sup,\alpha} = \{\hat{f}(A)\}_{\sup,\alpha} + \{\hat{f}(i)\}_{\sup,\alpha}.$$

如果局中人i关于$(N,\hat{f},\tau)$是α乐观值哑元的，记为$i \in Dummy_{\sup,\alpha}(N,\hat{f},\tau)$或者简单记为$i \in Dummy_{\sup,\alpha}$.

定义 8.40 (乐观值零贡献公理) 假设N是一个有限的局中人集合，$\alpha \in (0,1]$，$\Gamma_{U,N}$表示其上所有带有一般联盟结构的 CGWUTP，又假设有一个数值解概念 $\phi : \Gamma_{U,N} \to \mathbf{R}^N, \phi(N,\hat{f},\tau) \in \mathbf{R}^N$，称其满足$\alpha$乐观值零贡献公理，如果满足

$$\phi_i(N,\hat{f},\tau) = 0, \forall (N,\hat{f},\tau) \in \Gamma_{U,N}, \forall i \in Null_{\sup,\alpha}(N,\hat{f},\tau).$$

定义 8.41 (乐观值加法公理) 假设N是一个有限的局中人集合，$\alpha \in (0,1]$，$\Gamma_{U,N}$表示其上所有带有一般联盟结构的CGWUTP，假设有一个数值解概念$\phi : \Gamma_{U,N} \to \mathbf{R}^N, \phi(N,\hat{f},\tau) \in \mathbf{R}^N$，称其满足$\alpha$乐观值加法公理，如果满足

$$\exists (N,\hat{h},\tau), \text{s.t.}, \{\hat{h}(B)\}_{\sup,\alpha} = \{\hat{f}(B) + \hat{g}(B)\}_{\sup,\alpha},$$

那么有

$$\phi(N,\hat{h},\tau) = \phi(N,\hat{f},\tau) + \phi(N,\hat{g},\tau), \forall (N,\hat{f},\tau),(N,\hat{g},\tau) \in \Gamma_{U,N}.$$

定义 8.42 (乐观值线性公理) 假设N是一个有限的局中人集合，$\alpha \in (0,1]$，$\Gamma_{U,N}$表示其上所有带有一般联盟结构的CGWUTP，假设有一个数值解概念$\phi : \Gamma_{U,N} \to \mathbf{R}^N, \phi(N,\hat{f},\tau) \in \mathbf{R}^N$，称其满足$\alpha$乐观值线性公理，如果满足

$$\exists (N,\hat{h},\tau), \text{s.t.}, \{\hat{h}(B)\}_{\sup,\alpha} = \{\lambda\hat{f}(B) + \mu\hat{g}(B)\}_{\sup,\alpha},$$

那么有

$$\phi(N,\hat{h},\tau) = \lambda\phi(N,\hat{f},\tau) + \mu\phi(N,\hat{g},\tau), \forall (N,\hat{f},\tau),(N,\hat{g},\tau) \in \Gamma_{U,N}, \forall \lambda,\mu \in \mathbf{R}.$$

定义 8.43 (乐观值边际单调公理) 假设N是一个有限的局中人集合，$\alpha \in (0,1]$，$\Gamma_{U,N}$表示其上所有带有一般联盟结构的 CGWUTP，又假设有一个数值解概念 $\phi : \Gamma_{U,N} \to \mathbf{R}^N, \phi(N,\hat{f},\tau) \in \mathbf{R}^N$，称其满足$\alpha$乐观值边际单调公理，如果对于任意取定的$i \in N$和$(N,\hat{f},\tau)$, $(N,\hat{g},\tau)$，满足

$$\{\hat{f}(A \cup \{i\})\}_{\sup,\alpha} - \{\hat{f}(A)\}_{\sup,\alpha} \geqslant \{\hat{g}(A \cup \{i\})\}_{\sup,\alpha} - \{\hat{g}(A)\}_{\sup,\alpha}, \forall A \subseteq N \setminus \{i\},$$

一定有

$$\phi_i(N,\hat{f},\tau) \geqslant \phi_i(N,\hat{g},\tau).$$

定义 8.44 (乐观值边际公理) 假设N是一个有限的局中人集合，$\alpha \in (0,1]$，$\Gamma_{U,N}$表示其上所有带有一般联盟结构的CGWUTP，假设有一个数值解概念$\phi : \Gamma_{U,N} \to \mathbf{R}^N, \phi(N,\hat{f},\tau) \in \mathbf{R}^N$，称其满足$\alpha$乐观值边际公理，如果对于任意取定的$i \in N$和$(N,\hat{f},\tau),(N,\hat{g},\tau)$，满足

$$\{\hat{f}(A \cup \{i\})\}_{\sup,\alpha} - \{\hat{f}(A)\}_{\sup,\alpha} = \{\hat{g}(A \cup \{i\})\}_{\sup,\alpha} - \{\hat{g}(A)\}_{\sup,\alpha}, \forall A \subseteq N \setminus \{i\},$$

一定有

$$\phi_i(N,\hat{f},\tau) = \phi_i(N,\hat{g},\tau).$$

8.9 一般联盟结构乐观值不确定沙普利值定义

定义 8.45 假设N是一个有限的局中人集合，$\alpha \in (0,1]$，$\Gamma_{U,N,\tau}$表示其上所有带有一般联盟结构τ的CGWUTP，定义一般联盟α乐观值不确定沙普利值$Sh_{*,\sup,\alpha} : \Gamma_{U,N,\tau} \to \mathbf{R}^N, \phi(N,\hat{f},\tau) \in \mathbf{R}^N$为

$$Sh_{*,\sup,\alpha,i}(N,\hat{f},\tau) = Sh_{\sup,\alpha,i}(A_i,\hat{f},\{A_i\}), \forall i \in N,$$

其中A_i是唯一满足$A_i \in \tau, i \in A_i$的子集，$Sh_{\sup,\alpha}$是带有大联盟的α乐观不确定沙普利值.

定理 8.19 假设N是一个有限的局中人集合，$\alpha \in (0,1]$，$\Gamma_{U,N,\tau}$表示其上所有带有一般联盟结构τ的CGWUTP，一般联盟α乐观值不确定沙普利值$Sh_{*,\sup,\alpha} : \Gamma_{U,N,\tau} \to$

$\mathbf{R}^N, \phi(N,\hat{f},\tau) \in \mathbf{R}^N$满足$\alpha$乐观值结构有效、$\alpha$乐观值限制对称、$\alpha$乐观值零贡献和$\alpha$乐观值加法公理.

定义 8.46 假设N是一个有限的局中人集合，$\alpha \in (0,1]$，任取$A \in \mathcal{P}_0(N), \tau \in \mathrm{Part}(N)$，定义$A$上的带有一般联盟结构$\tau$的$\alpha$乐观值$1-0$ 承载博弈为$(N, \hat{C}_{(A,1,0)}, \tau)$，$\alpha$乐观值满足

$$\{\hat{C}_{(A,1,0)}(B)\}_{\sup,\alpha} = \begin{cases} 1, & 如果A \subseteq B; \\ 0, & 其他情形. \end{cases}$$

定义 8.47 假设N是一个有限的局中人集合，$\alpha \in (0,1]$，任取$A \in \mathcal{P}_0(N), \alpha \in R, \tau \in \mathrm{Part}(N)$，定义$A$上的带有一般联盟结构$\tau$的$\alpha$乐观值$\beta-0$承载博弈为$(N, \hat{C}_{(A,\alpha,0)}, \tau)$，其$\alpha$乐观值满足

$$\{\hat{C}_{(A,\beta,0)}(B)\}_{\sup,\alpha} = \begin{cases} \beta, & 如果A \subseteq B; \\ 0, & 其他情形. \end{cases}$$

定理 8.20 假设N是一个有限的局中人集合，$\alpha \in (0,1]$，$\Gamma_{U,N,\tau}$表示其上所有带有一般联盟结构τ的CGWUTP，$(N,\hat{f},\tau)$是一个不确定支付可转移合作博弈，那么它在α乐观值意义下是有限个带有一般联盟结构τ的α乐观值$1-0$承载博弈的线性组合.

定理 8.21 假设N是一个有限的局中人集合，$\alpha \in (0,1]$，$\Gamma_{U,N,\tau}$表示其上所有带有一般联盟结构τ的CGWUTP，$(N, \hat{C}_{(T,\beta,0)}, \tau), T \neq \varnothing$为$T$上的$\alpha$乐观值$\alpha-0$ 承载博弈，假设$\phi: \Gamma_{U,N,\tau} \to \mathbf{R}^N, \phi(N,\hat{f},\tau) \in \mathbf{R}^N$是一个数值解概念，满足$\alpha$乐观值结构有效、$\alpha$乐观值限制对称、$\alpha$乐观值零贡献公理，那么有

$$\phi_i(N, \hat{C}_{(T,\beta,0)}, \tau) = \begin{cases} \dfrac{\beta}{|T|}, & 如果i \in T, \exists A \in \tau, \text{s.t.}, T \subseteq A; \\ 0, & 如果i \notin T或者\forall A \in \tau, T \not\subseteq A. \end{cases}$$

定理 8.22 假设N是一个有限的局中人集合，$\alpha \in (0,1]$，$\Gamma_{U,N,\tau}$表示其上所有带有一般联盟结构τ的CGWUTP，假设有一个数值解概念$\phi: \Gamma_{U,N,\tau} \to \mathbf{R}^N, \phi(N,\hat{f},\tau) \in \mathbf{R}^N$，其满足$\alpha$乐观值结构有效、$\alpha$乐观值限制对称、$\alpha$乐观值零贡献和$\alpha$乐观值加法公理，那么其必定是存在唯一的，即一般联盟α乐观值不确定沙普利值.

对于带有大联盟结构的不确定支付可转移合作博弈，定义了α乐观值Hart-Mas-Collel约简博弈；同样对于带有一般联盟结构的不确定支付可转移合作博弈，也可以定义与联盟结构有关的α乐观值Hart-Mas-Collel 约简博弈.

定义 8.48 假设N是有限的局中人集合，$(N,\hat{f},\tau)$为一个带有联盟结构的CGWUTP，$S \in \mathcal{P}_0(N)$是一个非空子集，S诱导的带有联盟结构的子博弈记为

$$(S,\hat{f},\tau_S), \tau_S = \{A \cap S | \forall A \in \tau\} \setminus \{\varnothing\}.$$

定义 8.49 假设N是一个有限的局中人集合，$\alpha \in (0,1]$，$\Gamma_{U,N,\tau}$表示其上所有带有一般联盟结构τ的CGWUTPCS，假设有一个数值解概念$\phi: \Gamma_{U,N,\tau} \to \mathbf{R}^N, \phi(N,\hat{f},\{\tau\}) \in \mathbf{R}^N$，对于$A \in \mathcal{P}_0(N)$并且$\exists R \in \tau, \text{s.t.}, A \subseteq R$，此时$\tau_A = \{A\}$，固定一个博弈$(N,\hat{f},\tau)$，那么$(N,\hat{f},\tau)$在$A$上的相对于$\phi$的$\alpha$乐观值Hart-Mas-Collel结构约简博弈定义为$(A, \hat{f}^{\tau}_{(A,\phi)}, \{A\})$，

其中

$$\{\hat{f}^{\tau}_{(A,\phi)}(B)\}_{\sup,\alpha}=\begin{cases}\{\hat{f}(B\cup(R\setminus A))\}_{\sup,\alpha}-\sum_{i\in A^c}\phi_i(B\cup(R\setminus A),\hat{f},\{B\cup(R\setminus A)\}),\\ \qquad\text{如果}B\in\mathcal{P}_0(A);\\ 0,\qquad \text{如果}B=\varnothing.\end{cases}$$

定义 8.50 假设N是一个有限的局中人集合，$\alpha\in(0,1]$，$\Gamma_{U,N,\tau}$表示其上所有带有一般联盟结构τ的CGWUTP，假设有一个数值解概念$\phi:\Gamma_{U,N,\tau}\to\mathbf{R}^N,\phi(N,\hat{f},\{\tau\})\in\mathbf{R}^N$，称其满足$\alpha$乐观值Hart-Mas-Collel结构约简博弈性质，如果任取$A\in\mathcal{P}_0(N)$并且$\exists R\in\tau,\text{s.t.},A\subseteq R$，有

$$\phi_i(N,\hat{f},\tau)=\phi_i(A,\hat{f}^{\tau}_{(A,\phi)},\{A\}),\forall i\in A,\forall(N,\hat{f},\tau)\in\Gamma_{U,N,\tau}.$$

定理 8.23 假设N是一个有限的局中人集合，$\alpha\in(0,1]$，$\Gamma_{U,N,\tau}$表示其上所有带有一般联盟结构τ的CGWUTP，一般联盟α乐观值不确定沙普利值$Sh_{*,\sup,\alpha}$满足α乐观值Hart-Mas-Collel 结构约简博弈性质.

定理 8.24 假设N是一个有限的局中人集合，$\alpha\in(0,1]$，$\Gamma_{U,N,\tau}$表示其上所有带有一般联盟结构τ的CGWUTP，假设有一个数值解概念$\phi:\Gamma_{U,N,\tau}\to\mathbf{R}^N,\phi(N,\hat{f},\{\tau\})\in\mathbf{R}^N$，如果其满足$\alpha$乐观值结构有效、$\alpha$乐观值限制对称、$\alpha$乐观值协变公理和$\alpha$乐观值Hart-Mas-Collel结构约简博弈性质，那么ϕ 即$Sh_{*,\sup,\alpha}$.

第9章 悲观值不确定沙普利值

对于不确定支付可转移合作博弈，立足于稳定分配的指导原则，基于经验设计了多个分配公理，得到一个重要的数值解概念：悲观值不确定沙普利值(Pessimistic Uncertain Shapley Value). 本章介绍了不确定支付可转移合作博弈的悲观值不确定沙普利公理、沙普利值的计算公式、沙普利值的一致性、悲观值凸博弈的沙普利值以及悲观值不确定沙普利值的各种公理化刻画.本章的很多结论与期望值情形类似，所以省略了证明过程.

9.1 悲观值解概念的原则

对于一个CGWUTPCS，考虑的解概念即如何合理分配财富的过程，使得人人在约束下获得最大利益，解概念有两种：一种是集合，另一种是单点.

定义 9.1 假设N是一个有限的局中人集合，$\Gamma_{U,N}$表示其上的所有CGWUTP，解概念分为集值解概念和数值解概念.

(1) 集值解概念：$\phi:\Gamma_{U,N}\to\mathcal{P}(\mathbf{R}^N),\phi(N,\hat{f},\tau)\subseteq\mathbf{R}^N$.

(2) 数值解概念：$\phi:\Gamma_{U,N}\to\mathbf{R}^N,\phi(N,\hat{f},\tau)\in\mathbf{R}^N$.

解概念的定义过程是一个立足于分配的合理、稳定的过程，可以充分发挥创造力，从以下几个方面出发至少可以定义几个理性的分配向量集合.

第一个方面：个体参加联盟合作得到的财富应该大于等于个体单干得到的财富.这条性质称之为个体理性.第二个方面：联盟结构中的联盟最终得到的财富应该是这个联盟创造的财富.这条性质称之为结构理性.第三个方面：一个群体最终得到的财富应该大于等于这个联盟创造的财富.这条性质称之为集体理性.因为支付是不确定的，所以采用α悲观值作为一个确定的数值衡量标准.

定义 9.2 假设N是一个有限的局中人集合，$\alpha\in(0,1]$，$(N,\hat{f},\tau)$表示一个CGWUTPCS，其对应的α悲观值个体理性分配集定义为

$$X^0_{\inf,\alpha}(N,\hat{f},\tau)=\{x|\ x\in\mathbf{R}^N;x_i\geqslant\{\hat{f}(i)\}_{\inf,\alpha},\forall i\in N\}.$$

如果用α悲观值盈余函数来表示，那么α悲观值个体理性分配集实际上可以表示为

$$X^0_{\inf,\alpha}(N,\hat{f},\tau)=\{x|\ x\in\mathbf{R}^N;e_{\inf,\alpha}(\hat{f},x,i)\leqslant 0,\forall i\in N\}.$$

定义 9.3 假设N是一个有限的局中人集合，$\alpha\in(0,1]$，$(N,\hat{f},\tau)$表示一个CGWUTPCS，其对应的α悲观值结构理性分配集(α-optimistic preimputation) 定义为

$$X^1_{\inf,\alpha}(N,\hat{f},\tau)=\{x|\ x\in\mathbf{R}^N;x(A)=\{\hat{f}(A)\}_{\inf,\alpha},\forall A\in\tau\}.$$

如果用α悲观值盈余函数来表示，那么α-optimistic preimputation实际上可以表示为

$$X^1_{\inf,\alpha}(N,\hat{f},\tau)=\{x|\ x\in\mathbf{R}^N;e_{\inf,\alpha}(\hat{f},x,A)=0,\forall A\in\tau\}.$$

定义 9.4 假设N是一个有限的局中人集合，$\alpha \in (0,1]$，$(N,\hat{f},\tau)$表示一个CGWUTPCS，其对应的α悲观值集体理性分配集定义为

$$X^2_{\inf,\alpha}(N,\hat{f},\tau)=\{x|\ x\in \mathbf{R}^N; x(A)\geqslant \{\hat{f}(A)\}_{\inf,\alpha},\forall A\in \mathcal{P}(N)\}.$$

如果用α悲观值盈余函数来表示，那么α悲观值集体理性分配集实际上可以表示为

$$X^2_{\inf,\alpha}(N,\hat{f},\tau)=\{x|\ x\in \mathbf{R}^N; e_{\inf,\alpha}(\hat{f},x,B)\leqslant 0,\forall B\in \mathcal{P}(N)\}.$$

定义 9.5 假设N是一个有限的局中人集合，$\alpha \in (0,1]$，$(N,\hat{f},\tau)$表示一个CGWUTPCS，其对应的α悲观值可行分配向量集定义为

$$X^*_{\inf,\alpha}(N,\hat{f},\tau)=\{x|\ x\in \mathbf{R}^N; x(A)\leqslant \{\hat{f}(A)\}_{\inf,\alpha},\forall A\in \tau\}.$$

如果用α悲观值盈余函数来表示，那么α悲观值可行分配集实际上可以表示为

$$X^*_{\inf,\alpha}(N,\hat{f},\tau)=\{x|\ x\in \mathbf{R}^N; e_{\inf,\alpha}(\hat{f},x,A)\geqslant 0,\forall A\in \tau\}.$$

定义 9.6 假设N是一个有限的局中人集合，$\alpha \in (0,1]$，$(N,\hat{f},\tau)$表示一个CGWUTPCS，其对应的α悲观值可行理性分配集(α-optimistic imputation)定义为

$$\begin{aligned}X_{\inf,\alpha}(N,\hat{f},\tau) &= \{x|\ x\in \mathbf{R}^N; x_i\geqslant \{\hat{f}(i)\}_{\inf,\alpha},\forall i\in N;\\ &\qquad x(A)=\{\hat{f}(A)\}_{\inf,\alpha},\forall A\in\tau\}\\ &= X^0_{\inf,\alpha}(N,\hat{f},\tau)\bigcap X^1_{\inf,\alpha}(N,\hat{f},\tau).\end{aligned}$$

如果用α悲观值盈余函数来表示，那么α-optimistic imputation实际上可以表示为

$$\begin{aligned}X_{\inf,\alpha}(N,\hat{f},\tau) &= \{x|\ x\in \mathbf{R}^N; e_{\inf,\alpha}(\hat{f},x,i)\leqslant 0,\forall i\in N;\\ &\qquad e_{\inf,\alpha}(\hat{f},x,A)=0,\forall A\in\tau\}.\end{aligned}$$

所有的基于α悲观值的解概念，无论是集值解概念还是数值解概念，都应该从三大α悲观值理性分配集以及α悲观值可行理性分配集出发来寻找.

9.2 悲观值数值解的公理体系

定义 9.7 假设N是一个有限的局中人集合，$\Gamma_{U,N}$表示其上所有带有大联盟结构的不确定支付可转移合作博弈，假设有一个数值解概念$\phi:\Gamma_{U,N}\rightarrow \mathbf{R}^N,\phi(N,\hat{f},\{N\})\in \mathbf{R}^N$，局中人$i\in N$，在解概念意义下，局中人$i$获得的分配记为$\phi_i(N,\hat{f},\{N\})$，分配向量记为$\phi(N,\hat{f},\{N\})=(\phi_i(N,\hat{f},\{N\}))_{i\in N}\in \mathbf{R}^N$.

定义 9.8 (悲观值有效公理) 假设N是一个有限的局中人集合，$\alpha\in(0,1]$，$\Gamma_{U,N}$表示其上所有带有大联盟结构的CGWUTP，假设有一个数值解概念$\phi:\Gamma_{U,N}\rightarrow \mathbf{R}^N,\phi(N,\hat{f},\{N\})\in \mathbf{R}^N$，称其满足$\alpha$悲观值有效公理，如果满足

$$\sum_{i\in N}\phi_i(N,\hat{f},\{N\})=\{\hat{f}(N)\}_{\inf,\alpha};\forall (N,\hat{f},\{N\})\in\Gamma_{U,N}.$$

定义 9.9 假设N是一个有限的局中人集合，$\alpha\in(0,1]$，$(N,\hat{f},\{N\})$是一个CGWUTP，称局中人i和j关于$(N,\hat{f},\{N\})$是α悲观值对称的，如果满足

$$\forall A\subseteq N\setminus\{i,j\}\Rightarrow E\{\hat{f}(A\cup\{i\})\}=\{\hat{f}(A\cup\{j\})\}_{\inf,\alpha}.$$

如果局中人i和j关于$(N,\hat{f},\{N\})$是α悲观值对称的，记为$i \approx_{(N,\hat{f},\{N\}),\inf,\alpha} j$ 或者简单记为$i \approx_{\inf,\alpha} j$.

定义 9.10 (悲观值对称公理) 假设N是一个有限的局中人集合，$\alpha \in (0,1]$，$\Gamma_{U,N}$表示其上所有带有大联盟结构的 CGWUTP，又假设有一个数值解概念 $\phi : \Gamma_{U,N} \to \mathbf{R}^N, \phi(N,\hat{f},\{N\}) \in \mathbf{R}^N$，称其满足$\alpha$悲观值对称公理，如果满足

$$\phi_i(N,\hat{f},\{N\}) = \phi_j(N,\hat{f},\{N\}), \forall (N,\hat{f},\{N\}) \in \Gamma_{U,N}, \forall i \approx_{(N,\hat{f},\{N\}),\inf,\alpha} j.$$

定义 9.11 (悲观值协变公理) 假设N是一个有限的局中人集合，$\alpha \in (0,1]$，$\Gamma_{U,N}$表示其上所有带有大联盟结构的 CGWUTP，又假设有一个数值解概念 $\phi : \Gamma_{U,N} \to \mathbf{R}^N, \phi(N,\hat{f},\{N\}) \in \mathbf{R}^N$，称其满足$\alpha$悲观值协变公理，如果满足

$$\exists (N,\hat{h},\{N\}), \text{s.t.}, \{\hat{h}(B)\}_{\inf,\alpha} = \{\lambda \hat{f}(B) + b(B)\}_{\inf,\alpha},$$

那么有

$$\phi(N,\hat{h},\{N\}) = \lambda \phi(N,\hat{f},\{N\}) + b, \forall (N,\hat{f},\{N\}) \in \Gamma_{U,N}, \forall \lambda > 0, b \in \mathbf{R}^N.$$

定义 9.12 假设N是一个有限的局中人集合，$\alpha \in (0,1]$，$(N,\hat{f},\{N\})$是一个CGWUTP，称局中人i关于$(N,\hat{f},\{N\})$是α悲观值零贡献的，如果满足

$$\forall A \subseteq N \Rightarrow \{\hat{f}(A \cup \{i\})\}_{\inf,\alpha} = \{\hat{f}(A)\}_{\inf,\alpha}.$$

如果局中人i关于$(N,\hat{f},\{N\})$是α悲观值零贡献的，记为$i \in Null_{\inf,\alpha}(N,\hat{f},\{N\})$ 或者简单记为$i \in Null_{\inf,\alpha}$.

定义 9.13 假设N是一个有限的局中人集合，$\alpha \in (0,1]$，$(N,\hat{f},\{N\})$是一个CGWUTP，称局中人i关于$(N,\hat{f},\{N\})$是α悲观值哑元的，如果满足

$$\forall A \subseteq N \setminus \{i\} \Rightarrow \{\hat{f}(A \cup \{i\})\}_{\inf,\alpha} = \{\hat{f}(A)\}_{\inf,\alpha} + \{\hat{f}(i)\}_{\inf,\alpha}.$$

如果局中人i关于$(N,\hat{f},\{N\})$是α悲观值哑元的，记为$i \in Dummy_{\inf,\alpha}(N,\hat{f},\{N\})$ 或者简单记为$i \in Dummy_{\inf,\alpha}$.

定义 9.14 (悲观值零贡献公理) 假设N是一个有限的局中人集合，$\alpha \in (0,1]$，$\Gamma_{U,N}$表示其上所有带有大联盟结构的 CGWUTP，又假设有一个数值解概念 $\phi : \Gamma_{U,N} \to \mathbf{R}^N, \phi(N,\hat{f},\{N\}) \in \mathbf{R}^N$，称其满足$\alpha$悲观值零贡献公理，如果满足

$$\phi_i(N,\hat{f},\{N\}) = 0, \forall (N,\hat{f},\{N\}) \in \Gamma_{U,N}, \forall i \in Null_{\inf,\alpha}(N,\hat{f},\{N\}).$$

定义 9.15 (悲观值加法公理) 假设N是一个有限的局中人集合，$\alpha \in (0,1]$，$\Gamma_{U,N}$表示其上所有带有大联盟结构的 CGWUTP，又假设有一个数值解概念 $\phi : \Gamma_{U,N} \to \mathbf{R}^N, \phi(N,\hat{f},\{N\}) \in \mathbf{R}^N$，称其满足$\alpha$悲观值加法公理，如果满足

$$\exists (N,\hat{h},\{N\}), \text{s.t.}, \{\hat{h}(B)\}_{\inf,\alpha} = \{\hat{f}(B) + \hat{g}(B)\}_{\inf,\alpha},$$

那么有

$$\phi(N,\hat{h},\{N\}) = \phi(N,\hat{f},\{N\}) + \phi(N,\hat{g},\{N\}).$$

定义 9.16 (悲观值线性公理) 假设N是一个有限的局中人集合，$\alpha \in (0,1]$，$\Gamma_{U,N}$表示其上所有带有大联盟结构的 CGWUTP，又假设有一个数值解概念 $\phi : \Gamma_{U,N} \to \mathbf{R}^N, \phi(N,\hat{f},$

$\{N\}) \in \mathbf{R}^N$，称其满足α悲观值线性公理，如果满足

$$\exists(N,\hat{h},\{N\}),\text{s.t.},\{\hat{h}(B)\}_{\inf,\alpha}=\{\lambda\hat{f}(B)+\mu\hat{g}(B)\}_{\inf,\alpha},$$

那么有

$$\begin{aligned}&\phi(N,\hat{h},\{N\})=\lambda\phi(N,\hat{f},\{N\})+\mu\phi(N,\hat{g},\{N\}),\\&\forall(N,\hat{f},\{N\}),(N,\hat{g},\{N\})\in\Gamma_N,\forall\lambda,\mu\in\mathbf{R}.\end{aligned}$$

定义 9.17 (悲观值边际单调公理) 假设N是一个有限的局中人集合，$\alpha\in(0,1]$，$\Gamma_{U,N}$表示其上所有带有大联盟结构的CGWUTP，又假设有一个数值解概念 $\phi:\Gamma_{U,N}\to\mathbf{R}^N,\phi(N,\hat{f},\{N\})\in\mathbf{R}^N$，称其满足$\alpha$悲观值边际单调公理，如果对于任意取定的$i\in N$和$\forall(N,\hat{f},\{N\}),(N,\hat{g},\{N\})$，满足

$$\begin{aligned}&\{\hat{f}(A\cup\{i\})\}_{\inf,\alpha}-\{\hat{f}(A)\}_{\inf,\alpha}\geqslant\{\hat{g}(A\cup\{i\})\}_{\inf,\alpha}-\{\hat{g}(A)\}_{\inf,\alpha},\\&\forall A\subseteq N\setminus\{i\},\end{aligned}$$

一定有

$$\phi_i(N,\hat{f},\{N\})\geqslant\phi_i(N,\hat{g},\{N\}).$$

定义 9.18 (悲观值边际公理) 假设N是一个有限的局中人集合，$\alpha\in(0,1]$，$\Gamma_{U,N}$表示其上所有带有大联盟结构的CGWUTP，又假设有一个数值解概念 $\phi:\Gamma_{U,N}\to\mathbf{R}^N,\phi(N,\hat{f},\{N\})\in\mathbf{R}^N$，称其满足$\alpha$悲观值边际公理，如果对于任意取定的$i\in N$和$\forall(N,\hat{f},\{N\}),(N,\hat{g},\{N\})$，满足

$$\{\hat{f}(A\cup\{i\})\}_{\inf,\alpha}-\{\hat{f}(A)\}_{\inf,\alpha}=\{\hat{g}(A\cup\{i\})\}_{\inf,\alpha}-\{\hat{g}(A)\}_{\inf,\alpha},\forall A\subseteq N\setminus\{i\},$$

一定有

$$\phi_i(N,\hat{f},\{N\})=\phi_i(N,\hat{g},\{N\}).$$

定理 9.1 假设N是一个有限的局中人集合，$\alpha\in(0,1]$，$\Gamma_{U,N}$表示其上所有带有大联盟结构的CGWUTP，又假设有一个数值解概念 $\phi:\Gamma_{U,N}\to\mathbf{R}^N,\phi(N,\hat{f},\{N\})\in\mathbf{R}^N$，如果其满足$\alpha$悲观值边际单调公理，那么一定满足$\alpha$悲观值边际公理.

以上介绍的各种公理相互组合可以产生各种解概念，但是并不能保证解概念是唯一的.因此需要探索集结尽可能少的公理产生唯一的解概念.

9.3 满足部分悲观值公理的解

例 9.1 假设N是一个有限的局中人集合，$\alpha\in(0,1]$，$\Gamma_{U,N}$表示其上所有带有大联盟结构的CGWUTP，定义一个数值解概念$\phi:\Gamma_{U,N}\to\mathbf{R}^N,\phi(N,\hat{f},\{N\})\in\mathbf{R}^N$为

$$\phi_i(N,\hat{f},\{N\})=\{\hat{f}(i)\}_{\inf,\alpha},\forall i\in N,\forall(N,\hat{f},\{N\})\in\Gamma_{U,N}.$$

那么此解概念ϕ满足α悲观值加法、α悲观值对称、α悲观值零贡献和α悲观值协变公理，但是不满足α悲观值有效公理.

例 9.2 假设N是一个有限的局中人集合，$\alpha\in(0,1]$，$\Gamma_{U,N}$表示其上所有带有大联盟结

构的CGWUTP，定义一个数值解概念$\phi : \Gamma_N \to \mathbf{R}^N, \phi(N,\hat{f},\{N\}) \in \mathbf{R}^N$为

$$\forall i \in N, \forall (N,\hat{f},\{N\}) \in \Gamma_{U,N},$$
$$\phi_i(N,\hat{f},\{N\}) = \begin{cases} \{\hat{f}(i)\}_{\inf,\alpha} + \dfrac{\{\hat{f}(N)\}_{\inf,\alpha} - \sum_{j\in N}\{\hat{f}(j)\}_{\inf,\alpha}}{n - |Dummy_{\inf,\alpha}(N,\hat{f},\{N\})|}, \\ \qquad \text{如果} i \notin Dummy_{\inf,\alpha}; \\ \{\hat{f}(i)\}_{\inf,\alpha}, \\ \qquad \text{如果} i \in Dummy_{\inf,\alpha}. \end{cases}$$

那么此解概念ϕ满足α悲观值有效、α悲观值对称、α悲观值零贡献和α悲观值协变公理，但是不满足α悲观值加法公理.

例 9.3 假设N是一个有限的局中人集合，$\alpha \in (0,1]$，$\Gamma_{U,N}$表示其上所有带有大联盟结构的CGWUTP，定义一个数值解概念$\phi : \Gamma_{U,N} \to \mathbf{R}^N, \phi(N,\hat{f},\{N\}) \in \mathbf{R}^N$为

$$\forall i \in N, \phi_i(N,\hat{f},\{N\}) = \max_{A\in\mathcal{P}_0(N\setminus\{i\})}[\{\hat{f}(A\cup\{i\})\}_{\inf,\alpha} - \{\hat{f}(A)\}_{\inf,\alpha}]$$

那么此解概念ϕ满足α悲观值对称、α悲观值零贡献和α悲观值协变公理，但是不满足α悲观值有效和α悲观值加法公理.

例 9.4 假设N是一个有限的局中人集合，$\alpha \in (0,1]$，$\Gamma_{U,N}$表示其上所有带有大联盟结构的CGWUTP，定义一个数值解概念$\phi : \Gamma_{U,N} \to \mathbf{R}^N, \phi(N,\hat{f},\{N\}) \in \mathbf{R}^N$为

$$\forall i \in N, \phi_i(N,\hat{f},\{N\}) = \{\hat{f}(1,2,\cdots,i-1,i)\}_{\inf,\alpha} - \{\hat{f}(1,2,\cdots,i-1)\}_{\inf,\alpha}.$$

那么此解概念ϕ满足α悲观值有效、α悲观值加法、α悲观值零贡献和α悲观值协变公理，但是不满足α悲观值对称公理.

9.4 悲观值不确定沙普利值经典刻画

定义 9.19 假设N是一个包含n个人的有限的局中人集合，$\mathrm{Permut}(N)$表示N中的所有置换，假设$\pi \in \mathrm{Permut}(N)$，定义

$$P_i(\pi) = \{j | \, j \in N; \pi(j) < \pi(i)\}.$$

表示按照置换π在局中人i之前的局中人集合.

定理 9.2 假设N是一个包含n个人的有限的局中人集合，$\mathrm{Permut}(N)$表示N中的所有置换，假设$\pi \in \mathrm{Permut}(N)$，那么

$$P_i(\pi) = \varnothing \Leftrightarrow \pi(i) = 1;$$
$$\#P_i(\pi) = 1 \Leftrightarrow \pi(i) = 2;$$
$$P_i(\pi) \cup \{i\} = P_k(\pi) \Leftrightarrow \pi(k) = \pi(i) + 1.$$

定义 9.20 假设N是一个有限的局中人集合，$\alpha \in (0,1]$，$\Gamma_{U,N}$表示其上所有带有大联盟结构的CGWUTP，假设$\pi \in \mathrm{Permut}(N)$，定义一个数值解概念$\phi^{\pi}_{\inf,\alpha} : \Gamma_N \to \mathbf{R}^N, \phi_{\inf,\alpha}(N,\hat{f},\{N\}) \in \mathbf{R}^N$为

$$\phi^{\pi}_{\inf,\alpha,i}(N,\hat{f},\{N\}) = \{\hat{f}(P_i(\pi)\cup\{i\})\}_{\inf,\alpha} - \{\hat{f}(P_i(\pi))\}_{\inf,\alpha},$$
$$\forall i \in N, \forall (N,\hat{f},\{N\}) \in \Gamma_{U,N}.$$

根据上一节中的例子可知，解概念$\phi^{\pi}_{\inf,\alpha}$满足α悲观值有效、α悲观值协变、α悲观值零贡献和α悲观值加法公理，但是不满足α 悲观值对称公理.

定义 9.21 假设N是一个有限的局中人集合，$\alpha\in(0,1]$，$\Gamma_{U,N}$表示其上所有带有大联盟结构的CGWUTP，假设$\pi\in\mathrm{Permut}(N)$，定义一个数值解概念$Sh_{\inf,\alpha}:\Gamma_N\rightarrow\mathbf{R}^N, Sh(N,\hat{f},\{N\})\in\mathbf{R}^N$为

$$
\begin{aligned}
Sh_{\inf,\alpha,i}(N,\hat{f},\{N\}) &= \frac{1}{n!}\sum_{\pi\in\mathrm{Permut}(N)}[\{\hat{f}(P_i(\pi)\cup\{i\})\}_{\inf,\alpha}-\{\hat{f}(P_i(\pi))\}_{\inf,\alpha}],\\
&\quad \forall i\in N,\forall(N,\hat{f},\{N\})\in\Gamma_{U,N}.
\end{aligned}
$$

即

$$
\begin{aligned}
Sh_{\inf,\alpha,i}(N,\hat{f},\{N\}) &= \frac{1}{n!}\sum_{\pi\in\mathrm{Permut}(N)}\phi^{\pi}_{\inf,\alpha,i}(N,\hat{f},\{N\}),\\
&\quad \forall i\in N,\forall(N,\hat{f},\{N\})\in\Gamma_{U,N}.
\end{aligned}
$$

这个数值解概念称为α悲观值不确定沙普利值.

定理 9.3 假设N是一个有限的局中人集合，$\alpha\in(0,1]$，$\Gamma_{U,N}$表示其上所有带有大联盟结构的CGWUTP，α悲观值不确定沙普利值可以具体表示为

$$
\begin{aligned}
Sh_{\inf,\alpha,i}(N,\hat{f},\{N\}) &= \sum_{A\in\mathcal{P}(N\setminus\{i\})}\frac{|A|!\times(n-|A|-1)!}{n!}\times\\
&\quad (\{\hat{f}(A\cup\{i\})\}_{\inf,\alpha}-\{\hat{f}(A)\}_{\inf,\alpha}),\forall i\in N.
\end{aligned}
$$

定理 9.4 假设N是一个有限的局中人集合，$\alpha\in(0,1]$，$\Gamma_{U,N}$表示其上所有带有大联盟结构的CGWUTP，假设$\pi\in\mathrm{Permut}(N)$，α悲观值不确定沙普利值满足α悲观值有效、期望值对称、α悲观值零贡献、α悲观值加法、α悲观值协变、α悲观值线性公理.

定义 9.22 假设N是一个有限的局中人集合，$\alpha\in(0,1]$，任取$A\in\mathcal{P}_0(N)$，定义A上的α悲观值$1-0$承载博弈为$(N,\hat{C}_{(A,1,0)},\{N\})$为

$$
\{\hat{C}_{(A,1,0)}(B)\}_{\inf,\alpha}=\begin{cases}1, & \text{如果}A\subseteq B;\\ 0, & \text{其他情形.}\end{cases}
$$

定义 9.23 假设N是一个有限的局中人集合，$\alpha\in(0,1]$，任取$A\in\mathcal{P}_0(N),\alpha\in R$，定义$A$上的$\alpha$悲观值$\beta-0$承载博弈为$(N,\hat{C}_{(A,\beta,0)},\{N\})$为

$$
\{\hat{C}_{(A,\beta,0)}(B)\}_{\inf,\alpha}=\begin{cases}\beta, & \text{如果}A\subseteq B;\\ 0, & \text{其他情形.}\end{cases}
$$

定理 9.5 假设N是一个有限的局中人集合，$\alpha\in(0,1]$，$\Gamma_{U,N}$表示其上所有带有大联盟结构的CGWUTP，$(N,\hat{f},\{N\})$是一个不确定支付可转移合作博弈，那么它在α悲观值意义下是有限个α悲观值$1-0$承载博弈的线性组合.

定理 9.6 假设N是一个有限的局中人集合，$\alpha\in(0,1]$，$\Gamma_{U,N}$表示其上所有带有大联盟结构的CGWUTP，$(N,\hat{C}_{(A,\beta,0)},\{N\}),A\neq\varnothing$为$A$ 上的α悲观值$\beta-0$ 承载博弈，假设$\phi:\Gamma_{U,N}\rightarrow\mathbf{R}^N,\phi(N,\hat{f},\tau)\in\mathbf{R}^N$是一个数值解概念，满足$\alpha$ 悲观值有效、α悲观值对

称、α悲观值零贡献公理，那么有

$$\phi_i(N,\hat{C}_{(A,\beta,0)},\{N\})=\begin{cases}\dfrac{\beta}{|A|}, & \text{如果} i\in A;\\ 0, & \text{如果} i\notin A.\end{cases}$$

定理 9.7　假设N是一个有限的局中人集合，$\alpha\in(0,1]$，$\Gamma_{U,N}$表示其上所有带有大联盟结构的CGWUTP，其上满足α悲观值有效、α悲观值对称、乐观值零贡献和加法公理的数值解概念是存在唯一的，即α悲观值不确定沙普利值.

9.5 悲观值不确定沙普利值边际刻画

定义 9.24 (悲观值边际单调公理)　假设N是一个有限的局中人集合，$\alpha\in(0,1]$，$\Gamma_{U,N}$表示其上所有带有大联盟结构的CGWUTP，假设有一个数值解概念$\phi:\Gamma_{U,N}\to\mathbf{R}^N,\phi(N,\hat{f},\{N\})\in\mathbf{R}^N$，称其满足$\alpha$悲观值边际单调公理，如果对于任意取定的$i\in N$和$(N,\hat{f},\{N\}),(N,\hat{g},\{N\})$，满足

$$\{\hat{f}(A\cup\{i\})\}_{\inf,\alpha}-\{\hat{f}(A)\}_{\inf,\alpha}\geqslant\{\hat{g}(A\cup\{i\})\}_{\inf,\alpha}-\{\hat{g}(A)\}_{\inf,\alpha},\forall A\subseteq N\setminus\{i\},$$

一定有

$$\phi_i(N,\hat{f},\{N\})\geqslant\phi_i(N,\hat{g},\{N\}).$$

定义 9.25 (悲观值边际公理)　假设N是一个有限的局中人集合，$\alpha\in(0,1]$，$\Gamma_{U,N}$表示其上所有带有大联盟结构的CGWUTP，假设有一个数值解概念$\phi:\Gamma_{U,N}\to\mathbf{R}^N,\phi(N,\hat{f},\{N\})\in\mathbf{R}^N$，称其满足$\alpha$悲观值边际公理，如果对于任意取定的$i\in N$和$(N,\hat{f},\{N\}),(N,\hat{g},\{N\})$，满足

$$\{\hat{f}(A\cup\{i\})\}_{\inf,\alpha}-\{\hat{f}(A)\}_{\inf,\alpha}=\{\hat{g}(A\cup\{i\})\}_{\inf,\alpha}-\{\hat{g}(A)\}_{\inf,\alpha},\forall A\subseteq N\setminus\{i\},$$

一定有

$$\phi_i(N,\hat{f},\{N\})=\phi_i(N,\hat{g},\{N\}).$$

定理 9.8　假设N是一个有限的局中人集合，$\alpha\in(0,1]$，$\Gamma_{U,N}$表示其上所有带有大联盟结构的CGWUTP，假设有一个数值解概念$\phi:\Gamma_{U,N}\to\mathbf{R}^N,\phi(N,\hat{f},\{N\})\in\mathbf{R}^N$，如果其满足$\alpha$悲观值边际单调公理，那么一定满足$\alpha$悲观值边际公理.

定理 9.9　假设N是一个有限的局中人集合，$\alpha\in(0,1]$，$\Gamma_{U,N}$表示其上所有带有大联盟结构的CGWUTP，那么α悲观值不确定沙普利值满足α悲观值边际单调公理和α悲观值边际公理.

定理 9.10　假设N是一个有限的局中人集合，$\alpha\in(0,1]$，$\Gamma_{U,N}$表示其上所有带有大联盟结构的CGWUTP，假设有一个数值解概念$\phi:\Gamma_{U,N}\to\mathbf{R}^N,\phi(N,\hat{f},\{N\})\in\mathbf{R}^N$，满足$\alpha$悲观值有效、$\alpha$悲观值对称和$\alpha$悲观值边际公理，那么一定满足$\alpha$悲观值零贡献公理.

定理 9.11　假设N是一个有限的局中人集合，$\alpha\in(0,1]$，$\Gamma_{U,N}$表示其上所有带有大联盟结构的CGWUTP，取定$(N,\hat{f},\{N\})\in\Gamma_{U,N}$，定义子集族为

$$I_{\inf,\alpha}(N,\hat{f},\{N\})=\{A|A\in\mathcal{P}(N);\exists B\subseteq A,\text{s.t.},\{\hat{f}(B)\}_{\inf,\alpha}\neq 0\}.$$

那么子集族$I_{\inf,\alpha}(N,\hat{f},\{N\})$具有如下性质：

(1) $\varnothing\notin I_{\inf,\alpha}(N,\hat{f},\{N\})$，$A\notin I_{\inf,\alpha}(N,\hat{f},\{N\})$当且仅当$\{\hat{f}(B)\}_{\inf,\alpha}=0,\forall B\subseteq A$；

(2) 按照集合的包含关系，令$A_*=\min I_{\inf,\alpha}(N,\hat{f},\{N\})$，那么有$\{\hat{f}(A_*)\}_{\inf,\alpha}\neq 0,\{\hat{f}(B)\}_{\inf,\alpha}=0,\forall B\subset A_*$.

定理 9.12 假设N是一个有限的局中人集合，$\alpha\in(0,1]$，$\Gamma_{U,N}$表示其上所有带有大联盟结构的CGWUTP，取定$(N,\hat{f},\{N\})\in\Gamma_{U,N},A\in\mathcal{P}(N)$，定义博弈$(N,\hat{f}_A,\{N\})$为

$$\hat{f}_A(B)=\hat{f}(A\cap B),\forall B\in\mathcal{P}(N).$$

那么博弈$(N,\hat{f}_A,\{N\})$具有如下性质：

(1) $A^c\subseteq Null_{\inf,\alpha}(N,\hat{f}_A,\{N\}),\forall A\in\mathcal{P}(N)$；

(2) $\forall A\in I_{\inf,\alpha}(N,\hat{f},\{N\})$，$I_{\inf,\alpha}(N,\hat{f}-\hat{f}_A,\{N\})\subset I_{\inf,\alpha}(N,\hat{f},\{N\})$.

定理 9.13 假设N是一个有限的局中人集合，$\alpha\in(0,1]$，$\Gamma_{U,N}$表示其上所有带有大联盟结构的CGWUTP，假设有一个数值解概念$\phi:\Gamma_{U,N}\to\mathbf{R}^N,\phi(N,\hat{f},\{N\})\in\mathbf{R}^N$，满足$\alpha$悲观值有效、$\alpha$悲观值对称和$\alpha$悲观值边际公理，那么其一定是唯一的，即乐观值不确定沙普利值.

9.6 悲观值凸博弈的悲观值不确定沙普利值

在前面的章节中，由α悲观值凸博弈的定义和α悲观值不确定核心的性质得到了如下一些结果.

定义 9.26 假设N是有限的局中人集合，$\alpha\in(0,1]$，$(N,\hat{f},\{N\})$是一个CGWUTP，称其为α悲观值凸博弈，如果满足

$$\forall A,B\in\mathcal{P}(N),\{\hat{f}(A)\}_{\inf,\alpha}+\{\hat{f}(B)\}_{\inf,\alpha}\leqslant\{\hat{f}(A\cap B)\}_{\inf,\alpha}+\{\hat{f}(A\cup B)\}_{\inf,\alpha}.$$

定义 9.27 假设N是有限的局中人集合，$\alpha\in(0,1]$，$(N,\hat{f},\{N\})$是一个CGWUTP，$\pi=(i_1,\cdots,i_n)$是一个置换，构造向量$x\in\mathbf{R}^N$为

$$\begin{aligned}
x_1&=\{\hat{f}(i_1)\}_{\inf,\alpha};\\
x_2&=\{\hat{f}(i_1,i_2)\}_{\inf,\alpha}-\{\hat{f}(i_1)\}_{\inf,\alpha};\\
x_3&=\{\hat{f}(i_1,i_2,i_3)\}_{\inf,\alpha}-\{\hat{f}(i_1,i_2)\}_{\inf,\alpha};\\
&\vdots\\
x_n&=\{\hat{f}(i_1,i_2,\cdots,i_n)\}_{\inf,\alpha}-\{\hat{f}(i_1,i_2,\cdots,i_{n-1})\}_{\inf,\alpha}.
\end{aligned}$$

上面的这个向量记为$x:=w^{\pi}_{\inf,\alpha}$.

定理 9.14 假设N是有限的局中人集合，$\alpha\in(0,1]$，$(N,\hat{f},\{N\})$是一个CGWUTP，$\pi=(i_1,\cdots,i_n)$是一个置换，向量$x=w^{\pi}_{\inf,\alpha}\in\mathbf{R}^N$为

$$\begin{aligned}
x_1&=\{\hat{f}(i_1)\}_{\inf,\alpha};\\
x_2&=\{\hat{f}(i_1,i_2)\}_{\inf,\alpha}-\{\hat{f}(i_1)\}_{\inf,\alpha};\\
x_3&=\{\hat{f}(i_1,i_2,i_3)\}_{\inf,\alpha}-\{\hat{f}(i_1,i_2)\}_{\inf,\alpha};
\end{aligned}$$

$$\vdots$$

$$x_n = \{\hat{f}(i_1, i_2, \cdots, i_n)\}_{\inf,\alpha} - \{\hat{f}(i_1, i_2, \cdots, i_{n-1})\}_{\inf,\alpha}.$$

那么

$$x = w^{\pi}_{\inf,\alpha} \in Core_{\inf,\alpha}(N, \hat{f}, \{N\}) \neq \varnothing.$$

定理 9.15　假设N是有限的局中人集合，$\alpha \in (0,1]$，$(N, \hat{f}, \{N\})$是一个α悲观值凸博弈，那么

$$Sh_{\inf,\alpha}(N, \hat{f}, \{N\}) \in Core_{\inf,\alpha}(N, \hat{f}, \{N\}).$$

9.7 悲观值不确定沙普利值的一致性

对于α悲观值不确定核心，定义了α悲观值David-Maschler约简博弈，在这个意义下，证明了α悲观值不确定核心的一致性.对于α悲观值不确定沙普利值，需要重新定义约简博弈，这个博弈称之为α悲观值Hart-Mas-Collel 约简博弈.

定义 9.28　假设N是有限的局中人集合，$\alpha \in (0,1]$，$(N, \hat{f}, \{N\})$是一个CGWUTP，$x \in X^1_E(N, \hat{f}, \{N\})$是$\alpha$悲观值结构理性向量并且$A \in \mathcal{P}_0(N)$.定义$A$ 相对于x 的α悲观值Davis-Maschler约简博弈$(A, \hat{f}_{A,x}, \{A\})$，要求其$\alpha$悲观值满足

$$\{\hat{f}_{A,x}(B)\}_{\inf,\alpha} = \begin{cases} \max_{Q \in \mathcal{P}(N\setminus A)}[\{\hat{f}(Q \cup B)\}_{\inf,\alpha} - x(Q)], & \text{如果}B \in \mathcal{P}_2(A); \\ 0, & \text{如果}B = \varnothing; \\ x(A), & \text{如果}B = A. \end{cases}$$

定义 9.29　假设N是一个有限的局中人集合，$\alpha \in (0,1]$，$\Gamma_{U,N}$表示其上所有带有大联盟结构的CGWUTP，假设有一个数值解概念$\phi : \Gamma_{U,N} \to \mathbf{R}^N, \phi(N, \hat{f}, \{N\}) \in \mathbf{R}^N$，$A \in \mathcal{P}_0(N)$，固定一个博弈$(N, \hat{f}, \{N\})$，那么$(N, \hat{f}, \{N\})$在$A$上的相对于$\phi$的$\alpha$悲观值Hart-Mas-Collel 约简博弈定义为$(A, \hat{f}_{(A,\phi)}, \{A\})$，要求其$\alpha$悲观值满足

$$\{\hat{f}_{(A,\phi)}(B)\}_{\inf,\alpha} = \begin{cases} \{\hat{f}(B \cup A^c)\}_{\inf,\alpha} - \sum_{i \in A^c} \phi_i(B \cup A^c, \hat{f}, \{B \cup A^c\}), \\ \qquad\qquad \text{如果}B \in \mathcal{P}_0(A); \\ 0, \qquad\quad \text{如果}B = \varnothing. \end{cases}$$

注释 9.1　α悲观值Hart-Mas-Collel约简博弈与α悲观值Davis-Maschler约简博弈有两个重要区别.第一，α悲观值Hart-Mas-Collel约简博弈适用于数值解概念；α悲观值Davis-Maschler约简博弈不仅适用于数值解概念，也适用于集值解概念.第二，在α悲观值Hart-Mas-Collel约简博弈中，联盟B选用的合作联盟是A^c，但是在α悲观值Davis-Maschler约简博弈中，联盟B 选用的合作联盟是$D \subseteq A^c$.

例 9.5　假设N是一个有限的局中人集合，$\alpha \in (0,1]$，$\Gamma_{U,N}$表示其上所有带有大联盟结构的CGWUTP，对于$T \in \mathcal{P}_0(N)$，已知T上的乐观值$1-0$承载博弈记为$(N, \hat{C}_{(T,1,0)}, \{N\})$，满足

$$\{\hat{C}_{(T,1,0)}(R)\}_{\inf,\alpha} = \begin{cases} 1, & \text{如果}T \subseteq R; \\ 0, & \text{如果}T \not\subseteq R. \end{cases}$$

α悲观值承载博弈的α悲观值不确定沙普利值为

$$Sh_{\inf,\alpha,i}(N,\hat{C}_{(T,1,0)},\{N\})=\begin{cases}\dfrac{1}{|T|}, & 如果i\in T;\\ 0, & 如果i\notin T.\end{cases}$$

取定$A\in\mathcal{P}_0(N)$，计算承载博弈$(N,\hat{C}_{(T,1,0)},\{N\})$在$A$上的相对于$\alpha$悲观值不确定沙普利值的$\alpha$悲观值Hart-Mas-Collel约简博弈

$$(A,\hat{C}_{(T,1,0),A,Sh_{\inf,\alpha}},\{A\}).$$

需要分情况讨论.

情形一：$A\cap T=\varnothing$.假设$B\subseteq A$，那么 $B\subseteq N\backslash T=T^c$，则 $T^c\subseteq Null_{\inf,\alpha}(N,C_{(T,1,0)},\{N\})$.那么一定有

$$Sh_{\inf,\alpha,i}(N,\hat{C}_{(T,1,0)},\{N\})=0,\forall i\in T^c.$$

由于

$$B\cup A^c\supseteq A^c\supseteq T,$$

因此一定有

$$\begin{aligned}&\{\hat{C}_{(T,1,0),A,Sh_{\inf,\alpha}}(B)\}_{\inf,\alpha}\\=&\{\hat{C}_{(T,1,0)}(B\cup A^c)\}_{\inf,\alpha}-\sum_{i\in A^c}Sh_{\inf,\alpha,i}(B\cup A^c,\hat{C}_{(T,1,0)},\{B\cup A^c\})\\=&1-\sum_{i\in T}Sh_{\inf,\alpha,i}(B\cup A^c,\hat{C}_{(T,1,0)},\{B\cup A^c\})\\=&1-|T|\frac{1}{|T|}=0.\end{aligned}$$

情形二：$A\cap T\neq\varnothing$.假设$B\subseteq A$.如果$B\supseteq A\cap T$，那么$R\cup A^c\supseteq T$，因此有

$$\hat{C}_{(T,1,0)}(B\cup A^c)=1.$$

计算得到

$$\sum_{i\in A^c}Sh_{\inf,\alpha,i}(B\cup A^c,\hat{C}_{(T,1,0)},\{B\cup A^c\})=\frac{|T\setminus A|}{|T|}.$$

如果$B\not\supseteq A\cap T$，那么$B\cup A^c\not\supseteq T$，因此有

$$\hat{C}_{(T,1,0)}(B\cup A^c)=0.$$

计算得到

$$\sum_{i\in A^c}Sh_{\inf,\alpha,i}(B\cup A^c,\hat{C}_{(T,1,0)},\{B\cup A^c\})=0.$$

对于情形二可得

$$\{\hat{C}_{(T,1,0),A,Sh_{\inf,\alpha}}(B)\}_{\inf,\alpha}=\begin{cases}1-\dfrac{|T\setminus A|}{|T|}, & 如果B\supseteq A\cap T;\\ 0, & 如果B\not\supseteq A\cap T.\end{cases}$$

综合情形一和情形二，可得

$$\{\hat{C}_{(T,1,0),A,Sh_{\inf,\alpha}}(B)\}_{\inf,\alpha}=\begin{cases}1-\dfrac{|T\setminus A|}{|T|}, & 如果B\supseteq A\cap T;\\ 0, & 如果B\not\supseteq A\cap T.\end{cases}$$

定义 9.30 (悲观值线性公理) 假设N是一个有限的局中人集合，$\alpha \in (0,1]$，$\Gamma_{U,N}$表示其上所有带有大联盟结构的CGWUTP，又假设有一个数值解概念$\phi : \Gamma_{U,N} \to \mathbf{R}^N, \phi(N, \hat{f}, \{N\}) \in \mathbf{R}^N$，称其满足$\alpha$悲观值线性公理，如果满足

$$\exists (N, \hat{h}, \{N\}), \text{s.t.}, \{\hat{h}(B)\}_{\inf,\alpha} = \{\lambda \hat{f}(B) + \mu \hat{g}(B)\}_{\inf,\alpha},$$

那么对$\forall (N, \hat{f}, \{N\}), (N, \hat{g}, \{N\}) \in \Gamma_N, \forall \lambda, \mu \in \mathbf{R}$有

$$\phi(N, \hat{h}, \{N\}) = \lambda \phi(N, \hat{f}, \{N\}) + \mu \phi(N, \hat{g}, \{N\}).$$

根据α悲观值不确定沙普利值的计算公式，有

$$\begin{aligned} Sh_{\inf,\alpha,i}(N, \hat{f}, \{N\}) &= \sum_{A \in \mathcal{P}(N \setminus \{i\})} \frac{|A|! \times (n - |A| - 1)!}{n!} \times \\ &\quad (\{\hat{f}(A \cup \{i\})\}_{\inf,\alpha} - \{\hat{f}(A)\}_{\inf,\alpha}), \forall i \in N. \end{aligned}$$

可得α悲观值不确定沙普利值是α悲观值线性解概念.

定理 9.16 假设N是一个有限的局中人集合，$\alpha \in (0,1]$，$\Gamma_{U,N}$表示其上所有带有大联盟结构的CGWUTP，数值解概念$\phi : \Gamma_{U,N} \to \mathbf{R}^N, \phi(N, \hat{f}, \{N\}) \in \mathbf{R}^N$ 满足α悲观值线性公理，取定$(N, \hat{f}, \{N\}), (N, g, \{N\}) \in \Gamma_{U,N}$，那么任取$\lambda, \mu \in \mathbf{R}$ 有

$$\forall A \in \mathcal{P}_0(N), (\lambda \hat{f} + \mu \hat{g})_{(A,\phi)} = \lambda \hat{f}_{(A,\phi)} + \mu \hat{g}_{(A,\phi)},$$

其中$(A, \hat{f}_{(A,\phi)}, \{A\}), (A, g_{(A,\phi)}, \{A\}), (A, (\lambda \hat{f} + \mu \hat{g})_{(A,\phi)}, \{A\})$是$\alpha$悲观值Hart-Mas-Collel约简博弈.

定义 9.31 假设N是一个有限的局中人集合，$\alpha \in (0,1]$，$\Gamma_{U,N}$表示其上所有带有大联盟结构的CGWUTP，数值解概念$\phi : \Gamma_{U,N} \to \mathbf{R}^N, \phi(N, \hat{f}, \{N\}) \in \mathbf{R}^N$ 称为满足α悲观值Hart-Mas-Collel约简博弈一致性，如果

$$\phi_i(N, \hat{f}, \{N\}) = \phi_i(A, \hat{f}_{(A,\phi)}, \{A\}), \forall A \in \mathcal{P}_0(N), \forall i \in A.$$

定理 9.17 假设N是一个有限的局中人集合，$\alpha \in (0,1]$，$\Gamma_{U,N}$表示其上所有带有大联盟结构的CGWUTP，α悲观值不确定沙普利值满足α悲观值Hart-Mas-Collel约简博弈一致性，即

$$Sh_{\inf,\alpha,i}(N, \hat{f}, \{N\}) = Sh_{\inf,\alpha,i}(A, \hat{f}_{(A,\phi)}, \{A\}), \forall A \in \mathcal{P}_0(N), \forall i \in A.$$

定理 9.18 假设N是一个有限的局中人集合，$\alpha \in (0,1]$，$\Gamma_{U,N}$表示其上所有带有大联盟结构的CGWUTP，如果数值解概念$\phi : \Gamma_{U,N} \to \mathbf{R}^N, \phi(N, \hat{f}, \{N\}) \in \mathbf{R}^N$ 满足α悲观值有效、α悲观值对称和α悲观值协变公理，并且满足α悲观值Hart-Mas-Collel约简博弈一致性，那么其是唯一的，即α悲观值不确定沙普利值.

9.8 一般联盟悲观值解概念公理体系

定义 9.32 假设N是一个有限的局中人集合，$\mathrm{Part}(N)$表示N上的所有划分，假设$\tau \in \mathrm{Part}(N)$，任取$i \in N$，用$A_i$或者$A_i(\tau)$表示在$\tau$中的包含$i$的唯一非空子集，用

$$\mathrm{Pair}(\tau) = \{\{i,j\} |\ i,j \in N; A_i(\tau) = A_j(\tau)\}$$

表示与划分τ对应的伙伴对.τ中的某个子集可以记为$A(\tau)$.

定义 9.33 假设N是一个有限的局中人集合，$\Gamma_{U,N}$表示其上所有带有一般联盟结构的CGWUTP，假设有一个数值解概念$\phi:\Gamma_{U,N}\to\mathbf{R}^N,\phi(N,\hat{f},\tau)\in\mathbf{R}^N$，局中人$i\in N$，在解概念意义下，局中人$i$获得的分配记为$\phi_i(N,\hat{f},\tau)$，分配向量记为$\phi(N,\hat{f},\tau)=(\phi_i(N,\hat{f},\tau))_{i\in N}\in\mathbf{R}^N$.

定义 9.34 (悲观值结构有效公理) 假设N是一个有限的局中人集合，$\alpha\in(0,1]$，$\Gamma_{U,N}$表示其上所有带有一般联盟结构的 CGWUTP，又假设有一个数值解概念 $\phi:\Gamma_{U,N}\to\mathbf{R}^N,\phi(N,\hat{f},\tau)\in\mathbf{R}^N$，称其满足$\alpha$悲观值结构有效公理，如果

$$\sum_{i\in A}\phi_i(N,\hat{f},\tau)=\{\hat{f}(A)\}_{\text{inf},\alpha};\forall(N,\hat{f},\tau)\in\Gamma_{U,N},\forall A\in\tau.$$

定义 9.35 假设N是一个有限的局中人集合，$\alpha\in(0,1]$，$(N,\hat{f},\tau)$是CGWUTPCS，称局中人i和j关于$(N,\hat{f},\tau)$是α悲观值对称的，如果满足

$$\forall A\subseteq N\setminus\{i,j\}\Rightarrow\{\hat{f}(A\cup\{i\})\}_{\text{inf},\alpha}=\{\hat{f}(A\cup\{j\})\}_{\text{inf},\alpha}.$$

如果局中人i和j关于$(N,\hat{f},\tau)$是α悲观值对称的，记为$i\approx_{(N,\hat{f},\tau),\text{inf},\alpha}j$或者简单记为$i\approx_{\hat{f},\text{inf},\alpha}j$ 或者$i\approx_{\text{inf},\alpha}j$.

定义 9.36 (悲观值限制对称公理) 假设N是一个有限的局中人集合，$\alpha\in(0,1]$，$\Gamma_{U,N}$表示其上所有带有一般联盟结构的 CGWUTP，又假设有一个数值解概念 $\phi:\Gamma_{U,N}\to\mathbf{R}^N,\phi(N,\hat{f},\tau)\in\mathbf{R}^N$，称其满足$\alpha$悲观值限制对称公理，如果满足

$$\phi_i(N,\hat{f},\tau)=\phi_j(N,\hat{f},\tau),\forall(N,\hat{f},\tau)\in\Gamma_{U,N},\forall i\approx_{\hat{f},\text{inf},\alpha}j,\{i,j\}\in\text{Pair}(\tau).$$

定义 9.37 (悲观值协变公理) 假设N是一个有限的局中人集合，$\alpha\in(0,1]$，$\Gamma_{U,N}$表示其上所有带有一般联盟结构的CGWUTP，假设有一个数值解概念$\phi:\Gamma_{U,N}\to\mathbf{R}^N,\phi(N,\hat{f},\tau)\in\mathbf{R}^N$，称其满足$\alpha$悲观值协变公理，如果满足

$$\exists(N,\hat{h},\tau),\text{s.t.},\{\hat{h}(B)\}_{\text{inf},\alpha}=\{\lambda\hat{f}(B)+b(B)\}_{\text{inf},\alpha},$$

那么有

$$\phi(N,\hat{h},\tau)=\lambda\phi(N,\hat{f},\tau)+b,\forall(N,\hat{f},\tau)\in\Gamma_{U,N},\forall\lambda>0,b\in\mathbf{R}^N.$$

定义 9.38 假设N是一个有限的局中人集合，$\alpha\in(0,1]$，$(N,\hat{f},\tau)$是CGWUTPCS，称局中人i关于$(N,\hat{f},\tau)$是α悲观值零贡献的，如果满足

$$\forall A\subseteq N\Rightarrow\{\hat{f}(A\cup\{i\})\}_{\text{inf},\alpha}=\{\hat{f}(A)\}_{\text{inf},\alpha}.$$

如果局中人i关于$(N,\hat{f},\tau)$是α悲观值零贡献的，记为$i\in Null_{\text{inf},\alpha}(N,\hat{f},\tau)$或者简单记为$i\in Null_{\text{inf},\alpha}$.

定义 9.39 假设N是一个有限的局中人集合，$\alpha\in(0,1]$，$(N,\hat{f},\tau)$是CGWUTPCS，称局中人i关于$(N,\hat{f},\tau)$是α悲观值哑元的，如果满足

$$\forall A\subseteq N\setminus\{i\}\Rightarrow\{\hat{f}(A\cup\{i\})\}_{\text{inf},\alpha}=\{\hat{f}(A)\}_{\text{inf},\alpha}+\{\hat{f}(i)\}_{\text{inf},\alpha}.$$

如果局中人i关于$(N,\hat{f},\tau)$是α悲观值哑元的，记为$i\in Dummy_{\text{inf},\alpha}(N,\hat{f},\tau)$或者简单记为$i\in Dummy_{\text{inf},\alpha}$.

定义 9.40 (悲观值零贡献公理) 假设N是一个有限的局中人集合，$\alpha\in(0,1]$，$\Gamma_{U,N}$表示其上所有带有一般联盟结构的 CGWUTP，又假设有一个数值解概念 $\phi:\Gamma_{U,N}\to\mathbf{R}^N,\phi(N,\hat{f},\tau)\in\mathbf{R}^N$，称其满足$\alpha$悲观值零贡献公理，如果满足

$$\phi_i(N,\hat{f},\tau)=0,\forall(N,\hat{f},\tau)\in\Gamma_{U,N},\forall i\in Null_{\inf,\alpha}(N,\hat{f},\tau).$$

定义 9.41 (悲观值加法公理) 假设N是一个有限的局中人集合，$\alpha\in(0,1]$，$\Gamma_{U,N}$表示其上所有带有一般联盟结构的CGWUTP，假设有一个数值解概念$\phi:\Gamma_{U,N}\to\mathbf{R}^N,\phi(N,\hat{f},\tau)\in\mathbf{R}^N$，称其满足$\alpha$悲观值加法公理，如果满足

$$\exists(N,\hat{h},\tau),\text{s.t.},\{\hat{h}(B)\}_{\inf,\alpha}=\{\hat{f}(B)+\hat{g}(B)\}_{\inf,\alpha},$$

那么有

$$\phi(N,\hat{h},\tau)=\phi(N,\hat{f},\tau)+\phi(N,\hat{g},\tau),\forall(N,\hat{f},\tau),(N,\hat{g},\tau)\in\Gamma_{U,N}.$$

定义 9.42 (悲观值线性公理) 假设N是一个有限的局中人集合，$\alpha\in(0,1]$，$\Gamma_{U,N}$表示其上所有带有一般联盟结构的 CGWUTP，又假设有一个数值解概念 $\phi:\Gamma_{U,N}\to\mathbf{R}^N,\phi(N,\hat{f},\tau)\in\mathbf{R}^N$，称其满足$\alpha$悲观值线性公理，如果满足

$$\exists(N,\hat{h},\tau),\text{s.t.},\{\hat{h}(B)\}_{\inf,\alpha}=\{\lambda\hat{f}(B)+\mu\hat{g}(B)\}_{\inf,\alpha},$$

那么有

$$\phi(N,\hat{h},\tau)=\lambda\phi(N,\hat{f},\tau)+\mu\phi(N,\hat{g},\tau),\forall(N,\hat{f},\tau),(N,\hat{g},\tau)\in\Gamma_{U,N},\forall\lambda,\mu\in\mathbf{R}.$$

定义 9.43 (悲观值边际单调公理) 假设N是一个有限的局中人集合，$\alpha\in(0,1]$，$\Gamma_{U,N}$表示其上所有带有一般联盟结构的CGWUTP，假设有一个数值解概念$\phi:\Gamma_{U,N}\to\mathbf{R}^N,\phi(N,\hat{f},\tau)\in\mathbf{R}^N$，称其满足$\alpha$悲观值边际单调公理，如果对于任意取定的$i\in N$和$(N,\hat{f},\tau),(N,\hat{g},\tau)$，满足

$$\{\hat{f}(A\cup\{i\})\}_{\inf,\alpha}-\{\hat{f}(A)\}_{\inf,\alpha}\geqslant\{\hat{g}(A\cup\{i\})\}_{\inf,\alpha}-\{\hat{g}(A)\}_{\inf,\alpha},\forall A\subseteq N\setminus\{i\},$$

一定有

$$\phi_i(N,\hat{f},\tau)\geqslant\phi_i(N,\hat{g},\tau).$$

定义 9.44 (悲观值边际公理) 假设N是一个有限的局中人集合，$\alpha\in(0,1]$，$\Gamma_{U,N}$表示其上所有带有一般联盟结构的CGWUTP，假设有一个数值解概念$\phi:\Gamma_{U,N}\to\mathbf{R}^N,\phi(N,\hat{f},\tau)\in\mathbf{R}^N$，称其满足$\alpha$悲观值边际公理，如果对于任意取定的$i\in N$和$(N,\hat{f},\tau),(N,\hat{g},\tau)$，满足

$$\{\hat{f}(A\cup\{i\})\}_{\inf,\alpha}-\{\hat{f}(A)\}_{\inf,\alpha}=\{\hat{g}(A\cup\{i\})\}_{\inf,\alpha}-\{\hat{g}(A)\}_{\inf,\alpha},\forall A\subseteq N\setminus\{i\},$$

一定有

$$\phi_i(N,\hat{f},\tau)=\phi_i(N,\hat{g},\tau).$$

9.9 一般联盟结构悲观值不确定沙普利值定义

定义 9.45 假设N是一个有限的局中人集合，$\alpha\in(0,1]$，$\Gamma_{U,N,\tau}$表示其上所有带有一般联盟结构τ的CGWUTP，定义一般联盟α悲观值不确定沙普利值为$Sh_{*,\inf,\alpha}:\Gamma_{U,N,\tau}\to$

$\mathbf{R}^N, \phi(N, \hat{f}, \tau) \in \mathbf{R}^N$为

$$Sh_{*,\inf,\alpha,i}(N, \hat{f}, \tau) = Sh_{\inf,\alpha,i}(A_i, \hat{f}, \{A_i\}), \forall i \in N,$$

其中A_i是唯一满足$A_i \in \tau, i \in A_i$的子集，$Sh_{\inf,\alpha}$是带有大联盟的α悲观不确定沙普利值.

定理 9.19　假设N是一个有限的局中人集合，$\alpha \in (0,1]$，$\Gamma_{U,N,\tau}$表示其上所有带有一般联盟结构τ的CGWUTP，一般联盟α悲观值不确定沙普利值$Sh_{*,\inf,\alpha} : \Gamma_{U,N,\tau} \to \mathbf{R}^N, \phi(N, \hat{f}, \tau) \in \mathbf{R}^N$满足$\alpha$悲观值结构有效、$\alpha$悲观值限制对称、$\alpha$悲观值零贡献和$\alpha$悲观值加法公理.

定义 9.46　假设N是一个有限的局中人集合，$\alpha \in (0,1]$，任取$A \in \mathcal{P}_0(N), \tau \in \text{Part}(N)$，定义$A$上的带有一般联盟结构$\tau$的$\alpha$乐观值$1-0$ 承载博弈为$(N, \hat{C}_{(A,1,0)}, \tau)$，$\alpha$悲观值满足

$$\{\hat{C}_{(A,1,0)}(B)\}_{\inf,\alpha} = \begin{cases} 1, & \text{如果} A \subseteq B; \\ 0, & \text{其他情形}. \end{cases}$$

定义 9.47　假设N是一个有限的局中人集合，$\alpha \in (0,1]$，任取$A \in \mathcal{P}_0(N), \alpha \in R, \tau \in \text{Part}(N)$，定义$A$上的带有一般联盟结构$\tau$的$\alpha$悲观值$\beta-0$承载博弈为$(N, \hat{C}_{(A,\alpha,0)}, \tau)$，其$\alpha$悲观值满足

$$\{\hat{C}_{(A,\beta,0)}(B)\}_{\inf,\alpha} = \begin{cases} \beta, & \text{如果} A \subseteq B; \\ 0, & \text{其他情形}. \end{cases}$$

定理 9.20　假设N是一个有限的局中人集合，$\alpha \in (0,1]$，$\Gamma_{U,N,\tau}$表示其上所有带有一般联盟结构τ的CGWUTP，$(N, \hat{f}, \tau)$是一个不确定支付可转移合作博弈，那么它在α悲观值意义下是有限个带有一般联盟结构τ的α悲观值$1-0$承载博弈的线性组合.

定理 9.21　假设N是一个有限的局中人集合，$\alpha \in (0,1]$，$\Gamma_{U,N,\tau}$表示其上所有带有一般联盟结构τ的CGWUTP，$(N, \hat{C}_{(T,\beta,0)}, \tau), T \neq \varnothing$为$T$上的$\alpha$悲观值$\alpha-0$ 承载博弈，假设$\phi : \Gamma_{U,N,\tau} \to \mathbf{R}^N, \phi(N, \hat{f}, \tau) \in \mathbf{R}^N$是一个数值解概念，满足$\alpha$悲观值结构有效、$\alpha$悲观值限制对称、$\alpha$悲观值零贡献公理，那么有

$$\phi_i(N, \hat{C}_{(T,\beta,0)}, \tau) = \begin{cases} \dfrac{\beta}{|T|}, & \text{如果} i \in T, \exists A \in \tau, \text{s.t.}, T \subseteq A; \\ 0, & \text{如果} i \notin T \text{或者} \forall A \in \tau, T \not\subseteq A. \end{cases}$$

定理 9.22　假设N是一个有限的局中人集合，$\alpha \in (0,1]$，$\Gamma_{U,N,\tau}$表示其上所有带有一般联盟结构τ的CGWUTP，假设有一个数值解概念$\phi : \Gamma_{U,N,\tau} \to \mathbf{R}^N, \phi(N, \hat{f}, \tau) \in \mathbf{R}^N$，其满足$\alpha$悲观值结构有效、$\alpha$悲观值限制对称、$\alpha$悲观值零贡献和$\alpha$悲观值加法公理，那么其必定是存在唯一的，即一般联盟α悲观值不确定沙普利值.

对于带有大联盟结构的不确定支付可转移合作博弈，定义了α悲观值Hart-Mas-Collel约简博弈；同样对于带有一般联盟结构的不确定支付可转移合作博弈，也可以定义与联盟结构有关的α悲观值Hart-Mas-Collel 约简博弈.

定义 9.48　假设N是有限的局中人集合，$(N, \hat{f}, \tau)$为一个带有联盟结构的CGWUTP，$S \in \mathcal{P}_0(N)$是一个非空子集，S诱导的带有联盟结构的子博弈记为

$$(S, \hat{f}, \tau_S), \tau_S = \{A \cap S | \forall A \in \tau\} \setminus \{\varnothing\}.$$

定义 9.49　假设N是一个有限的局中人集合，$\alpha \in (0,1]$，$\Gamma_{U,N,\tau}$表示其上所有带有一般

联盟结构τ的CGWUTPCS，假设有一个数值解概念$\phi:\Gamma_{U,N,\tau}\to\mathbf{R}^N,\phi(N,\hat{f},\{\tau\})\in\mathbf{R}^N$，对于$A\in\mathcal{P}_0(N)$并且$\exists R\in\tau,\text{s.t.},A\subseteq R$，此时$\tau_A=\{A\}$，固定一个博弈$(N,\hat{f},\tau)$，那么$(N,\hat{f},\tau)$在$A$上的相对于$\phi$的$\alpha$悲观值Hart-Mas-Collel结构约简博弈定义为$(A,\hat{f}^{\tau}_{(A,\phi)},\{A\})$，其中

$$\{\hat{f}^{\tau}_{(A,\phi)}(B)\}_{\inf,\alpha}=\begin{cases}\{\hat{f}(B\cup(R\setminus A))\}_{\inf,\alpha}-\\ \sum_{i\in A^c}\phi_i(B\cup(R\setminus A),\hat{f},\{B\cup(R\setminus A)\}), \\ \qquad\qquad \text{如果}B\in\mathcal{P}_0(A);\\ 0, \qquad\qquad \text{如果}B=\varnothing.\end{cases}$$

定义 9.50　假设N是一个有限的局中人集合，$\alpha\in(0,1]$，$\Gamma_{U,N,\tau}$表示其上所有带有一般联盟结构τ的CGWUTP，假设有一个数值解概念$\phi:\Gamma_{U,N,\tau}\to\mathbf{R}^N,\phi(N,\hat{f},\{\tau\})\in\mathbf{R}^N$，称其满足$\alpha$悲观值Hart-Mas-Collel结构约简博弈性质，如果任取$A\in\mathcal{P}_0(N)$并且$\exists R\in\tau,\text{s.t.},A\subseteq R$，有

$$\phi_i(N,\hat{f},\tau)=\phi_i(A,\hat{f}^{\tau}_{(A,\phi)},\{A\}),\forall i\in A,\forall(N,\hat{f},\tau)\in\Gamma_{U,N,\tau}.$$

定理 9.23　假设N是一个有限的局中人集合，$\alpha\in(0,1]$，$\Gamma_{U,N,\tau}$表示其上所有带有一般联盟结构τ的CGWUTP，一般联盟α悲观值不确定沙普利值$Sh_{*,\inf,\alpha}$满足α悲观值Hart-Mas-Collel 结构约简博弈性质.

定理 9.24　假设N是一个有限的局中人集合，$\alpha\in(0,1]$，$\Gamma_{U,N,\tau}$表示其上所有带有一般联盟结构τ的CGWUTP，假设有一个数值解概念$\phi:\Gamma_{U,N,\tau}\to\mathbf{R}^N,\phi(N,\hat{f},\{\tau\})\in\mathbf{R}^N$，如果其满足$\alpha$悲观值结构有效、$\alpha$悲观值限制对称、$\alpha$悲观值协变公理和$\alpha$悲观值Hart-Mas-Collel结构约简博弈性质，那么ϕ 即$Sh_{*,\inf,\alpha}$.

第10章　期望值不确定谈判集

对于不确定支付可转移合作博弈，前面数章定义了期望值、乐观值、悲观值不确定核心和沙普利值.对于期望值、乐观值、悲观值不确定沙普利值而言是一定存在而且唯一的；对于期望值、乐观值、悲观值不确定核心而言，却不一定存在.因此有必要扩充一下集值解概念，使得其一定存在.本章从现实生活中的谈判过程受到启发，定义了局中人对分配方案的异议和反异议，由此出发定义了期望值不确定谈判集.期望值不确定核心是谈判集的子集，而且只要期望值可行分配集合非空，那么期望值不确定谈判集也非空.

10.1 期望值解概念的原则

对于一个CGWUTPCS，考虑的解概念即如何合理分配财富的过程，使得人人在约束下获得最大利益，解概念有两种：一种是集合，另一种是单点.

定义 10.1　假设N是一个有限的局中人集合，$\Gamma_{U,N}$表示其上的所有CGWUTP，解概念分为集值解概念和数值解概念.

(1) 集值解概念：$\phi:\Gamma_{U,N}\to\mathcal{P}(\mathbf{R}^N),\phi(N,\hat{f},\tau)\subseteq\mathbf{R}^N$.

(2) 数值解概念：$\phi:\Gamma_{U,N}\to\mathbf{R}^N,\phi(N,\hat{f},\tau)\in\mathbf{R}^N$.

解概念的定义过程是一个立足于分配的合理、稳定的过程，可以充分发挥创造力，从以下几个方面出发至少可以定义几个理性的分配向量集合.

第一个方面：个体参加联盟合作得到的财富应该大于等于个体单干得到的财富.这条性质称之为个体理性.第二个方面：联盟结构中的联盟最终得到的财富应该是这个联盟创造的财富.这条性质称之为结构理性.第三个方面：一个群体最终得到的财富应该大于等于这个联盟创造的财富.这条性质称之为集体理性.因为支付是不确定的，所以采用期望值作为一个确定的数值衡量标准.

定义 10.2　假设N是一个有限的局中人集合，$(N,\hat{f},\tau)$表示一个CGWUTPCS，其对应的期望值个体理性分配集定义为

$$X_E^0(N,\hat{f},\tau)=\{x|\ x\in\mathbf{R}^N;x_i\geqslant E\{\hat{f}(i)\},\forall i\in N\}.$$

如果用期望值盈余函数来表示，那么期望值个体理性分配集实际上可以表示为

$$X_E^0(N,\hat{f},\tau)=\{x|\ x\in\mathbf{R}^N;e_E(\hat{f},x,i)\leqslant 0,\forall i\in N\}.$$

定义 10.3　假设N是一个有限的局中人集合，$(N,\hat{f},\tau)$表示一个CGWUTPCS，其对应的期望值结构理性分配集(Expected preimputation)定义为

$$X_E^1(N,\hat{f},\tau)=\{x|\ x\in\mathbf{R}^N;x(A)=E\{\hat{f}(A)\},\forall A\in\tau\}.$$

如果用期望值盈余函数来表示，那么Expected preimputation实际上可以表示为

$$X_E^1(N,\hat{f},\tau)=\{x|\ x\in\mathbf{R}^N;e_E(\hat{f},x,A)=0,\forall A\in\tau\}.$$

定义 10.4　假设N是一个有限的局中人集合，$(N,\hat{f},\tau)$表示一个CGWUTPCS，其对应的期望值集体理性分配集定义为

$$X_E^2(N,\hat{f},\tau)=\{x|\ x\in\mathbf{R}^N;x(A)\geqslant E\{\hat{f}(A)\},\forall A\in\mathcal{P}(N)\}.$$

如果用期望值盈余函数来表示，那么期望值集体理性分配集实际上可以表示为

$$X_E^2(N,\hat{f},\tau)=\{x|\ x\in\mathbf{R}^N;e_E(\hat{f},x,B)\leqslant 0,\forall B\in\mathcal{P}(N)\}.$$

定义 10.5　假设N是一个有限的局中人集合，$(N,\hat{f},\tau)$表示一个CGWUTPCS，其对应的期望值可行分配向量集定义为

$$X_E^*(N,\hat{f},\tau)=\{x|\ x\in\mathbf{R}^N;x(A)\leqslant E\{\hat{f}(A)\},\forall A\in\tau\}.$$

如果用期望值盈余函数来表示，那么期望值可行分配集实际上可以表示为

$$X_E^*(N,\hat{f},\tau)=\{x|\ x\in\mathbf{R}^N;e_E(\hat{f},x,A)\geqslant 0,\forall A\in\tau\}.$$

定义 10.6　假设N是一个有限的局中人集合，$(N,\hat{f},\tau)$表示一个CGWUTPCS，其对应的期望值可行理性分配集(Expected imputation)定义为

$$\begin{aligned}X_E(N,\hat{f},\tau)&=\{x|\ x\in\mathbf{R}^N;x_i\geqslant E\{\hat{f}(i)\},\forall i\in N;x(A)=E\{\hat{f}(A)\},\forall A\in\tau\}\\&=X_E^0(N,\hat{f},\tau)\bigcap X_E^1(N,\hat{f},\tau).\end{aligned}$$

如果用期望值盈余函数来表示，那么Expected imputation实际上可以表示为

$$X_E(N,\hat{f},\tau)=\{x|\ x\in\mathbf{R}^N;e_E(\hat{f},x,i)\leqslant 0,\forall i\in N;e_E(\hat{f},x,A)=0,\forall A\in\tau\}.$$

所有的基于期望值的解概念，无论是集值解概念还是数值解概念，都应该从三大期望值理性分配集以及期望值可行理性分配集出发来寻找.

10.2 期望值不确定谈判集的定义

定义 10.7　假设N是一个有限的局中人集合，$\mathrm{Part}(N)$表示N上的所有划分，假设$\tau\in\mathrm{Part}(N)$，任取$i\in N$，用A_i或者$A_i(\tau)$表示在τ中的包含i的唯一非空子集，用

$$\mathrm{Pair}(\tau)=\{\{i,j\}|\ i,j\in N;A_i(\tau)=A_j(\tau)\}$$

表示与划分τ对应的伙伴对.τ中的某个子集可以记为$A(\tau)$.

定义 10.8　假设N是一个有限的局中人集合，$(N,\hat{f},\tau)$是带有一般联盟结构的CGWUTP，$x\in X_e(N,\hat{f},\{\tau\})$是期望值可行理性分配，假设$(k,l)\in\mathrm{Pair}(\tau)$，局中人$k$对局中人$l$在$x$处的一个期望值异议是二元组$(C,y)$，满足

(1) $C\in\mathcal{P}(N),\text{s.t.},k\in C,l\notin C$;

(2) $y\in\mathbf{R}^C,\text{s.t.},y(C)=E\{\hat{f}(C)\};\forall i\in C,\text{s.t.},y_i>x_i$.

局中人k对局中人l在x处的所有期望值异议记为$Object_E(k\to l,x),\forall(k,l)\in\mathrm{Pair}(\tau),\forall x\in X_E(N,\hat{f},\tau)$.即

$$\begin{aligned}Object_E(k\to l,x)&=\{(C,y)|\ k\in C,l\notin C;\\&\qquad y\in\mathbf{R}^C,y(C)=E\{\hat{f}(C)\},y_i>x_i,\forall i\in C\}.\end{aligned}$$

注释 10.1 期望值异议理解为局中人k要求局中人l将l的一些预期收益分配给k，k的底牌在于他可以抛开l组建新的联盟C，并且可带领联盟C中的成员获得比x更好的收益y.

定理 10.1 假设N是一个有限的局中人集合，$(N,\hat{f},\{N\})$是带有大联盟结构的CGWUTP，那么有

$$Core_E(N,\hat{f},\{N\})=\{x|\ x\in X_E(N,\hat{f},\{N\});Object_E(k\to l,x)=\varnothing,\forall k,l\in N\}.$$

证明 (1) 先证

$$Core_E(N,\hat{f},\{N\})\subseteq\{x|\ x\in X_E(N,\hat{f},\{N\});Object_E(k\to l,x)=\varnothing,\forall k,l\in N\}.$$

任取$x\in Core_E(N,\hat{f},\{N\})$，根据定义可得

$$x(N)=E\{\hat{f}(N)\};x(A)\geqslant E\{\hat{f}(A)\},\forall A\in\mathcal{P}(N).$$

反证法，若x不在后面那个集合之中，那么一定存在$k,l\in N$，使得

$$Object_E(k\to l,x)\neq\varnothing,$$

根据定义可得二元组(C,y)满足

$$C\in\mathcal{P}(N),\text{s.t.},k\in C,l\notin C;$$
$$y\in\mathbf{R}^C,\text{s.t.},y(C)=E\{\hat{f}(C)\};\forall i\in C,\text{s.t.},y_i>x_i.$$

可得

$$x(C)<y(C)=E\{\hat{f}(C)\}\leqslant x(C).$$

矛盾.

(2) 再证

$$Core_E(N,\hat{f},\{N\})\supseteq\{x|\ x\in X_E(N,\hat{f},\{N\});Object_E(k\to l,x)=\varnothing,\forall k,l\in N\}.$$

取定

$$x\in\{x|\ x\in X_E(N,\hat{f},\{N\});Object_E(k\to l,x)=\varnothing,\forall k,l\in N\}.$$

根据集合的定义可得

$$x(N)=E\{\hat{f}(N)\};x_i\geqslant E\{\hat{f}(i)\},\forall i\in N;Object_E(k\to l,x)=\varnothing,\forall k,l\in N.$$

下证

$$x\in Core_E(N,\hat{f},\{N\}).$$

若不然，那么存在$A\in\mathcal{P}(N),A\neq N,A\neq\{i\},\forall i\in N$，使得

$$x(A)<E\{\hat{f}(A)\}.$$

取定

$$\epsilon=\frac{1}{|A|}(E\{\hat{f}(A)\}-x(A))>0,$$

令

$$y_i=x_i+\epsilon,\forall i\in A,$$

那么有

$$y(A) = E\{\hat{f}(A)\}, y_i > x_i, \forall i \in A,$$

那么任取$k \in A, l \notin A$可得

$$(A, y) \in Object_E(k \to l, x),$$

这与

$$Object_E(k \to l, x) = \varnothing, \forall k, l \in N$$

矛盾.

定理 10.2　假设N是一个有限的局中人集合，$(N, \hat{f}, \tau)$是带有一般联盟结构的CGWUTP，那么有

$$Core_E(N, \hat{f}, \tau) = \{x | \, x \in X_E(N, \hat{f}, \tau); Object_E(k \to l, x) = \varnothing, \forall (k, l) \in \mathrm{Pair}(\tau)\}.$$

证明　(1) 先证

$$Core_E(N, \hat{f}, \tau) \subseteq \{x | \, x \in X_E(N, \hat{f}, \tau); Object(k \to l, x) = \varnothing, \forall k, l \in N\}.$$

任取$x \in Core_E(N, \hat{f}, \tau)$，根据定义可得

$$x(A) = E\{\hat{f}(A)\}, \forall A \in \tau; x(B) \geqslant E\{\hat{f}(B)\}, \forall B \in \mathcal{P}(N) \setminus \tau.$$

反证法，若x不在后面那个集合之中，那么一定存在$k, l \in N$，使得

$$Object_E(k \to l, x) \neq \varnothing,$$

根据定义可得二元组(C, y)满足

$$C \in \mathcal{P}(N), \text{s.t.}, k \in C, l \notin C;$$
$$y \in \mathbf{R}^C, \text{s.t.}, y(C) = E\{\hat{f}(C)\}; \forall i \in C, \text{s.t.}, y_i > x_i.$$

可得

$$x(C) < y(C) = E\{\hat{f}(C)\} \leqslant x(C).$$

矛盾.

(2) 再证

$$Core_E(N, \hat{f}, \tau) \supseteq \{x | \, x \in X_E(N, \hat{f}, \tau); Object_E(k \to l, x) = \varnothing, \forall k, l \in N\}.$$

取定

$$x \in \{x | \, x \in X_E(N, \hat{f}, \tau); Object_E(k \to l, x) = \varnothing, \forall k, l \in N\}.$$

根据集合的定义可得

$$x(A) = E\{\hat{f}(A)\}, \forall A \in \tau; x_i \geqslant E\{\hat{f}(i)\}, \forall i \in N; Object_E(k \to l, x) = \varnothing, \forall k, l \in N.$$

下证

$$x \in Core_E(N, \hat{f}, \tau).$$

若不然，那么存在$A \in \mathcal{P}(N), A \notin \tau, A \neq \{i\}, \forall i \in N$，使得

$$x(A) < E\{\hat{f}(A)\}.$$

取定

$$\epsilon = \frac{1}{|A|}(E\{\hat{f}(A)\} - x(A)) > 0,$$

令

$$y_i = x_i + \epsilon, \forall i \in A,$$

那么有

$$y(A) = E\{\hat{f}(A)\}, y_i > x_i, \forall i \in A,$$

那么任取$k \in A, l \notin A$可得

$$(A, y) \in Object_E(k \to l, x),$$

这与

$$Object_E(k \to l, x) = \varnothing, \forall k, l \in N$$

矛盾.

定义 10.9 假设N是一个有限的局中人集合，$(N, \hat{f}, \tau)$是带有一般联盟结构的**CGWUTP**，$x \in X_E(N, \hat{f}, \{\tau\})$是期望值可行理性分配，假设$(k, l) \in \mathrm{Pair}(\tau)$，取定$(C, y) \in Object_E(k \to l, x)$，局中人$l$ 对局中人k在期望值异议(C, y)处的期望值反异议是二元组(D, z)，满足

(1) $D \in \mathcal{P}(N), \text{s.t.}, l \in D, k \notin D$;

(2) $D \in \mathbf{R}^D, \text{s.t.}, z(D) = E\{\hat{f}(D)\}$;

(3) $z_i \geqslant x_i, \forall i \in D \setminus C$;

(4) $z_i \geqslant y_i, \forall i \in D \cap C$.

局中人l对局中人k在期望值异议(C, y)处的期望值反异议记为

$$CountObject_E(l \to k, (C, y)), \forall (k, l) \in \mathrm{Pair}(\tau), \forall (C, y) \in Object_E(k \to l, x).$$

即

$$\begin{aligned} & CountObject_E(l \to k, (C, y)) \\ = \ & \{(D, z) |\ D \in \mathcal{P}(N), \text{s.t.}, l \in D, k \notin D, \\ & \ D \in \mathbf{R}^D, \text{s.t.}, z(D) = E\{\hat{f}(D)\}; \\ & \ z_i \geqslant x_i, \forall i \in D \setminus C; \\ & \ z_i \geqslant y_i, \forall i \in D \cap C\}. \end{aligned}$$

定义 10.10 假设N是一个有限的局中人集合，$(N, \hat{f}, \tau)$是带有一般联盟结构的**CGWUTP**，$x \in X(N, \hat{f}, \{\tau\})$是期望值可行理性分配，假设$(k, l) \in \mathrm{Pair}(\tau)$，取定$(C, y) \in Object_E(k \to l, x)$，称$(C, y)$ 是局中人k对局中人l 在点x处的期望值公正异议，如果$CountObject_E(l \to k, (C, y)) = \varnothing$，所有局中人$k$对局中人$l$ 在点x处的期望值公正异议记为$JustObject_E(k \to l, x)$.

定义 10.11 假设N是一个有限的局中人集合，$(N, \hat{f}, \tau)$是带有一般联盟结构的**CGWUTP**，

其集值解概念期望值不确定谈判集为

$$\mathcal{M}_E(N,\hat{f},\tau)=\{x|\ x\in X_E(N,\hat{f},\tau); JustObject_E(k\to l,x)=\varnothing,\forall(k,l)\in \mathrm{Pair}(\tau)\}.$$

定理 10.3　假设N是一个有限的局中人集合，$(N,\hat{f},\tau)$是带有一般联盟结构的CGWUTP，并且$\tau=\{\{1\},\cdots,\{n\}\}$，那么其期望值不确定谈判集为

$$\mathcal{M}_E(N,\hat{f},\tau)=\{(E\{\hat{f}(1)\},\cdots,E\{\hat{f}(n)\})\}.$$

证明　因为

$$\tau=\{\{1\},\cdots,\{n\}\},$$

所以一定有

$$\mathrm{Pair}(\tau)=\varnothing.$$

所以

$$JustObject_E(k\to l,x)=\varnothing,\forall(k,l)\in \mathrm{Pair}(\tau).$$

因此

$$\mathcal{M}_E(N,\hat{f},\tau)=X_E(N,\hat{f},\tau).$$

根据定义可得

$$X_E(N,\hat{f},\tau)=\{(E\{\hat{f}(1)\},\cdots,E\{\hat{f}(n)\})\}.$$

即

$$\mathcal{M}_E(N,\hat{f},\tau)=\{(E\{\hat{f}(1)\},\cdots,E\{\hat{f}(n)\})\}.$$

定理 10.4　假设N是一个有限的局中人集合，$(N,\hat{f},\tau)$是带有一般联盟结构的CGWUTP，那么其期望值不确定核心与期望值不确定谈判集之间的关系为

$$\mathcal{M}_E(N,\hat{f},\tau)\supseteq Core_E(N,\hat{f},\tau).$$

证明　因为

$$JustObject_E(k\to l,x)\subseteq Object_E(k\to l,x),\forall(k,l)\in \mathrm{Pair}(\tau),\forall x.$$

根据上文的定理可知期望值不确定核心可以刻画为

$$Core_E(N,\hat{f},\tau)=\{x|\ x\in X_E(N,\hat{f},\tau); Object_E(k\to l,x)=\varnothing,\forall(k,l)\in \mathrm{Pair}(\tau)\}.$$

根据上文的定义可知期望值不确定谈判集可刻画为

$$\mathcal{M}_E(N,\hat{f},\tau)=\{x|\ x\in X_E(N,\hat{f},\tau); JustObject_E(k\to l,x)=\varnothing,\forall(k,l)\in \mathrm{Pair}(\tau)\}.$$

所以显然

$$\mathcal{M}_E(N,\hat{f},\tau)\supseteq Core_E(N,\hat{f},\tau).$$

注释 10.2　根据以上定理可知，期望值不确定谈判集包含期望值不确定核心，因此期望值不确定谈判集的范围更广，有可能实现只要$X_E(n,\hat{f},\tau)\neq\varnothing$，就一定有$\mathcal{M}_E(N,\hat{f},\tau)\neq\varnothing$.

盈余函数刻画了联盟对一个分配的不满意程度，谈判集谈的也是联盟对一个分配的不满意程度，因此二者必然有着密切的关系.

定理 10.5 假设N是一个有限的局中人集合，$(N,\hat{f},\tau)$是带有一般联盟结构的**CGWUTP**，$x\in X_E(N,\hat{f},\{\tau\})$是期望值可行理性分配，假设$(k,l)\in \mathrm{Pair}(\tau)$，取定$(C,y)\in JustObject_E(k\to l,x)$，如果$D\in\mathcal{P}(N),l\in D,k\notin D$，那么一定有

$$e_E(\hat{f},x,D)<e_E(\hat{f},x,C).$$

证明 如不然，可得

$$e_E(\hat{f},x,D)\geqslant e_E(\hat{f},x,C).$$

构造向量$z\in\mathbf{R}^D$为

$$z_i=x_i,\forall i\in D\setminus(C\cup\{l\});$$
$$z_i=y_i,\forall i\in D\cap C;$$
$$z_i=E\{\hat{f}(D)\}-x(D\setminus(C\cup\{l\}))-y(D\cap C),i=l.$$

验证

$$z(D)=E\{\hat{f}(D)\};$$
$$z_i\geqslant y_i,\forall i\in D\cap C;$$
$$z_i\geqslant x_i,\forall i\in D\setminus(C\cup\{l\}).$$

因此只需要验证

$$z_l=E\{\hat{f}(D)\}-x(D\setminus(C\cup\{l\}))-y(D\cap C)\geqslant x_l.$$

即验证

$$E\{\hat{f}(D)\}-y(D\cap C)\geqslant x(D\setminus(C\cup\{l\}))+x_l,$$

即验证

$$E\{\hat{f}(D)\}-y(D\cap C)\geqslant x(D\setminus C),$$

即验证

$$E\{\hat{f}(D)\}-x(D)\geqslant y(D\cap C)+x(D\setminus C)-x(D),$$

即验证

$$E\{\hat{f}(D)\}-x(D)\geqslant y(D\cap C)+x(D\setminus C)-x(D),$$

即验证

$$E\{\hat{f}(D)\}-x(D)\geqslant y(D\cap C)-x(D\cap C).$$

根据假设和题目中的条件可知

$$\begin{aligned}&e_E(\hat{f},x,D)=E\{\hat{f}(D)\}-x(D)\\ \geqslant\ &e_E(\hat{f},x,C)=E\{\hat{f}(C)\}-x(C)=y(C)-x(C)\\ \geqslant\ &y(D\cap C)-x(D\cap C).\end{aligned}$$

因此一定有

$$z_l \geqslant x_l.$$

故

$$(D,z) \in CountObject_E(l \to k, (C,y)).$$

这与

$$(C,y) \in JustObject_E(k \to l, x)$$

矛盾.因此定理得证.

10.3 二人三人期望值不确定谈判集

本节对二人合作博弈以及三人合作博弈的期望值不确定谈判集进行计算.

例 10.1 假设$N = \{1,2\}$是两个局中人集合，令$\tau = \{\{1\},\{2\}\}$是联盟结构，计算$(N,\hat{f},\tau)$的期望值不确定谈判集.

根据前文的定理可知

$$\mathcal{M}_E(N,\hat{f},\tau) = \{(E\{\hat{f}(1)\}, E\{\hat{f}(2)\})\}.$$

例 10.2 假设$N = \{1,2\}$是两个局中人集合，令$\tau = \{1,2\}$是联盟结构，计算$(N,\hat{f},\tau)$的期望值不确定谈判集.

首先计算$X_E(N,\hat{f},\tau)$可得

$$X_E(N,\hat{f},\tau) = \{(x_1,x_2)|\, x_1 \geqslant E\{\hat{f}(1)\}, x_2 \geqslant E\{\hat{f}(2)\}, x_1 + x_2 = E\{\hat{f}(1,2)\}\}.$$

所以如果$E\{\hat{f}(1,2)\} < E\{\hat{f}(1)\} + E\{\hat{f}(2)\}$，那么$X_E(N,\hat{f},\tau) = \varnothing$，$\mathcal{M}_E(N,\hat{f},\tau) = \varnothing$. 如果$E\{\hat{f}(1,2)\} \geqslant E\{\hat{f}(1)\} + E\{\hat{f}(2)\}$，那么$X_E(N,\hat{f},\tau) \neq \varnothing$.

下面计算$Object_E(1 \to 2, x), x \in X_E(N,\hat{f},\tau)$.根据定义可得$(1,y_1)$满足

$$y_1 = E\{\hat{f}(1)\}, y_1 > x_1,$$

因为$x \in X_E(N,\hat{f},\tau)$，一定有$x_1 \geqslant E\{\hat{f}(1)\}$，所以一定有

$$Object_E(1 \to 2, x) = \varnothing, JustObject_E(1 \to 2, x) = \varnothing.$$

接着计算$Object_E(2 \to 1, x), \forall x \in X_E(N,\hat{f},\tau)$，根据定义可得$(2,y_2)$满足

$$y_2 = E\{\hat{f}(2)\}, y_2 > x_2,$$

因为$x \in X_E(N,\hat{f},\tau)$，一定有$x_2 \geqslant E\{\hat{f}(2)\}$，所以一定有

$$Object_E(2 \to 1, x) = \varnothing, JustObject_E(2 \to 1, x) = \varnothing.$$

根据谈判集的定义可得

$$\mathcal{M}_E(N,\hat{f},\tau) = X_E(N,\hat{f},\tau) = Core_E(N,\hat{f},\tau).$$

例 10.3 假设$N = \{1,2,3\}$是三个局中人集合，令$\tau = \{\{1\},\{2\},\{3\}\}$是联盟结构，计算$(N,\hat{f},\tau)$的期望值不确定谈判集.

根据前文的定理可知

$$\mathcal{M}_E(N,\hat{f},\tau)=\{(E\{\hat{f}(1)\},E\{\hat{f}(2)\},E\{\hat{f}(3)\})\}.$$

例 10.4 假设$N=\{1,2,3\}$是三个局中人集合，令$\tau=\{1,2,3\}$是联盟结构，计算$(N,\hat{f},\tau)$的期望值不确定谈判集.

首先计算$X_E(N,\hat{f},\tau)$可得

$$\begin{aligned}X_E(N,\hat{f},\tau)\;\;=\;\;&\{(x_1,x_2,x_3)|\,x_1\geqslant E\{\hat{f}(1)\},x_2\geqslant E\{\hat{f}(2)\},x_3\geqslant E\{\hat{f}(3)\},\\&x_1+x_2+x_3=E\{\hat{f}(1,2,3)\}\}.\end{aligned}$$

所以如果$E\{\hat{f}(1,2,3)\}<E\{\hat{f}(1)\}+E\{\hat{f}(2)\}+E\{\hat{f}(3)\}$，那么$X_E(N,\hat{f},\tau)=\varnothing$，一定有$\mathcal{M}_E(N,\hat{f},\tau)=\varnothing$. 如果$E\{\hat{f}(1,2,3)\}\geqslant E\{\hat{f}(1)\}+E\{\hat{f}(2)\}+E\{\hat{f}(3)\}$，那么$X_E(N,\hat{f},\tau)\neq\varnothing$.下面计算$Object_E(1\to 2,x),x\in X_E(N,\hat{f},\tau)$.

分两种情况：一是$(\{1\},y_1)$；二是$(\{1,3\},(y_1,y_3))$.

首先计算$(1,y_1)$，根据定义可得$(1,y_1)$ 满足

$$y_1=E\{\hat{f}(1)\},y_1>x_1,$$

因为$x\in X_E(N,\hat{f},\tau)$，一定有$x_1\geqslant E\{\hat{f}(1)\}$，所以$(1,y_1)$不存在.

其次计算$(\{1,3\},(y_1,y_3))$可得

$$y_1+y_3=E\{\hat{f}(1,3)\};y_1>x_1,y_3>x_3.$$

因为$x\in X_E(N,\hat{f},\tau)$，所以若$x_1+x_3\geqslant E\{\hat{f}(1,3)\}$，上面的方程$(\{1,3\},(y_1,y_3))$无解.若$x_1+x_3<E\{\hat{f}(1,3)\}$，那么上面的方程一定有解，即$(\{1,3\},(y_1,y_3))$存在，此时

$$Object_E(1\to 2,x)=\{(\{1,3\},(y_1,E\{\hat{f}(1,3)\}-y_1)),y_1>x_1,E\{\hat{f}(1,3)\}-y_1>x_3\}.$$

同理可得其他几类情形.综上可得

$$\begin{aligned}&E\{\hat{f}(1,2,3)\}\geqslant E\{\hat{f}(1)\}+E\{\hat{f}(2)\}+E\{\hat{f}(3)\}\Leftrightarrow X_E(N,\hat{f},\tau)\neq\varnothing;\\&Object_E(1\to 2,x)=\{(\{1,3\},(y_1,y_3))\}\neq\varnothing\Leftrightarrow x_1+x_3<E\{\hat{f}(1,3)\};\\&Object_E(1\to 3,x)=\{(\{1,2\},(y_1,y_2))\}\neq\varnothing\Leftrightarrow x_1+x_2<E\{\hat{f}(1,2)\};\\&Object_E(2\to 1,x)=\{(\{2,3\},(y_2,y_3))\}\neq\varnothing\Leftrightarrow x_2+x_3<E\{\hat{f}(2,3)\};\\&Object_E(2\to 3,x)=\{(\{1,2\},(y_1,y_2))\}\neq\varnothing\Leftrightarrow x_1+x_2<E\{\hat{f}(1,2)\};\\&Object_E(3\to 1,x)=\{(\{2,3\},(y_2,y_3))\}\neq\varnothing\Leftrightarrow x_2+x_3<E\{\hat{f}(2,3)\};\\&Object_E(3\to 2,x)=\{(\{1,3\},(y_1,y_3))\}\neq\varnothing\Leftrightarrow x_1+x_3<E\{\hat{f}(1,3)\}.\end{aligned}$$

任取

$$(\{1,3\},(y_1,y_3))\in Object_E(1\to 2,x),$$

需要计算

$$CountObject_E(2\to 1,(\{1,3\},(y_1,y_3))).$$

分两种情况：一是$(2,z_2)$；二是$(\{2,3\},(z_2,z_3))$.

首先计算$(2,z_2)$，根据定义可得$(2,z_2)$满足

$$z_2=E\{\hat{f}(2)\};z_2\geqslant x_2,$$

即

$$(2,E\{\hat{f}(2)\})\in CountObject_E(2\to 1,(\{1,3\},(y_1,y_3))),$$

当且仅当$x_2=\hat{f}(2)$.

其次计算$(\{2,3\},(z_2,z_3))$，根据定义满足

$$z_2+z_3=\hat{f}(2,3),z_2\geqslant x_2;z_3=E\{\hat{f}(2,3)\}-z_2\geqslant y_3.$$

此时

$$(\{2,3\},(z_2,z_3))\in CountObject_E(2\to 1,(\{1,3\},(y_1,y_3)))$$

当且仅当$z_2\geqslant x_2,E\{\hat{f}(2,3)\}-z_2\geqslant y_3$, 综上可得，要使

$$JustObject_E(1\to 2,x)\neq\varnothing,$$

当且仅当

$$x_1+x_3<E\{\hat{f}(1,3)\},x_2\neq E\{\hat{f}(2)\},E\{\hat{f}(2,3)\}-x_2<E\{\hat{f}(1,3)\}-x_1.$$

因此

$$JustObject_E(1\to 2,x)=\varnothing,$$

当且仅当

$$x_1+x_3\geqslant E\{\hat{f}(1,3)\}\text{或者}x_2=E\{\hat{f}(2)\}\text{或者}E\{\hat{f}(2,3)\}-x_2\geqslant E\{\hat{f}(1,3)\}-x_1.$$

综合可得

$$\begin{aligned}
&JustObject(1\to 2,x)=\varnothing\\
\Leftrightarrow\ &x_1+x_3\geqslant E\{\hat{f}(1,3)\}\text{或者}x_2=E\{\hat{f}(2)\}\\
&\quad\text{或者}E\{\hat{f}(2,3)\}-x_2\geqslant E\{\hat{f}(1,3)\}-x_1;\\
&JustObject(1\to 3,x)=\varnothing\\
\Leftrightarrow\ &x_1+x_2\geqslant E\{\hat{f}(1,2)\}\text{或者}x_3=E\{\hat{f}(3)\}\\
&\quad\text{或者}E\{\hat{f}(2,3)\}-x_3\geqslant E\{\hat{f}(1,2)\}-x_1;\\
&JustObject(2\to 1,x)=\varnothing\\
\Leftrightarrow\ &x_2+x_3\geqslant E\{\hat{f}(2,3)\}\text{或者}x_1=E\{\hat{f}(1)\}\\
&\quad\text{或者}E\{\hat{f}(1,3)\}-x_1\geqslant E\{\hat{f}(2,3)\}-x_2;\\
&JustObject(2\to 3,x)=\varnothing\\
\Leftrightarrow\ &x_1+x_2\geqslant E\{\hat{f}(1,2)\}\text{或者}x_3=E\{\hat{f}(3)\}\\
&\quad\text{或者}E\{\hat{f}(1,3)\}-x_3\geqslant E\{\hat{f}(1,2)\}-x_2;\\
&JustObject(3\to 1,x)=\varnothing
\end{aligned}$$

$$\Leftrightarrow \quad x_2+x_3 \geqslant E\{\hat{f}(2,3)\}\text{或者}x_1=E\{\hat{f}(1)\}$$
$$\text{或者}E\{\hat{f}(1,2)\}-x_1 \geqslant E\{\hat{f}(2,3)\}-x_3;$$
$$JustObject(3\to 2,x)=\varnothing$$
$$\Leftrightarrow \quad x_1+x_3 \geqslant E\{\hat{f}(1,3)\}\text{或者}x_2=E\{\hat{f}(2)\}$$
$$\text{或者}E\{\hat{f}(1,2)\}-x_2 \geqslant E\{\hat{f}(1,3)\}-x_3.$$

若要求解$\mathcal{M}_E(N,\hat{f},\tau)$，只需要在$X_E(N,\hat{f},\tau)$中求解上面的线性方程等式和不等式组即可.

例 10.5 假设$N=\{1,2,3\}$是三个局中人集合，令$\tau=\{\{1,2\},3\}$是联盟结构，计算$(N,\hat{f},\tau)$的期望值不确定谈判集.

首先计算$X_E(N,\hat{f},\tau)$可得

$$X_E(N,\hat{f},\tau) = \{(x_1,x_2,x_3)|\, x_1 \geqslant E\{\hat{f}(1)\}, x_2 \geqslant E\{\hat{f}(2)\}, x_3=E\{\hat{f}(3)\},$$
$$x_1+x_2=E\{\hat{f}(1,2)\}\}.$$

所以如果

$$E\{\hat{f}(1,2)\}<E\{\hat{f}(1)\}+E\{\hat{f}(2)\},$$

那么

$$X_E(N,\hat{f},\tau)=\varnothing,$$

一定有

$$\mathcal{M}_E(N,\hat{f},\tau)=\varnothing.$$

如果

$$E\{\hat{f}(1,2)\}\geqslant E\{\hat{f}(1)\}+E\{\hat{f}(2)\},$$

那么

$$X_E(N,\hat{f},\tau)\neq\varnothing.$$

下面计算

$$Object_E(1\to 2,x), x\in X_E(N,\hat{f},\tau).$$

分两种情况：一是$(\{1\},y_1)$；二是$(\{1,3\},(y_1,y_3))$.

首先计算$(1,y_1)$，根据定义可得$(1,y_1)$ 满足

$$y_1=E\{\hat{f}(1)\}, y_1>x_1,$$

因为$x\in X_E(N,\hat{f},\tau)$，一定有$x_1\geqslant E\{\hat{f}(1)\}$，所以$(1,y_1)$不存在.

其次计算$(\{1,3\},(y_1,y_3))$可得

$$y_1+y_3=E\{\hat{f}(1,3)\}; y_1>x_1, y_3>x_3=E\{\hat{f}(3)\},$$

因为$x\in X_E(N,\hat{f},\tau)$，所以若$x_1+x_3\geqslant E\{\hat{f}(1,3)\}$，上面的方程$(\{1,3\},(y_1,y_3))$无解.若$x_1+x_3<E\{\hat{f}(1,3)\}$，那么上面的方程一定有解，即$(\{1,3\},(y_1,y_3))$存在，此时

$$Object_E(1\to 2,x)=\{(\{1,3\},(y_1,E\{\hat{f}(1,3)\}-y_1)), y_1>x_1, E\{\hat{f}(1,3)\}-y_1>x_3\}.$$

同理可得其他几类情形.综上可得

$$E\{\hat{f}(1,2)\} \geqslant E\{\hat{f}(1)\} + E\{\hat{f}(2)\} \Leftrightarrow X_E(N,\hat{f},\tau) \neq \varnothing;$$

$$Object_E(1 \to 2, x) = \{(\{1,3\},(y_1,y_3))\} \neq \varnothing \Leftrightarrow x_1 + x_3 < E\{\hat{f}(1,3)\};$$

$$Object_E(2 \to 1, x) = \{(\{2,3\},(y_2,y_3))\} \neq \varnothing \Leftrightarrow x_2 + x_3 < E\{\hat{f}(2,3)\}.$$

任取

$$(\{1,3\},(y_1,y_3)) \in Object_E(1 \to 2, x),$$

需要计算

$$CountObject_E(2 \to 1, (\{1,3\},(y_1,y_3))).$$

分两种情况：一是$(2,z_2)$；二是$(\{2,3\},(z_2,z_3))$.

首先计算$(2,z_2)$，根据定义可得$(2,z_2)$满足

$$z_2 = E\{\hat{f}(2)\}; z_2 \geqslant x_2,$$

即

$$(2,\hat{f}(2)) \in CountObject_E(2 \to 1, (\{1,3\},(y_1,y_3))),$$

当且仅当$x_2 = E\{\hat{f}(2)\}$.

其次计算$(\{2,3\},(z_2,z_3))$，根据定义满足

$$z_2 + z_3 = E\{\hat{f}(2,3)\}, z_2 \geqslant x_2; z_3 = E\{\hat{f}(2,3)\} - z_2 \geqslant y_3.$$

此时

$$(\{2,3\},(z_2,z_3)) \in CountObject_E(2 \to 1, (\{1,3\},(y_1,y_3))),$$

当且仅当$z_2 \geqslant x_2, E\{\hat{f}(2,3)\} - z_2 \geqslant y_3$,综上可得，要使

$$JustObject_E(1 \to 2, x) \neq \varnothing,$$

当且仅当

$$x_1 + x_3 < E\{\hat{f}(1,3)\}, x_2 \neq E\{\hat{f}(2)\}, E\{\hat{f}(2,3)\} - x_2 < E\{\hat{f}(1,3)\} - x_1.$$

因此

$$JustObject_E(1 \to 2, x) = \varnothing,$$

当且仅当

$$x_1 + x_3 \geqslant E\{\hat{f}(1,3)\}\text{或者}x_2 = E\{\hat{f}(2)\}\text{或者}E\{\hat{f}(2,3)\} - x_2 \geqslant E\{\hat{f}(1,3)\} - x_1.$$

综合可得

$$\begin{aligned} & JustObject_E(1 \to 2, x) = \varnothing \\ \Leftrightarrow \quad & x_1 + x_3 \geqslant E\{\hat{f}(1,3)\}\text{或者}x_2 = E\{\hat{f}(2)\} \\ & \text{或者}E\{\hat{f}(2,3)\} - x_2 \geqslant E\{\hat{f}(1,3)\} - x_1; \end{aligned}$$

$$
\begin{aligned}
& JustObject_E(2 \to 1, x) = \varnothing \\
\Leftrightarrow\quad & x_2 + x_3 \geqslant E\{\hat{f}(2,3)\}\text{或者}x_1 = E\{\hat{f}(1)\} \\
& \quad \text{或者}E\{\hat{f}(1,3)\} - x_1 \geqslant E\{\hat{f}(2,3)\} - x_2.
\end{aligned}
$$

若要求解$\mathcal{M}_E(N,\hat{f},\tau)$，只需要在$X_E(N,\hat{f},\tau)$中求解上面的线性方程等式和不等式组即可.

例 10.6 假设$N = \{1,2,3\}$是三个局中人集合，令$\tau = \{\{1,3\},2\}$是联盟结构，计算$(N,\hat{f},\tau)$的期望值不确定谈判集.

同理可得

$$
\begin{aligned}
& JustObject_E(1 \to 3, x) = \varnothing \\
\Leftrightarrow\quad & x_1 + x_2 \geqslant E\{\hat{f}(1,2)\}\text{或者}x_3 = E\{\hat{f}(3)\} \\
& \quad \text{或者}E\{\hat{f}(2,3)\} - x_3 \geqslant E\{\hat{f}(1,2)\} - x_1; \\
& JustObject_E(3 \to 1, x) = \varnothing \\
\Leftrightarrow\quad & x_2 + x_3 \geqslant E\{\hat{f}(2,3)\}\text{或者}x_1 = E\{\hat{f}(1)\} \\
& \quad \text{或者}E\{\hat{f}(1,2)\} - x_1 \geqslant E\{\hat{f}(2,3)\} - x_3.
\end{aligned}
$$

若要求解$\mathcal{M}_E(N,\hat{f},\tau)$，只需要在$X_E(N,\hat{f},\tau)$中求解上面的线性方程等式和不等式组即可.

例 10.7 假设$N = \{1,2,3\}$是三个局中人集合，令$\tau = \{\{2,3\},1\}$是联盟结构，计算$(N,\hat{f},\tau)$的期望值不确定谈判集.

同理可得

$$
\begin{aligned}
& JustObject_E(2 \to 3, x) = \varnothing \\
\Leftrightarrow\quad & x_1 + x_2 \geqslant E\{\hat{f}(1,2)\}\text{或者}x_3 = E\{\hat{f}(3)\} \\
& \quad \text{或者}E\{\hat{f}(1,3)\} - x_3 \geqslant E\{\hat{f}(1,2)\} - x_2; \\
& JustObject(3 \to 2, x) = \varnothing \\
\Leftrightarrow\quad & x_1 + x_3 \geqslant E\{\hat{f}(1,3)\}\text{或者}x_2 = E\{\hat{f}(2)\} \\
& \quad \text{或者}E\{\hat{f}(1,2)\} - x_2 \geqslant E\{\hat{f}(1,3)\} - x_3.
\end{aligned}
$$

若要求解$\mathcal{M}_E(N,\hat{f},\tau)$，只需要在$X_E(N,\hat{f},\tau)$中求解上面的线性方程等式和不等式组即可.

10.4 期望值不确定谈判集的性质

前一节求解了二人合作博弈与三人合作博弈的期望值不确定谈判集，本节在理论上证明期望值不确定谈判集的一些重要性质.

定理 10.6 假设N是一个有限的局中人集合，$(N,\hat{f},\tau)$是带有一般联盟结构的CGWUTPO，那么它的期望值不确定谈判集$\mathcal{M}_E(N,\hat{f},\tau)$是有界闭的集合，特别是有限多个多面体的并集.

证明 (1) 假设$(k,l) \in \mathrm{Pair}(\tau)$，取定$x \in \mathbf{R}^N$，求解

$$Object_E(k \to l, x),$$

任取$A \in \mathcal{P}(N \setminus \{k,l\})$，那么$k \in A \cup \{k\}, l \notin A \cup \{k\}$，假设

$$(A \cup \{k\}, (y_i)_{i \in A}, y_k) \in Object_E(k \to l, x).$$

根据定义必须满足

$$\sum_{i \in A} y_i + y_k = E\{\hat{f}(A \cup \{k\})\}; y_i > x_i, \forall i \in A; y_k > x_k.$$

因此上面的方程有解当且仅当

$$\sum_{i \in A} x_i + x_k < E\{\hat{f}(A \cup \{k\})\}.$$

即

$$Object_E(k \to l, x) \neq \varnothing,$$

当且仅当

$$\exists A \in \mathcal{P}(N \setminus \{k,l\}), \text{s.t.}, \sum_{i \in A} x_i + x_k < E\{\hat{f}(A \cup \{k\})\}.$$

(2) 假设$(A \cup \{k\}, (y_i)_{i \in A}, y_k) \in Object_E(k \to l, x)$，求解

$$Count_E(l \to k, (A \cup \{k\}, (y_i)_{i \in A}, y_k)).$$

取定$B \in \mathcal{P}(N \setminus \{k,l\})$，那么$l \in B \cup \{l\}, k \notin B \cup \{l\}$，假设

$$(B \cup \{l\}, (z_i)_{i \in B}, z_l) \in Count_E(l \to k, (A \cup \{k\}, (y_i)_{i \in A}, y_k)),$$

根据定义可得

$$\begin{aligned}
&\sum_{i \in B} z_i + z_l = E\{\hat{f}(B \cup \{l\})\}; \\
&z_i \geqslant x_i, \forall i \in B \cup \{l\} \setminus (A \cup \{k\}); \\
&z_i \geqslant y_i, \forall i \in B \cup \{l\} \cap (A \cup \{k\}).
\end{aligned}$$

上面的方程有解当且仅当

$$\begin{aligned}
&B \cap A = \varnothing \Rightarrow \hat{f}(B \cup \{l\}) \geqslant \sum_{i \in B} x_i + x_l; \\
&B \cap A \neq \varnothing \Rightarrow \\
&E\{\hat{f}(B \cup \{l\})\} - \sum_{i \in B \setminus A} x_i - x_l \geqslant E\{\hat{f}(A \cup \{k\})\} - \sum_{i \in A \setminus B} x_i - x_k.
\end{aligned}$$

即

$$Count_E(l \to k, (A \cup \{k\}, (y_i)_{i \in A}, y_k)) \neq \varnothing,$$

当且仅当

$$\begin{aligned}
&\exists B \in \mathcal{P}(N \setminus \{k,l\}) \\
&B \cap A = \varnothing \Rightarrow E\{\hat{f}(B \cup \{l\})\} \geqslant \sum_{i \in B} x_i + x_l; \\
&B \cap A \neq \varnothing \Rightarrow \\
&E\{\hat{f}(B \cup \{l\})\} - \sum_{i \in B \setminus A} x_i - x_l \geqslant E\{\hat{f}(A \cup \{k\})\} - \sum_{i \in A \setminus B} x_i - x_k.
\end{aligned}$$

(3) 将(1)和(2)综合起来，可得

$$JustObject_E(k \to l, x) \neq \varnothing,$$

当且仅当

$$\begin{aligned}
&\exists A \in \mathcal{P}(N \setminus \{k,l\}), \text{s.t.}, \sum_{i \in A} x_i + x_k < E\{\hat{f}(A \cup \{k\})\};\\
&\forall B \in \mathcal{P}(N \setminus \{k,l\})\\
&B \cap A = \varnothing \Rightarrow E\{\hat{f}(B \cup \{l\})\} < \sum_{i \in B} x_i + x_l;\\
&B \cap A \neq \varnothing \Rightarrow,\\
&E\{\hat{f}(B \cup \{l\})\} - \sum_{i \in B \setminus A} x_i - x_l < E\{\hat{f}(A \cup \{k\})\} - \sum_{i \in A \setminus B} x_i - x_k.
\end{aligned}$$

反过来

$$JustObject_E(k \to l, x) = \varnothing,$$

当且仅当

$$\forall A \in \mathcal{P}(N \setminus \{k,l\}).$$

要么有

$$\sum_{i \in A} x_i + x_k \geqslant E\{\hat{f}(A \cup \{k\})\};$$

要么

$$\exists B \in \mathcal{P}(N \setminus \{k,l\}),$$

使得

$$\begin{aligned}
&B \cap A = \varnothing \Rightarrow E\{\hat{f}(B \cup \{l\})\} \geqslant \sum_{i \in B} x_i + x_l;\\
&B \cap A \neq \varnothing \Rightarrow\\
&E\{\hat{f}(B \cup \{l\})\} - \sum_{i \in B \setminus A} x_i - x_l \geqslant E\{\hat{f}(A \cup \{k\})\} - \sum_{i \in A \setminus B} x_i - x_k.
\end{aligned}$$

因此解集合

$$\{x|\ JustObject_E(k \to l, x) = \varnothing\}$$

是有限个闭的半空间的并集，所以是闭集.记为

$$\{x|\ JustObject_E(k \to l, x) = \varnothing\} = \cup_{A,B \in \mathcal{P}(N \setminus \{k,l\})} H_{kl}(A,B).$$

其中$H_{kl}(A,B)$是与A,B相关的由上面的线性不等式决定的闭的半空间.

(4) 因为

$$\mathcal{M}_E(N,\hat{f},\tau) \subseteq X_E(N,\hat{f},\tau),$$

又$X_E(N,\hat{f},\tau)$是有界的集合，所以$\mathcal{M}_E(N,\hat{f},\tau)$也是有界的集合.已知$X_E(N,\hat{f},\tau)$是有限个闭的半空间的交集并且有界，因此$X_E(N,\hat{f},\tau)$是多面体，不妨记为

$$X_E(N,\hat{f},\tau) = H_1 \cap \cdots \cap H_m.$$

因为

$$
\begin{aligned}
& \mathcal{M}_E(N,\hat{f},\tau) \\
= \;& X_E(N,\hat{f},\tau)\bigcap\cap_{(k,l)\in\mathrm{Pair}(\tau)}\{x|\ JustObject_E(k\to l,x)=\varnothing\} \\
= \;& H_1\cap\cdots\cap H_m\bigcap\cap_{(k,l)}\cup_{A,B\in\mathcal{P}(N\backslash\{k,l\})}H_{kl}(A,B) \\
= \;& \cup_{A,B\in\mathcal{P}(N\backslash\{k,l\})}H_1\cap\cdots\cap H_m\cap_{(k,l)}H_{kl}(A,B).
\end{aligned}
$$

因为$H_1\cap\cdots\cap H_m\cap_{(k,l)}H_{kl}(A,B)$是有限个闭的半空间交集产生的有界集，所以$H_1\cap\cdots\cap H_m\cap_{(k,l)}H_{kl}(A,B)$是多面体，那么根据

$$
\begin{aligned}
& \mathcal{M}_E(N,\hat{f},\tau) \\
= \;& \cup_{A,B\in\mathcal{P}(N\backslash\{k,l\})}H_1\cap\cdots\cap H_m\cap_{(k,l)}H_{kl}(A,B),
\end{aligned}
$$

可知期望值不确定谈判集是有限个多面体的并集.

上面的证明过程实际上给出了谈判集的一些求解算法，即如下几个定理.

定理 10.7 假设N是一个有限的局中人集合，$(N,\hat{f},\tau)$是带有一般联盟结构的CGWUTP，假设$(k,l)\in\mathrm{Pair}(\tau)$，取定$x\in\mathbf{R}^N$，那么

$$Object_e(k\to l,x)\neq\varnothing,$$

当且仅当

$$\exists A\subseteq N,k\in A,l\notin A,\text{s.t.},\sum_{i\in A}x_i<E\{\hat{f}(A)\}.$$

定理 10.8 假设N是一个有限的局中人集合，$(N,\hat{f},\tau)$是带有一般联盟结构的CGWUTP，假设$(k,l)\in\mathrm{Pair}(\tau)$，取定$x\in\mathbf{R}^N$，那么

$$Object_E(k\to l,x)=\varnothing,$$

当且仅当

$$\forall A\subseteq N,k\in A,l\notin A,\text{s.t.},\sum_{i\in A}x_i\geqslant E\{\hat{f}(A)\}.$$

定理 10.9 假设N是一个有限的局中人集合，$(N,\hat{f},\tau)$是带有一般联盟结构的CGWUTP，假设$(k,l)\in\mathrm{Pair}(\tau)$，取定$x\in\mathbf{R}^N$，并且

$$(A,\cdot)\in Object_E(k\to l,x),$$

那么

$$CountObject_E(l\to k,(A,\cdot),x)\neq\varnothing,$$

当且仅当

$$
\begin{aligned}
& \exists B\subseteq N,l\in B,k\notin B,\text{s.t.}, \\
& B\cap A=\varnothing\Rightarrow E\{\hat{f}(B)\}\geqslant\sum_{i\in B}x_i; \\
& B\cap A\neq\varnothing\Rightarrow E\{\hat{f}(B)\}-\sum_{i\in B\backslash A}x_i\geqslant E\{\hat{f}(A)\}-\sum_{i\in A\backslash B}x_i.
\end{aligned}
$$

定理 10.10 假设N是一个有限的局中人集合，$(N,\hat{f},\tau)$是带有一般联盟结构的CGWUTP，假设$(k,l)\in \mathrm{Pair}(\tau)$，取定$x\in \mathbf{R}^N$，并且

$$(A,\cdot)\in Object_E(k\to l,x),$$

那么

$$CountObject_E(l\to k,(A,\cdot),x)=\varnothing,$$

当且仅当

$$\begin{aligned}&\forall B\subseteq N,l\in B,k\notin B,\text{s.t.},\\&B\cap A=\varnothing\Rightarrow E\{\hat{f}(B)\}<\sum_{i\in B}x_i;\\&B\cap A\neq\varnothing\Rightarrow E\{\hat{f}(B)\}-\sum_{i\in B\setminus A}x_i<E\{\hat{f}(A)\}-\sum_{i\in A\setminus B}x_i.\end{aligned}$$

定理 10.11 假设N是一个有限的局中人集合，$(N,\hat{f},\tau)$是带有一般联盟结构的CGWUTP，假设$(k,l)\in \mathrm{Pair}(\tau)$，取定$x\in \mathbf{R}^N$，那么

$$JustObject_E(k\to l,x)\neq\varnothing,$$

当且仅当

$$\begin{aligned}&\exists A\subseteq N,k\in A,l\notin A,\text{s.t.},\sum_{i\in A}x_i<\hat{f}(A);\\&\forall B\subseteq N,l\in B,k\notin B,\text{s.t.},\\&B\cap A=\varnothing\Rightarrow E\{\hat{f}(B)\}<\sum_{i\in B}x_i;\\&B\cap A\neq\varnothing\Rightarrow E\{\hat{f}(B)\}-\sum_{i\in B\setminus A}x_i<E\{\hat{f}(A)\}-\sum_{i\in A\setminus B}x_i.\end{aligned}$$

定理 10.12 假设N是一个有限的局中人集合，$(N,\hat{f},\tau)$是带有一般联盟结构的CGWUTP，假设$(k,l)\in \mathrm{Pair}(\tau)$，取定$x\in \mathbf{R}^N$，那么

$$JustObject_E(k\to l,x)=\varnothing,$$

当且仅当

$$\forall A\subseteq N,k\in A,l\notin A,$$

要么有

$$\sum_{i\in A}x_i\geqslant E\hat{f}(A),$$

要么有

$$\begin{aligned}&\exists B\subseteq N,l\in B,k\notin B,\text{s.t.},\\&B\cap A=\varnothing\Rightarrow E\{\hat{f}(B)\}\geqslant\sum_{i\in B}x_i;\\&B\cap A\neq\varnothing\Rightarrow E\{\hat{f}(B)\}-\sum_{i\in B\setminus A}x_i\geqslant E\{\hat{f}(A)\}-\sum_{i\in A\setminus B}x_i.\end{aligned}$$

上面的证明过程实际上给出了期望值不确定谈判集的求解算法，经过简单计算可知

$$\{x|\ JustObject_E(k \to l, x) = \varnothing\} = \cup_{A,B\in\mathcal{P}(N\setminus\{k,l\})} H_{kl}(A,B)$$

需要求解的线性方程的个数是$2^{n-2} \times 2^{n-2}$个.$X_E(N,\hat{f},\tau)$需要求解的线性方程的个数是$2^n - 1$个.$\mathrm{Pair}(\tau)$的个数是$\Pi_{A\in\tau}|A|(|A|-1)$.所以整个问题的规模可以粗略计算为

$$4^{n-2}\Pi_{A\in\tau}|A|(|A|-1) + 2^n - 1.$$

因此，求解一个合作博弈的期望值不确定谈判集的问题是一个复杂度随问题规模指数增长的复杂问题.

定理 10.13　假设N是一个有限的局中人集合，$(N,\hat{f},\tau)$是带有一般联盟结构的CGWUTP，假设$\lambda > 0, b \in \mathbf{R}^n$，那么有

$$\mathcal{M}_E(N, \lambda\hat{f} + b, \tau) = \lambda\mathcal{M}_E(N,\hat{f},\tau) + b.$$

证明　(1) 首先证明

$$X_E(N, \lambda\hat{f} + b, \tau) = \lambda X_E(N,\hat{f},\tau) + b.$$

任取$x \in X_E(N,\hat{f},\tau)$，根据定义可得

$$x(A) = E\{\hat{f}(A)\}, \forall A \in \tau; x_i \geqslant E\{\hat{f}(i)\}, \forall i \in N,$$

那么显然有

$$\lambda x(A) + b(A) = \lambda E\{\hat{f}(A)\} + b(A), \forall A \in \tau; \lambda x_i + b_i \geqslant \lambda E\{\hat{f}(i)\} + b_i, \forall i \in N.$$

假设N是一个有限的局中人集合，$(N,\hat{f},\tau)$是带有一般联盟结构的CGWUTP，且$\lambda > 0, b \in \mathbf{R}^n$，那么有

$$X_E(N, \lambda\hat{f} + b, \tau) \supseteq \lambda X_E(N,\hat{f},\tau) + b.$$

同理可得

$$X_E(N, \lambda\hat{f} + b, \tau) \subseteq \lambda X_E(N,\hat{f},\tau) + b.$$

因此

$$X_E(N, \lambda\hat{f} + b, \tau) = \lambda X_E(N,\hat{f},\tau) + b.$$

(2) 其次证明$\forall (k,l) \in \mathrm{Pair}(\tau), x \in \mathbf{R}^n$有

$$JustObject_E(k \to l, x, (N,\hat{f},\tau)) \neq \varnothing,$$

当且仅当

$$JustObject_E(k \to l, \lambda x + b, (N, \lambda\hat{f} + b, \tau)) \neq \varnothing.$$

根据前面的定理可知

$$JustObject_E(k \to l, x, (N,\hat{f},\tau)) \neq \varnothing,$$

当且仅当

$$\exists A \subseteq N, k \in A, l \notin A, \text{s.t.}, \sum_{i\in A} x_i < \hat{f}(A);$$

$$\forall B \subseteq N, l \in B, k \notin B$$

$$B \cap A = \varnothing \Rightarrow E\{\hat{f}(B)\} < \sum_{i \in B} x_i;$$

$$B \cap A \neq \varnothing \Rightarrow E\{\hat{f}(B)\} - \sum_{i \in B \setminus A} x_i < E\{\hat{f}(A \cup \{k\})\} - \sum_{i \in A \setminus B} x_i.$$

即当且仅当

$$\exists A \subseteq N, k \in A, l \notin A, \text{s.t.}, \sum_{i \in A}[\alpha x_i + b_i] < \lambda E\{\hat{f}(A)\} + b(A);$$

$$\forall B \subseteq N, l \in B, k \notin B$$

$$B \cap A = \varnothing \Rightarrow \lambda E\{\hat{f}(B)\} + b(B) < \sum_{i \in B}[\alpha x_i + b_i];$$

$$B \cap A \neq \varnothing \Rightarrow$$

$$\lambda E\{\hat{f}(B)\} + b(B) - \sum_{i \in B \setminus A}[\alpha x_i + b_i] < \lambda E\{\hat{f}(A)\} + b(A) - \sum_{i \in A \setminus B}[\alpha x_i + b_i].$$

即当且仅当

$$JustObject_E(k \to l, \alpha x + b, (N, \lambda \hat{f} + b, \tau)) \neq \varnothing.$$

(3) 根据期望值不确定谈判集的定义可知

$$\begin{aligned} & \mathcal{M}_E(N, \lambda \hat{f} + b, \tau) \\ = \ & X_E(N, \lambda \hat{f} + b, \tau) \cap_{(k,l) \in \text{Pair}(\tau)} \{x | \ JustObject_E(k \to l, x, (N, \lambda \hat{f} + b, \tau)) = \varnothing\} \\ = \ & (\lambda X_E(N, \hat{f}, \tau)) + b) \cap \\ & \quad \cap_{(k,l) \in \text{Pair}(\tau)} \lambda \{x | \ JustObject_E(k \to l, x, (N, \hat{f}, \tau)) = \varnothing\} + b. \end{aligned}$$

因此谈判集是正仿射协变的.

回到最本源的问题：不确定支付可转移合作博弈的期望值不确定谈判集非空吗？

定理 10.14 假设N是一个有限的局中人集合，$(N, \hat{f}, \tau)$是带有一般联盟结构的CGWUTP.

(1) 如果$X_E(N, \hat{f}, \tau) = \varnothing$，那么它的期望值不确定谈判集$\mathcal{M}_E(N, \hat{f}, \tau) = \varnothing$；

(2) 如果$X_E(N, \hat{f}, \tau) \neq \varnothing$，那么它的期望值不确定谈判集$\mathcal{M}_E(N, \hat{f}, \tau) \neq \varnothing$.

证明 (1) 对于定理的(1)的证明是容易的，因为

$$\mathcal{M}_E(N, \hat{f}, \tau) \subseteq X_E(N, \hat{f}, \tau).$$

(2) 对于定理的(2)，将在下一章利用期望值不确定核原予以证明.在本章先证明大联盟结构的情形.

定理 10.15 (大联盟结构谈判集非空定理) 假设N是一个有限的局中人集合，$(N, \hat{f}, \{N\})$是带有大联盟结构的CGWUTP，如果$X_E(N, \hat{f}, \{N\}) \neq \varnothing$，那么它的期望值不确定谈判集$\mathcal{M}_E(N, \hat{f}, \{N\}) \neq \varnothing$.

为了证明大联盟结构期望值不确定谈判集非空定理，需要一些准备工作.

定义 10.12 假设N是一个有限的局中人集合，$(N, \hat{f}, \{N\})$是带有大联盟结构的CGWUTP，$k, l \in N, x \in X_E(N, \hat{f}, \{N\})$，称局中人$k$在分配$x$上期望值强于局中人$l$，记为$k >_x l$，如果

满足

$$JustObject_E(k \to l, x) \neq \varnothing.$$

定理 10.16 假设N是一个有限的局中人集合，$(N, \hat{f}, \{N\})$是带有大联盟结构的**CGWUTP**，取定$x \in X_E(N, \hat{f}, \{N\})$，那么关系$>_x$不能构成圈链.即如果有

$$1 >_x 2 >_x \cdots >_x t-1 >_x t,$$

那么

$$t >_x 1$$

不成立

证明 反证法.如不然，假设

$$1 >_x 2 >_x \cdots >_x (t-1) >_x t >_x 1.$$

与

$$\begin{aligned}
&(A_1, \cdot) \in JustObject_E(1 \to 2, x);\\
&(A_2, \cdot) \in JustObject_E(2 \to 3, x);\\
&\qquad\vdots\\
&(A_{t-1}, \cdot) \in JustObject_E(t-1 \to t, x);\\
&(A_t, \cdot) \in JustObject_E(t \to 1, x).
\end{aligned}$$

显然有

$$\begin{aligned}
&1 \in A_1, 2 \notin A_1;\\
&2 \in A_2, 3 \notin A_2;\\
&\qquad\vdots\\
&t-1 \in A_{t-1}, t \notin A_{t-1};\\
&t \in A_t, 1 \notin A_t.
\end{aligned}$$

根据期望值异议的定义可知

$$E\{\hat{f}(A_i)\} > \sum_{j \in A_i} x_j, i = 1, \cdots, t,$$

因此一定有

$$e_E(\hat{f}, x, A_i) > 0, \forall i = 1, \cdots, t.$$

不妨设

$$i_0 \in \{1, \cdots, t\}, \text{s.t.}, e_E(\hat{f}, x, A_{i_0}) = \max_i e_E(\hat{f}, x, A_i).$$

因为

$$1 >_x >_x 2 > \cdots >_x i_0 >_x (i_0+1) > \cdots >_x t >_1 >_x \cdots >_x i_0 >_x i_0 + 1 \cdots$$

可以排序为

$$i_0+1>_x\cdots>_x t>_1>_x\cdots>_x i_0>_x i_0+1$$

重新赋予编号，令$i_0=:t$，那么

$$e_E(\hat{f},x,A_t)=\max_i e_E(\hat{f},x,A_i).$$

下面利用归纳法证明

$$\{1,2,\cdots,t\}\subseteq A_t.$$

利用逆向归纳法.已知$t\in A_t$，假设

$$\{i+1,i+2,\cdots,t\}\subseteq A_t.$$

下证

$$\{i,i+1,i+2,\cdots,t\}\subseteq A_t.$$

如不然，因为

$$i\in A_i,i+1\notin A_i,$$

而

$$i\notin A_t,i+1\in A_t,$$

根据期望值盈余函数的定理可知

$$e_E(\hat{f},x,A_t)<e_E(\hat{f},x,A_i).$$

这与

$$e_E(\hat{f},x,A_t)=\max_j e_E(\hat{f},x,A_j)$$

矛盾.因此一定有

$$\{i,i+1,i+2,\cdots,t\}\subseteq A_t.$$

根据归纳法可知

$$\{1,2,\cdots,t\}\subseteq A_t.$$

这与

$$1\notin A_t$$

矛盾.定理得证.

下面的定理是拓扑学中非常著名的**KKM**定理，这里引用如下，不证明，感兴趣的读者可参考标准的拓扑学教材.

定理 10.17　假设$S(n)$是$\mathbf{R}^n$中的单纯形，即

$$S(n)=\{x|\ x\in\mathbf{R}^n;\sum_{i=1}^n x_i=1;x_i\geqslant 0,\forall i=1,\cdots,n\}.$$

假设$X_1,\cdots,X_n\subseteq S(n)$是紧致(有界闭)子集，满足

$$\{x|\ x\in S(n);x_i=0\}\subseteq X_i,i=1,\cdots,n,$$

和

$$\bigcup_{i=1}^{n} X_i = S(n).$$

那么

$$\bigcap_{i=1}^{n} X_i \neq \varnothing.$$

定义 10.13　假设N是一个有限的局中人集合，$(N, \hat{f}, \{N\})$是带有大联盟结构的CGWUTP，$k, l \in N$，定义

$$Y_{kl} = \{x |\ x \in X_E(N, \hat{f}, \{N\}), s.t., k >_x l\}.$$

定理 10.18　假设N是一个有限的局中人集合，$(N, \hat{f}, \{N\})$是带有大联盟结构的CGWUTP，取定$k, l \in N$，那么存在$Q_{kl} \subseteq \mathbf{R}^N$是开集(每一点都是内部)，使得

$$Y_{kl} = X_E(N, \hat{f}, \{N\}) \cap Q_{kl}.$$

即Y_{kl}是$X_E(N, \hat{f}, \{N\})$的相对开集.

证明　假设$x^* \in Y_{kl}$，要证

$$\exists r > 0, \text{s.t.}, B(x^*, r) \cap X_E(N, \hat{f}, \{N\}) \subseteq Y_{kl},$$

即

$$JustObject_E(k \to l, x^*) \neq \varnothing,$$

要推出

$$\exists r > 0, \text{s.t.}, JustObject_E(k \to l, x) \neq \varnothing, \forall x \in B(x^*, r) \cap X_E(N, \hat{f}, \{N\}).$$

或者证明如下的充分条件

$$\forall (C, y) \in JustObject_E(k \to l, x^*),$$

要推出

$$\exists r > 0, \text{s.t.}, (C, y) \in JustObject_E(k \to l, x), \forall x \in B(x^*, r) \cap X_E(N, \hat{f}, \{N\}).$$

因为

$$\forall (C, y) \in JustObject_E(k \to l, x^*),$$

令

$$\delta = \min_{i \in C} [y_i - x_i],$$

根据期望值异议的定义可知

$$\delta > 0,$$

那么

$$\forall x \in B(x^*, \delta) \cap X_E(N, \hat{f}, \{N\}),$$

一定有

$$\forall i \in C, y_i > x_i.$$

因此

$$(C,y)\in Object_E(k\to l,x),\forall x\in B(x^*,\delta)\cap X_E(N,\hat{f},\{N\}).$$

下证

$$\exists r<\delta,\text{s.t.},(C,y)\in JustObject_E(k\to l,x),\forall x\in B(x^*,r)\cap X_E(N,\hat{f},\{N\}).$$

如不然，那么

$$\exists\{x^m\}_{m=1}^{+\infty},\text{s.t.},\{x^m\}_{m=1}^{+\infty}\subseteq X_E(N,\hat{f},\{N\}),x^m\to x^*,$$

并且

$$(C,y)\in Object_E(k\to l,x^m),CountObject_E(l\to k,(C,y),x^m)\neq\varnothing,\forall m.$$

根据定义即存在$(D^m,z^m),\forall m$满足

$$l\in D^m,k\notin D^m;$$
$$z(D^m)=E\{\hat{f}(D^m)\};$$
$$z_i\geqslant x_i^m,\forall i\in D^m\setminus C;$$
$$z_i\geqslant y_i,\forall i\in D^m\cap C.$$

因为$\mathcal{P}(N)$只有有限个，所以无穷序列D^m中一定存在无穷多个特殊的$D^*=:D^{m_k},\forall k$，$X_E(N,\hat{f},\{N\})$是紧致集合，因此z^m一定存在收敛的子序列z^{m_k}使得$z^{m_k}\to z^*$, 因此一定有

$$l\in D^*,k\notin D^*;$$
$$z^*(D^*)=E\{\hat{f}(D^*)\};$$
$$z_i^*\geqslant x_i^*,\forall i\in D^*\setminus C;$$
$$z_i^*\geqslant y_i,\forall i\in D^*\cap C.$$

故一定有

$$(D^*,z^*)\in CountObject_E(l\to k,(C,y),x^*),$$

这与

$$(C,y)\in JustObject_E(k\to l,x^*)$$

矛盾.因此定理得证.

定理 10.19 (大联盟结构谈判集非空定理)　假设N是一个有限的局中人集合，$(N,\hat{f},\{N\})$是带有大联盟结构的CGWUTP，如果$X_E(N,\hat{f},\{N\})\neq\varnothing$，那么它的期望值不确定谈判集$\mathcal{M}_E(N,\hat{f},\{N\})\neq\varnothing$.

证明　因为期望值不确定谈判集关于正仿射变换是协变的，已知不确定支付可转移合作博弈关于正仿射变换的等价类只有三种.第一种是期望值$0-1$规范博弈；第二种是期望值$0-0$规范博弈；第三种是期望值$0-(-1)$ 规范博弈.先对第一种情形进行证明，即$(N,\hat{f},\{N\})$满足$E\{\hat{f}(i)\}=0,\forall i\in N;E\{\hat{f}(N)\}=1$.此时显然有

$$X_E(N,\hat{f},\{N\})\quad=\quad\{x|\,x\in\mathbf{R}^N;x_i\geqslant 0=E\{\hat{f}(i)\},\forall i\in N;$$

$$\sum_{i\in N} x_i = E\{\hat{f}(N)\} = 1\} = S(n).$$

定义

$$X_i = \{x|\ x \in X_E(N,\hat{f},\{N\}); JustObject_E(k \to i,x) = \varnothing, \forall k \in N \setminus \{i\}\}, \forall i \in N.$$

(1) 断言：

$$\{x|\ x \in X_E(N,\hat{f},\{N\}); x_i = 0\} \subseteq X_i, \forall i \in N.$$

那么任意取定$x \in \{x|\ x \in X_E(N,\hat{f},\{N\}); x_i = 0\}$，只需要证明

$$JustObject_E(k \to i,x) = \varnothing, \forall k \in N \setminus \{i\}.$$

即只需要证明

$$\forall k \in N \setminus \{i\}, \forall (A,\cdot) \in Object_E(k \to i,x),$$

都有

$$CountObject_E(i \to k,(A,\cdot),x) \neq \varnothing.$$

断言

$$(\{i\},0) \in CountObject_E(i \to k,(A,\cdot),x).$$

显然有

$$0(i) = 0 = E\{\hat{f}(i)\} = 0;$$

$$0 \geqslant x_j = x_i = 0, \forall j \in \{i\} \setminus A = \{i\};$$

$$0 \geqslant y_j, \forall j \in \{i\} \cap A = \varnothing.$$

(2) 断言：

$$\cup_{i\in N} X_i = X_E(N,\hat{f},\{N\}).$$

因为

$$X_i \subseteq X_E(N,\hat{f},\{N\}), \forall i \in N,$$

所以一定有

$$\cup_{i\in N} X_i \subseteq X_E(N,\hat{f},\{N\}).$$

下证

$$\cup_{i\in N} X_i = X_E(N,\hat{f},\{N\}),$$

如不然，则

$$\exists x \in X_E(N,\hat{f},\{N\}), x \notin X_i, \forall i \in N.$$

根据定义可知

$$\forall j \in N, \exists k_j \in N \setminus \{j\}, \text{s.t.}, k_j >_x j.$$

那么对于1，存在j_1使得$j_1 >_x 1$；对于j_1，存在j_2使得$j_2 >_x j_1$；对于j_2存在j_3使得$j_3 >_x$

j_1，如此继续可得

$$\exists\{j_m\}_{m=1}^{+\infty}, \text{s.t.}, \cdots >_x j_{m+1} >_x j_m >_x j_{m-1} >_x \cdots >_x 1.$$

已知N是一个有限集合，因此$\{j_m\}_{m=1}^{+\infty}$是圈链的，这与前面的定理矛盾.因此一定有

$$\cup_{i\in N} X_i = X_E(N, \hat{f}, \{N\}).$$

(3) 断言：$X_i, \forall i \in N$是有界闭集.有界性由$X_E(N, \hat{f}, \{N\})$的有界性导出.下证X_i是闭的，只需证明$X_E(N, \hat{f}, \{N\}) \setminus X_i$ 是相对于$X_E(N, \hat{f}, \{N\})$的开集，根据定义可得

$$X_E(N, \hat{f}\{N\}) \setminus X_i = \bigcup_{k\in N, k\neq i} Y_{ki},$$

前面定理已经证明Y_{kl}是相对于$X_E(N, \hat{f}, \{N\})$的开集，因此X_i是相对于期望值可行理性集$X_E(N, \hat{f}, \{N\})$的闭集，因为$X_E(N, \hat{f}, \{N\})$ 是闭集，所以X_i 是闭集.

(4) 对$X_E(N, \hat{f}, \{N\})$和$X_i, i \in N$应用**KKM**定理，可得到

$$\bigcap_{i\in N} X_i \neq \varnothing,$$

根据定义可得

$$\bigcap_{i\in N} X_i = \{x | \ x \in X_E(N, \hat{f}, \{N\}); JustObject_E(k \to l, x) = \varnothing, \forall k \neq l \in N\},$$

即

$$\bigcap_{i\in N} X_i = \mathcal{M}_E(N, \hat{f}, \{N\}),$$

一定有

$$\mathcal{M}_E(N, \hat{f}, \{N\}) \neq \varnothing.$$

(5) 当$(N, \hat{f}, \{N\})$是期望值$0-0$规范博弈时，根据定义可得

$$X_E(N, \hat{f}, \{N\}) = \{(0, \cdots, 0)\}.$$

下证

$$\mathcal{M}_E(N, \hat{f}, \{N\}) = \{(0, \cdots, 0)\}.$$

根据定义即要证明

$$JustObject_E(k \to l, 0) = \varnothing, \forall k \neq l \in N.$$

因为

$$\forall A \subseteq N, k \in A, l \notin A,$$

情形一：如果满足

$$E\{\hat{f}(A)\} \leqslant 0,$$

那么

$$JustObject_E(k \to l, 0) = \varnothing.$$

情形二：如果满足

$$E\{\hat{f}(A)\} > 0.$$

显然存在$B=\{l\}, l\in B, k\notin B$，满足

$$B\cap A=\varnothing, 0=E\{\hat{f}(l)\}\geqslant\sum_{j\in B}x_j=0.$$

因此一定有

$$JustObject_E(k\to l,0)=\varnothing.$$

(6) 当$(N,\hat{f},\{N\})$是期望值$0-(-1)$规范博弈时，根据定义可得

$$X_E(N,\hat{f},\{N\})=\{x|\ x_i\geqslant 0=E\{\hat{f}(i)\},\forall i\in N; x(N)=E\{\hat{f}(N)\}=-1\}=\varnothing,$$

因此

$$\varnothing=\mathcal{M}_E(N,\hat{f},\{N\})\subseteq X_E(N,\hat{f},\{N\})=\varnothing.$$

10.5 期望值凸博弈的期望值不确定谈判集

定义 10.14　假设N是有限的局中人集合，$(N,\hat{f},\{N\})$是一个CGWUTP，称其为期望值凸博弈，如果满足

$$\forall A,B\in\mathcal{P}(N), E\{\hat{f}(A)\}+E\{\hat{f}(B)\}\leqslant E\{\hat{f}(A\cap B)\}+E\{\hat{f}(A\cup B)\}.$$

定义 10.15　假设N是有限的局中人集合，$(N,\hat{f},\{N\})$是一个CGWUTP，$\pi=(i_1,\cdots,i_n)$是一个置换，构造向量$x\in\mathbf{R}^N$为

$$\begin{aligned}
x_1&=E\{\hat{f}(i_1)\};\\
x_2&=E\{\hat{f}(i_1,i_2)\}-E\{\hat{f}(i_1)\};\\
x_3&=E\{\hat{f}(i_1,i_2,i_3)\}-E\{\hat{f}(i_1,i_2)\};\\
&\vdots\\
x_n&=E\{\hat{f}(i_1,i_2,\cdots,i_n)\}-E\{\hat{f}(i_1,i_2,\cdots,i_{n-1})\}.
\end{aligned}$$

上面的这个向量记为$x:=w_E^{\pi}$.

定理 10.20　假设N是有限的局中人集合，$(N,\hat{f},\{N\})$是一个CGWUTP，$\pi=(i_1,\cdots,i_n)$是一个置换，向量$x=w_E^{\pi}\in\mathbf{R}^N$为

$$\begin{aligned}
x_1&=E\{\hat{f}(i_1)\};\\
x_2&=E\{\hat{f}(i_1,i_2)\}-E\{\hat{f}(i_1)\};\\
x_3&=E\{\hat{f}(i_1,i_2,i_3)\}-E\{\hat{f}(i_1,i_2)\};\\
&\vdots\\
x_n&=E\{\hat{f}(i_1,i_2,\cdots,i_n)\}-E\{\hat{f}(i_1,i_2,\cdots,i_{n-1})\}.
\end{aligned}$$

那么

$$x=w_E^{\pi}\in Core_E(N,\hat{f},\{N\})\neq\varnothing.$$

定理 10.21　假设N是有限的局中人集合，$(N,\hat{f},\{N\})$是期望值凸的CGWUTP，那么一

定有

$$Core_E(N,\hat{f},\{N\}) = \mathcal{M}_E(N,\hat{f},\{N\}).$$

证明 (1) 选定大空间是$X_E(N,\hat{f},\{N\})$，前文已经证明

$$Core_E(N,\hat{f},\{N\}) \subseteq \mathcal{M}_E(N,\hat{f},\{N\}).$$

下证

$$Core_E(N,\hat{f},\{N\}) \supseteq \mathcal{M}_E(N,\hat{f},\{N\}).$$

即

$$X_E(N,\hat{f},\{N\}) \setminus Core_E(N,\hat{f},\{N\}) \subseteq X_E(N,\hat{f},\{N\}) \setminus \mathcal{M}_E(N,\hat{f},\{N\}).$$

假设

$$x \in X_E(N,\hat{f},\{N\}) \setminus Core_E(N,\hat{f},\{N\}),$$

只需证明

$$x \in X_E(N,\hat{f},\{N\}) \setminus \mathcal{M}_E(N,\hat{f},\{N\}).$$

前文定义了盈余函数

$$e_E(\hat{f},x,A) = E\{\hat{f}(A)\} - x(A), \forall A \subseteq N.$$

因为x是固定的，将$e_E(\hat{f},x,A)$简单记为$e(A)$，所以$(N,e,\{N\})$也是一个合作博弈.

(2) 因为$(N,\hat{f},\{N\})$是期望值凸博弈，下证$(N,e,\{N\})$也是凸博弈.

$$\begin{aligned}
& \forall A,B \subseteq N, \\
& e(A)+e(B) \\
= \ & E\{\hat{f}(A)\}+E\{\hat{f}(B)\}-x(A)-x(B) \\
= \ & E\{\hat{f}(A)\}+E\{\hat{f}(B)\}-x(A\cup B)-x(A\cap B) \\
\leqslant \ & E\{\hat{f}(A\cup B)\}+E\{\hat{f}(A\cap B)\}-x(A\cup B)-x(A\cap B) \\
= \ & E\{\hat{f}(A\cup B)\}-x(A\cup B)+E\{\hat{f}(A\cap B)\}-e(A\cap B) \\
= \ & e(A\cup B)+e(A\cap B).
\end{aligned}$$

(3) 定义新的合作博弈$(N,\hat{e},\{N\})$，其中

$$\hat{e}(A) = \max_{B\subseteq A} e(B), \forall A \subseteq N.$$

先证$(N,\hat{e},\{N\})$是单调博弈.

$$\begin{aligned}
& \forall A \subseteq D \subseteq N, \\
& \hat{e}(A) = \max_{B\subseteq A} e(B) \\
\leqslant \ & \max_{B\subseteq D} e(B) \\
= \ & \hat{e}(D).
\end{aligned}$$

再证$(N,\hat{e},\{N\})$是凸博弈，任取$A,B\subseteq N$，取$T\subseteq A,S\subseteq B$，使得

$$\hat{e}(A)=\max_{R\subseteq A}e(R)=:e(T),$$
$$\hat{e}(B)=\max_{R'\subseteq B}e(R')=:e(S),$$

可得

$$T\cup S\subseteq A\cup B,T\cap S\subseteq A\cap B,$$

因此

$$\begin{aligned}&\hat{e}(A)+\hat{e}(B)\\=\ &e(T)+e(S)\\\leqslant\ &e(T\cup S)+e(T\cap S)\\\leqslant\ &\max_{R\subseteq A\cup B}e(R)+\max_{R'\subseteq A\cap B}e(R')\\=\ &\hat{e}(A\cup B)+\hat{e}(A\cap B).\end{aligned}$$

(4) 对于函数

$$e:\mathcal{P}(N)\to R,$$

选定最大值点

$$\mathrm{Argmax}_{A\in\mathcal{P}(N)}e(A),$$

在集合族$\mathrm{Argmax}_{A\in\mathcal{P}(N)}e(A)$按照集合的包含关系选定极大值$C^*$，即

$$C^*\in\mathrm{Argmax}_{A\in\mathcal{P}(N)}e(A);\forall B,C^*\subset B\subseteq N\Rightarrow e(B)<e(C^*).$$

根据定义可得

$$\hat{e}(C^*)\max_{R\subseteq C^*}e(R)\leqslant e(C^*)\leqslant\hat{e}(C^*),$$

因此一定有

$$\hat{e}(C^*)=e(C^*).$$

又因为$x\notin Core_E(N,\hat{f},\{N\})$，一定有

$$\exists A_0\subseteq N,\text{s.t.},E\{\hat{f}(A_0)\}-x(A_0)>0,\text{i.e.},e(A_0)>0,$$

因此

$$\hat{e}(C^*)=e(C^*)\geqslant e(A_0)>0.$$

(5) 考虑合作博弈$(C^*,\hat{e})$，是$(N,\hat{e})$的子博弈，因此还是凸博弈，根据凸博弈的核心非空定理可知

$$Core_E(C^*,\hat{e})\neq\varnothing,$$

假设

$$y\in Core_E(C^*,\hat{e}),$$

根据定义可知

$$y(C^*) = \hat{e}(C^*) = e(C^*),$$
$$y(R) \geqslant \hat{e}(R) \geqslant e(R), \forall R \subset C^*,$$
$$y_i \geqslant \hat{e}(i) = \max(e(i), e(\varnothing)) \geqslant e(\varnothing) = 0, \forall i \in N.$$

(6) 断言：

$$\exists k \in C^*, \text{s.t.}, (C^*, \cdot) \in JustObject_E(k \to l, x), \forall l \notin C^*.$$

因为

$$y(C^*) = \hat{e}(C^*) > 0, y_i \geqslant 0, \forall i \in C^*,$$

所以

$$\exists k \in C^*, \text{s.t.}, y_k > 0.$$

又因为

$$y(C^*) = e(C^*) > 0 = e(N), C^* \neq N,$$

所以$N \setminus C^* \neq \varnothing$.假设$\epsilon$充分小，满足

$$\epsilon > 0, y_k > (|C^*| - 1)\epsilon,$$

令

$$z_i = x_i + y_i + \epsilon, \forall i \in C^* \setminus \{k\},$$
$$z_k = x_k + y_k - (|C^*| - 1)\epsilon,$$

可得

$$z_i > x_i, \forall i \in C^*,$$

并且

$$z(C^*) = x(C^*) + y(C^*) = x(C^*) + e(C^*) = \hat{f}(C^*).$$

因此

$$(C^*, z) \in Object_E(k \to l, x), \forall l \notin C^*.$$

(7) 断言：

$$(C^*, z) \in JustObject_E(k \to l, x), \forall l \notin C^*.$$

取定

$$D \subseteq N, l \in D, k \notin D,$$

假设

$$(D, w) \in CountObject_E(l \to k, (C^*, z), x),$$

根据定义可得

$$w(D) = E\{\hat{f}(D)\},$$

$$w_i \geqslant z_i, \forall i \in D \cap C^*,$$
$$w_i \geqslant x_i, \forall i \in D \setminus C^*,$$

因为

$$\begin{aligned}
& E\{\hat{f}(D)\} = w(D) \\
\geqslant\ & z(D \cap C^*) + x(D \setminus C^*) \\
=\ & z(D \cap C^*) + x(D) - x(D \cap C^*) \\
\geqslant\ & y(D \cap C^*) + x(D) \\
\geqslant\ & \hat{e}(D \cap C^*) + x(D) \\
\geqslant\ & e(D \cap C^*) + x(D) \\
\geqslant\ & e(D) + e(C^*) - e(D \cup C^*) + x(D) \\
>\ & e(D) + x(D) \\
=\ & E\{\hat{f}(D)\}.
\end{aligned}$$

第一、二行是反异议的定义，第四行是因为z, y的定义，第五行是因为$y \in Core_E(C^*, \hat{e})$，第六行是$e$的定义，第七行是因为$(N, e)$是凸博弈，第八行是因为$C^*$的定义和$D \cup C^* \supset C^*$，第九行是因为$e$ 的定义.所以矛盾.断言得证.

(8) 根据谈判集的定义可知

$$x \notin Core_E(N, \hat{f}, \{N\}) \to x \notin \mathcal{M}_E(N, \hat{f}, \{N\}).$$

综上可得，对于凸博弈一定有

$$Core_E(N, \hat{f}, \{N\}) = \mathcal{M}_E(N, \hat{f}, \{N\}).$$

第11章　乐观值不确定谈判集

对于不确定支付可转移合作博弈，立足于稳定分配的指导原则，基于经验设计了多个分配公理，得到一个重要的集值解概念：乐观值不确定谈判集(Optimistic Uncertain Bargaining Set).本章介绍了不确定支付可转移合作博弈的乐观值不确定谈判集的定义、计算、性质、存在性、乐观值凸博弈的谈判集和核心的关系.本章的很多结论与期望值情形类似，所以省略了证明过程.

11.1 乐观值解概念的原则

对于一个CGWUTPCS，考虑的解概念即如何合理分配财富的过程，使得人人在约束下获得最大利益，解概念有两种：一种是集合，另一种是单点.

定义 11.1　假设N是一个有限的局中人集合，$\Gamma_{U,N}$表示其上的所有CGWUTP，解概念分为集值解概念和数值解概念.

(1) 集值解概念：$\phi:\Gamma_{U,N}\to\mathcal{P}(\mathbf{R}^N),\phi(N,\hat{f},\tau)\subseteq\mathbf{R}^N$.

(2) 数值解概念：$\phi:\Gamma_{U,N}\to\mathbf{R}^N,\phi(N,\hat{f},\tau)\in\mathbf{R}^N$.

解概念的定义过程是一个立足于分配的合理、稳定的过程，可以充分发挥创造力，从以下几个方面出发至少可以定义几个理性的分配向量集合.

第一个方面：个体参加联盟合作得到的财富应该大于等于个体单干得到的财富.这条性质称之为个体理性.第二个方面：联盟结构中的联盟最终得到的财富应该是这个联盟创造的财富.这条性质称之为结构理性.第三个方面：一个群体最终得到的财富应该大于等于这个联盟创造的财富.这条性质称之为集体理性.因为支付是不确定的，所以采用α乐观值作为一个确定的数值衡量标准.

定义 11.2　假设N是一个有限的局中人集合，$\alpha\in(0,1]$，$(N,\hat{f},\tau)$表示一个CGWUTPCS，其对应的α乐观值个体理性分配集定义为

$$X^0_{\sup,\alpha}(N,\hat{f},\tau)=\{x|\ x\in\mathbf{R}^N;x_i\geqslant\{\hat{f}(i)\}_{\sup,\alpha},\forall i\in N\}.$$

如果用α乐观值盈余函数来表示，那么α乐观值个体理性分配集实际上可以表示为

$$X^0_{\sup,\alpha}(N,\hat{f},\tau)=\{x|\ x\in\mathbf{R}^N;e_{\sup,\alpha}(\hat{f},x,i)\leqslant 0,\forall i\in N\}.$$

定义 11.3　假设N是一个有限的局中人集合，$\alpha\in(0,1]$，$(N,\hat{f},\tau)$表示一个CGWUTPCS，其对应的α乐观值结构理性分配集(α-optimistic preimputation) 定义为

$$X^1_{\sup,\alpha}(N,\hat{f},\tau)=\{x|\ x\in\mathbf{R}^N;x(A)=\{\hat{f}(A)\}_{\sup,\alpha},\forall A\in\tau\}.$$

如果用α乐观值盈余函数来表示，那么α-optimistic preimputation实际上可以表示为

$$X^1_{\sup,\alpha}(N,\hat{f},\tau)=\{x|\ x\in\mathbf{R}^N;e_{\sup,\alpha}(\hat{f},x,A)=0,\forall A\in\tau\}.$$

定义 11.4　假设N是一个有限的局中人集合，$\alpha \in (0,1]$，$(N,\hat{f},\tau)$表示一个CGWUTPCS，其对应的α乐观值集体理性分配集定义为

$$X^2_{\sup,\alpha}(N,\hat{f},\tau)=\{x|\ x\in \mathbf{R}^N; x(A)\geqslant \{\hat{f}(A)\}_{\sup,\alpha}, \forall A\in \mathcal{P}(N)\}.$$

如果用α乐观值盈余函数来表示，那么α乐观值集体理性分配集实际上可以表示为

$$X^2_{\sup,\alpha}(N,\hat{f},\tau)=\{x|\ x\in \mathbf{R}^N; e_{\sup,\alpha}(\hat{f},x,B)\leqslant 0, \forall B\in \mathcal{P}(N)\}.$$

定义 11.5　假设N是一个有限的局中人集合，$\alpha \in (0,1]$，$(N,\hat{f},\tau)$表示一个CGWUTPCS，其对应的α乐观值可行分配向量集定义为

$$X^*_{\sup,\alpha}(N,\hat{f},\tau)=\{x|\ x\in \mathbf{R}^N; x(A)\leqslant \{\hat{f}(A)\}_{\sup,\alpha}, \forall A\in \tau\}.$$

如果用α乐观值盈余函数来表示，那么α乐观值可行分配集实际上可以表示为

$$X^*_{\sup,\alpha}(N,\hat{f},\tau)=\{x|\ x\in \mathbf{R}^N; e_{\sup,\alpha}(\hat{f},x,A)\geqslant 0, \forall A\in \tau\}.$$

定义 11.6　假设N是一个有限的局中人集合，$\alpha \in (0,1]$，$(N,\hat{f},\tau)$表示一个CGWUTPCS，其对应的α乐观值可行理性分配集(α-optimistic imputation)定义为

$$\begin{aligned} X_{\sup,\alpha}(N,\hat{f},\tau) &= \{x|\ x\in \mathbf{R}^N; x_i\geqslant \{\hat{f}(i)\}_{\sup,\alpha}, \forall i\in N;\\ &\qquad x(A)=\{\hat{f}(A)\}_{\sup,\alpha}, \forall A\in\tau\}\\ &= X^0_{\sup,\alpha}(N,\hat{f},\tau)\bigcap X^1_{\sup,\alpha}(N,\hat{f},\tau).\end{aligned}$$

如果用α乐观值盈余函数来表示，那么α-optimistic imputation实际上可以表示为

$$\begin{aligned} X_{\sup,\alpha}(N,\hat{f},\tau) &= \{x|\ x\in \mathbf{R}^N; e_{\sup,\alpha}(\hat{f},x,i)\leqslant 0, \forall i\in N;\\ &\qquad e_{\sup,\alpha}(\hat{f},x,A)=0, \forall A\in\tau\}.\end{aligned}$$

所有的基于α乐观值的解概念，无论是集值解概念还是数值解概念，都应该从三大α乐观值理性分配集以及α乐观值可行理性分配集出发来寻找.

11.2 乐观值不确定谈判集的定义

定义 11.7　假设N是一个有限的局中人集合，$\mathrm{Part}(N)$表示N上的所有划分，假设$\tau\in \mathrm{Part}(N)$，任取$i\in N$，用A_i或者$A_i(\tau)$表示在τ中的包含i的唯一非空子集，用

$$\mathrm{Pair}(\tau)=\{\{i,j\}|\ i,j\in N; A_i(\tau)=A_j(\tau)\}$$

表示与划分τ对应的伙伴对.τ中的某个子集可以记为$A(\tau)$.

定义 11.8　假设N是一个有限的局中人集合，$\alpha\in(0,1]$，$(N,\hat{f},\tau)$是带有一般联盟结构的CGWUTP，$x\in X_{\sup,\alpha}(N,\hat{f},\{\tau\})$是$\alpha$乐观值可行理性分配，假设$(k,l)\in \mathrm{Pair}(\tau)$，局中人$k$对局中人$l$在$x$处的一个$\alpha$乐观值异议是二元组$(C,y)$，满足

(1) $C\in\mathcal{P}(N), \text{s.t.}, k\in C, l\notin C$;

(2) $y\in\mathbf{R}^C, \text{s.t.}, y(C)=\{\hat{f}(C)\}_{\sup,\alpha}; \forall i\in C, \text{s.t.}, y_i>x_i$.

局中人k对局中人l在x处的所有α乐观值异议记为$Object_{\sup,\alpha}(k\to l,x), \forall (k,l)\in \mathrm{Pair}(\tau)$,

$\forall x \in X_{\sup,\alpha}(N,\hat{f},\tau)$.即

$$\begin{aligned} Object_{\sup,\alpha}(k \to l, x) &= \{(C,y) |\ k \in C, l \notin C; y \in \mathbf{R}^C, \\ &\qquad y(C) = \{\hat{f}(C)\}_{\sup,\alpha}, y_i > x_i, \forall i \in C\}. \end{aligned}$$

注释 11.1 α乐观值异议理解为局中人k要求局中人l将l的一些预期收益分配给k，k的底牌在于他可以抛开l组建新的联盟C，并且可带领联盟C中的成员获得比x更好的收益y.

定理 11.1 假设N是一个有限的局中人集合，$\alpha \in (0,1]$，$(N,\hat{f},\{N\})$是带有大联盟结构的CGWUTP，那么有

$$\begin{aligned} Core_{\sup,\alpha}(N,\hat{f},\{N\}) &= \{x |\ x \in X_{\sup,\alpha}(N,\hat{f},\{N\}); \\ &\qquad Object_{\sup,\alpha}(k \to l, x) = \varnothing, \forall k, l \in N\}. \end{aligned}$$

定理 11.2 假设N是一个有限的局中人集合，$\alpha \in (0,1]$，$(N,\hat{f},\tau)$是带有一般联盟结构的CGWUTP，那么有

$$\begin{aligned} Core_{\sup,\alpha}(N,\hat{f},\tau) &= \{x |\ x \in X_{\sup,\alpha}(N,\hat{f},\tau); \\ &\qquad Object_{\sup,\alpha}(k \to l, x) = \varnothing, \forall (k,l) \in \mathrm{Pair}(\tau)\}. \end{aligned}$$

定义 11.9 假设N是一个有限的局中人集合，$\alpha \in (0,1]$，$(N,\hat{f},\tau)$是带有一般联盟结构的CGWUTP，$x \in X_{\sup,\alpha}(N,\hat{f},\{\tau\})$是$\alpha$乐观值可行理性分配，假设$(k,l) \in \mathrm{Pair}(\tau)$，取定$(C,y) \in Object_{\sup,\alpha}(k \to l, x)$，局中人$l$ 对局中人k在α乐观值异议(C,y)处的α乐观值反异议是二元组(D,z)，满足

(1) $D \in \mathcal{P}(N), \text{s.t.}, l \in D, k \notin D$;

(2) $D \in \mathbf{R}^D, \text{s.t.}, z(D) = \{\hat{f}(D)\}_{\sup,\alpha}$;

(3) $z_i \geqslant x_i, \forall i \in D \setminus C$;

(4) $z_i \geqslant y_i, \forall i \in D \cap C$.

局中人l对局中人k在α乐观值异议(C,y)处的α乐观值反异议记为

$$CountObject_{\sup,\alpha}(l \to k, (C,y)), \forall (k,l) \in \mathrm{Pair}(\tau), \forall (C,y) \in Object_{\sup,\alpha}(k \to l, x).$$

即

$$\begin{aligned} & CountObject_{\sup,\alpha}(l \to k, (C,y)) \\ = & \{(D,z) |\ D \in \mathcal{P}(N), \text{s.t.}, l \in D, k \notin D \\ & \qquad D \in \mathbf{R}^D, \text{s.t.}, z(D) = \{\hat{f}(D)\}_{\sup,\alpha}; \\ & \qquad z_i \geqslant x_i, \forall i \in D \setminus C; \\ & \qquad z_i \geqslant y_i, \forall i \in D \cap C\}. \end{aligned}$$

定义 11.10 假设N是一个有限的局中人集合，$\alpha \in (0,1]$，$(N,\hat{f},\tau)$是带有一般联盟结构的CGWUTP，$x \in X_{\sup,\alpha}(N,\hat{f},\{\tau\})$ 是α乐观值可行理性分配，假设$(k,l) \in \mathrm{Pair}(\tau)$，取定$(C,y) \in Object_{\sup,\alpha}(k \to l, x)$，称$(C,y)$ 是局中人k对局中人l在点x 处的α乐观值公正异议，如果$CountObject_{\sup,\alpha}(l \to k, (C,y)) = \varnothing$.所有局中人$k$对局中人$l$ 在点x处的α乐观值公

正异议记为$JustObject_{\sup,\alpha}(k\to l,x)$.

定义 11.11　假设N是一个有限的局中人集合，$\alpha\in(0,1]$，$(N,\hat{f},\tau)$是带有一般联盟结构的CGWUTP，其集值解概念α乐观值不确定谈判集为

$$\begin{aligned}\mathcal{M}_{\sup,\alpha}(N,\hat{f},\tau) &= \{x|\ x\in X_{\sup,\alpha}(N,\hat{f},\tau);\\ &\qquad JustObject_{\sup,\alpha}(k\to l,x)=\varnothing,\forall(k,l)\in \mathrm{Pair}(\tau)\}.\end{aligned}$$

定理 11.3　假设N是一个有限的局中人集合，$\alpha\in(0,1]$，$(N,\hat{f},\tau)$是带有一般联盟结构的CGWUTP，并且$\tau=\{\{1\},\cdots,\{n\}\}$，那么其$\alpha$乐观值不确定谈判集为

$$\mathcal{M}_{\sup,\alpha}(N,\hat{f},\tau)=\{(\{\hat{f}(1)\}_{\sup,\alpha},\cdots,\{\hat{f}(n)\}_{\sup,\alpha})\}.$$

定理 11.4　假设N是一个有限的局中人集合，$\alpha\in(0,1]$，$(N,\hat{f},\tau)$是带有一般联盟结构的CGWUTP，那么其α乐观值不确定核心与α乐观值不确定谈判集之间的关系为

$$\mathcal{M}_{\sup,\alpha}(N,\hat{f},\tau)\supseteq Core_{\sup,\alpha}(N,\hat{f},\tau).$$

注释 11.2　根据上面的定理可知，α乐观值不确定谈判集包含α乐观值不确定核心，因此α乐观值不确定谈判集的范围更广，有可能实现只要$X_{\sup,\alpha}(n,\hat{f},\tau)\neq\varnothing$，就一定有$\mathcal{M}_{\sup,\alpha}(N,\hat{f},\tau)\neq\varnothing$.

盈余函数刻画了联盟对一个分配的不满意程度，谈判集谈的也是联盟对一个分配的不满意程度，因此二者必然有着密切的关系.

定理 11.5　假设N是一个有限的局中人集合，$\alpha\in(0,1]$，$(N,\hat{f},\tau)$是带有一般联盟结构的CGWUTP，$x\in X_{\sup,\alpha}(N,\hat{f},\{\tau\})$是$\alpha$乐观值可行理性分配，假设$(k,l)\in\mathrm{Pair}(\tau)$，取定$(C,y)\in JustObject_{\sup,\alpha}(k\to l,x)$，如果$D\in\mathcal{P}(N),l\in D,k\notin D$，那么一定有

$$e_{\sup,\alpha}(\hat{f},x,D)<e_{\sup,\alpha}(\hat{f},x,C).$$

11.3 二人三人乐观值不确定谈判集

本节对二人合作博弈以及三人合作博弈的α乐观值不确定谈判集进行计算.

例 11.1　假设$N=\{1,2\}$是两个局中人集合，$\alpha\in(0,1]$，令$\tau=\{\{1\},\{2\}\}$是联盟结构，计算$(N,\hat{f},\tau)$的α乐观值不确定谈判集.

根据前文的定理可知

$$\mathcal{M}_{\sup,\alpha}(N,\hat{f},\tau)=\{(\{\hat{f}(1)\}_{\sup,\alpha},\{\hat{f}(2)\}_{\sup,\alpha})\}.$$

例 11.2　假设$N=\{1,2\}$是两个局中人集合，$\alpha\in(0,1]$，令$\tau=\{1,2\}$是联盟结构，计算$(N,\hat{f},\tau)$的α乐观值不确定谈判集.

首先计算$X_{\sup,\alpha}(N,\hat{f},\tau)$可得

$$\begin{aligned}X_{\sup,\alpha}(N,\hat{f},\tau) &= \{(x_1,x_2)|\ x_1\geqslant\{\hat{f}(1)\}_{\sup,\alpha},x_2\geqslant\{\hat{f}(2)\}_{\sup,\alpha},\\ &\qquad x_1+x_2=\{\hat{f}(1,2)\}_{\sup,\alpha}\}.\end{aligned}$$

所以如果$\{\hat{f}(1,2)\}_{\sup,\alpha}<\{\hat{f}(1)\}_{\sup,\alpha}+\{\hat{f}(2)\}_{\sup,\alpha}$，那么$X_{\sup,\alpha}(N,\hat{f},\tau)=\varnothing$，一定有

$$\mathcal{M}_{\sup,\alpha}(N,\hat{f},\tau)=\varnothing.$$

如果$\{\hat{f}(1,2)\}_{\sup,\alpha} \geqslant \{\hat{f}(1)\}_{\sup,\alpha} + \{\hat{f}(2)\}_{\sup,\alpha}$，那么

$$X_{\sup,\alpha}(N,\hat{f},\tau) \neq \varnothing.$$

下面计算$Object_{\sup,\alpha}(1 \to 2, x), x \in X_{\sup,\alpha}(N,\hat{f},\tau)$，根据定义可得$(1, y_1)$满足

$$y_1 = \{\hat{f}(1)\}_{\sup,\alpha}, y_1 > x_1,$$

因为$x \in X_{\sup,\alpha}(N,\hat{f},\tau)$，一定有$x_1 \geqslant \{\hat{f}(1)\}_{\sup,\alpha}$，所以有

$$Object_{\sup,\alpha}(1 \to 2, x) = \varnothing, JustObject_{\sup,\alpha}(1 \to 2, x) = \varnothing.$$

接着计算$Object_{\sup,\alpha}(2 \to 1, x), \forall x \in X_{\sup,\alpha}(N,\hat{f},\tau)$，根据定义可得$(2, y_2)$满足

$$y_2 = \{\hat{f}(2)\}_{\sup,\alpha}, y_2 > x_2,$$

因为$x \in X_{\sup,\alpha}(N,\hat{f},\tau)$，一定有$x_2 \geqslant \{\hat{f}(2)\}_{\sup,\alpha}$，所以有

$$Object_{\sup,\alpha}(2 \to 1, x) = \varnothing, JustObject_{\sup,\alpha}(2 \to 1, x) = \varnothing.$$

根据谈判集的定义可得

$$\mathcal{M}_{\sup,\alpha}(N,\hat{f},\tau) = X_{\sup,\alpha}(N,\hat{f},\tau) = Core_{\sup,\alpha}(N,\hat{f},\tau).$$

例 11.3 假设$N = \{1,2,3\}$是三个局中人集合，$\alpha \in (0,1]$，令$\tau = \{\{1\},\{2\},\{3\}\}$是联盟结构，计算$(N,\hat{f},\tau)$的$\alpha$乐观值不确定谈判集.

根据前文的定理可知

$$\mathcal{M}_{\sup,\alpha}(N,\hat{f},\tau) = \{(\{\hat{f}(1)\}_{\sup,\alpha}, \{\hat{f}(2)\}_{\sup,\alpha}, \{\hat{f}(3)\}_{\sup,\alpha})\}.$$

例 11.4 假设$N = \{1,2,3\}$是三个局中人集合，$\alpha \in (0,1]$，令$\tau = \{1,2,3\}$是联盟结构，计算$(N,\hat{f},\tau)$的α乐观值不确定谈判集.

首先计算$X_{\sup,\alpha}(N,\hat{f},\tau)$可得

$$\begin{aligned} X_{\sup,\alpha}(N,\hat{f},\tau) \quad = \quad & \{(x_1,x_2,x_3) |\, x_1 \geqslant \{\hat{f}(1)\}_{\sup,\alpha}, x_2 \geqslant \{\hat{f}(2)\}_{\sup,\alpha}, \\ & x_3 \geqslant \{\hat{f}(3)\}_{\sup,\alpha}, x_1+x_2+x_3 = \{\hat{f}(1,2,3)\}_{\sup,\alpha}\}. \end{aligned}$$

所以如果

$$\{\hat{f}(1,2,3)\}_{\sup,\alpha} < \{\hat{f}(1)\}_{\sup,\alpha} + \{\hat{f}(2)\}_{\sup,\alpha} + \{\hat{f}(3)\}_{\sup,\alpha},$$

那么

$$X_{\sup,\alpha}(N,\hat{f},\tau) = \varnothing,$$

一定有

$$\mathcal{M}_{\sup,\alpha}(N,\hat{f},\tau) = \varnothing.$$

如果

$$\{\hat{f}(1,2,3)\}_{\sup,\alpha} \geqslant \{\hat{f}(1)\}_{\sup,\alpha} + \{\hat{f}(2)\}_{\sup,\alpha} + \{\hat{f}(3)\}_{\sup,\alpha},$$

那么

$$X_{\sup,\alpha}(N,\hat{f},\tau) \neq \varnothing.$$

下面计算

$$Object_{\sup,\alpha}(1\to 2,x), x\in X_{\sup,\alpha}(N,\hat{f},\tau).$$

分两种情况：一是$(\{1\},y_1)$；二是$(\{1,3\},(y_1,y_3))$.

首先计算$(1,y_1)$，根据定义可得$(1,y_1)$满足

$$y_1=\{\hat{f}(1)\}_{\sup,\alpha}, y_1>x_1,$$

因为$x\in X_{\sup,\alpha}(N,\hat{f},\tau)$，一定有$x_1\geqslant\{\hat{f}(1)\}_{\sup,\alpha}$，所以$(1,y_1)$不存在.

其次计算$(\{1,3\},(y_1,y_3))$可得

$$y_1+y_3=\{\hat{f}(1,3)\}_{\sup,\alpha}; y_1>x_1, y_3>x_3,$$

因为$x\in X_{\sup,\alpha}(N,\hat{f},\tau)$，所以若$x_1+x_3\geqslant\{\hat{f}(1,3)\}_{\sup,\alpha}$，上面的方程$(\{1,3\},(y_1,y_3))$无解.若$x_1+x_3<\{\hat{f}(1,3)\}_{\sup,\alpha}$，那么上面的方程一定有解，即$(\{1,3\},(y_1,y_3))$存在，此时

$$\begin{aligned}Object_{\sup,\alpha}(1\to 2,x) \quad = \quad &\{(\{1,3\},(y_1,\{\hat{f}(1,3)\}_{\sup,\alpha}-y_1)),\\ &y_1>x_1,\{\hat{f}(1,3)\}_{\sup,\alpha}-y_1>x_3\}.\end{aligned}$$

同理可得其他几类情形.综上可得

$$\begin{aligned}&\{\hat{f}(1,2,3)\}_{\sup,\alpha}\geqslant\{\hat{f}(1)\}_{\sup,\alpha}+\{\hat{f}(2)\}_{\sup,\alpha}+\{\hat{f}(3)\}_{\sup,\alpha}\Leftrightarrow X_{\sup,\alpha}(N,\hat{f},\tau)\neq\varnothing;\\
&Object_{\sup,\alpha}(1\to 2,x)=\{(\{1,3\},(y_1,y_3))\}\neq\varnothing\Leftrightarrow x_1+x_3<\{\hat{f}(1,3)\}_{\sup,\alpha};\\
&Object_{\sup,\alpha}(1\to 3,x)=\{(\{1,2\},(y_1,y_2))\}\neq\varnothing\Leftrightarrow x_1+x_2<\{\hat{f}(1,2)\}_{\sup,\alpha};\\
&Object_{\sup,\alpha}(2\to 1,x)=\{(\{2,3\},(y_2,y_3))\}\neq\varnothing\Leftrightarrow x_2+x_3<\{\hat{f}(2,3)\}_{\sup,\alpha};\\
&Object_{\sup,\alpha}(2\to 3,x)=\{(\{1,2\},(y_1,y_2))\}\neq\varnothing\Leftrightarrow x_1+x_2<\{\hat{f}(1,2)\}_{\sup,\alpha};\\
&Object_{\sup,\alpha}(3\to 1,x)=\{(\{2,3\},(y_2,y_3))\}\neq\varnothing\Leftrightarrow x_2+x_3<\{\hat{f}(2,3)\}_{\sup,\alpha};\\
&Object_{\sup,\alpha}(3\to 2,x)=\{(\{1,3\},(y_1,y_3))\}\neq\varnothing\Leftrightarrow x_1+x_3<\{\hat{f}(1,3)\}_{\sup,\alpha}.\end{aligned}$$

任取

$$(\{1,3\},(y_1,y_3))\in Object_{\sup,\alpha}(1\to 2,x),$$

需要计算

$$CountObject_{\sup,\alpha}(2\to 1,(\{1,3\},(y_1,y_3))).$$

分两种情况：一是$(2,z_2)$；二是$(\{2,3\},(z_2,z_3))$.首先计算$(2,z_2)$，根据定义可得$(2,z_2)$满足

$$z_2=\{\hat{f}(2)\}_{\sup,\alpha}; z_2\geqslant x_2,$$

即

$$(2,\{\hat{f}(2)\}_{\sup,\alpha})\in CountObject_{\sup,\alpha}(2\to 1,(\{1,3\},(y_1,y_3))),$$

当且仅当$x_2=\{\hat{f}(2)\}_{\sup,\alpha}$.其次计算$(\{2,3\},(z_2,z_3))$，根据定义满足

$$z_2+z_3=\{\hat{f}(2,3)\}_{\sup,\alpha}, z_2\geqslant x_2; z_3=\{\hat{f}(2,3)\}_{\sup,\alpha}-z_2\geqslant y_3.$$

此时

$$(\{2,3\},(z_2,z_3))\in CountObject_{\sup,\alpha}(2\to 1,(\{1,3\},(y_1,y_3))),$$

当且仅当$z_2 \geqslant x_2, \{\hat{f}(2,3)\}_{\sup,\alpha} - z_2 \geqslant y_3$,. 综上可得，要使

$$JustObject_{\sup,\alpha}(1 \to 2, x) \neq \varnothing,$$

当且仅当

$$x_1 + x_3 < \{\hat{f}(1,3)\}_{\sup,\alpha}, x_2 \neq \{\hat{f}(2)\}_{\sup,\alpha},$$
$$\{\hat{f}(2,3)\}_{\sup,\alpha} - x_2 < \{\hat{f}(1,3)\}_{\sup,\alpha} - x_1.$$

因此

$$JustObject_{\sup,\alpha}(1 \to 2, x) = \varnothing,$$

当且仅当

$$x_1 + x_3 \geqslant \{\hat{f}(1,3)\}_{\sup,\alpha}\text{或者}x_2 = \{\hat{f}(2)\}_{\sup,\alpha}$$
$$\text{或者}\{\hat{f}(2,3)\}_{\sup,\alpha} - x_2 \geqslant \{\hat{f}(1,3)\}_{\sup,\alpha} - x_1.$$

综合可得

$$\begin{aligned}
& JustObject(1 \to 2, x) = \varnothing \\
\Leftrightarrow\ & x_1 + x_3 \geqslant \{\hat{f}(1,3)\}_{\sup,\alpha}\text{或者}x_2 = \{\hat{f}(2)\}_{\sup,\alpha} \\
& \text{或者}\{\hat{f}(2,3)\}_{\sup,\alpha} - x_2 \geqslant \{\hat{f}(1,3)\}_{\sup,\alpha} - x_1; \\
& JustObject(1 \to 3, x) = \varnothing \\
\Leftrightarrow\ & x_1 + x_2 \geqslant \{\hat{f}(1,2)\}_{\sup,\alpha}\text{或者}x_3 = \{\hat{f}(3)\}_{\sup,\alpha} \\
& \text{或者}\{\hat{f}(2,3)\}_{\sup,\alpha} - x_3 \geqslant \{\hat{f}(1,2)\}_{\sup,\alpha} - x_1; \\
& JustObject(2 \to 1, x) = \varnothing \\
\Leftrightarrow\ & x_2 + x_3 \geqslant \{\hat{f}(2,3)\}_{\sup,\alpha}\text{或者}x_1 = \{\hat{f}(1)\}_{\sup,\alpha} \\
& \text{或者}\{\hat{f}(1,3)\}_{\sup,\alpha} - x_1 \geqslant \{\hat{f}(2,3)\}_{\sup,\alpha} - x_2; \\
& JustObject(2 \to 3, x) = \varnothing \\
\Leftrightarrow\ & x_1 + x_2 \geqslant \{\hat{f}(1,2)\}_{\sup,\alpha}\text{或者}x_3 = \{\hat{f}(3)\}_{\sup,\alpha} \\
& \text{或者}\{\hat{f}(1,3)\}_{\sup,\alpha} - x_3 \geqslant \{\hat{f}(1,2)\}_{\sup,\alpha} - x_2; \\
& JustObject(3 \to 1, x) = \varnothing \\
\Leftrightarrow\ & x_2 + x_3 \geqslant \{\hat{f}(2,3)\}_{\sup,\alpha}\text{或者}x_1 = \{\hat{f}(1)\}_{\sup,\alpha} \\
& \text{或者}\{\hat{f}(1,2)\}_{\sup,\alpha} - x_1 \geqslant \{\hat{f}(2,3)\}_{\sup,\alpha} - x_3; \\
& JustObject(3 \to 2, x) = \varnothing \\
\Leftrightarrow\ & x_1 + x_3 \geqslant \{\hat{f}(1,3)\}_{\sup,\alpha}\text{或者}x_2 = \{\hat{f}(2)\}_{\sup,\alpha} \\
& \text{或者}\{\hat{f}(1,2)\}_{\sup,\alpha} - x_2 \geqslant \{\hat{f}(1,3)\}_{\sup,\alpha} - x_3.
\end{aligned}$$

若要求解$\mathcal{M}_{\sup,\alpha}(N, \hat{f}, \tau)$，只需要在$X_{\sup,\alpha}(N, \hat{f}, \tau)$中求解上面的线性方程等式和不等式组即可.

例 11.5　假设$N=\{1,2,3\}$是三个局中人集合，$\alpha\in(0,1]$，令$\tau=\{\{1,2\},3\}$是联盟结构，计算$(N,\hat{f},\tau)$的α乐观值不确定谈判集.

首先计算$X_{\sup,\alpha}(N,\hat{f},\tau)$可得

$$X_{\sup,\alpha}(N,\hat{f},\tau)=\{(x_1,x_2,x_3)|\,x_1\geqslant\{\hat{f}(1)\}_{\sup,\alpha},x_2\geqslant\{\hat{f}(2)\}_{\sup,\alpha},\\ x_3=\{\hat{f}(3)\}_{\sup,\alpha},x_1+x_2=\{\hat{f}(1,2)\}_{\sup,\alpha}\}.$$

所以如果

$$\{\hat{f}(1,2)\}_{\sup,\alpha}<\{\hat{f}(1)\}_{\sup,\alpha}+\{\hat{f}(2)\}_{\sup,\alpha},$$

那么

$$X_{\sup,\alpha}(N,\hat{f},\tau)=\varnothing,$$

一定有

$$\mathcal{M}_{\sup,\alpha}(N,\hat{f},\tau)=\varnothing.$$

如果

$$\{\hat{f}(1,2)\}_{\sup,\alpha}\geqslant\{\hat{f}(1)\}_{\sup,\alpha}+\{\hat{f}(2)\}_{\sup,\alpha},$$

那么

$$X_{\sup,\alpha}(N,\hat{f},\tau)\neq\varnothing.$$

下面计算

$$Object_{\sup,\alpha}(1\to 2,x),x\in X_{\sup,\alpha}(N,\hat{f},\tau).$$

两种情况：一是$(\{1\},y_1)$；二是$(\{1,3\},(y_1,y_3))$.

首先计算$(1,y_1)$，根据定义可得$(1,y_1)$满足

$$y_1=\{\hat{f}(1)\}_{\sup,\alpha},y_1>x_1,$$

因为$x\in X_{\sup,\alpha}(N,\hat{f},\tau)$，一定有$x_1\geqslant\{\hat{f}(1)\}_{\sup,\alpha}$，所以$(1,y_1)$不存在.

其次计算$(\{1,3\},(y_1,y_3))$可得

$$y_1+y_3=\{\hat{f}(1,3)\}_{\sup,\alpha};y_1>x_1,y_3>x_3=\{\hat{f}(3)\}_{\sup,\alpha},$$

因为$x\in X_{\sup,\alpha}(N,\hat{f},\tau)$，所以若$x_1+x_3\geqslant\{\hat{f}(1,3)\}_{\sup,\alpha}$，上面的方程$(\{1,3\},(y_1,y_3))$无解.若$x_1+x_3<\{\hat{f}(1,3)\}_{\sup,\alpha}$，那么上面的方程一定有解，即$(\{1,3\},(y_1,y_3))$存在，此时

$$Object_{\sup,\alpha}(1\to 2,x)=\{(\{1,3\},(y_1,\{\hat{f}(1,3)\}_{\sup,\alpha}-y_1)),y_1>x_1,\\ \{\hat{f}(1,3)\}_{\sup,\alpha}-y_1>x_3\}.$$

同理可得其他几类情形.综上可得

$$\{\hat{f}(1,2)\}_{\sup,\alpha}\geqslant\{\hat{f}(1)\}_{\sup,\alpha}+\{\hat{f}(2)\}_{\sup,\alpha}\Leftrightarrow X_{\sup,\alpha}(N,\hat{f},\tau)\neq\varnothing;$$

$$Object_{\sup,\alpha}(1\to 2,x)=\{(\{1,3\},(y_1,y_3))\}\neq\varnothing\Leftrightarrow x_1+x_3<\{\hat{f}(1,3)\}_{\sup,\alpha};$$

$$Object_{\sup,\alpha}(2\to 1,x)=\{(\{2,3\},(y_2,y_3))\}\neq\varnothing\Leftrightarrow x_2+x_3<\{\hat{f}(2,3)\}_{\sup,\alpha}.$$

任取

$$(\{1,3\},(y_1,y_3)) \in Object_{\sup,\alpha}(1 \to 2, x),$$

需要计算

$$CountObject_{\sup,\alpha}(2 \to 1, (\{1,3\},(y_1,y_3))).$$

分两种情况：一是$(2,z_2)$；二是$(\{2,3\},(z_2,z_3))$.首先计算$(2,z_2)$，根据定义可得$(2,z_2)$满足

$$z_2 = \{\hat{f}(2)\}_{\sup,\alpha}; z_2 \geqslant x_2,$$

即

$$(2,\hat{f}(2)) \in CountObject_{\sup,\alpha}(2 \to 1, (\{1,3\},(y_1,y_3))),$$

当且仅当$x_2 = \{\hat{f}(2)\}_{\sup,\alpha}$.其次计算$(\{2,3\},(z_2,z_3))$，根据定义满足

$$z_2 + z_3 = \{\hat{f}(2,3)\}_{\sup,\alpha}, z_2 \geqslant x_2; z_3 = \{\hat{f}(2,3)\}_{\sup,\alpha} - z_2 \geqslant y_3.$$

此时

$$(\{2,3\},(z_2,z_3)) \in CountObject_{\sup,\alpha}(2 \to 1, (\{1,3\},(y_1,y_3))),$$

当且仅当$z_2 \geqslant x_2, \{\hat{f}(2,3)\}_{\sup,\alpha} - z_2 \geqslant y_3$, 综上可得，要使

$$JustObject_{\sup,\alpha}(1 \to 2, x) \neq \varnothing,$$

当且仅当

$$x_1 + x_3 < \{\hat{f}(1,3)\}_{\sup,\alpha}, x_2 \neq \{\hat{f}(2)\}_{\sup,\alpha}, \{\hat{f}(2,3)\}_{\sup,\alpha} - x_2 < \{\hat{f}(1,3)\}_{\sup,\alpha} - x_1.$$

因此

$$JustObject_{\sup,\alpha}(1 \to 2, x) = \varnothing,$$

当且仅当

$$x_1 + x_3 \geqslant \{\hat{f}(1,3)\}_{\sup,\alpha}\text{或者}x_2 = \{\hat{f}(2)\}_{\sup,\alpha}$$

$$\text{或者}\{\hat{f}(2,3)\}_{\sup,\alpha} - x_2 \geqslant \{\hat{f}(1,3)\}_{\sup,\alpha} - x_1.$$

综合可得

$$\begin{aligned}
& JustObject_{\sup,\alpha}(1 \to 2, x) = \varnothing \\
\Leftrightarrow\ & x_1 + x_3 \geqslant \{\hat{f}(1,3)\}_{\sup,\alpha}\text{或者}x_2 = \{\hat{f}(2)\}_{\sup,\alpha} \\
& \quad \text{或者}\{\hat{f}(2,3)\}_{\sup,\alpha} - x_2 \geqslant \{\hat{f}(1,3)\}_{\sup,\alpha} - x_1; \\
& JustObject_{\sup,\alpha}(2 \to 1, x) = \varnothing \\
\Leftrightarrow\ & x_2 + x_3 \geqslant \{\hat{f}(2,3)\}_{\sup,\alpha}\text{或者}x_1 = \{\hat{f}(1)\}_{\sup,\alpha} \\
& \quad \text{或者}\{\hat{f}(1,3)\}_{\sup,\alpha} - x_1 \geqslant \{\hat{f}(2,3)\}_{\sup,\alpha} - x_2.
\end{aligned}$$

若要求解$\mathcal{M}_{\sup,\alpha}(N,\hat{f},\tau)$，只需要在$X_{\sup,\alpha}(N,\hat{f},\tau)$中求解上面的线性方程等式和不等式组即可.

例 11.6 假设$N = \{1,2,3\}$是三个局中人集合，$\alpha \in (0,1]$，令$\tau = \{\{1,3\},2\}$是联盟结构，计算$(N,\hat{f},\tau)$的α乐观值不确定谈判集.

同理可得

$$
\begin{aligned}
&JustObject_{\sup,\alpha}(1 \to 3, x) = \varnothing \\
\Leftrightarrow\quad & x_1 + x_2 \geqslant \{\hat{f}(1,2)\}_{\sup,\alpha}\text{或者}x_3 = \{\hat{f}(3)\}_{\sup,\alpha} \\
&\text{或者}\{\hat{f}(2,3)\}_{\sup,\alpha} - x_3 \geqslant \{\hat{f}(1,2)\}_{\sup,\alpha} - x_1; \\
&JustObject_{\sup,\alpha}(3 \to 1, x) = \varnothing \\
\Leftrightarrow\quad & x_2 + x_3 \geqslant \{\hat{f}(2,3)\}_{\sup,\alpha}\text{或者}x_1 = \{\hat{f}(1)\}_{\sup,\alpha} \\
&\text{或者}\{\hat{f}(1,2)\}_{\sup,\alpha} - x_1 \geqslant \{\hat{f}(2,3)\}_{\sup,\alpha} - x_3.
\end{aligned}
$$

若要求解$\mathcal{M}_{\sup,\alpha}(N,\hat{f},\tau)$，只需要在$X_{\sup,\alpha}(N,\hat{f},\tau)$中求解上面的线性方程等式和不等式组即可.

例 11.7　假设$N=\{1,2,3\}$是三个局中人集合，$\alpha\in(0,1]$，令$\tau=\{\{2,3\},1\}$是联盟结构，计算$(N,\hat{f},\tau)$的α乐观值不确定谈判集.

同理可得

$$
\begin{aligned}
&JustObject_{\sup,\alpha}(2 \to 3, x) = \varnothing \\
\Leftrightarrow\quad & x_1 + x_2 \geqslant \{\hat{f}(1,2)\}_{\sup,\alpha}\text{或者}x_3 = \{\hat{f}(3)\}_{\sup,\alpha} \\
&\text{或者}\{\hat{f}(1,3)\}_{\sup,\alpha} - x_3 \geqslant \{\hat{f}(1,2)\}_{\sup,\alpha} - x_2; \\
&JustObject(3 \to 2, x) = \varnothing \\
\Leftrightarrow\quad & x_1 + x_3 \geqslant \{\hat{f}(1,3)\}_{\sup,\alpha}\text{或者}x_2 = \{\hat{f}(2)\}_{\sup,\alpha} \\
&\text{或者}\{\hat{f}(1,2)\}_{\sup,\alpha} - x_2 \geqslant \{\hat{f}(1,3)\}_{\sup,\alpha} - x_3.
\end{aligned}
$$

若要求解$\mathcal{M}_{\sup,\alpha}(N,\hat{f},\tau)$，只需要在$X_{\sup,\alpha}(N,\hat{f},\tau)$中求解上面的线性方程等式和不等式组即可.

11.4 乐观值不确定谈判集的性质

上一节求解了二人合作博弈与三人合作博弈的α乐观值不确定谈判集，本节在理论上证明α乐观值不确定谈判集的一些重要性质.

定理 11.6　假设N是一个有限的局中人集合，$\alpha\in(0,1]$，$(N,\hat{f},\tau)$是带有一般联盟结构的CGWUTPO，那么它的α乐观值不确定谈判集$\mathcal{M}_{\sup,\alpha}(N,\hat{f},\tau)$是有界闭的集合，特别是有限多个多面体的并集.

前文的证明过程实际上给出了谈判集的一些求解算法，即如下几个定理.

定理 11.7　假设N是一个有限的局中人集合，$\alpha\in(0,1]$，$(N,\hat{f},\tau)$是带有一般联盟结构的CGWUTP，假设$(k,l)\in\mathrm{Pair}(\tau)$，取定$x\in\mathbf{R}^N$，那么

$$
Object_{\sup,\alpha}(k \to l, x) \neq \varnothing,
$$

当且仅当

$$\exists A \subseteq N, k \in A, l \notin A, \text{s.t.}, \sum_{i \in A} x_i < \{\hat{f}(A)\}_{\sup,\alpha}.$$

定理 11.8 假设N是一个有限的局中人集合，$\alpha \in (0,1]$，$(N,\hat{f},\tau)$是带有一般联盟结构的CGWUTP，假设$(k,l) \in \text{Pair}(\tau)$，取定$x \in \mathbf{R}^N$，那么

$$Object_{\sup,\alpha}(k \to l, x) = \varnothing,$$

当且仅当

$$\forall A \subseteq N, k \in A, l \notin A, \text{s.t.}, \sum_{i \in A} x_i \geqslant \{\hat{f}(A)\}_{\sup,\alpha}.$$

定理 11.9 假设N是一个有限的局中人集合，$\alpha \in (0,1]$，$(N,\hat{f},\tau)$是带有一般联盟结构的CGWUTP，假设$(k,l) \in \text{Pair}(\tau)$，取定$x \in \mathbf{R}^N$，并且

$$(A,\cdot) \in Object_{\sup,\alpha}(k \to l, x),$$

那么

$$CountObject_{\sup,\alpha}(l \to k, (A,\cdot), x) \neq \varnothing,$$

当且仅当

$$\begin{aligned}
&\exists B \subseteq N, l \in B, k \notin B, \text{s.t.},\\
&B \cap A = \varnothing \Rightarrow \{\hat{f}(B)\}_{\sup,\alpha} \geqslant \sum_{i \in B} x_i;\\
&B \cap A \neq \varnothing \Rightarrow \{\hat{f}(B)\}_{\sup,\alpha} - \sum_{i \in B \setminus A} x_i \geqslant \{\hat{f}(A)\}_{\sup,\alpha} - \sum_{i \in A \setminus B} x_i.
\end{aligned}$$

定理 11.10 假设N是一个有限的局中人集合，$\alpha \in (0,1]$，$(N,\hat{f},\tau)$是带有一般联盟结构的CGWUTP，假设$(k,l) \in \text{Pair}(\tau)$，取定$x \in \mathbf{R}^N$，并且

$$(A,\cdot) \in Object_{\sup,\alpha}(k \to l, x),$$

那么

$$CountObject_{\sup,\alpha}(l \to k, (A,\cdot), x) = \varnothing,$$

当且仅当

$$\begin{aligned}
&\forall B \subseteq N, l \in B, k \notin B, \text{s.t.},\\
&B \cap A = \varnothing \Rightarrow \{\hat{f}(B)\}_{\sup,\alpha} < \sum_{i \in B} x_i;\\
&B \cap A \neq \varnothing \Rightarrow \{\hat{f}(B)\}_{\sup,\alpha} - \sum_{i \in B \setminus A} x_i < \{\hat{f}(A)\}_{\sup,\alpha} - \sum_{i \in A \setminus B} x_i.
\end{aligned}$$

定理 11.11 假设N是一个有限的局中人集合，$\alpha \in (0,1]$，$(N,\hat{f},\tau)$是带有一般联盟结构的CGWUTP，假设$(k,l) \in \text{Pair}(\tau)$，取定$x \in \mathbf{R}^N$，那么

$$JustObject_{\sup,\alpha}(k \to l, x) \neq \varnothing,$$

当且仅当

$$\begin{aligned}&\exists A\subseteq N,k\in A,l\notin A,\text{s.t.},\sum_{i\in A}x_i<\{\hat{f}(A)\}_{\sup,\alpha};\\&\forall B\subseteq N,l\in B,k\notin B,\text{s.t.},\\&B\cap A=\varnothing\Rightarrow\{\hat{f}(B)\}_{\sup,\alpha}<\sum_{i\in B}x_i;\\&B\cap A\neq\varnothing\Rightarrow\{\hat{f}(B)\}_{\sup,\alpha}-\sum_{i\in B\setminus A}x_i<\{\hat{f}(A)\}_{\sup,\alpha}-\sum_{i\in A\setminus B}x_i.\end{aligned}$$

定理 11.12　假设N是一个有限的局中人集合，$\alpha\in(0,1]$，$(N,\hat{f},\tau)$是带有一般联盟结构的CGWUTP，假设$(k,l)\in\text{Pair}(\tau)$，取定$x\in\mathbf{R}^N$，那么

$$JustObject_{\sup,\alpha}(k\to l,x)=\varnothing,$$

当且仅当

$$\forall A\subseteq N,k\in A,l\notin A,$$

要么有

$$\sum_{i\in A}x_i\geqslant\{\hat{f}(A)\}_{\sup,\alpha},$$

要么有

$$\begin{aligned}&\exists B\subseteq N,l\in B,k\notin B,\text{s.t.},\\&B\cap A=\varnothing\Rightarrow\{\hat{f}(B)\}_{\sup,\alpha}\geqslant\sum_{i\in B}x_i;\\&B\cap A\neq\varnothing\Rightarrow\{\hat{f}(B)\}_{\sup,\alpha}-\sum_{i\in B\setminus A}x_i\geqslant\{\hat{f}(A)\}_{\sup,\alpha}-\sum_{i\in A\setminus B}x_i.\end{aligned}$$

上面的定理实际上给出了α乐观值不确定谈判集的求解算法，经过简单计算可知

$$\{x|\ JustObject_{\sup,\alpha}(k\to l,x)=\varnothing\}=\cup_{A,B\in\mathcal{P}(N\setminus\{k,l\})}H_{kl}(A,B)$$

需要求解的线性方程的个数是$2^{n-2}\times2^{n-2}$个.$X_{\sup,\alpha}(N,\hat{f},\tau)$需要求解的线性方程的个数是$2^n-1$个.$\text{Pair}(\tau)$的个数是$\Pi_{A\in\tau}|A|(|A|-1)$.所以整个问题的规模可以粗略计算为

$$4^{n-2}\Pi_{A\in\tau}|A|(|A|-1)+2^n-1.$$

因此，求解一个合作博弈的α乐观值不确定谈判集的问题是一个复杂度随问题规模指数增长的复杂问题.

定理 11.13　假设N是一个有限的局中人集合，$\alpha\in(0,1]$，$(N,\hat{f},\tau)$是带有一般联盟结构的CGWUTP，假设$\lambda>0,b\in\mathbf{R}^n$，那么有

$$\mathcal{M}_{\sup,\alpha}(N,\lambda\hat{f}+b,\tau)=\lambda\mathcal{M}_{\sup,\alpha}(N,\hat{f},\tau)+b.$$

回到最本源的问题：不确定支付可转移合作博弈的α乐观值不确定谈判集非空吗？

定理 11.14　假设N是一个有限的局中人集合，$\alpha\in(0,1]$，$(N,\hat{f},\tau)$是带有一般联盟结构的CGWUTP，那么

(1) 如果$X_{\sup,\alpha}(N,\hat{f},\tau)=\varnothing$，那么它的$\alpha$乐观值不确定谈判集$\mathcal{M}_{\sup,\alpha}(N,\hat{f},\tau)=\varnothing$；

(2) 如果$X_{\sup,\alpha}(N,\hat{f},\tau)\neq\varnothing$，那么它的$\alpha$乐观值不确定谈判集$\mathcal{M}_{\sup,\alpha}(N,\hat{f},\tau)\neq\varnothing$.

定理 11.15 假设N是一个有限的局中人集合，$\alpha\in(0,1]$，$(N,\hat{f},\{N\})$是带有大联盟结构的CGWUTP，如果$X_{\sup,\alpha}(N,\hat{f},\{N\})\neq\varnothing$，那么它的$\alpha$乐观值不确定谈判集$\mathcal{M}_{\sup,\alpha}(N,\hat{f},\{N\})\neq\varnothing$.

为了证明上面的大联盟结构α乐观值不确定谈判集非空定理，需要一些准备工作.

定义 11.12 假设N是一个有限的局中人集合，$\alpha\in(0,1]$，$(N,\hat{f},\{N\})$是带有大联盟结构的CGWUTP，$k,l\in N,x\in X_{\sup,\alpha}(N,\hat{f},\{N\})$，称局中人$k$在分配$x$上$\alpha$乐观值强于局中人$l$，记为$k>_x l$，如果满足

$$JustObject_{\sup,\alpha}(k\to l,x)\neq\varnothing.$$

定理 11.16 假设N是一个有限的局中人集合，$\alpha\in(0,1]$，$(N,\hat{f},\{N\})$是带有大联盟结构的CGWUTP，取定$x\in X_{\sup,\alpha}(N,\hat{f},\{N\})$，那么关系$>_x$不能构成圈链.即如果

$$1>_x 2>_x\cdots>_x(t-1)>_x t,$$

那么

$$t>_x 1$$

不成立.

下面的定理是拓扑学中非常著名的KKM定理，这里引用如下，不证明，感兴趣的读者可参考标准的拓扑学教材.

定理 11.17 假设$S(n)$是$\mathbf{R}^n$中的单纯形，即

$$S(n)=\{x|\ x\in\mathbf{R}^n;\sum_{i=1}^{n}x_i=1;x_i\geqslant 0,\forall i=1,\cdots,n\}.$$

假设$X_1,\cdots,X_n\subseteq S(n)$是紧致(有界闭)子集，满足

$$\{x|\ x\in S(n);x_i=0\}\subseteq X_i,i=1,\cdots,n,$$

和

$$\bigcup_{i=1}^{n}X_i=S(n).$$

那么

$$\bigcap_{i=1}^{n}X_i\neq\varnothing.$$

定义 11.13 假设N是一个有限的局中人集合，$\alpha\in(0,1]$，$(N,\hat{f},\{N\})$是带有大联盟结构的CGWUTP，$k,l\in N$，定义

$$Y_{kl}=\{x|\ x\in X_{\sup,\alpha}(N,\hat{f},\{N\}),\text{s.t.},k>_x l\}.$$

定理 11.18 假设N是一个有限的局中人集合，$\alpha\in(0,1]$，$(N,\hat{f},\{N\})$是带有大联盟结构的CGWUTP，取定$k,l\in N$，那么存在$Q_{kl}\subseteq\mathbf{R}^N$是开集(每一点都是内部)，使得

$$Y_{kl}=X_{\sup,\alpha}(N,\hat{f},\{N\})\cap Q_{kl}.$$

即Y_{kl}是$X_{\sup,\alpha}(N,\hat{f},\{N\})$的相对开集.

定理 11.19　假设N是一个有限的局中人集合，$\alpha \in (0,1]$，$(N,\hat{f},\{N\})$是带有大联盟结构的CGWUTP，如果$X_{\sup,\alpha}(N,\hat{f},\{N\}) \neq \varnothing$，那么它的$\alpha$乐观值不确定谈判集$\mathcal{M}_{\sup,\alpha}(N,\hat{f},\{N\}) \neq \varnothing$.

11.5 乐观值凸博弈的乐观值不确定谈判集

定义 11.14　假设N是有限的局中人集合，$\alpha \in (0,1]$，$(N,\hat{f},\{N\})$是一个CGWUTP，称其为α乐观值凸博弈，如果满足

$$\forall A,B \in \mathcal{P}(N), \{\hat{f}(A)\}_{\sup,\alpha} + \{\hat{f}(B)\}_{\sup,\alpha} \leqslant \{\hat{f}(A\cap B)\}_{\sup,\alpha} + \{\hat{f}(A\cup B)\}_{\sup,\alpha}.$$

定义 11.15　假设N是有限的局中人集合，$\alpha \in (0,1]$，$(N,\hat{f},\{N\})$是一个CGWUTP，$\pi = (i_1,\cdots,i_n)$是一个置换，构造向量$x \in \mathbf{R}^N$为

$$\begin{aligned}
x_1 &= \{\hat{f}(i_1)\}_{\sup,\alpha};\\
x_2 &= \{\hat{f}(i_1,i_2)\}_{\sup,\alpha} - \{\hat{f}(i_1)\}_{\sup,\alpha};\\
x_3 &= \{\hat{f}(i_1,i_2,i_3)\}_{\sup,\alpha} - \{\hat{f}(i_1,i_2)\}_{\sup,\alpha};\\
&\vdots\\
x_n &= \{\hat{f}(i_1,i_2,\cdots,i_n)\}_{\sup,\alpha} - \{\hat{f}(i_1,i_2,\cdots,i_{n-1})\}_{\sup,\alpha}.
\end{aligned}$$

上面的这个向量记为$x := w^{\pi}_{\sup,\alpha}$.

定理 11.20　假设N是有限的局中人集合，$\alpha \in (0,1]$，$(N,\hat{f},\{N\})$是一个CGWUTP，$\pi = (i_1,\cdots,i_n)$是一个置换，向量$x = w^{\pi}_{\sup,\alpha} \in \mathbf{R}^N$为

$$\begin{aligned}
x_1 &= \{\hat{f}(i_1)\}_{\sup,\alpha};\\
x_2 &= \{\hat{f}(i_1,i_2)\}_{\sup,\alpha} - \{\hat{f}(i_1)\}_{\sup,\alpha};\\
x_3 &= \{\hat{f}(i_1,i_2,i_3)\}_{\sup,\alpha} - \{\hat{f}(i_1,i_2)\}_{\sup,\alpha};\\
&\vdots\\
x_n &= \{\hat{f}(i_1,i_2,\cdots,i_n)\}_{\sup,\alpha} - \{\hat{f}(i_1,i_2,\cdots,i_{n-1})\}_{\sup,\alpha}.
\end{aligned}$$

那么

$$x = w^{\pi}_{\sup,\alpha} \in Core_{\sup,\alpha}(N,\hat{f},\{N\}) \neq \varnothing.$$

定理 11.21　假设N是有限的局中人集合，$\alpha \in (0,1]$，$(N,\hat{f},\{N\})$是一个α乐观值凸的CGWUTP，那么一定有

$$Core_{\sup,\alpha}(N,\hat{f},\{N\}) = \mathcal{M}_{\sup,\alpha}(N,\hat{f},\{N\}).$$

第12章 悲观值不确定谈判集

对于不确定支付可转移合作博弈，立足于稳定分配的指导原则，基于经验设计了多个分配公理，得到一个重要的集值解概念：悲观值不确定谈判集(Pessimistic Uncertain Bargaining Set). 本章介绍不确定支付可转移合作博弈的悲观值不确定谈判集的定义、计算、性质、存在性、悲观值凸博弈的谈判集和核心的关系.本章的很多结论与期望值情形类似，所以省略了证明过程.

12.1 悲观值解概念的原则

对于一个CGWUTPCS，考虑的解概念即如何合理分配财富的过程，使得人人在约束下获得最大利益，解概念有两种：一种是集合，另一种是单点.

定义 12.1 假设N是一个有限的局中人集合，$\Gamma_{U,N}$表示其上的所有CGWUTP，解概念分为集值解概念和数值解概念.

(1) 集值解概念：$\phi:\Gamma_{U,N}\to\mathcal{P}(\mathbf{R}^N),\phi(N,\hat{f},\tau)\subseteq\mathbf{R}^N$.

(2) 数值解概念：$\phi:\Gamma_{U,N}\to\mathbf{R}^N,\phi(N,\hat{f},\tau)\in\mathbf{R}^N$.

解概念的定义过程是一个立足于分配的合理、稳定的过程，可以充分发挥创造力，从以下几个方面出发至少可以定义几个理性的分配向量集合.

第一个方面：个体参加联盟合作得到的财富应该大于等于个体单干得到的财富.这条性质称之为个体理性.第二个方面：联盟结构中的联盟最终得到的财富应该是这个联盟创造的财富.这条性质称之为结构理性.第三个方面：一个群体最终得到的财富应该大于等于这个联盟创造的财富.这条性质称之为集体理性.因为支付是不确定的，所以采用α悲观值作为一个确定的数值衡量标准.

定义 12.2 假设N是一个有限的局中人集合，$\alpha\in(0,1]$，$(N,\hat{f},\tau)$表示一个CGWUTPCS，其对应的α悲观值个体理性分配集定义为

$$X^0_{\inf,\alpha}(N,\hat{f},\tau)=\{x|\ x\in\mathbf{R}^N;x_i\geqslant\{\hat{f}(i)\}_{\inf,\alpha},\forall i\in N\}.$$

如果用α悲观值盈余函数来表示，那么α悲观值个体理性分配集实际上可以表示为

$$X^0_{\inf,\alpha}(N,\hat{f},\tau)=\{x|\ x\in\mathbf{R}^N;e_{\inf,\alpha}(\hat{f},x,i)\leqslant 0,\forall i\in N\}.$$

定义 12.3 假设N是一个有限的局中人集合，$\alpha\in(0,1]$，$(N,\hat{f},\tau)$表示一个CGWUTPCS，其对应的α悲观值结构理性分配集(α-optimistic preimputation) 定义为

$$X^1_{\inf,\alpha}(N,\hat{f},\tau)=\{x|\ x\in\mathbf{R}^N;x(A)=\{\hat{f}(A)\}_{\inf,\alpha},\forall A\in\tau\}.$$

如果用α悲观值盈余函数来表示，那么α-optimistic preimputation实际上可以表示为

$$X^1_{\inf,\alpha}(N,\hat{f},\tau)=\{x|\ x\in\mathbf{R}^N;e_{\inf,\alpha}(\hat{f},x,A)=0,\forall A\in\tau\}.$$

定义 12.4　假设N是一个有限的局中人集合，$\alpha\in(0,1]$，$(N,\hat{f},\tau)$表示一个CGWUTPCS，其对应的α悲观值集体理性分配集定义为

$$X^2_{\inf,\alpha}(N,\hat{f},\tau)=\{x|\ x\in\mathbf{R}^N;x(A)\geqslant\{\hat{f}(A)\}_{\inf,\alpha},\forall A\in\mathcal{P}(N)\}.$$

如果用α悲观值盈余函数来表示，那么α悲观值集体理性分配集实际上可以表示为

$$X^2_{\inf,\alpha}(N,\hat{f},\tau)=\{x|\ x\in\mathbf{R}^N;e_{\inf,\alpha}(\hat{f},x,B)\leqslant 0,\forall B\in\mathcal{P}(N)\}.$$

定义 12.5　假设N是一个有限的局中人集合，$\alpha\in(0,1]$，$(N,\hat{f},\tau)$表示一个CGWUTPCS，其对应的α悲观值可行分配向量集定义为

$$X^*_{\inf,\alpha}(N,\hat{f},\tau)=\{x|\ x\in\mathbf{R}^N;x(A)\leqslant\{\hat{f}(A)\}_{\inf,\alpha},\forall A\in\tau\}.$$

如果用α悲观值盈余函数来表示，那么α悲观值可行分配集实际上可以表示为

$$X^*_{\inf,\alpha}(N,\hat{f},\tau)=\{x|\ x\in\mathbf{R}^N;e_{\inf,\alpha}(\hat{f},x,A)\geqslant 0,\forall A\in\tau\}.$$

定义 12.6　假设N是一个有限的局中人集合，$\alpha\in(0,1]$，$(N,\hat{f},\tau)$表示一个CGWUTPCS，其对应的α悲观值可行理性分配集(α-optimistic imputation)定义为

$$\begin{aligned}X_{\inf,\alpha}(N,\hat{f},\tau)&=\{x|\ x\in\mathbf{R}^N;x_i\geqslant\{\hat{f}(i)\}_{\inf,\alpha},\forall i\in N;\\&\qquad x(A)=\{\hat{f}(A)\}_{\inf,\alpha},\forall A\in\tau\}\\&=X^0_{\inf,\alpha}(N,\hat{f},\tau)\bigcap X^1_{\inf,\alpha}(N,\hat{f},\tau).\end{aligned}$$

如果用α悲观值盈余函数来表示，那么α-optimistic imputation实际上可以表示为

$$\begin{aligned}X_{\inf,\alpha}(N,\hat{f},\tau)&=\{x|\ x\in\mathbf{R}^N;e_{\inf,\alpha}(\hat{f},x,i)\leqslant 0,\forall i\in N;\\&\qquad e_{\inf,\alpha}(\hat{f},x,A)=0,\forall A\in\tau\}.\end{aligned}$$

所有的基于α悲观值的解概念，无论是集值解概念还是数值解概念，都应该从三大α悲观值理性分配集以及α悲观值可行理性分配集出发来寻找.

12.2 悲观值不确定谈判集的定义

定义 12.7　假设N是一个有限的局中人集合，$\mathrm{Part}(N)$表示N上的所有划分，假设$\tau\in\mathrm{Part}(N)$，任取$i\in N$，用A_i或者$A_i(\tau)$表示在τ中的包含i的唯一非空子集，用

$$\mathrm{Pair}(\tau)=\{\{i,j\}|\ i,j\in N;A_i(\tau)=A_j(\tau)\}$$

表示与划分τ对应的伙伴对.τ中的某个子集可以记为$A(\tau)$.

定义 12.8　假设N是一个有限的局中人集合，$\alpha\in(0,1]$，$(N,\hat{f},\tau)$是带有一般联盟结构的CGWUTP，$x\in X_{\inf,\alpha}(N,\hat{f},\{\tau\})$是$\alpha$乐观值可行理性分配，假设$(k,l)\in\mathrm{Pair}(\tau)$，局中人$k$对局中人$l$在$x$处的一个$\alpha$悲观值异议是二元组$(C,y)$满足

$$(1)\ \ C\in\mathcal{P}(N),\text{s.t.},k\in C,l\notin C;$$

$$(2)\ \ y\in\mathbf{R}^C,\text{s.t.},y(C)=\{\hat{f}(C)\}_{\inf,\alpha};\forall i\in C,\text{s.t.},y_i>x_i.$$

局中人k对局中人l在x处的所有α悲观值异议记为$Object_{\inf,\alpha}(k\to l,x),\forall(k,l)\in\mathrm{Pair}(\tau),\forall x\in$

$X_{\inf,\alpha}(N,\hat{f},\tau)$.即

$$\begin{aligned} Object_{\inf,\alpha}(k\to l,x) &= \{(C,y)|\ k\in C, l\notin C; y\in \mathbf{R}^C,\\ &\qquad y(C)=\{\hat{f}(C)\}_{\inf,\alpha}, y_i>x_i, \forall i\in C\}. \end{aligned}$$

注释 12.1 α悲观值异议理解为局中人k要求局中人l将l的一些预期收益分配给k，k的底牌在于他可以抛开l组建新的联盟C，并且可带领联盟C中的成员获得比x更好的收益y.

定理 12.1 假设N是一个有限的局中人集合，$\alpha\in(0,1]$，$(N,\hat{f},\{N\})$是带有大联盟结构的CGWUTP，那么有

$$\begin{aligned} Core_{\inf,\alpha}(N,\hat{f},\{N\}) &= \{x|\ x\in X_{\inf,\alpha}(N,\hat{f},\{N\});\\ &\qquad Object_{\inf,\alpha}(k\to l,x)=\varnothing, \forall k,l\in N\}. \end{aligned}$$

定理 12.2 假设N是一个有限的局中人集合，$\alpha\in(0,1]$，$(N,\hat{f},\tau)$是带有一般联盟结构的CGWUTP，那么有

$$\begin{aligned} Core_{\inf,\alpha}(N,\hat{f},\tau) &= \{x|\ x\in X_{\inf,\alpha}(N,\hat{f},\tau);\\ &\qquad Object_{\inf,\alpha}(k\to l,x)=\varnothing, \forall (k,l)\in \mathrm{Pair}(\tau)\}. \end{aligned}$$

定义 12.9 假设N是一个有限的局中人集合，$\alpha\in(0,1]$，$(N,\hat{f},\tau)$是带有一般联盟结构的CGWUTP，$x\in X_{\inf,\alpha}(N,\hat{f},\{\tau\})$是$\alpha$乐观值可行理性分配，假设$(k,l)\in \mathrm{Pair}(\tau)$，取定$(C,y)\in Object_{\inf,\alpha}(k\to l,x)$，局中人$l$ 对局中人k在α悲观值异议(C,y)处的α悲观值反异议是二元组(D,z)，满足

$$\begin{aligned} &(1)\ \ D\in\mathcal{P}(N), \text{s.t.}, l\in D, k\notin D;\\ &(2)\ \ D\in\mathbf{R}^D, \text{s.t.}, z(D)=\{\hat{f}(D)\}_{\inf,\alpha};\\ &(3)\ \ z_i\geqslant x_i, \forall i\in D\setminus C;\\ &(4)\ \ z_i\geqslant y_i, \forall i\in D\cap C. \end{aligned}$$

局中人l对局中人k在α悲观值异议(C,y)处的α悲观值反异议记为

$$CountObject_{\inf,\alpha}(l\to k,(C,y)), \forall (k,l)\in \mathrm{Pair}(\tau), \forall (C,y)\in Object_{\inf,\alpha}(k\to l,x).$$

即

$$\begin{aligned} &CountObject_{\inf,\alpha}(l\to k,(C,y))\\ =\ &\{(D,z)|\ D\in\mathcal{P}(N), \text{s.t.}, l\in D, k\notin D\\ &\qquad D\in\mathbf{R}^D, \text{s.t.}, z(D)=\{\hat{f}(D)\}_{\inf,\alpha};\\ &\qquad z_i\geqslant x_i, \forall i\in D\setminus C;\\ &\qquad z_i\geqslant y_i, \forall i\in D\cap C\}. \end{aligned}$$

定义 12.10 假设N是一个有限的局中人集合，$\alpha\in(0,1]$，$(N,\hat{f},\tau)$是带有一般联盟结构的CGWUTP，$x\in X_{\inf,\alpha}(N,\hat{f},\{\tau\})$ 是α悲观值可行理性分配，假设$(k,l)\in \mathrm{Pair}(\tau)$，取定$(C,y)\in Object_{\inf,\alpha}(k\to l,x)$，称$(C,y)$ 是局中人k对局中人l在点x 处的α悲观值公正异议，如果$CountObject_{\inf,\alpha}(l\to k,(C,y))=\varnothing$.所有局中人$k$对局中人$l$ 在点x处的α悲观值公

正异议记为$JustObject_{\inf,\alpha}(k\to l,x)$.

定义 12.11　假设N是一个有限的局中人集合，$\alpha\in(0,1]$，$(N,\hat{f},\tau)$是带有一般联盟结构的CGWUTP，其集值解概念α悲观值不确定谈判集为

$$\begin{aligned}\mathcal{M}_{\inf,\alpha}(N,\hat{f},\tau) &= \{x|\ x\in X_{\inf,\alpha}(N,\hat{f},\tau);\\ &\qquad JustObject_{\inf,\alpha}(k\to l,x)=\varnothing,\forall(k,l)\in \mathrm{Pair}(\tau)\}.\end{aligned}$$

定理 12.3　假设N是一个有限的局中人集合，$\alpha\in(0,1]$，$(N,\hat{f},\tau)$是带有一般联盟结构的CGWUTP，并且$\tau=\{\{1\},\cdots,\{n\}\}$，那么其$\alpha$悲观值不确定谈判集为

$$\mathcal{M}_{\inf,\alpha}(N,\hat{f},\tau)=\{(\{\hat{f}(1)\}_{\inf,\alpha},\cdots,\{\hat{f}(n)\}_{\inf,\alpha})\}.$$

定理 12.4　假设N是一个有限的局中人集合，$\alpha\in(0,1]$，$(N,\hat{f},\tau)$是带有一般联盟结构的CGWUTP，那么其α悲观值不确定核心与α悲观值不确定谈判集之间的关系为

$$\mathcal{M}_{\inf,\alpha}(N,\hat{f},\tau)\supseteq Core_{\inf,\alpha}(N,\hat{f},\tau).$$

注释 12.2　根据上面的定理可知，α悲观值不确定谈判集包含α悲观值不确定核心，因此，α悲观值不确定谈判集的范围更广，有可能实现只要$X_{\inf,\alpha}(n,\hat{f},\tau)\neq\varnothing$，就一定有$\mathcal{M}_{\inf,\alpha}(N,\hat{f},\tau)\neq\varnothing$.

盈余函数刻画了联盟对一个分配的不满意程度，谈判集谈的也是联盟对一个分配的不满意程度，因此二者必然有着密切的关系.

定理 12.5　假设N是一个有限的局中人集合，$\alpha\in(0,1]$，$(N,\hat{f},\tau)$是带有一般联盟结构的CGWUTP，$x\in X_{\inf,\alpha}(N,\hat{f},\{\tau\})$是$\alpha$乐观值可行理性分配，假设$(k,l)\in\mathrm{Pair}(\tau)$，取定$(C,y)\in JustObject_{\inf,\alpha}(k\to l,x)$，如果$D\in\mathcal{P}(N),l\in D,k\notin D$，那么一定有

$$e_{\inf,\alpha}(\hat{f},x,D)<e_{\inf,\alpha}(\hat{f},x,C).$$

12.3 二人三人悲观值不确定谈判集

本节对二人合作博弈以及三人合作博弈的α悲观值不确定谈判集进行计算.

例 12.1　假设$N=\{1,2\}$是两个局中人集合，$\alpha\in(0,1]$，令$\tau=\{\{1\},\{2\}\}$是联盟结构，计算$(N,\hat{f},\tau)$的α悲观值不确定谈判集.

根据前文的定理可知

$$\mathcal{M}_{\inf,\alpha}(N,\hat{f},\tau)=\{(\{\hat{f}(1)\}_{\inf,\alpha},\{\hat{f}(2)\}_{\inf,\alpha})\}.$$

例 12.2　假设$N=\{1,2\}$是两个局中人集合，$\alpha\in(0,1]$，令$\tau=\{1,2\}$是联盟结构，计算$(N,\hat{f},\tau)$的α悲观值不确定谈判集.

首先计算$X_{\inf,\alpha}(N,\hat{f},\tau)$可得

$$\begin{aligned}X_{\inf,\alpha}(N,\hat{f},\tau) &= \{(x_1,x_2)|\ x_1\geqslant\{\hat{f}(1)\}_{\inf,\alpha},x_2\geqslant\{\hat{f}(2)\}_{\inf,\alpha},\\ &\qquad x_1+x_2=\{\hat{f}(1,2)\}_{\inf,\alpha}\}.\end{aligned}$$

所以如果

$$\{\hat{f}(1,2)\}_{\inf,\alpha}<\{\hat{f}(1)\}_{\inf,\alpha}+\{\hat{f}(2)\}_{\inf,\alpha},$$

那么

$$X_{\inf,\alpha}(N,\hat{f},\tau)=\varnothing,$$

一定有

$$\mathcal{M}_{\inf,\alpha}(N,\hat{f},\tau)=\varnothing.$$

如果

$$\{\hat{f}(1,2)\}_{\inf,\alpha}\geqslant\{\hat{f}(1)\}_{\inf,\alpha}+\{\hat{f}(2)\}_{\inf,\alpha},$$

那么

$$X_{\inf,\alpha}(N,\hat{f},\tau)\neq\varnothing.$$

下面计算

$$Object_{\inf,\alpha}(1\to 2,x),x\in X_{\inf,\alpha}(N,\hat{f},\tau),$$

根据定义可得$(1,y_1)$ 满足

$$y_1=\{\hat{f}(1)\}_{\inf,\alpha},y_1>x_1,$$

因为$x\in X_{\inf,\alpha}(N,\hat{f},\tau)$，一定有$x_1\geqslant\{\hat{f}(1)\}_{\inf,\alpha}$，所以有

$$Object_{\inf,\alpha}(1\to 2,x)=\varnothing,JustObject_{\inf,\alpha}(1\to 2,x)=\varnothing.$$

接着计算$Object_{\inf,\alpha}(2\to 1,x),\forall x\in X_{\inf,\alpha}(N,\hat{f},\tau)$，根据定义可得$(2,y_2)$满足

$$y_2=\{\hat{f}(2)\}_{\inf,\alpha},y_2>x_2,$$

因为$x\in X_{\inf,\alpha}(N,\hat{f},\tau)$，一定有$x_2\geqslant\{\hat{f}(2)\}_{\inf,\alpha}$，所以有

$$Object_{\inf,\alpha}(2\to 1,x)=\varnothing,JustObject_{\inf,\alpha}(2\to 1,x)=\varnothing.$$

根据谈判集的定义可得

$$\mathcal{M}_{\inf,\alpha}(N,\hat{f},\tau)=X_{\inf,\alpha}(N,\hat{f},\tau)=Core_{\inf,\alpha}(N,\hat{f},\tau).$$

例 12.3 假设$N=\{1,2,3\}$是三个局中人集合，$\alpha\in(0,1]$，令$\tau=\{\{1\},\{2\},\{3\}\}$是联盟结构，计算$(N,\hat{f},\tau)$的$\alpha$悲观值不确定谈判集.

根据前文的定理可知

$$\mathcal{M}_{\inf,\alpha}(N,\hat{f},\tau)=\{(\{\hat{f}(1)\}_{\inf,\alpha},\{\hat{f}(2)\}_{\inf,\alpha},\{\hat{f}(3)\}_{\inf,\alpha})\}.$$

例 12.4 假设$N=\{1,2,3\}$是三个局中人集合，$\alpha\in(0,1]$，令$\tau=\{1,2,3\}$是联盟结构，计算$(N,\hat{f},\tau)$的α悲观值不确定谈判集.

首先计算$X_{\inf,\alpha}(N,\hat{f},\tau)$可得

$$\begin{aligned}X_{\inf,\alpha}(N,\hat{f},\tau)\ &=\ \{(x_1,x_2,x_3)|\ x_1\geqslant\{\hat{f}(1)\}_{\inf,\alpha},x_2\geqslant\{\hat{f}(2)\}_{\inf,\alpha},\\&\qquad x_3\geqslant\{\hat{f}(3)\}_{\inf,\alpha},x_1+x_2+x_3=\{\hat{f}(1,2,3)\}_{\inf,\alpha}\}.\end{aligned}$$

所以如果

$$\{\hat{f}(1,2,3)\}_{\inf,\alpha}<\{\hat{f}(1)\}_{\inf,\alpha}+\{\hat{f}(2)\}_{\inf,\alpha}+\{\hat{f}(3)\}_{\inf,\alpha},$$

那么

$$X_{\inf,\alpha}(N,\hat{f},\tau)=\varnothing,$$

一定有

$$\mathcal{M}_{\inf,\alpha}(N,\hat{f},\tau)=\varnothing.$$

如果

$$\{\hat{f}(1,2,3)\}_{\inf,\alpha}\geqslant\{\hat{f}(1)\}_{\inf,\alpha}+\{\hat{f}(2)\}_{\inf,\alpha}+\{\hat{f}(3)\}_{\inf,\alpha},$$

那么

$$X_{\inf,\alpha}(N,\hat{f},\tau)\neq\varnothing.$$

下面计算

$$Object_{\inf,\alpha}(1\to 2,x),x\in X_{\inf,\alpha}(N,\hat{f},\tau).$$

分两种情况：一是$(\{1\},y_1)$；二是$(\{1,3\},(y_1,y_3))$.

首先计算$(1,y_1)$，根据定义可得$(1,y_1)$ 满足

$$y_1=\{\hat{f}(1)\}_{\inf,\alpha},y_1>x_1,$$

因为$x\in X_{\inf,\alpha}(N,\hat{f},\tau)$，一定有$x_1\geqslant\{\hat{f}(1)\}_{\inf,\alpha}$，所以$(1,y_1)$不存在.

其次计算$(\{1,3\},(y_1,y_3))$可得

$$y_1+y_3=\{\hat{f}(1,3)\}_{\inf,\alpha};y_1>x_1,y_3>x_3,$$

因为$x\in X_{\inf,\alpha}(N,\hat{f},\tau)$，所以若$x_1+x_3\geqslant\{\hat{f}(1,3)\}_{\inf,\alpha}$，上面的方程$(\{1,3\},(y_1,y_3))$无解.若$x_1+x_3<\{\hat{f}(1,3)\}_{\inf,\alpha}$，那么上面的方程一定有解，即$(\{1,3\},(y_1,y_3))$存在，此时

$$\begin{aligned}Object_{\inf,\alpha}(1\to 2,x)\ =\ &\{(\{1,3\},(y_1,\{\hat{f}(1,3)\}_{\inf,\alpha}-y_1)),\\&y_1>x_1,\{\hat{f}(1,3)\}_{\inf,\alpha}-y_1>x_3\}.\end{aligned}$$

同理可得其他几类情形.综上可得

$$\begin{aligned}&\{\hat{f}(1,2,3)\}_{\inf,\alpha}\geqslant\{\hat{f}(1)\}_{\inf,\alpha}+\{\hat{f}(2)\}_{\inf,\alpha}+\{\hat{f}(3)\}_{\inf,\alpha}\Leftrightarrow X_{\inf,\alpha}(N,\hat{f},\tau)\neq\varnothing;\\&Object_{\inf,\alpha}(1\to 2,x)=\{(\{1,3\},(y_1,y_3))\}\neq\varnothing\Leftrightarrow x_1+x_3<\{\hat{f}(1,3)\}_{\inf,\alpha};\\&Object_{\inf,\alpha}(1\to 3,x)=\{(\{1,2\},(y_1,y_2))\}\neq\varnothing\Leftrightarrow x_1+x_2<\{\hat{f}(1,2)\}_{\inf,\alpha};\\&Object_{\inf,\alpha}(2\to 1,x)=\{(\{2,3\},(y_2,y_3))\}\neq\varnothing\Leftrightarrow x_2+x_3<\{\hat{f}(2,3)\}_{\inf,\alpha};\\&Object_{\inf,\alpha}(2\to 3,x)=\{(\{1,2\},(y_1,y_2))\}\neq\varnothing\Leftrightarrow x_1+x_2<\{\hat{f}(1,2)\}_{\inf,\alpha};\\&Object_{\inf,\alpha}(3\to 1,x)=\{(\{2,3\},(y_2,y_3))\}\neq\varnothing\Leftrightarrow x_2+x_3<\{\hat{f}(2,3)\}_{\inf,\alpha};\\&Object_{\inf,\alpha}(3\to 2,x)=\{(\{1,3\},(y_1,y_3))\}\neq\varnothing\Leftrightarrow x_1+x_3<\{\hat{f}(1,3)\}_{\inf,\alpha}.\end{aligned}$$

任取

$$(\{1,3\},(y_1,y_3))\in Object_{\inf,\alpha}(1\to 2,x),$$

需要计算

$$CountObject_{\inf,\alpha}(2 \to 1, (\{1,3\}, (y_1, y_3))).$$

分两种情况：一是$(2, z_2)$；二是$(\{2,3\}, (z_2, z_3))$.首先计算$(2, z_2)$，根据定义可得$(2, z_2)$满足

$$z_2 = \{\hat{f}(2)\}_{\inf,\alpha}; z_2 \geqslant x_2,$$

即

$$(2, \{\hat{f}(2)\}_{\inf,\alpha}) \in CountObject_{\inf,\alpha}(2 \to 1, (\{1,3\}, (y_1, y_3))),$$

当且仅当$x_2 = \{\hat{f}(2)\}_{\inf,\alpha}$.其次计算$(\{2,3\}, (z_2, z_3))$，根据定义满足

$$z_2 + z_3 = \{\hat{f}(2,3)\}_{\inf,\alpha}, z_2 \geqslant x_2; z_3 = \{\hat{f}(2,3)\}_{\inf,\alpha} - z_2 \geqslant y_3.$$

此时

$$(\{2,3\}, (z_2, z_3)) \in CountObject_{\inf,\alpha}(2 \to 1, (\{1,3\}, (y_1, y_3))),$$

当且仅当$z_2 \geqslant x_2, \{\hat{f}(2,3)\}_{\inf,\alpha} - z_2 \geqslant y_3$, 综上可得,要使

$$JustObject_{\inf,\alpha}(1 \to 2, x) \neq \varnothing,$$

当且仅当

$$x_1 + x_3 < \{\hat{f}(1,3)\}_{\inf,\alpha}, x_2 \neq \{\hat{f}(2)\}_{\inf,\alpha},$$
$$\{\hat{f}(2,3)\}_{\inf,\alpha} - x_2 < \{\hat{f}(1,3)\}_{\inf,\alpha} - x_1.$$

因此

$$JustObject_{\inf,\alpha}(1 \to 2, x) = \varnothing,$$

当且仅当

$$x_1 + x_3 \geqslant \{\hat{f}(1,3)\}_{\inf,\alpha} \text{或者} x_2 = \{\hat{f}(2)\}_{\inf,\alpha}$$
$$\text{或者} \{\hat{f}(2,3)\}_{\inf,\alpha} - x_2 \geqslant \{\hat{f}(1,3)\}_{\inf,\alpha} - x_1.$$

综合可得

$$\begin{aligned}
& JustObject(1 \to 2, x) = \varnothing \\
\Leftrightarrow\ & x_1 + x_3 \geqslant \{\hat{f}(1,3)\}_{\inf,\alpha} \text{或者} x_2 = \{\hat{f}(2)\}_{\inf,\alpha} \\
& \text{或者} \{\hat{f}(2,3)\}_{\inf,\alpha} - x_2 \geqslant \{\hat{f}(1,3)\}_{\inf,\alpha} - x_1; \\
& JustObject(1 \to 3, x) = \varnothing \\
\Leftrightarrow\ & x_1 + x_2 \geqslant \{\hat{f}(1,2)\}_{\inf,\alpha} \text{或者} x_3 = \{\hat{f}(3)\}_{\inf,\alpha} \\
& \text{或者} \{\hat{f}(2,3)\}_{\inf,\alpha} - x_3 \geqslant \{\hat{f}(1,2)\}_{\inf,\alpha} - x_1; \\
& JustObject(2 \to 1, x) = \varnothing \\
\Leftrightarrow\ & x_2 + x_3 \geqslant \{\hat{f}(2,3)\}_{\inf,\alpha} \text{或者} x_1 = \{\hat{f}(1)\}_{\inf,\alpha} \\
& \text{或者} \{\hat{f}(1,3)\}_{\inf,\alpha} - x_1 \geqslant \{\hat{f}(2,3)\}_{\inf,\alpha} - x_2; \\
& JustObject(2 \to 3, x) = \varnothing
\end{aligned}$$

$$\begin{aligned}\Leftrightarrow\quad & x_1+x_2\geqslant\{\hat{f}(1,2)\}_{\inf,\alpha}\text{或者}x_3=\{\hat{f}(3)\}_{\inf,\alpha}\\ & \text{或者}\{\hat{f}(1,3)\}_{\inf,\alpha}-x_3\geqslant\{\hat{f}(1,2)\}_{\inf,\alpha}-x_2;\\ & JustObject(3\to 1,x)=\varnothing\\ \Leftrightarrow\quad & x_2+x_3\geqslant\{\hat{f}(2,3)\}_{\inf,\alpha}\text{或者}x_1=\{\hat{f}(1)\}_{\inf,\alpha}\\ & \text{或者}\{\hat{f}(1,2)\}_{\inf,\alpha}-x_1\geqslant\{\hat{f}(2,3)\}_{\inf,\alpha}-x_3;\\ & JustObject(3\to 2,x)=\varnothing\\ \Leftrightarrow\quad & x_1+x_3\geqslant\{\hat{f}(1,3)\}_{\inf,\alpha}\text{或者}x_2=\{\hat{f}(2)\}_{\inf,\alpha}\\ & \text{或者}\{\hat{f}(1,2)\}_{\inf,\alpha}-x_2\geqslant\{\hat{f}(1,3)\}_{\inf,\alpha}-x_3.\end{aligned}$$

若要求解$\mathcal{M}_{\inf,\alpha}(N,\hat{f},\tau)$，只需要在$X_{\inf,\alpha}(N,\hat{f},\tau)$中求解上面的线性方程等式和不等式组即可.

例 12.5 假设$N=\{1,2,3\}$是三个局中人集合，$\alpha\in(0,1]$，令$\tau=\{\{1,2\},3\}$是联盟结构，计算$(N,\hat{f},\tau)$的α悲观值不确定谈判集.

首先计算$X_{\inf,\alpha}(N,\hat{f},\tau)$可得

$$\begin{aligned}X_{\inf,\alpha}(N,\hat{f},\tau)\quad=\quad & \{(x_1,x_2,x_3)|\,x_1\geqslant\{\hat{f}(1)\}_{\inf,\alpha},x_2\geqslant\{\hat{f}(2)\}_{\inf,\alpha},\\ & x_3=\{\hat{f}(3)\}_{\inf,\alpha},x_1+x_2=\{\hat{f}(1,2)\}_{\inf,\alpha}\}.\end{aligned}$$

所以如果

$$\{\hat{f}(1,2)\}_{\inf,\alpha}<\{\hat{f}(1)\}_{\inf,\alpha}+\{\hat{f}(2)\}_{\inf,\alpha},$$

那么

$$X_{\inf,\alpha}(N,\hat{f},\tau)=\varnothing,$$

一定有

$$\mathcal{M}_{\inf,\alpha}(N,\hat{f},\tau)=\varnothing.$$

如果

$$\{\hat{f}(1,2)\}_{\inf,\alpha}\geqslant\{\hat{f}(1)\}_{\inf,\alpha}+\{\hat{f}(2)\}_{\inf,\alpha},$$

那么

$$X_{\inf,\alpha}(N,\hat{f},\tau)\neq\varnothing.$$

下面计算

$$Object_{\inf,\alpha}(1\to 2,x),x\in X_{\inf,\alpha}(N,\hat{f},\tau).$$

分两种情况：一是$(\{1\},y_1)$；二是$(\{1,3\},(y_1,y_3))$.

首先计算$(1,y_1)$，根据定义可得$(1,y_1)$ 满足

$$y_1=\{\hat{f}(1)\}_{\inf,\alpha},y_1>x_1,$$

因为$x\in X_{\inf,\alpha}(N,\hat{f},\tau)$，一定有$x_1\geqslant\{\hat{f}(1)\}_{\inf,\alpha}$，所以$(1,y_1)$不存在.

其次计算$(\{1,3\},(y_1,y_3))$可得

$$y_1+y_3=\{\hat{f}(1,3)\}_{\inf,\alpha}; y_1>x_1, y_3>x_3=\{\hat{f}(3)\}_{\inf,\alpha},$$

因为$x\in X_{\inf,\alpha}(N,\hat{f},\tau)$，所以若$x_1+x_3\geqslant\{\hat{f}(1,3)\}_{\inf,\alpha}$，上面的方程$(\{1,3\},(y_1,y_3))$无解.若$x_1+x_3<\{\hat{f}(1,3)\}_{\inf,\alpha}$，那么上面的方程一定有解，即$(\{1,3\},(y_1,y_3))$存在，此时

$$\begin{aligned}Object_{\inf,\alpha}(1\to 2,x) \quad = \quad & \{((\{1,3\},(y_1,\{\hat{f}(1,3)\}_{\inf,\alpha}-y_1)), y_1>x_1,\\ & \{\hat{f}(1,3)\}_{\inf,\alpha}-y_1>x_3\}.\end{aligned}$$

同理可得其他几类情形.综上可得

$$\{\hat{f}(1,2)\}_{\inf,\alpha}\geqslant\{\hat{f}(1)\}_{\inf,\alpha}+\{\hat{f}(2)\}_{\inf,\alpha}\Leftrightarrow X_{\inf,\alpha}(N,\hat{f},\tau)\neq\varnothing;$$

$$Object_{\inf,\alpha}(1\to 2,x)=\{((\{1,3\},(y_1,y_3))\}\neq\varnothing\Leftrightarrow x_1+x_3<\{\hat{f}(1,3)\}_{\inf,\alpha};$$

$$Object_{\inf,\alpha}(2\to 1,x)=\{((\{2,3\},(y_2,y_3))\}\neq\varnothing\Leftrightarrow x_2+x_3<\{\hat{f}(2,3)\}_{\inf,\alpha}.$$

任取

$$(\{1,3\},(y_1,y_3))\in Object_{\inf,\alpha}(1\to 2,x)$$

需要计算

$$CountObject_{\inf,\alpha}(2\to 1,(\{1,3\},(y_1,y_3))).$$

分两种情况：一是$(2,z_2)$；二是$(\{2,3\},(z_2,z_3))$.首先计算$(2,z_2)$，根据定义可得$(2,z_2)$满足

$$z_2=\{\hat{f}(2)\}_{\inf,\alpha}; z_2\geqslant x_2,$$

即

$$(2,\hat{f}(2))\in CountObject_{\inf,\alpha}(2\to 1,(\{1,3\},(y_1,y_3))),$$

当且仅当$x_2=\{\hat{f}(2)\}_{\inf,\alpha}$.其次计算$(\{2,3\},(z_2,z_3))$，根据定义满足

$$z_2+z_3=\{\hat{f}(2,3)\}_{\inf,\alpha}, z_2\geqslant x_2; z_3=\{\hat{f}(2,3)\}_{\inf,\alpha}-z_2\geqslant y_3.$$

此时

$$(\{2,3\},(z_2,z_3))\in CountObject_{\inf,\alpha}(2\to 1,(\{1,3\},(y_1,y_3))),$$

当且仅当$z_2\geqslant x_2,\{\hat{f}(2,3)\}_{\inf,\alpha}-z_2\geqslant y_3$,综上可得，要使

$$JustObject_{\inf,\alpha}(1\to 2,x)\neq\varnothing,$$

当且仅当

$$x_1+x_3<\{\hat{f}(1,3)\}_{\inf,\alpha}, x_2\neq\{\hat{f}(2)\}_{\inf,\alpha}, \{\hat{f}(2,3)\}_{\inf,\alpha}-x_2<\{\hat{f}(1,3)\}_{\inf,\alpha}-x_1.$$

因此

$$JustObject_{\inf,\alpha}(1\to 2,x)=\varnothing,$$

当且仅当

$$x_1+x_3\geqslant\{\hat{f}(1,3)\}_{\inf,\alpha}\text{或者}x_2=\{\hat{f}(2)\}_{\inf,\alpha}$$

$$或者\{\hat{f}(2,3)\}_{\inf,\alpha}-x_2\geqslant\{\hat{f}(1,3)\}_{\inf,\alpha}-x_1.$$

综合可得

$$\begin{aligned}&JustObject_{\inf,\alpha}(1\to 2,x)=\varnothing\\ \Leftrightarrow\ &x_1+x_3\geqslant\{\hat{f}(1,3)\}_{\inf,\alpha}或者x_2=\{\hat{f}(2)\}_{\inf,\alpha}\\ &或者\{\hat{f}(2,3)\}_{\inf,\alpha}-x_2\geqslant\{\hat{f}(1,3)\}_{\inf,\alpha}-x_1;\\ &JustObject_{\inf,\alpha}(2\to 1,x)=\varnothing\\ \Leftrightarrow\ &x_2+x_3\geqslant\{\hat{f}(2,3)\}_{\inf,\alpha}或者x_1=\{\hat{f}(1)\}_{\inf,\alpha}\\ &或者\{\hat{f}(1,3)\}_{\inf,\alpha}-x_1\geqslant\{\hat{f}(2,3)\}_{\inf,\alpha}-x_2.\end{aligned}$$

若要求解$\mathcal{M}_{\inf,\alpha}(N,\hat{f},\tau)$，只需要在$X_{\inf,\alpha}(N,\hat{f},\tau)$中求解上面的线性方程等式和不等式组即可.

例 12.6 假设$N=\{1,2,3\}$是三个局中人集合，$\alpha\in(0,1]$，令$\tau=\{\{1,3\},2\}$是联盟结构，计算$(N,\hat{f},\tau)$的α悲观值不确定谈判集.

同理可得

$$\begin{aligned}&JustObject_{\inf,\alpha}(1\to 3,x)=\varnothing\\ \Leftrightarrow\ &x_1+x_2\geqslant\{\hat{f}(1,2)\}_{\inf,\alpha}或者x_3=\{\hat{f}(3)\}_{\inf,\alpha}\\ &或者\{\hat{f}(2,3)\}_{\inf,\alpha}-x_3\geqslant\{\hat{f}(1,2)\}_{\inf,\alpha}-x_1;\\ &JustObject_{\inf,\alpha}(3\to 1,x)=\varnothing\\ \Leftrightarrow\ &x_2+x_3\geqslant\{\hat{f}(2,3)\}_{\inf,\alpha}或者x_1=\{\hat{f}(1)\}_{\inf,\alpha}\\ &或者\{\hat{f}(1,2)\}_{\inf,\alpha}-x_1\geqslant\{\hat{f}(2,3)\}_{\inf,\alpha}-x_3.\end{aligned}$$

若要求解$\mathcal{M}_{\inf,\alpha}(N,\hat{f},\tau)$，只需要在$X_{\inf,\alpha}(N,\hat{f},\tau)$中求解上面的线性方程等式和不等式组即可.

例 12.7 假设$N=\{1,2,3\}$是三个局中人集合，$\alpha\in(0,1]$，令$\tau=\{\{2,3\},1\}$是联盟结构，计算$(N,\hat{f},\tau)$的α悲观值不确定谈判集.

同理可得

$$\begin{aligned}&JustObject_{\inf,\alpha}(2\to 3,x)=\varnothing\\ \Leftrightarrow\ &x_1+x_2\geqslant\{\hat{f}(1,2)\}_{\inf,\alpha}或者x_3=\{\hat{f}(3)\}_{\inf,\alpha}\\ &或者\{\hat{f}(1,3)\}_{\inf,\alpha}-x_3\geqslant\{\hat{f}(1,2)\}_{\inf,\alpha}-x_2;\\ &JustObject(3\to 2,x)=\varnothing\\ \Leftrightarrow\ &x_1+x_3\geqslant\{\hat{f}(1,3)\}_{\inf,\alpha}或者x_2=\{\hat{f}(2)\}_{\inf,\alpha}\\ &或者\{\hat{f}(1,2)\}_{\inf,\alpha}-x_2\geqslant\{\hat{f}(1,3)\}_{\inf,\alpha}-x_3.\end{aligned}$$

若要求解$\mathcal{M}_{\inf,\alpha}(N,\hat{f},\tau)$，只需要在$X_{\inf,\alpha}(N,\hat{f},\tau)$中求解上面的线性方程等式和不等式组即可.

12.4 悲观值不确定谈判集的性质

上一节求解了二人合作博弈与三人合作博弈的α悲观值不确定谈判集，本节在理论上证明α悲观值不确定谈判集的一些重要性质.

定理 12.6 假设N是一个有限的局中人集合，$\alpha \in (0,1]$，$(N,\hat{f},\tau)$是带有一般联盟结构的CGWUTPO，那么它的α悲观值不确定谈判集$\mathcal{M}_{\inf,\alpha}(N,\hat{f},\tau)$是有界闭的集合，特别是有限个多面体的并集.

上面的证明过程实际上给出了谈判集的一些求解算法，即如下几个定理.

定理 12.7 假设N是一个有限的局中人集合，$\alpha \in (0,1]$，$(N,\hat{f},\tau)$是带有一般联盟结构的CGWUTP，假设$(k,l) \in \mathrm{Pair}(\tau)$，取定$x \in \mathbf{R}^N$，那么

$$Object_{\inf,\alpha}(k \to l, x) \neq \varnothing,$$

当且仅当

$$\exists A \subseteq N, k \in A, l \notin A, \text{s.t.}, \sum_{i \in A} x_i < \{\hat{f}(A)\}_{\inf,\alpha}.$$

定理 12.8 假设N是一个有限的局中人集合，$\alpha \in (0,1]$，$(N,\hat{f},\tau)$是带有一般联盟结构的CGWUTP，假设$(k,l) \in \mathrm{Pair}(\tau)$，取定$x \in \mathbf{R}^N$，那么

$$Object_{\inf,\alpha}(k \to l, x) = \varnothing,$$

当且仅当

$$\forall A \subseteq N, k \in A, l \notin A, \text{s.t.}, \sum_{i \in A} x_i \geqslant \{\hat{f}(A)\}_{\inf,\alpha}.$$

定理 12.9 假设N是一个有限的局中人集合，$\alpha \in (0,1]$，$(N,\hat{f},\tau)$是带有一般联盟结构的CGWUTP，假设$(k,l) \in \mathrm{Pair}(\tau)$，取定$x \in \mathbf{R}^N$，并且

$$(A,\cdot) \in Object_{\inf,\alpha}(k \to l, x),$$

那么

$$CountObject_{\inf,\alpha}(l \to k, (A,\cdot), x) \neq \varnothing,$$

当且仅当

$$\begin{aligned} &\exists B \subseteq N, l \in B, k \notin B, \text{s.t.}, \\ &B \cap A = \varnothing \Rightarrow \{\hat{f}(B)\}_{\inf,\alpha} \geqslant \sum_{i \in B} x_i; \\ &B \cap A \neq \varnothing \Rightarrow \{\hat{f}(B)\}_{\inf,\alpha} - \sum_{i \in B \setminus A} x_i \geqslant \{\hat{f}(A)\}_{\inf,\alpha} - \sum_{i \in A \setminus B} x_i. \end{aligned}$$

定理 12.10 假设N是一个有限的局中人集合，$\alpha \in (0,1]$，$(N,\hat{f},\tau)$是带有一般联盟结构的CGWUTP，假设$(k,l) \in \mathrm{Pair}(\tau)$，取定$x \in \mathbf{R}^N$，并且

$$(A,\cdot) \in Object_{\inf,\alpha}(k \to l, x),$$

那么

$$CountObject_{\inf,\alpha}(l \to k, (A,\cdot), x) = \varnothing,$$

当且仅当

$$\begin{aligned}
&\forall B \subseteq N, l \in B, k \notin B, \text{s.t.},\\
&B \cap A = \varnothing \Rightarrow \{\hat{f}(B)\}_{\inf,\alpha} < \sum_{i \in B} x_i;\\
&B \cap A \neq \varnothing \Rightarrow \{\hat{f}(B)\}_{\inf,\alpha} - \sum_{i \in B \setminus A} x_i < \{\hat{f}(A)\}_{\inf,\alpha} - \sum_{i \in A \setminus B} x_i.
\end{aligned}$$

定理 12.11　假设N是一个有限的局中人集合，$\alpha \in (0,1]$，$(N, \hat{f}, \tau)$是带有一般联盟结构的CGWUTP，假设$(k,l) \in \mathrm{Pair}(\tau)$，取定$x \in \mathbf{R}^N$，那么

$$JustObject_{\inf,\alpha}(k \to l, x) \neq \varnothing,$$

当且仅当

$$\begin{aligned}
&\exists A \subseteq N, k \in A, l \notin A, \text{s.t.}, \sum_{i \in A} x_i < \{\hat{f}(A)\}_{\inf,\alpha};\\
&\forall B \subseteq N, l \in B, k \notin B, \text{s.t.},\\
&B \cap A = \varnothing \Rightarrow \{\hat{f}(B)\}_{\inf,\alpha} < \sum_{i \in B} x_i;\\
&B \cap A \neq \varnothing \Rightarrow \{\hat{f}(B)\}_{\inf,\alpha} - \sum_{i \in B \setminus A} x_i < \{\hat{f}(A)\}_{\inf,\alpha} - \sum_{i \in A \setminus B} x_i.
\end{aligned}$$

定理 12.12　假设N是一个有限的局中人集合，$\alpha \in (0,1]$，$(N, \hat{f}, \tau)$是带有一般联盟结构的CGWUTP，假设$(k,l) \in \mathrm{Pair}(\tau)$，取定$x \in \mathbf{R}^N$，那么

$$JustObject_{\inf,\alpha}(k \to l, x) = \varnothing,$$

当且仅当

$$\forall A \subseteq N, k \in A, l \notin A,$$

要么有

$$\sum_{i \in A} x_i \geqslant \{\hat{f}(A)\}_{\inf,\alpha},$$

要么有

$$\begin{aligned}
&\exists B \subseteq N, l \in B, k \notin B, \text{s.t.},\\
&B \cap A = \varnothing \Rightarrow \{\hat{f}(B)\}_{\inf,\alpha} \geqslant \sum_{i \in B} x_i;\\
&B \cap A \neq \varnothing \Rightarrow \{\hat{f}(B)\}_{\inf,\alpha} - \sum_{i \in B \setminus A} x_i \geqslant \{\hat{f}(A)\}_{\inf,\alpha} - \sum_{i \in A \setminus B} x_i.
\end{aligned}$$

上面的定理实际上给出了α悲观值不确定谈判集的求解算法，经过简单计算可知

$$\{x |\ JustObject_{\inf,\alpha}(k \to l, x) = \varnothing\} = \cup_{A,B \in \mathcal{P}(N \setminus \{k,l\})} H_{kl}(A,B)$$

需要求解的线性方程的个数是$2^{n-2} \times 2^{n-2}$个.$X_{\inf,\alpha}(N, \hat{f}, \tau)$需要求解的线性方程的个数是$2^n - 1$个.$\mathrm{Pair}(\tau)$的个数是$\Pi_{A \in \tau}|A|(|A|-1)$.所以整个问题的规模可以粗略计算为

$$4^{n-2}\Pi_{A \in \tau}|A|(|A|-1) + 2^n - 1.$$

因此求解一个合作博弈的α悲观值不确定谈判集的问题是一个复杂度随问题规模指数增长的复杂问题.

定理 12.13 假设N是一个有限的局中人集合，$\alpha \in (0,1]$，$(N,\hat{f},\tau)$是带有一般联盟结构的CGWUTP，假设$\lambda > 0, b \in \mathbf{R}^n$，那么有

$$\mathcal{M}_{\mathrm{inf},\alpha}(N,\lambda\hat{f}+b,\tau)=\lambda\mathcal{M}_{\mathrm{inf},\alpha}(N,\hat{f},\tau)+b.$$

回到最本源的问题：不确定支付可转移合作博弈的α悲观值不确定谈判集非空吗？

定理 12.14 假设N是一个有限的局中人集合，$\alpha \in (0,1]$，$(N,\hat{f},\tau)$是带有一般联盟结构的CGWUTP.

(1) 如果$X_{\mathrm{inf},\alpha}(N,\hat{f},\tau)=\varnothing$，那么它的$\alpha$悲观值不确定谈判集$\mathcal{M}_{\mathrm{inf},\alpha}(N,\hat{f},\tau)=\varnothing$；

(2) 如果$X_{\mathrm{inf},\alpha}(N,\hat{f},\tau)\neq\varnothing$，那么它的$\alpha$悲观值不确定谈判集$\mathcal{M}_{\mathrm{inf},\alpha}(N,\hat{f},\tau)\neq\varnothing$.

定理 12.15 假设N是一个有限的局中人集合，$\alpha \in (0,1]$，$(N,\hat{f},\{N\})$是带有大联盟结构的 CGWUTP，如果 $X_{\mathrm{inf},\alpha}(N,\hat{f},\{N\})\neq\varnothing$，那么它的$\alpha$悲观值不确定谈判集$\mathcal{M}_{\mathrm{inf},\alpha}(N,\hat{f},\{N\})\neq\varnothing$.

为了证明上面的大联盟结构α悲观值不确定谈判集非空定理，需要一些准备工作.

定义 12.12 假设N是一个有限的局中人集合，$\alpha \in (0,1]$，$(N,\hat{f},\{N\})$是带有大联盟结构的CGWUTP，$k,l\in N, x\in X_{\mathrm{inf},\alpha}(N,\hat{f},\{N\})$，称局中人$k$在分配$x$上$\alpha$悲观值强于局中人$l$，记为$k>_x l$，如果满足

$$JustObject_{\mathrm{inf},\alpha}(k\to l,x)\neq\varnothing.$$

定理 12.16 假设N是一个有限的局中人集合，$\alpha \in (0,1]$，$(N,\hat{f},\{N\})$是带有大联盟结构的CGWUTP，取定$x\in X_{\mathrm{inf},\alpha}(N,\hat{f},\{N\})$，那么关系$>_x$不能构成圈链.即如果

$$1>_x 2>_x\cdots>_x t-1>_x t,$$

那么

$$t>_x 1$$

不成立

下面的定理是拓扑学中非常著名的KKM定理，这里引用如下，不证明，感兴趣的读者可参考标准的拓扑学教材.

定理 12.17 假设$S(n)$是$\mathbf{R}^n$中的单纯形，即

$$S(n)=\{x|\ x\in\mathbf{R}^n;\sum_{i=1}^n x_i=1;x_i\geqslant 0,\forall i=1,\cdots,n\}.$$

假设$X_1,\cdots,X_n\subseteq S(n)$是紧致(有界闭)子集，满足

$$\{x|\ x\in S(n);x_i=0\}\subseteq X_i, i=1,\cdots,n,$$

和

$$\bigcup_{i=1}^n X_i=S(n).$$

那么

$$\bigcap_{i=1}^{n} X_i \neq \varnothing.$$

定义 12.13　假设N是一个有限的局中人集合，$\alpha \in (0,1]$，$(N,\hat{f},\{N\})$是带有大联盟结构的CGWUTP，$k,l \in N$，定义

$$Y_{kl} = \{x |\ x \in X_{\inf,\alpha}(N,\hat{f},\{N\}), \text{s.t.}, k >_x l\}.$$

定理 12.18　假设N是一个有限的局中人集合，$\alpha \in (0,1]$，$(N,\hat{f},\{N\})$是带有大联盟结构的CGWUTP，取定$k,l \in N$，那么存在$Q_{kl} \subseteq \mathbf{R}^N$是开集(每一点都是内部)，使得

$$Y_{kl} = X_{\inf,\alpha}(N,\hat{f},\{N\}) \cap Q_{kl}.$$

即Y_{kl}是$X_{\inf,\alpha}(N,\hat{f},\{N\})$的相对开集.

定理 12.19　假设N是一个有限的局中人集合，$\alpha \in (0,1]$，$(N,\hat{f},\{N\})$是带有大联盟结构的CGWUTP，如果$X_{\inf,\alpha}(N,\hat{f},\{N\}) \neq \varnothing$，那么它的$\alpha$悲观值不确定谈判集$\mathcal{M}_{\inf,\alpha}(N,\hat{f},\{N\}) \neq \varnothing$.

12.5 悲观值凸博弈的悲观值不确定谈判集

定义 12.14　假设N是有限的局中人集合，$\alpha \in (0,1]$，$(N,\hat{f},\{N\})$是一个CGWUTP，称其为α悲观值凸博弈，如果满足

$$\forall A,B \in \mathcal{P}(N), \{\hat{f}(A)\}_{\inf,\alpha} + \{\hat{f}(B)\}_{\inf,\alpha} \leqslant \{\hat{f}(A\cap B)\}_{\inf,\alpha} + \{\hat{f}(A\cup B)\}_{\inf,\alpha}.$$

定义 12.15　假设N是有限的局中人集合，$\alpha \in (0,1]$，$(N,\hat{f},\{N\})$是一个CGWUTP，$\pi = (i_1,\cdots,i_n)$是一个置换，构造向量$x \in \mathbf{R}^N$为

$$\begin{aligned}
x_1 &= \{\hat{f}(i_1)\}_{\inf,\alpha};\\
x_2 &= \{\hat{f}(i_1,i_2)\}_{\inf,\alpha} - \{\hat{f}(i_1)\}_{\inf,\alpha};\\
x_3 &= \{\hat{f}(i_1,i_2,i_3)\}_{\inf,\alpha} - \{\hat{f}(i_1,i_2)\}_{\inf,\alpha};\\
&\vdots\\
x_n &= \{\hat{f}(i_1,i_2,\cdots,i_n)\}_{\inf,\alpha} - \{\hat{f}(i_1,i_2,\cdots,i_{n-1})\}_{\inf,\alpha}.
\end{aligned}$$

上面的这个向量记为$x := w^{\pi}_{\inf,\alpha}$.

定理 12.20　假设N是有限的局中人集合，$\alpha \in (0,1]$，$(N,\hat{f},\{N\})$是一个CGWUTP，$\pi = (i_1,\cdots,i_n)$是一个置换，向量$x = w^{\pi}_{\inf,\alpha} \in \mathbf{R}^N$为

$$\begin{aligned}
x_1 &= \{\hat{f}(i_1)\}_{\inf,\alpha};\\
x_2 &= \{\hat{f}(i_1,i_2)\}_{\inf,\alpha} - \{\hat{f}(i_1)\}_{\inf,\alpha};\\
x_3 &= \{\hat{f}(i_1,i_2,i_3)\}_{\inf,\alpha} - \{\hat{f}(i_1,i_2)\}_{\inf,\alpha};\\
&\vdots\\
x_n &= \{\hat{f}(i_1,i_2,\cdots,i_n)\}_{\inf,\alpha} - \{\hat{f}(i_1,i_2,\cdots,i_{n-1})\}_{\inf,\alpha}.
\end{aligned}$$

那么

$$x = w^{\pi}_{\inf,\alpha} \in Core_{\inf,\alpha}(N, \hat{f}, \{N\}) \neq \varnothing.$$

定理 12.21　假设N是有限的局中人集合，$\alpha \in (0,1]$，$(N, \hat{f}, \{N\})$是一个α悲观值凸的CGWUTP，那么一定有

$$Core_{\inf,\alpha}(N, \hat{f}, \{N\}) = \mathcal{M}_{\inf,\alpha}(N, \hat{f}, \{N\}).$$

第13章 期望值不确定核原

对于不确定支付可转移的合作博弈，立足于稳定分配的指导原则，基于经验设计了多个分配公理，得到一个重要的数值解概念：期望值不确定核原(Expected Uncertain Nucleolus). 本章介绍了不确定支付可转移合作博弈的期望值不确定核原和准核原的定义、存在性和唯一性、性质、计算方法、刻画定理和一致性等内容.

13.1 期望值解概念的原则

对于一个CGWUTPCS，考虑的解概念即如何合理分配财富的过程，使得人人在约束下获得最大利益，解概念有两种：一种是集合，另一种是单点.

定义 13.1 假设N是一个有限的局中人集合，$\Gamma_{U,N}$表示其上的所有CGWUTP，解概念分为集值解概念和数值解概念.

(1) 集值解概念：$\phi:\Gamma_{U,N}\to\mathcal{P}(\mathbf{R}^N),\phi(N,\hat{f},\tau)\subseteq\mathbf{R}^N$.

(2) 数值解概念：$\phi:\Gamma_{U,N}\to\mathbf{R}^N,\phi(N,\hat{f},\tau)\in\mathbf{R}^N$.

解概念的定义过程是一个立足于分配的合理、稳定的过程，可以充分发挥创造力，从以下几个方面出发至少可以定义几个理性的分配向量集合.

第一个方面：个体参加联盟合作得到的财富应该大于等于个体单干得到的财富.这条性质称之为个体理性.第二个方面：联盟结构中的联盟最终得到的财富应该是这个联盟创造的财富.这条性质称之为结构理性.第三个方面：一个群体最终得到的财富应该大于等于这个联盟创造的财富.这条性质称之为集体理性.因为支付是不确定的，所以采用期望值作为一个确定的数值衡量标准.

定义 13.2 假设N是一个有限的局中人集合，$(N,\hat{f},\tau)$表示一个CGWUTPCS，其对应的期望值个体理性分配集定义为

$$X_E^0(N,\hat{f},\tau)=\{x|\ x\in\mathbf{R}^N;x_i\geqslant E\{\hat{f}(i)\},\forall i\in N\}.$$

如果用期望值盈余函数来表示，那么期望值个体理性分配集实际上可以表示为

$$X_E^0(N,\hat{f},\tau)=\{x|\ x\in\mathbf{R}^N;e_E(\hat{f},x,i)\leqslant 0,\forall i\in N\}.$$

定义 13.3 假设N是一个有限的局中人集合，$(N,\hat{f},\tau)$表示一个CGWUTPCS，其对应的期望值结构理性分配集(Expected preimputation)定义为

$$X_E^1(N,\hat{f},\tau)=\{x|\ x\in\mathbf{R}^N;x(A)=E\{\hat{f}(A)\},\forall A\in\tau\}.$$

如果用期望值盈余函数来表示，那么Expected preimputation实际上可以表示为

$$X_E^1(N,\hat{f},\tau)=\{x|\ x\in\mathbf{R}^N;e_E(\hat{f},x,A)=0,\forall A\in\tau\}.$$

定义 13.4 假设N是一个有限的局中人集合，$(N,\hat{f},\tau)$表示一个CGWUTPCS，其对应的

期望值集体理性分配集定义为

$$X_E^2(N,\hat{f},\tau)=\{x|\ x\in\mathbf{R}^N;x(A)\geqslant E\{\hat{f}(A)\},\forall A\in\mathcal{P}(N)\}.$$

如果用期望值盈余函数来表示，那么期望值集体理性分配集实际上可以表示为

$$X_E^2(N,\hat{f},\tau)=\{x|\ x\in\mathbf{R}^N;e_E(\hat{f},x,B)\leqslant 0,\forall B\in\mathcal{P}(N)\}.$$

定义 13.5 假设N是一个有限的局中人集合，$(N,\hat{f},\tau)$表示一个CGWUTPCS，其对应的期望值可行分配向量集定义为

$$X_E^*(N,\hat{f},\tau)=\{x|\ x\in\mathbf{R}^N;x(A)\leqslant E\{\hat{f}(A)\},\forall A\in\tau\}.$$

如果用期望值盈余函数来表示，那么期望值可行分配集实际上可以表示为

$$X_E^*(N,\hat{f},\tau)=\{x|\ x\in\mathbf{R}^N;e_E(\hat{f},x,A)\geqslant 0,\forall A\in\tau\}.$$

定义 13.6 假设N是一个有限的局中人集合，$(N,\hat{f},\tau)$表示一个CGWUTPCS，其对应的期望值可行理性分配集(Expected imputation)定义为

$$\begin{aligned}X_E(N,\hat{f},\tau)&=\{x|\ x\in\mathbf{R}^N;x_i\geqslant E\{\hat{f}(i)\},\forall i\in N;x(A)=E\{\hat{f}(A)\},\forall A\in\tau\}\\&=X_E^0(N,\hat{f},\tau)\bigcap X_E^1(N,\hat{f},\tau).\end{aligned}$$

如果用期望值盈余函数来表示，那么Expected imputation实际上可以表示为

$$X_E(N,\hat{f},\tau)=\{x|\ x\in\mathbf{R}^N;e_E(\hat{f},x,i)\leqslant 0,\forall i\in N;e_E(\hat{f},x,A)=0,\forall A\in\tau\}.$$

所有的基于期望值的解概念，无论是集值解概念还是数值解概念，都应该从三大期望值理性分配集以及期望值可行理性分配集出发来寻找.

13.2 期望值不确定核原的定义

定义 13.7 假设N是一个有限的局中人集合，$(N,\hat{f})$是CGWUTP，任取$x\in\mathbf{R}^N,A\in\mathcal{P}(N)$，称

$$e_E(\hat{f},x,A)=E\{\hat{f}(A)\}-x(A)$$

为联盟A在x的期望值盈余.

注释 13.1 联盟A在x的期望值盈余$e_E(\hat{f},x,A)$是衡量联盟A对分配x不满的一种度量.如果$e_E(\hat{f},x,A)>0$，表示联盟A对分配x极度不满；如果$e_E(\hat{f},x,A)=0$，表示联盟A 对分配x无喜好；如果$e_E(\hat{f},x,A)<0$，表示联盟A对x是满意的.

定义 13.8 假设N是一个有限的局中人集合，$(N,\hat{f})$是CGWUTP，取定$x\in\mathbf{R}^N$，定义函数

$$\begin{aligned}\theta_E(x)&=(\theta_{E,1}(x),\cdots,\theta_{E,k}(x),\cdots,\theta_{E,2^n}(x))\\&=(e_E(\hat{f},x,A_1),\cdots,e_E(\hat{f},x,A_k),\cdots,e_E(\hat{f},x,A_{2^n})),\end{aligned}$$

其中$\{A_1,\cdots,A_{2^n}\}=\mathcal{P}(N)$，并且要求

$$e_E(\hat{f},x,A_1)\geqslant\cdots\geqslant e_E(\hat{f},x,A_k)\geqslant\cdots\geqslant e_E(\hat{f},x,A_{2^n}),k=1,\cdots,2^n.$$

定义 13.9　假设$\mathbf{R}^m$是m维实数空间，在其上定义函数

$$L(x)=\begin{cases}0, & \text{如果}x=0;\\ 1, & \text{如果}x\neq 0,\exists i,1\leqslant i\leqslant m,\text{s.t.},x_1=\cdots=x_{i-1}=0,x_i>0;\\ -1, & \text{如果}x\neq 0,\exists i,1\leqslant i\leqslant m,\text{s.t.},x_1=\cdots=x_{i-1}=0,x_i<0.\end{cases}$$

函数L称为字典序函数.

定义 13.10　假设$\mathbf{R}^m$是m维实数空间，L是其上的字典序函数，可以定义字典序关系：

$$\forall x,y\in\mathbf{R}^m,x>_L y\Leftrightarrow L(x-y)=1;$$

$$\forall x,y\in\mathbf{R}^m,x<_L y\Leftrightarrow L(x-y)=-1;$$

$$\forall x,y\in\mathbf{R}^m,x=_L y\Leftrightarrow L(x-y)=0;$$

$$\forall x,y\in\mathbf{R}^m,x\geqslant_L y\Leftrightarrow L(x-y)\in\{0,1\};$$

$$\forall x,y\in\mathbf{R}^m,x\leqslant_L y\Leftrightarrow L(x-y)\in\{0,-1\}.$$

字典序关系显然是良定的.

定理 13.1　假设$\mathbf{R}^m$是m维实数空间，L是其上的字典序函数，字典序关系

$$\forall x,y\in\mathbf{R}^m,x>_L y\Leftrightarrow L(x-y)=1;$$

$$\forall x,y\in\mathbf{R}^m,x<_L y\Leftrightarrow L(x-y)=-1;$$

$$\forall x,y\in\mathbf{R}^m,x=_L y\Leftrightarrow L(x-y)=0;$$

$$\forall x,y\in\mathbf{R}^m,x\geqslant_L y\Leftrightarrow L(x-y)\in\{0,1\};$$

$$\forall x,y\in\mathbf{R}^m,x\leqslant_L y\Leftrightarrow L(x-y)\in\{0,-1\}$$

是自反、传递、完备的，但不是连续的.

证明　(1) 首先证明字典序的自反性.任取$x\in\mathbf{R}^m$，因为$L(x-x)=L(0)=0$，所以

$$x\geqslant_L x.$$

(2) 其次证明字典序的传递性.假设$x>_L y,y>_L z$，根据定义可得

$$L(x-y)>0,L(y-z)>0,$$

根据定义可知

$$\exists 1\leqslant k\leqslant m,\text{s.t.},$$

$$\forall 1\leqslant i<k,x_i=y_i;x_k>y_k;$$

$$\exists 1\leqslant l\leqslant m,\text{s.t.},$$

$$\forall 1\leqslant j<l,y_j=z_j;y_l>z_l.$$

即

$$\exists 1\leqslant k\leqslant m,\text{s.t.},$$

$$\forall 1\leqslant i<k,x_i-y_i=0;x_k-y_k>0;$$

$$\exists 1\leqslant l\leqslant m,\text{s.t.},$$

$$\forall 1\leqslant j<l,y_j-z_j=0;y_l-z_l>0.$$

因此

$$x-z=x-y+y-z=(0,\cdots,x_k-y_k,\cdots)+(0,\cdots,y_l-z_l,\cdots),$$

无论$k>l,k=l$，或$k<l$，一定有

$$L(x-z)=1,x>_L z.$$

因此

$$x>_L y,y>_L z\Rightarrow x>_L z.$$

(3) 再次证明$\geqslant_L$是完备的.任取$x,y\in\mathbf{R}^m$，显然只有三种可能，即

$$L(x-y)=1,L(x-y)=0,L(x-y)=-1,$$

即

$$x>_L y,x=_L y,x<_L y,$$

本质上是

$$x\geqslant_L y,x\leqslant_L y,$$

所以字典序是完备序.

(4) 最后证明$\geqslant_L$不是连续的.令

$$a_n=(1-1/n,\cdots,1-1/n),\forall n\in N,$$

显然

$$a_n\to(1,1,\cdots,1)=a.$$

令

$$b=(1,0,\cdots,0),$$

根据定义可得

$$b-a_n=(1/n,1/n-1,\cdots,1/n-1),\forall n\in N,$$

因此

$$b>_L a_n,\forall n\in N,$$

但是

$$a-b=(0,1,1,\cdots,1),$$

可得

$$a>_L b.$$

由此证字典序不是连续的.

定义 13.11 假设N是一个有限的局中人集合，$(N,\hat{f})$是CGWUTP，$K\subseteq\mathbf{R}^n$，$(N,\hat{f})$相对于K的期望值不确定核原定义为

$$\mathcal{N}_E(N,\hat{f},K)=\{x|\ x\in K;\theta_E(x)\leqslant_L\theta_E(y),\forall y\in K\}.$$

其中θ_E是期望值盈余的递减函数，$\leqslant_L$是字典序.显然$\mathcal{N}_E(N,\hat{f},\varnothing)=\varnothing$.

注释 13.2　$\theta_E(x)$是联盟对分配x的期望值不满度的一个递减排序函数，因此$\theta_{E,1}(x)$是最不满的一个函数，在上面核原的定义中，体现了如下思想：在K中寻找分配首先使得最大的不满函数$\theta_{E,1}$最小，在此基础上然后使得$\theta_{E,2}$最小，如此继续.

定义 13.12　假设N是一个有限的局中人集合，$(N,\hat{f},\{N\})$是带有大联盟的CGWUTP，令

$$K=X_E(N,\hat{f},\{N\})$$

为期望值可行理性(个体理性+结构理性)分配集.那么称相对于$X_E(N,\hat{f},\{N\})$的期望值不确定核原

$$\mathcal{N}_E(N,\hat{f},\{N\},X_E(N,\hat{f},\{N\}))$$

为博弈$(N,\hat{f},\{N\})$的期望值不确定核原，记为

$$\mathcal{N}_E(N,\hat{f},\{N\}).$$

定义 13.13　假设N是一个有限的局中人集合，$(N,\hat{f},\{N\})$是带有大联盟的CGWUTP，令

$$K=X_E^1(N,\hat{f},\{N\})$$

为期望值结构理性分配集.那么称相对于$X_E^1(N,\hat{f},\{N\})$的期望值不确定核原

$$\mathcal{N}_E(N,\hat{f},\{N\},X_E^1(N,\hat{f},\{N\}))$$

为博弈$(N,\hat{f},\{N\})$的期望值不确定准核原，记为

$$\mathcal{PN}_E(N,\hat{f},\{N\}).$$

定义 13.14　假设N是一个有限的局中人集合，$(N,\hat{f},\tau)$是带有一般联盟的CGWUTP，令

$$K=X_E(N,\hat{f},\tau)$$

为期望值可行理性(个体理性+结构理性)分配集.那么称相对于$X_E(N,\hat{f},\tau)$的期望值不确定核原

$$\mathcal{N}_E(N,\hat{f},\tau,X_E(N,\hat{f},\tau))$$

为博弈$(N,\hat{f},\tau)$的期望值不确定核原，记为

$$\mathcal{N}_E(N,\hat{f},\tau).$$

定义 13.15　假设N是一个有限的局中人集合，$(N,\hat{f},\tau)$是带有一般联盟的CGWUTP，令

$$K=X_E^1(N,\hat{f},\tau)$$

为期望值结构理性分配集.那么称相对于$X_E^1(N,\hat{f},\tau)$的期望值不确定核原

$$\mathcal{N}_E(N,\hat{f},\tau,X_E^1(N,\hat{f},\tau))$$

为博弈$(N,\hat{f},\tau)$的期望值不确定准核原，记为

$$\mathcal{PN}_E(N,\hat{f},\tau).$$

13.3 期望值不确定核原的存在唯一

定理 13.2 假设N是一个有限的局中人集合，$(N,\hat{f})$是CGWUTP，取定$x\in\mathbf{R}^N$，函数

$$\theta_E(x)=(\theta_{E,1}(x),\cdots,\theta_{E,k}(x),\cdots,\theta_{E,2^n}(x))$$

可以刻画为

$$\theta_{E,1}(x)=\max_{A\subseteq N}e_E(\hat{f},x,A);$$

$$\vdots$$

$$\theta_{E,k}(x)=\max_{A_1,\cdots,A_k\subseteq N,A_i\neq A_j,1\leqslant i\neq j\leqslant k}\min\ \{e_E(\hat{f},x,A_1),\cdots,e_E(\hat{f},x,A_k)\},$$
$$\forall 1\leqslant k\leqslant 2^n.$$

证明 (1) 因为$\theta_E(x)$满足

$$\theta_{E,1}(x)\geqslant\theta_{E,2}(x)\geqslant\cdots\geqslant\theta_{E,2^n}(x),$$

所以

$$\theta_{E,1}(x)=\max_{A\subseteq N}e_E(\hat{f},x,A).$$

(2) 假设

$$B=\{a_1,\cdots,a_m\}\subseteq R,a_1\geqslant a_1\geqslant\cdots\geqslant a_m,$$

那么有

$$\max_{x,y\in B,x\neq y}\min\{x,y\}=a_2.$$

因此

$$\theta_{E,2}(x)=\max_{A_1,A_2\subseteq N,A_1\neq A_2}\min\{e_E(\hat{f},x,A_1),e_E(\hat{f},x,A_2)\}.$$

(3) 对于$k\geqslant 3$的情形同理归纳可证.

定理 13.3 假设N是一个有限的局中人集合，$(N,\hat{f})$是CGWUTP，前文定义的函数

$$\theta_{E,k}:\mathbf{R}^n\to\mathbf{R},\forall k=1,\cdots,2^n$$

是连续函数.

证明 固定$A\subseteq N$，函数

$$e_e(\hat{f},A,\cdot):\mathbf{R}^n\to\mathbf{R},\text{s.t.},e_E(\hat{f},x,A)=E\{\hat{f}(A)\}-x(A)$$

是x的连续函数.根据前文的max-min定理可知

$$\theta_{E,k}(x)=\max_{A_1,\cdots,A_k\subseteq N,A_i\neq A_j,1\leqslant i\neq j\leqslant k}\min\ \{e_E(\hat{f},x,A_1),\cdots,e_E(\hat{f},x,A_k)\}.$$

因为max，min是保连续的，所以

$$\theta_{E,k}:\mathbf{R}^n\to\mathbf{R},\forall k=1,\cdots,2^n$$

是连续函数.

定理 13.4　假设N是一个有限的局中人集合，$(N,\hat{f})$是CGWUTP，$K\subseteq\mathbf{R}^n$是非空紧致集合，那么

$$\mathcal{N}_E(N,\hat{f},K)$$

也是非空紧致集合.

证明　因为函数$\theta_{E,1}$是连续的，定义集合

$$X_1=\{x|\,x\in K;\theta_{E,1}(x)=\min_{y\in K}\theta_{E,1}(y)\}.$$

因为K是非空紧致集合，等价于非空的有界闭的集合，所以X_1也是有界集合，紧致集合上的连续函数可以取到最小值，因此X_1非空，$\min_{y\in K}\theta_{E,1}(y)$是一个固定的值，不妨设为$\theta^*_{E,1}$，故$X_1=K\cap\theta^{-1}_{E,1}(\theta^*_1)$是相对于$K$的闭集.因为$K$是闭集，所以$X_1$也是闭集.综上$X_1$是非空有界闭集，等价于非空紧致集合.

对于$2\leqslant k\leqslant 2^n$，利用归纳法定义集合

$$X_k=\{x|\,x\in X_{k-1};\theta_{E,k}(x)=\min_{y\in X_{k-1}}\theta_{E,k}(y)\}.$$

利用归纳法和上面同样的思路，可得X_k是非空紧致集合.

根据$\mathcal{N}_E(N,\hat{f},K)$的定义可知

$$\mathcal{N}_E(N,\hat{f},K)=X_{2^n},$$

前面已经证明X_{2^n}是非空紧致集合，因此$\mathcal{N}_E(N,\hat{f},K)$是非空紧致集合.

定理 13.5　假设N是一个有限的局中人集合，$(N,\hat{f},\tau)$是带有一般联盟结构的CGWUTP.

(1) $X^1_E(N,\hat{f},\tau)$是非空闭集合；

(2) 如果$\tau\neq\{\{1\},\cdots,\{n\}\}$，那么$X^1_E(N,\hat{f},\tau)$是非空无界集合；

(3) 如果$\tau=\{\{1\},\cdots,\{n\}\}$，那么

$$X^1_E(N,\hat{f},\tau)=X_E(N,\hat{f},\tau)=\{(E\{\hat{f}(1)\},\cdots,E\{\hat{f}(n)\})\}$$

是单点集合；

(4) $X_E(N,\hat{f},\tau)$是紧致集合(空集或者非空)；

(5) $X_E(N,\hat{f},\tau)$非空当且仅当$E\{\hat{f}(A)\}\geqslant\sum_{i\in A}E\{\hat{f}(i)\},\forall A\in\tau$.

定理 13.6　假设N是一个有限的局中人集合，$(N,\hat{f},\tau)$是带有一般联盟结构的CGWUTP.

(1) $\mathcal{N}_E(N,\hat{f},\tau)$是紧致集合(空集或者非空)；

(2) $\mathcal{N}_E(N,\hat{f},\tau)$非空当且仅当$X_E(N,\hat{f},\tau)$非空；

(3) $\mathcal{N}_E(N,\hat{f},\tau)$非空当且仅当$E\{\hat{f}(A)\}\geqslant\sum_{i\in A}E\{\hat{f}(i)\},\forall A\in\tau$.

定理 13.7　假设N是一个有限的局中人集合，$(N,\hat{f})$是CGWUTP，$K\subseteq\mathbf{R}^n$是非空闭集合(不一定紧致)，并且$\exists c\in\mathbf{R}$，满足

$$\sum_{i\in N}x_i=c,\forall x\in K,$$

那么

$$\mathcal{N}_E(N,\hat{f},K)$$

是非空紧致集合.

证明 (1) 取定$y\in K$，令

$$\alpha=\theta_{E,1}(y)=\max_{A\subseteq N}e_E(\hat{f},y,A),$$

定义集合

$$K_y=\{x|\ x\in K;\theta_{E,1}(x)=\max_{A\subseteq N}e_E(\hat{f},x,A)\leqslant\alpha\},$$

显然有

$$K_y\subseteq K,y\in K_y,$$

并且

$$\forall z\in K\setminus K_y\Rightarrow\theta_{E,1}(z)>\alpha=\theta_{E,1}(x),\forall x\in K_y.$$

所以

$$\forall z\in K\setminus K_y,\forall x\in K_y\Rightarrow\theta(E,x)<_L\theta(E,z).$$

(2) 考察K_y的拓扑性质.首先K_y可表示为

$$\begin{cases}x\in K,\\ x(A)\geqslant E\{\hat{f}(A)\}-\alpha,\quad\forall A\subseteq N.\end{cases}$$

所以K_y是闭集并且有下界.又因为$\forall x\in K_y$，有

$$\sum_i x_i=c,$$

所以综合起来，K_y是非空紧致集合.因此$\mathcal{N}_E(N,\hat{f},K_y)$也是非空紧致集合.

(3) 取定

$$x\in\mathcal{N}_E(N,\hat{f},K_y),$$

根据定义可知

$$\theta_E(x)\leqslant_L\theta_E(w),\forall w\in K_y,$$

根据上面的证明可知

$$\theta_E(w)<_L\theta_E(z),\forall w\in K_y,\forall z\in K\setminus K_y,$$

可知

$$\theta_E(x)\leqslant_L\theta_E(u),\forall u\in K,$$

因此有

$$x\in\mathcal{N}_E(N,\hat{f},K),$$

即

$$\mathcal{N}_E(N,\hat{f},K_y)\subseteq\mathcal{N}_E(N,\hat{f},K).$$

反过来因为

$$\theta_E(w) <_L \theta_E(z), \forall w \in K_y, \forall z \in K \setminus K_y,$$

所以

$$\mathcal{N}_E(N, \hat{f}, K) \cap (K \setminus K_y) = \varnothing,$$

所以

$$\mathcal{N}_E(N, \hat{f}, K) \subseteq K_y.$$

根据期望值不确定核原的定义

$$\mathcal{N}_E(N, \hat{f}, K) \cap K_y \subseteq \mathcal{N}_E(N, \hat{f}, K_y).$$

综上可得

$$\mathcal{N}_E(N, \hat{f}, K_y) = \mathcal{N}_E(N, \hat{f}, K), \forall y \in K.$$

所以

$$\mathcal{N}_E(N, \hat{f}, K)$$

是非空紧致集合.

定理 13.8　假设N是一个有限的局中人集合，$(N, \hat{f}, \tau)$是带有一般联盟结构的CGWUTP，那么$\mathcal{PN}_E(N, \hat{f}, \tau)$是非空紧致集合.

证明　$X_E^1(N, \hat{f}, \tau)$是非空闭集，并且满足

$$x(A) = E\{\hat{f}(A)\}, \forall A \in tau,$$

因此一定满足

$$x(N) = \sum_{A \in tau} x(A) = \sum_{A \in tau} E\{\hat{f}(A)\} =: c,$$

根据上面的定理可知

$$\mathcal{PN}_E(N, \hat{f}, \tau) = \mathcal{N}_E(N, \hat{f}, \tau, X_E^1(N, \hat{f}, \tau))$$

是非空紧致集合.

定理 13.9　假设N是一个有限的局中人集合，$(N, \hat{f})$是CGWUTP，$K \subseteq \mathbf{R}^n$是凸集，那么$\mathcal{N}_E(N, \hat{f}, K)$至多包含一点.

证明　任取$x, y \in \mathcal{N}_E(N, \hat{f}, K)$，要证$x = y$.不妨假设

$$\theta_E(x) = (e_E(\hat{f}, x, S_1), \cdots, e_E(\hat{f}, x, S_{2^n}));$$

$$\theta_E(y) = (e_E(\hat{f}, y, R_1), \cdots, e_E(\hat{f}, y, R_{2^n}));$$

$$\theta_E((x+y)/2) = (e_E(\hat{f}, (x+y)/2, T_1), \cdots, e_E(\hat{f}, (x+y)/2, T_{2^n})).$$

因为

$$x, y \in \mathcal{N}_E(N, \hat{f}, K),$$

所以一定有

$$\theta_E(x) = \theta_E(y), \text{i.e.}, e_E(\hat{f}, x, S_k) = \theta_{E,k}(x) = \theta_{E,k}(y) = e_E(\hat{f}, y, R_k), \forall k = 1, \cdots, 2^n.$$

因为K是凸集，所以$(x+y)/2 \in K$，根据余量的定义可知

$$\begin{aligned} & 2e_E(\hat{f},(x+y)/2,T) \\ = & 2(E\{\hat{f}(T)\} - (x+y)/2(T)) \\ = & E\{\hat{f}(T)\} - x(T) + E\{\hat{f}(T)\} - y(T) \\ = & e_E(\hat{f},x,T) + e_E(\hat{f},y,T), \forall T \subseteq N. \end{aligned}$$

因此

$$2\theta_E((x+y)/2) = (e_E(\hat{f},x,T_1)+e_E(\hat{f},y,T_1),\cdots,e_E(\hat{f},x,T_{2^n})+e_E(\hat{f},y,T_{2^n})).$$

因为

$$\theta_{E,1}(x) = \max_{A \subseteq N} e_e(\hat{f},x,A) = e_E(\hat{f},x,S_1),$$

所以

$$e_E(\hat{f},x,T_1) \leqslant e_E(\hat{f},x,S_1),$$

同理可得

$$e_E(\hat{f},y,T_1) \leqslant e_E(\hat{f},y,R_1).$$

因为$e_E(\hat{f},x,S_1) = e_E(\hat{f},y,R_1)$，所以

$$e_E(\hat{f},(x+y)/2,T_1) = \frac{e_E(\hat{f},x,T_1)+e_E(\hat{f},y,T_1)}{2} \leqslant e_E(\hat{f},x,S_1),$$

如果$e_E(\hat{f},(x+y)/2,T_1) < e_E(\hat{f},x,S_1)$，那么一定有$\theta_E((x+y)/2) <_L \theta_E(x)$，这与$x \in \mathcal{N}_E(N,\hat{f},K)$矛盾，因此一定有

$$e_E(\hat{f},(x+y)/2,T_1) = \frac{e_E(\hat{f},x,T_1)+e_E(\hat{f},y,T_1)}{2} = e_E(\hat{f},x,S_1),$$

推出

$$e_E(\hat{f},x,T_1) = e_E(\hat{f},y,T_1) = e_E(\hat{f},x,S_1) = e_E(\hat{f},y,R_1).$$

因此通过改变次序可得

$$\theta_E(x) = (e_E(\hat{f},x,T_1),e_E(\hat{f},x,S_2'),\cdots,e_E(\hat{f},x,S_{2^n}'));$$
$$\theta_E(y) = (e_E(\hat{f},y,T_1),e_E(\hat{f},y,R_2'),\cdots,e_E(\hat{f},y,R_{2^n}')).$$

其中

$$\{T_1,S_2',\cdots,S_{2^n}'\}$$

是

$$\{S_1,S_2,\cdots,S_{2^n}\}$$

的重排，而

$$\{T_1,R_2',\cdots,R_{2^n}'\}$$

是

$$\{R_1,R_2,\cdots,R_{2^n}\}$$

的重排.通过归纳法可得

$$e_E(\hat{f},x,T_k)=e_E(\hat{f},y,T_k)=e_E(\hat{f},x,S_k)=e_E(\hat{f},y,R_k),\forall 1\leqslant k\leqslant 2^n.$$

即

$$e_E(\hat{f},x,T)=e_E(\hat{f},y,T),\forall T\subseteq N.$$

特别可得

$$e_E(\hat{f},x,i)=e_E(\hat{f},y,i)=E\{\hat{f}(i)\}-x_i=E\{\hat{f}(i)\}-y_i,\forall i\in N,$$

因此

$$x=y.$$

定理 13.10 假设N是一个有限的局中人集合，$(N,\hat{f},\tau)$是带有一般联盟结构的CGWUTP.

(1) $\mathcal{PN}_E(N,\hat{f},\tau)$是单点集；

(2) 如果$X_E(N,\hat{f},\tau)=\varnothing$，那么$\mathcal{N}_E(N,\hat{f},\tau)=\varnothing$；

(3) 如果$X_E(N,\hat{f},\tau)\neq\varnothing$，那么$\mathcal{N}_E(N,\hat{f},\tau)$是单点集；

(4) $\mathcal{N}_E(N,\hat{f},\tau)$是单点集当且仅当$E\{\hat{f}(A)\}\geqslant\sum_{i\in A}E\{\hat{f}(i)\},\forall A\in\tau$.

证明 (1) 因为$X_E^1(N,\hat{f},\tau)$是非空凸集，所以$\mathcal{PN}_E(N,\hat{f},\tau)$至多包含一点，根据前面的定理可知$\mathcal{PN}_E(N,\hat{f},\tau)$非空，因此$\mathcal{PN}_E(N,\hat{f},\tau)$是单点集.

(2) 根据定义可知，如果$X_E(N,\hat{f},\tau)=\varnothing$，那么$\mathcal{N}_E(N,\hat{f},\tau)=\varnothing$.

(3) 如果$X_E(N,\hat{f},\tau)\neq\varnothing$，因为$X_E(N,\hat{f},\tau)$是凸集，所以$\mathcal{N}_E(N,\hat{f},\tau)$至多包含一个点，根据前面的定理可知$\mathcal{N}_E(N,\hat{f},\tau)$非空，所以$\mathcal{N}_E(N,\hat{f},\tau)$是单点集.

(4) 根据定义，可知$X_E(N,\hat{f},\tau)\neq\varnothing$当且仅当$E\{\hat{f}(A)\}\geqslant\sum_{i\in A}E\{\hat{f}(i)\},\forall A\in\tau$.

定理 13.11 假设N是一个有限的局中人集合，$(N,\hat{f},\tau)$是带有一般联盟结构的CGWUTP，如果

$$\mathcal{PN}_E(N,\hat{f},\tau)\in X_E^0(N,\hat{f},\tau),$$

那么

$$\mathcal{PN}_E(N,\hat{f},\tau)=\mathcal{N}_E(N,\hat{f},\tau).$$

证明 已知

$$\mathcal{PN}_E(N,\hat{f},\tau)\in X_E^1(N,\hat{f},\tau),$$

根据定理中的条件

$$\mathcal{PN}_E(N,\hat{f},\tau)\in X_E^0(N,\hat{f},\tau),$$

可知

$$\mathcal{PN}_E(N,\hat{f},\tau)\in X_E(N,\hat{f},\tau),$$

所以

$$X_E(N,\hat{f},\tau)\neq\varnothing,$$

所以$\mathcal{N}_E(N,\hat{f},\tau)$是单点集.根据核原的定义可知

$$\mathcal{PN}_E(N,\hat{f},\tau)\cap X_E(N,\hat{f},\tau)\subseteq\mathcal{N}_E(N,\hat{f},\tau),$$

所以

$$\mathcal{PN}_E(N,\hat{f},\tau)=\mathcal{N}_E(N,\hat{f},\tau).$$

13.4 期望值不确定核原的性质

定义 13.16 假设N是有限的局中人集合，$(N,\hat{f})$和$(N,\hat{g})$都是CGWUTP，称$(N,\hat{f})$ 期望值策略等价于$(N,\hat{g})$，如果满足

$$\exists\lambda>0,b\in\mathbf{R}^N,\text{s.t.},E\{\hat{g}(A)\}=\lambda E\{\hat{f}(A)\}+b(A),\forall A\in\mathcal{P}(N).$$

定理 13.12 假设N是有限的局中人集合，$(N,\hat{f})$是不确定支付合作博弈，$K\subseteq\mathbf{R}^n$是非空集合，那么

$$\mathcal{N}_E(N,\lambda\hat{f}+b,\lambda K+b)=\lambda\mathcal{N}_E(N,\hat{f},K)+b,\forall\lambda>0,b\in\mathbf{R}^N.$$

证明 (1) 为了确定起见，与合作博弈$(N,\hat{f})$相关的函数θ_E记为$\theta_{E,\hat{f}}$，相关的余量记为$e_{E,\hat{f}}$.取定$x\in\mathbf{R}^N$，根据定义不妨设

$$\theta_{E,\hat{f}}(x)=(e_{E,\hat{f}}(A_1,x),\cdots,e_{E,\hat{f}}(A_k,x),\cdots,e_{E,\hat{f}}(A_{2^n},x)),$$

其中

$$e_{E,\hat{f}}(A_k)=E\{\hat{f}(A_k)\}-x(A_k),e_{E,\hat{f}}(A_1,x)\geqslant\cdots\geqslant e_{E,\hat{f}}(A_k,x)\geqslant\cdots\geqslant e_{E,\hat{f}}(A_{2^n},x).$$

计算得到

$$e_{\lambda\hat{f}+b}(A_k,\lambda x+b)=(\lambda\hat{f}+b)(A_k)-(\lambda x+b)(A_k)=\lambda e_{E,\hat{f}}(A_k,x).$$

因此

$$\forall\lambda>0,b\in\mathbf{R}^n,e_{E,\lambda\hat{f}+b}(A_1,\lambda x+b)\geqslant\cdots\geqslant e_{E,\lambda\hat{f}+b}(A_{2^n},\lambda x+b).$$

即

$$\forall\lambda>0,b\in\mathbf{R}^N,\theta_{\lambda\hat{f}+b}(\lambda x+b)=\lambda\theta_{E,\hat{f}}(x).$$

(2) 假设$x\in\mathcal{N}_E(N,\hat{f},K)$，根据定义可得

$$x\in K,\theta_{E,\hat{f}}(x)\leqslant_L\theta_{E,\hat{f}}(y),\forall y\in K,$$

立刻推得

$$\lambda x+b\in\lambda K+b,\theta_{E,\lambda\hat{f}+b}(\lambda x+b)=\lambda\theta_{E,\hat{f}}(x)\leqslant_L\lambda\theta_{\hat{f}}(y)=\theta_{\lambda\hat{f}+b}(\lambda y+b),\forall y\in K,$$

即

$$\lambda x+b\in\lambda K+b,\theta_{\lambda\hat{f}+b}(\lambda x+b)\leqslant_L\theta_{\lambda\hat{f}+b}(z),\forall z\in\lambda K+b.$$

因此

$$\lambda x+b\in\mathcal{N}_E(N,\lambda\hat{f}+b,\lambda K+b).$$

即

$$\lambda\mathcal{N}_E(N,\hat{f},K)+b\subseteq\mathcal{N}_E(N,\lambda\hat{f}+b,\lambda K+b).$$

反过来可得

$$\frac{1}{\lambda}\mathcal{N}_E(N,\lambda\hat{f}+b,\lambda K+b)-\frac{b}{\lambda}\subseteq\mathcal{N}_E(N,\hat{f},K).$$

综合可得

$$\mathcal{N}_E(N,\lambda\hat{f}+b,\lambda K+b)=\lambda\mathcal{N}_E(N,\hat{f},K)+b,\forall\lambda>0,b\in\mathbf{R}^N.$$

定义 13.17 假设N是一个有限的局中人集合，$\mathrm{Part}(N)$表示N上的所有划分，假设$\tau\in\mathrm{Part}(N)$，任取$i\in N$，用A_i或者$A_i(\tau)$表示在τ中包含i的唯一非空子集，用

$$\mathrm{Pair}(\tau)=\{\{i,j\}|\,i,j\in N;A_i(\tau)=A_j(\tau)\}$$

表示与划分τ对应的伙伴对.τ中的某个子集可以记为$A(\tau)$.

定义 13.18 假设N是一个有限的局中人集合，$(N,\hat{f},\tau)$是一个CGWUTP，称局中人i和j关于$(N,\hat{f},\tau)$是期望值对称的，如果满足

$$\forall A\subseteq N\setminus\{i,j\}\Rightarrow E\{\hat{f}(A\cup\{i\})\}=E\{\hat{f}(A\cup\{j\})\}.$$

如果局中人i和j关于$(N,\hat{f},\tau)$是期望值对称的，记为$i\approx_{(N,\hat{f},\tau),E}j$或者简单记为$i\approx_{\hat{f},E}j$或者$i\approx_E j$.

定理 13.13 假设N是一个有限的局中人集合，$(N,\hat{f},\tau)$是一个CGWUTP，如果$(i,j)\in\mathrm{Pair}(\tau)$并且$i\approx_{\hat{f},E}j$，那么一定有

$$\mathcal{N}_{E,i}(N,\hat{f},\tau)=\mathcal{N}_{E,j}(N,\hat{f},\tau);\mathcal{PN}_{E,i}(N,\hat{f},\tau)=\mathcal{PN}_{E,j}(N,\hat{f},\tau).$$

证明 (1) 根据前面的定理可知：如果$X_E(N,\hat{f},\tau)=\varnothing$，那么$\mathcal{N}_E(N,\hat{f},\tau)=\varnothing$；如果$X_E(N,\hat{f},\tau)\neq\varnothing$，那么$\mathcal{N}_E(N,\hat{f},\tau)$是单点集.对于前一种情况，自然有

$$\mathcal{N}_{E,i}(N,\hat{f},\tau)=\mathcal{N}_{E,j}(N,\hat{f},\tau).$$

对于后一种情况，假设$\mathcal{N}_E(N,\hat{f},\tau)=x^*$，要证$x_i^*=x_j^*$.因为$i\approx_{\hat{f},E}j$，所以有$E\{\hat{f}(i)\}=E\{\hat{f}(j)\}$. 因为$(i,j)\in\mathrm{Pair}(\tau)$，所以有

$$\exists A\in\tau,\mathrm{s.t.},i,j\in A.$$

又因为$x^*\in X_E(N,\hat{f},\tau)$，所以一定有

$$x_k^*\geqslant E\{\hat{f}(k)\},\sum_{k\in B}x_k^*=E\{\hat{f}(B)\},\forall B\in\tau.$$

定义新的向量为

$$y_k=\begin{cases}x_j^*, & \text{如果}k=i;\\ x_i^*, & \text{如果}k=j;\\ x_k^*, & \text{如果}k\neq i,j.\end{cases}$$

验证

$$\begin{aligned}&y_i=x_j^*\geqslant E\{\hat{f}(j)\}=E\{\hat{f}(i)\};\\&y_j=x_i^*\geqslant E\{\hat{f}(i)\}=E\{\hat{f}(j)\};\\&y_k=x_k^*\geqslant E\{\hat{f}(k)\},\forall k\neq i,j;\\&y(A)=\sum_{k\in A\setminus\{i,j\}}y_k+x_i^*+x_j^*=\sum_{k\in A\setminus\{i,j\}}x_k^*+x_i^*+x_j^*=E\{\hat{f}(A)\}\end{aligned}$$

$$y(B)=\sum_{k\in B}y_k=\sum_{k\in B}x_k^*=E\{\hat{f}(B)\},\forall B\in\tau,B\neq A.$$

因此

$$y\in X_E(N,\hat{f},\tau).$$

(2) 定义映射$\phi:\mathcal{P}(N)\to\mathcal{P}(N)$为

$$\phi(S)=\begin{cases}S, & 如果i\in S,j\in S;\\ S, & 如果i\notin S,j\notin S;\\ (S\setminus\{i\})\cup\{j\}, & 如果i\in S,j\notin S;\\ (S\setminus\{j\})\cup\{i\}, & 如果i\notin S,j\in S.\end{cases}$$

显然$\phi^2(S)=S,\forall S\subseteq N$，所以$\phi$是单射、满射.因为$i\approx_{\hat{f},E}j$，所以

$$E\{\hat{f}(\phi(S))\}=E\{\hat{f}(S)\},\forall S\subseteq N.$$

计算

$$e_E(\hat{f},y,\phi(S))=E\{\hat{f}(\phi(S))\}-y(\phi(S))=e_E(\hat{f},x^*,S),\forall S\subseteq N,$$

即

$$\{e_E(\hat{f},x^*,S),\forall S\subseteq N\}=\{e_E(\hat{f},y,\phi(S)),\forall S\subseteq N\},$$

所以可得

$$\theta_E(x^*)=\theta_E(y),$$

即

$$\theta_E(x^*)\approx_L\theta_E(y).$$

因为$\mathcal{N}_E(N,\hat{f},\tau)$是单点集，所以一定有

$$x^*=y\in\mathcal{N}_E(N,\hat{f},\tau),$$

可得

$$x_i^*=x_j^*.$$

即

$$\mathcal{N}_{E,i}(N,\hat{f},\tau)=\mathcal{N}_{E,j}(N,\hat{f},\tau).$$

(3) 根据前面的定理可知：$\mathcal{PN}_E(N,\hat{f},\tau)$是单点集.假设$\mathcal{PN}_E(N,\hat{f},\tau)=x^*$，要证$x_i^*=x_j^*$.因为$i\approx_{\hat{f},E}j$，所以自然有$E\{\hat{f}(i)\}=E\{\hat{f}(j)\}$.因为$(i,j)\in\mathrm{Pair}(\tau)$，所以有

$$\exists A\in\tau,\text{s.t.},i,j\in A.$$

又因为$x^*\in X_E^1(N,\hat{f},\tau)$，所以一定有

$$\sum_{k\in B}x_k^*=E\{\hat{f}(B)\},\forall B\in\tau.$$

定义新的向量为

$$y_k=\begin{cases}x_j^*, & 如果k=i;\\ x_i^*, & 如果k=j;\\ x_k^*, & 如果k\neq i,j.\end{cases}$$

验证

$$y(A)=\sum_{k\in A\setminus\{i,j\}}y_k+x_i^*+x_j^*=\sum_{k\in A\setminus\{i,j\}}x_k^*+x_i^*+x_j^*=E\{\hat f(A)\},$$

$$y(B)=\sum_{k\in B}y_k=\sum_{k\in B}x_k^*=E\{\hat f(B)\},\forall B\in\tau,B\neq A.$$

因此

$$y\in X_E^1(N,\hat f,\tau).$$

(4) 定义映射$\phi:\mathcal{P}(N)\to\mathcal{P}(N)$为

$$\phi(S)=\begin{cases}S, & \text{如果}i\in S,j\in S;\\ S, & \text{如果}i\notin S,j\notin S;\\ (S\setminus\{i\})\cup\{j\}, & \text{如果}i\in S,j\notin S;\\ (S\setminus\{j\})\cup\{i\}, & \text{如果}i\notin S,j\in S.\end{cases}$$

显然$\phi^2(S)=S,\forall S\subseteq N$，所以$\phi$是单射、满射.因为$i\approx_{\hat f,E}j$，所以

$$E\{\hat f(\phi(S))\}=E\{\hat f(S)\},\forall S\subseteq N.$$

计算

$$e_E(\hat f,y,\phi(S))=E\{\hat f(\phi(S))\}-y(\phi(S))=e_E(\hat f,x^*,S),\forall S\subseteq N,$$

即

$$\{e_E(\hat f,x^*,S),\forall S\subseteq N\}=\{e_E(\hat f,y,\phi(S)),\forall S\subseteq N\},$$

所以可得

$$\theta_E(x^*)=\theta_E(y),$$

即

$$\theta_E(x^*)\approx_L\theta_E(y).$$

因为$\mathcal{PN}_E(N,\hat f,\tau)$是单点集，所以一定有

$$x^*=y\in\mathcal{PN}_E(N,\hat f,\tau),$$

可得

$$x_i^*=x_j^*,$$

即

$$\mathcal{PN}_{E,i}(N,\hat f,\tau)=\mathcal{PN}_{E,j}(N,\hat f,\tau).$$

定理 13.14　假设$N=\{1,2\}$，$(N,\hat f,\{N\})$是一个二人不确定支付合作博弈，满足$E\{\hat f(1,2)\}\geqslant E\{\hat f(1)\}+E\{\hat f(2)\}$，那么一定有

$$\begin{aligned}&\mathcal{N}_E(N,\hat f,\{N\})\\ =\ &\{(\frac{E\{\hat f(1,2)\}+E\{\hat f(1)\}-E\{\hat f(2)\}}{2},\frac{E\{\hat f(1,2)\}+E\{\hat f(2)\}-E\{\hat f(1)\}}{2})\}.\end{aligned}$$

证明　已知

$$X_E(N,\hat f,\{N\})\neq\varnothing,$$

当且仅当

$$E\{\hat{f}(1,2)\} \geqslant E\{\hat{f}(1)\}+E\{\hat{f}(2)\},$$

此时$\mathcal{N}_E(N,\hat{f},\{N\})$是单点集.若$E\{\hat{f}(1,2)\}=E\{\hat{f}(1)\}+E\{\hat{f}(2)\}$，那么

$$X_E(N,\hat{f},\{N\})=\{(E\{\hat{f}(1)\},E\{\hat{f}(2)\})\},$$

此时

$$\begin{aligned}&\mathcal{N}_E(N,\hat{f},\{N\})=\{(E\{\hat{f}(1)\},E\{\hat{f}(2)\})\}\\=\ &\{(\frac{E\{\hat{f}(1,2)\}+E\{\hat{f}(1)\}-E\{\hat{f}(2)\}}{2},\frac{E\{\hat{f}(1,2)\}+E\{\hat{f}(2)\}-E\{\hat{f}(1)\}}{2})\}.\end{aligned}$$

若$E\{\hat{f}(1,2)\}>E\{\hat{f}(1)\}+E\{\hat{f}(2)\}$，令

$$\alpha=\frac{1}{E\{\hat{f}(1,2)\}-E\{\hat{f}(1)\}-E\{\hat{f}(2)\}},b=-\frac{(E\{\hat{f}(1)\},E\{\hat{f}(2)\})}{E\{\hat{f}(1,2)\}-E\{\hat{f}(1)\}-E\{\hat{f}(2)\}},$$

可得$(N,\alpha\hat{f}+b,\{N\})$是期望值$0-1$规范博弈，可得

$$\mathcal{N}_E(N,\alpha\hat{f}+b,\{N\})=\alpha\mathcal{N}_E(N,\hat{f},\{N\})+b.$$

容易计算得到

$$\mathcal{N}_E(N,\alpha\hat{f}+b,\{N\})=\{(1/2,1/2)\},$$

因此

$$\mathcal{N}_E(N,\hat{f},\{N\})=\frac{1}{\alpha}\mathcal{N}(N,\alpha\hat{f}+b,\{N\})-\frac{b}{\alpha},$$

代入得到

$$\begin{aligned}&\mathcal{N}_E(N,\hat{f},\{N\})\\=\ &\{(\frac{E\{\hat{f}(1,2)\}+E\{\hat{f}(1)\}-E\{\hat{f}(2)\}}{2},\frac{E\{\hat{f}(1,2)\}+E\{\hat{f}(2)\}-E\{\hat{f}(1)\}}{2})\}.\end{aligned}$$

定义 13.19 假设N是一个有限的局中人集合，$(N,\hat{f},\{N\})$是带有大联盟结构的CGWUTP，称局中人i关于$(N,\hat{f},\{N\})$是期望值零贡献的，如果满足

$$\forall A\subseteq N\Rightarrow E\{\hat{f}(A\cup\{i\})\}=E\{\hat{f}(A)\}.$$

如果局中人i关于$(N,\hat{f},\{N\})$是期望值零贡献的，记为$i\in Null_E(N,\hat{f},\{N\})$或者简单记为$i\in Null_{\hat{f},E}$或者$i\in Null_E$.

定理 13.15 假设N是一个有限的局中人集合，$(N,\hat{f},\{N\})$是带有大联盟结构的CGWUTP，局中人i关于$(N,\hat{f},\{N\})$是期望值零贡献的，那么

$$\mathcal{N}_{E,i}(N,\hat{f},\{N\})=0;\mathcal{PN}_{E,i}(N,\hat{f},\{N\})=0.$$

证明 (1) 因为i是期望值零贡献的，所以一定有$E\{\hat{f}(i)\}=0$.令$x^*\in\mathcal{N}_E(N,\hat{f},\{N\})$，假设$x_i^*\neq 0$.因为$x^*\in X_E(N,\hat{f},\{N\})$，一定有$x_i^*\geqslant E\{\hat{f}(i)\}=0$，所以$x_i^*>0$. 因为$i$是期望值零贡献的，所以$\forall T\subseteq N\setminus\{i\}$ 可得

$$\begin{aligned}&e_E(\hat{f},x^*,T\cup\{i\},)=E\{\hat{f}(T\cup\{i\})\}-x^*(T\cup\{i\})\\=\ &E\{\hat{f}(T)\}-x(T)^*-x_i^*=e_E(\hat{f},x^*,T)-x_i^*,\end{aligned}$$

因为$x^* \in X_E(N,\hat{f},\{N\})$，可得$e_E(\hat{f},x^*,N)=0$，因此

$$0=e_E(\hat{f},x^*,N\setminus\{i\}\cup\{i\})=e_E(\hat{f},x^*,N\setminus\{i\})-x_i^*.$$

可得

$$\theta_{E,1}(x^*)\geqslant e_E(\hat{f},x^*,N\setminus\{i\})=x_i^*>0.$$

定义新的向量

$$y_j=\begin{cases}\dfrac{x_i^*}{n}, & \text{如果}j=i;\\ x_j^*+\dfrac{x_i^*}{n}, & \text{如果}j\neq i.\end{cases}$$

验证

$$\begin{aligned}&y_i=\frac{x_i^*}{n}>0=E\{\hat{f}(i)\};\\&y_j=x_j^*+\frac{x_i^*}{n}>x_j^*\geqslant E\{\hat{f}(j)\},\forall j\neq i;\\&\sum_{j\neq i}y_j+y_i=\sum_{j\neq i}x_j^*+x_i^*=E\{\hat{f}(N)\}.\end{aligned}$$

因此$y\in X_E(N,\hat{f},\{N\})$. 当$T=\varnothing$时，$e_E(\hat{f},y,T)=0<\theta_{E,1}(x^*)$；当$\varnothing\neq T\subseteq N\setminus\{i\}$时，可得

$$e_E(\hat{f},y,T)=E\{\hat{f}(T)\}-y(T)=E\{\hat{f}(T)\}-x^*(T)-|T|\frac{x_i^*}{n}<e_E(\hat{f},x^*,T)=\theta_{E,1}(x^*);$$

当$\varnothing\neq T\subseteq N, i\in T$时，根据前面的计算可得

$$e_E(\hat{f},x^*,T)=e_E(\hat{f},x^*,T\setminus\{i\})-x_i^*,$$

因此经过简单计算可得

$$e_E(\hat{f},y,T)=e_E(\hat{f},x^*,T\setminus\{i\})-\frac{|T|}{n}x_i^*\leqslant\theta_{E,1}(x^*)-\frac{|T|}{n}x_i^*<\theta_{E,1}(x^*).$$

所以

$$\theta_{E,1}(y)=\max_{T\subseteq N}e_E(\hat{f},y,T)<\theta_{E,1}(x^*),$$

这与

$$x^*\mathcal{N}_E(N,\hat{f},\{N\})$$

矛盾.所以一定有

$$\mathcal{N}_{E,i}(N,\hat{f},\{N\})=0.$$

(2) 因为i是期望值零贡献的，所以一定有$E\{\hat{f}(i)\}=0$.令$x^*\in\mathcal{PN}_E(N,\hat{f},\{N\})$，假设$x_i^*\neq 0$，分两种情况讨论：情形一：当$x_i^*>0$时；情形二：当$x_i^*<0$时.

(3) 首先讨论情形一：当$x_i^*>0$时.因为i是期望值零贡献的，所以$\forall T\subseteq N\setminus\{i\}$可得

$$e_E(\hat{f},x^*,T\cup\{i\})=E\{\hat{f}(T\cup\{i\})\}-x^*(T\cup\{i\})=E\{\hat{f}(T)\}-x(T)^*-x_i^*=e(T,x^*)-x_i^*,$$

因为$x^*\in X_E^1(N,\hat{f},\{N\})$，可得$e_E(\hat{f},x^*,N)=0$，因此

$$0=e_E(\hat{f},x^*,N\setminus\{i\}\cup\{i\})=e_E(\hat{f},x^*,N\setminus\{i\})-x_i^*.$$

可得

$$\theta_{E,1}(x^*) \geqslant e_E(\hat{f}, x^*, N \setminus \{i\}) = x_i^* > 0.$$

定义新的向量

$$y_j = \begin{cases} \dfrac{x_i^*}{n}, & \text{如果}j = i; \\ x_j^* + \dfrac{x_i^*}{n}, & \text{如果}j \neq i. \end{cases}$$

验证

$$\sum_{j \neq i} y_j + y_i = \sum_{j \neq i} x_j^* + x_i^* = E\{\hat{f}(N)\}.$$

因此$y \in X_E^1(N, \hat{f}, \{N\})$. 当$T = \varnothing$时，$e_E(\hat{f}, y, T) = 0 < \theta_{E,1}(x^*)$；当$\varnothing \neq T \subseteq N \setminus \{i\}$ 时，可得

$$e_E(\hat{f}, y, T) = E\{\hat{f}(T)\} - y(T) = E\{\hat{f}(T)\} - x^*(T) - |T|\frac{x_i^*}{n} < e_E(\hat{f}, x^*, T) = \theta_{E,1}(x^*);$$

当$\varnothing \neq T \subseteq N, i \in T$时，根据前面的计算可得

$$e_E(\hat{f}, x^*, T) = e_E(\hat{f}, x^*, T \setminus \{i\}) - x_i^*,$$

因此经过简单计算可得

$$e_E(\hat{f}, y, T) = e_E(\hat{f}, x^*, T \setminus \{i\}) - \frac{|T|}{n}x_i^* \leqslant \theta_{E,1}(x^*) - \frac{|T|}{n}x_i^* < \theta_{E,1}(x^*).$$

所以

$$\theta_{E,1}(y) = \max_{T \subseteq N} e_E(\hat{f}, y, T) < \theta_{E,1}(x^*),$$

这与

$$x^* \in \mathcal{PN}_E(N, \hat{f}, \{N\})$$

矛盾.所以一定有

$$\mathcal{PN}_{E,i}(N, \hat{f}, \{N\}) = 0.$$

(4). 其次讨论情形二：当$x_i^* < 0$时.因为i是期望值零贡献的，所以$\forall T \subseteq N \setminus \{i\}$可得

$$\begin{aligned} & e_E(\hat{f}, x^*, T \cup \{i\}) = E\{\hat{f}(T \cup \{i\})\} - x^*(T \cup \{i\}) \\ = \ & E\{\hat{f}(T)\} - x(T)^* - x_i^* = e_E(\hat{f}, x^*, T) - x_i^*, \end{aligned}$$

令$T = \varnothing$可得

$$\theta_{E,1}(x^*) \geqslant e_E(\hat{f}, x^*, \{i\}) = -x_i^* > 0.$$

定义新的向量

$$y_j = \begin{cases} \dfrac{x_i^*}{n}, & \text{如果}j = i; \\ x_j^* + \dfrac{x_i^*}{n}, & \text{如果}j \neq i. \end{cases}$$

验证

$$\sum_{j \neq i} y_j + y_i = \sum_{j \neq i} x_j^* + x_i^* = E\{\hat{f}(N)\}.$$

因此$y \in X_E^1(N, \hat{f}, \{N\})$.

当$T = N$时，$e_E(\hat{f}, y, N) = 0 < \theta_{E,1}(x^*)$.

当$T \subseteq N \setminus \{i\}$时，可得

$$\begin{aligned} e_E(\hat{f}, y, T) &= E\{\hat{f}(T)\} - y(T) \\ &= E\{\hat{f}(T)\} - x^*(T) - |T|\frac{x_i^*}{n} \\ &= e_E(\hat{f}, x^*, T \cup \{i\}) + \frac{n - |T|}{n} x_i^* < \theta_{E,1}(x^*). \end{aligned}$$

当$T \subset N, i \in T$时，根据前面的计算可得

$$e_E(\hat{f}, y, T) = e_E(\hat{f}, x^*, T) + \frac{n - |T|}{n} x_i^* < \theta_{E,1}(x^*),$$

所以

$$\theta_{E,1}(y) = \max_{T \subseteq N} e_E(\hat{f}, y, T) < \theta_{E,1}(x^*),$$

这与

$$x^* \in \mathcal{PN}_E(N, \hat{f}, \{N\})$$

矛盾.所以一定有

$$\mathcal{PN}_{E,i}(N, \hat{f}, \{N\}) = 0.$$

定理 13.16 假设N是一个有限的局中人集合，$(N, \hat{f}, \tau)$是一个**CGWUTP**，如果

$$Core_E(N, \hat{f}, \tau) \neq \varnothing,$$

那么

$$\mathcal{PN}_E(N, \hat{f}, \tau) = \mathcal{N}_E(N, \hat{f}, \tau) \in Core_E(N, \hat{f}, \tau).$$

证明 因为

$$Core_E(N, \hat{f}, \tau) \neq \varnothing,$$

所以

$$X_E^1(N, \hat{f}, \tau) \neq \varnothing, X_E(N, \hat{f}, \tau) \neq \varnothing,$$

根据前文的定理可知$\mathcal{N}_E(N, \hat{f}, \tau)$和$\mathcal{PN}_E(N, \hat{f}, \tau)$存在唯一.不妨假设

$$x^* = \mathcal{PN}_E(N, \hat{f}, \tau),$$

根据定义可知

$$\theta_E(x^*) \leqslant_L \theta_E(y), \forall y \in X_E^1(N, \hat{f}, \tau).$$

特别地

$$\theta_E(x^*) \leqslant_L \theta_E(y), \forall y \in Core_E(N, \hat{f}, \tau) \subseteq X_E^1(N, \hat{f}, \tau).$$

对于$y \in Core_E(N, \hat{f}, \tau) \subseteq X_E^1(N, \hat{f}, \tau)$，根据定义可知

$$e_E(\hat{f}, y, S) = E\{\hat{f}(S)\} - y(S) \leqslant 0, \forall S \subseteq N,$$

即

$$\theta_E(y) \leqslant_L 0, \forall y \in Core_E(N, \hat{f}, \tau) \subseteq X_E^1(N, \hat{f}, \tau).$$

可得

$$\theta_E(x^*) \leqslant_L 0,$$

特别地

$$\theta_{E,1}(x^*) = \max_{S \subseteq N} e_E(\hat{f}, x^*, S) \leqslant 0,$$

因此有

$$e_E(\hat{f}, x^*, S) = E\{\hat{f}(S)\} - x^*(S) \leqslant 0, \forall S \subseteq N,$$

即

$$x^* \in Core_E(N, \hat{f}, \tau).$$

因为

$$x^* \in Core_E(N, \hat{f}, \tau) \subseteq X_E^0(N, \hat{f}, \tau),$$

并且

$$x^* = \mathcal{PN}_E(N, \hat{f}, \tau),$$

根据前文的定理可知

$$x^* = \mathcal{N}_E(N, \hat{f}, \tau),$$

因此

$$\mathcal{PN}_E(N, \hat{f}, \tau) = \mathcal{N}_E(N, \hat{f}, \tau) \in Core_E(N, \hat{f}, \tau).$$

在前几章中，对于期望值不确定谈判集，分别陈述了如下定理，但是没有给出证明.

定理 13.17 假设N是一个有限的局中人集合，$(N, \hat{f}, \tau)$是带有一般联盟结构的CGWUTP.

(1) 如果$X_E(N, \hat{f}, \tau) = \varnothing$，那么它的谈判集$\mathcal{M}_E(N, \hat{f}, \tau) = \varnothing$；

(2) 如果$X_E(N, \hat{f}, \tau) \neq \varnothing$，那么它的谈判集$\mathcal{M}_E(N, \hat{f}, \tau) \neq \varnothing$.

定理 13.18 假设N是一个有限的局中人集合，$(N, \hat{f}, \tau)$是带有一般联盟结构的CGWUTP，那么

$$\mathcal{N}_E(N, \hat{f}, \tau) \in \mathcal{M}_E(N, \hat{f}, \tau).$$

证明 (1) 如果

$$Core_E(N, \hat{f}, \tau) \neq \varnothing,$$

对于谈判集，根据上一章的定理可知

$$Core_E(N, \hat{f}, \tau) \subseteq \mathcal{M}_E(N, \hat{f}, \tau),$$

对于核原，根据上一个定理可知

$$\mathcal{N}_E(N, \hat{f}, \tau) \in Core_E(N, \hat{f}, \tau),$$

综合可得

$$\mathcal{N}_E(N, \hat{f}, \tau) \in \mathcal{M}_E(N, \hat{f}, \tau).$$

(2) 如果

$$Core_E(N,\hat{f},\tau)=\varnothing,$$

假设

$$x^*=\mathcal{N}_E(N,\hat{f},\tau)\subseteq X_E(N,\hat{f},\tau),$$

要证

$$x^*\in\mathcal{M}_E(N,\hat{f},\tau).$$

因为$Core_E(N,\hat{f},\tau)=\varnothing$，所以$x^*\notin Core_E(N,\hat{f},\tau)$，根据核心的定义可知

$$\exists A_0\subseteq N,\text{s.t.},e_E(\hat{f},x^*,A_0)=E\{\hat{f}(A_0)\}-x^*(A_0)>0,$$

因此

$$\theta_{E,1}(x^*)=\max_{S\subseteq N}e_E(\hat{f},x^*,S)\geqslant e_E(\hat{f},x^*,A_0)>0.$$

反证，若不然，那么

$$x^*\notin\mathcal{M}_E(N,\hat{f},\tau).$$

根据谈判集的定义可知

$$\exists(k,l)\in\mathrm{Pair}(\tau),\text{s.t.},JustObject_E(k\to l,x^*)\neq\varnothing.$$

根据上一章的定理可知

$$\begin{aligned}&\exists A\subseteq N,k\in A,l\notin A,\text{s.t.},\sum_{i\in A}x_i^*<E\{\hat{f}(A)\};\\&\forall B\subseteq N,l\in B,k\notin B,\text{s.t.},\\&B\cap A=\varnothing\Rightarrow E\{\hat{f}(B)\}<\sum_{i\in B}x_i^*;\\&B\cap A\neq\varnothing\Rightarrow E\{\hat{f}(B)\}-\sum_{i\in B\setminus A}x_i^*<E\{\hat{f}(A)\}-\sum_{i\in A\setminus B}x_i^*.\end{aligned}$$

即

$$\begin{aligned}&\exists A\subseteq N,k\in A,l\notin A,\text{s.t.},e_E(\hat{f},x^*,A)>0;\\&\forall B\subseteq N,l\in B,k\notin B,\text{s.t.},\\&B\cap A=\varnothing\Rightarrow e_E(\hat{f},x^*,B)<0;\\&B\cap A\neq\varnothing\Rightarrow e_E(\hat{f},x^*,B)<e_E(\hat{f},x^*,A).\end{aligned}$$

特别有

$$x_l^*>E\{\hat{f}(l)\},$$

令

$$\begin{aligned}a&=\max_{A\subseteq N,k\in A,l\notin A}e_E(\hat{f},x^*,A);\\b&=\max_{B\subseteq N,l\in B,k\notin B}e_e(\hat{f},x^*,B).\end{aligned}$$

可得

$$a>0, a>b.$$

并且若$A\subseteq N$满足$e_E(\hat{f},x^*,A)>a$，那么一定有$k,l\in A$或者$k,l\notin A$.令

$$\delta=\min(a-b,x_l^*-E\{\hat{f}(l))\}>0,$$

定义新的向量y为

$$y_i=\begin{cases} x_i^*, & \text{如果}i\neq k,l; \\ x_i^*-\delta/2, & \text{如果}i=l; \\ x_i^*+\delta/2, & \text{如果}i=k. \end{cases}$$

验证

$$\begin{aligned}
&y_i=x_i^*\geqslant E\{\hat{f}(i)\},\forall i\neq k,l;\\
&y_l=x_l^*-\delta/2\geqslant E\{\hat{f}(l)\}+\delta/2\geqslant E\{\hat{f}(l)\};\\
&y_k=x_k^*+\delta/2\geqslant x_k^*\geqslant E\{\hat{f}(k)\};\\
&\sum_{i\in A}y_i=\sum_{i\in A}x_i^*=E\{\hat{f}(A)\},\forall A\in\tau,A\neq A_k(\tau)=A_l(\tau);\\
&\sum_{i\in A_k(\tau)}y_i=\sum_{i\in A_k(\tau),i\neq k,l}x_i^*+x_k^*+x_l^*=E\{\hat{f}(A_k(\tau))\}.
\end{aligned}$$

因此

$$y\in X_E(N,\hat{f},\tau).$$

计算得到

$$\begin{aligned}
&\forall A\subseteq N,k,l\in A,\\
&e_E(\hat{f},x^*,A)=E\{\hat{f}(A)\}-x^*(A)\\
&=E\{\hat{f}(A)\}-y(A)=e_E(\hat{f},y,A);\\
&\forall A\subseteq N,k,l\notin A,\\
&e_E(\hat{f},x^*,A)=E\{\hat{f}(A)\}-x^*(A)\\
&=E\{\hat{f}(A)\}-y(A)=e_E(\hat{f},y,A);
\end{aligned}$$

$$\begin{aligned}
&\forall A\subseteq N,k\in A,l\notin A,\\
&e_E(\hat{f},x^*,A)=E\{\hat{f}(A)\}-x^*(A)\\
&=E\{\hat{f}(A)\}-y(A)+\delta/2=e_E(\hat{f},y,A)+\delta/2;\\
&\forall A\subseteq N,l\in A,k\notin A,\\
&e_E(\hat{f},x^*,A)=E\{\hat{f}(A)\}-x^*(A)\\
&=E\{\hat{f}(A)\}-y(A)-\delta/2=e_E(\hat{f},y,A)-\delta/2.
\end{aligned}$$

因此

$$\theta_E(y)<_L\theta_E(x^*),$$

这与

$$x^* = \mathcal{N}_E(N, \hat{f}, \tau)$$

矛盾.因此一定有

$$\mathcal{N}_E(N, \hat{f}, \tau) \in \mathcal{M}_E(N, \hat{f}, \tau).$$

13.5 期望值不确定准核原的刻画

根据期望值不确定准核原的定义可知

$\mathcal{PN}_e(N, \hat{f}, \{N\}) = \{x | \, x \in X_e^1(N, \hat{f}, \{N\}); \theta_e(x) \leqslant_L \theta_E(y), \forall y \in X_E^1(N, \hat{f}, \{N\})\}.$

为了确定期望值不确定准核原，需要做大量的计算和字典比较，这是不方便的.本节介绍一种方便求解期望值不确定准核原的方法.

定义 13.20　假设$A \in M_{m\times n}(\mathbf{R}), b \in \mathbf{R}^m, D \in M_{l\times n}(\mathbf{R}), d \in \mathbf{R}^l$，方程组

$$E(A, b, D, d) : Ax \leqslant b, Dx = d$$

的解空间记为$SOE(A, b, D, d)$，如果

$$SOE(A, b, D, d) \neq \varnothing,$$

并且

$$\forall x \in SOE(A, b, D, d) \Rightarrow Ax = b,$$

那么称方程组为紧凑的.

为了进一步的发展，需要引入平衡的概念和定理，引用如下.

定义 13.21　假设N是有限的局中人集合，$S \in \mathcal{P}(N)$是一个非空子集，它的示性向量记为

$$e_S = \sum_{i\in S} e_i, e_i = (0, \cdots, 1_{(i-th)}, \cdots, 0) \in R^N.$$

定义 13.22　假设N是有限的局中人集合，$\mathcal{B} = \{S_1, \cdots, S_k\} \subseteq \mathcal{P}(N)$是一个子集族，并且$\varnothing \notin \mathcal{B}$，$\mathcal{B}$的示性矩阵记为

$$M_{\mathcal{B}} = \begin{pmatrix} e_{S_1} \\ \vdots \\ e_{S_k} \end{pmatrix}.$$

其中e_S是S的示性向量.

定义 13.23　假设N是有限的局中人集合，$\mathcal{B} \subseteq \mathcal{P}(N)$是一个子集族，并且$\varnothing \notin \mathcal{B}$，权重$\delta = (\delta_A)_{A\in\mathcal{B}}$称为$\mathcal{B}$ 的一个严格平衡权重，如果满足

$$\delta > 0, \delta M_{\mathcal{B}} = e_N.$$

如果一个子集族存在一个严格平衡权重，那么这个子集族称为严格平衡.N的所有严格平衡子集族构成的集合记为$StrBalFam(N)$，假设$\mathcal{B} \in StrBalFam(N)$，其对应的所有严格平衡权重集合记为$StrBalCoef(\mathcal{B})$.

定义 13.24 假设N是有限的局中人集合，$\mathcal{B} \subseteq \mathcal{P}(N)$是一个子集族，并且$\varnothing \notin \mathcal{B}$，权重$\delta = (\delta_A)_{A\in\mathcal{B}}$称为$\mathcal{B}$ 的一个弱平衡权重，如果满足

$$\delta \geqslant 0, \delta M_{\mathcal{B}} = e_N.$$

如果一个子集族存在一个弱平衡权重，那么这个子集族称为弱平衡.N的所有弱平衡子集族构成的集合记为$WeakBalFam(N)$，假设$\mathcal{B} \in WeakBalFam(N)$，其对应的所有弱平衡权重集合记为$WeakBalCoef(\mathcal{B})$.

定义 13.25 假设N是有限的局中人集合，$\mathcal{P}_0(N)$是所有非空子集构成的子集族，权重$\delta = (\delta_A)_{A\in\mathcal{P}_0(N)}$称为$\mathcal{P}_0(N)$的一个弱平衡权重，如果满足

$$\delta \geqslant 0, \delta M_{\mathcal{P}_0(N)} = e_N.$$

如果$\mathcal{P}_0(N)$存在一个弱平衡权重，那么称为全集弱平衡.所有全集弱平衡权重集合记为$WeakBalCoef(\mathcal{P}_0(N))$.

注释 13.3 对于一个弱平衡的子集族，可以在子集族中通过剔除弱平衡权重为零的子集而产生严格平衡的子集族；同样，可以将一个严格平衡的子集族通过添加非空子集并且赋予零权重产生弱平衡子集族；所有的严格平衡子集可以扩充为全集弱平衡，所有的全集弱平衡可以精炼为严格平衡.因此本质上可以只考虑严格平衡、弱平衡和全集弱平衡的一种.

定理 13.19 假设N是有限的局中人集合，$\mathcal{B} \subseteq \mathcal{P}(N)$是一个子集族，并且$\varnothing \notin \mathcal{B}$，假设$\delta = (\delta_A)_{A\in\mathcal{B}} > 0$，那么$\mathcal{B}$相对于$\delta = (\delta_A)_{A\in\mathcal{B}} > 0$是严格平衡的，当且仅当

$$\forall x \in \mathbf{R}^N, \sum_{A\in\mathcal{B}} \delta_A x(A) = x(N).$$

定理 13.20 假设N是有限的局中人集合，$\mathcal{B} \subseteq \mathcal{P}(N)$是一个子集族，并且$\varnothing \notin \mathcal{B}$，假设$\delta = (\delta_A)_{A\in\mathcal{B}} \geqslant 0$，那么$\mathcal{B}$相对于$\delta = (\delta_A)_{A\in\mathcal{B}} > 0$是弱平衡的，当且仅当

$$\forall x \in \mathbf{R}^N, \sum_{A\in\mathcal{B}} \delta_A x(A) = x(N).$$

定理 13.21 假设N是有限的局中人集合，$\mathcal{P}_0(N)$是所有的非空子集构成的子集族，假设$\delta = (\delta_A)_{A\in\mathcal{P}_0(N)} \geqslant 0$，那么$\mathcal{P}_0(N)$ 相对于$\delta = (\delta_A)_{A\in\mathcal{P}_0(N)} \geqslant 0$是全集弱平衡的，当且仅当

$$\forall x \in \mathbf{R}^N, \sum_{A\in\mathcal{P}_0(N)} \delta_A x(A) = x(N).$$

定义 13.26 假设N是有限的局中人集合，$(N, \hat{f}, \{N\})$是一个CGWUTP，称之为期望值严格平衡的，如果任取严格平衡的子集族$\mathcal{B} \in StrBalFam(N)$和对应的严格平衡权重$\delta \in StrBalCoef\mathcal{B}$，都满足

$$E\{\hat{f}(N)\} \geqslant \sum_{A\in\mathcal{B}} \delta_A E\{\hat{f}(A)\}.$$

定义 13.27 假设N是有限的局中人集合，$(N, \hat{f}, \{N\})$是一个CGWUTP，称之为期望值弱平衡的，如果任取弱平衡的子集族$\mathcal{B} \in WeakBalFam(N)$和对应的弱平衡权重$\delta \in$

$WeakBalCoef\mathcal{B}$，都满足

$$E\{\hat{f}(N)\} \geqslant \sum_{A\in\mathcal{B}} \delta_A E\{\hat{f}(A)\}.$$

定理 13.22 假设N是有限的局中人集合，$(N, \hat{f}, \{N\})$是严格平衡的当且仅当是弱平衡的.

定义 13.28 假设N是有限的局中人集合，$(N, \hat{f}, \{N\})$是一个CGWUTP，称之为期望值全集弱平衡的，如果取定子集族$\mathcal{P}_0(N)$和对应的弱平衡权重$\delta \in WeakBalCoef(\mathcal{P}_0(N))$，都满足

$$E\{\hat{f}(N)\} \geqslant \sum_{A\in\mathcal{P}_0(N)} \delta_A E\{\hat{f}(A)\}.$$

定理 13.23 假设N是有限的局中人集合，$(N, \hat{f}, \{N\})$是一个CGWUTP，那么以下三者等价：

(1) $(N, \hat{f}, \{N\})$是期望值严格平衡的；

(2) $(N, \hat{f}, \{N\})$是期望值弱平衡的；

(3) $(N, \hat{f}, \{N\})$是期望值全集弱平衡的.

定义 13.29 假设N是有限的局中人集合，$(N, \hat{f}, \{N\})$是一个CGWUTP，称之为期望值平衡博弈，如果它是期望值严格平衡的或者期望值弱平衡的或者期望值全集弱平衡的.

严格平衡的子集族可以和线性系统的紧凑性联系在一起.为了下面的关键定理，需要线性规划的基本对偶定理，可参考其他关于数学优化的教材.

引理 13.1 (一般形式的线性规划的对偶) 假设$c \in R^n, d \in \mathbf{R}^1, G \in M_{m\times n}(\mathbf{R}), h \in R^m, A \in M_{l\times n}(\mathbf{R}), b \in \mathbf{R}^l$，一般形式的线性规划模型

$$\begin{aligned} &\min\ c^{\mathrm{T}}x + d \\ &\text{s.t.}\ \ Gx - h \leqslant 0, \\ &\qquad Ax - b = 0 \end{aligned}$$

的对偶问题为

$$\begin{aligned} &\min\ \alpha^{\mathrm{T}}h + \beta^{\mathrm{T}}b - d \\ &\text{s.t.}\ \ \alpha \geqslant 0, G^{\mathrm{T}}\alpha + A^{\mathrm{T}}\beta + c = 0. \end{aligned}$$

二者等价.

引理 13.2 (标准形式的线性规划的对偶) 假设$c \in \mathbf{R}^n, d \in \mathbf{R}^1, A \in M_{l\times n}(\mathbf{R}), b \in \mathbf{R}^l$，标准形式的线性规划模型

$$\begin{aligned} &\min\ c^{\mathrm{T}}x + d \\ &\text{s.t.}\ \ x \geqslant 0, \\ &\qquad Ax - b = 0 \end{aligned}$$

的对偶问题为

$$\begin{aligned}&\min\ \beta^{\mathrm{T}}b-d\\&\text{s.t.}\quad \alpha\geqslant 0,-\alpha+A^{\mathrm{T}}\beta+c=0.\end{aligned}$$

二者等价.

引理 13.3 (不等式形式的线性规划的对偶) 假设$c\in\mathbf{R}^n,d\in\mathbf{R}^1,A\in M_{m\times n}(\mathbf{R}),b\in\mathbf{R}^m$，求解不等式形式的线性规划模型

$$\begin{aligned}&\min\ c^{\mathrm{T}}x+d\\&\text{s.t.}\quad Ax\leqslant b\end{aligned}$$

的对偶问题为

$$\begin{aligned}&\min\ \alpha^{\mathrm{T}}b-d\\&\text{s.t.}\quad \alpha\geqslant 0,A^{\mathrm{T}}\alpha+c=0.\end{aligned}$$

二者等价.

定理 13.24 假设N是有限的局中人集合，$\mathcal{B}\subseteq\mathcal{P}(N)$是一个子集族，并且$\varnothing\notin\mathcal{B}$，那么

$$\mathcal{B}\in StrBalFam(N),$$

当且仅当方程组

$$E:y(N)=0,y(S)\geqslant 0,\forall S\in\mathcal{B}$$

是紧凑的.

证明 (1) 先证如果

$$\mathcal{B}\in StrBalFam(N),$$

那么

$$E:y(N)=0,y(S)\geqslant 0,\forall S\in\mathcal{B}$$

是紧凑的.方程组E的解空间记为SOE.

因为

$$\mathcal{B}\in StrBalFam(N),$$

所以

$$\exists\delta=(\delta_S)_{S\in\mathcal{B}}>0,\text{s.t.},\delta M_{\mathcal{B}}=e_N.$$

根据定理可得

$$\forall x\in R^N,\sum_{S\in\mathcal{B}}\delta_S x(S)=x(N).$$

对于方程组E，显然$0\in SOE$，所以$SOE\neq\varnothing$，任取$y\in SOE$，可得

$$\begin{aligned}&y(N)=0,y(S)\geqslant 0,\forall S\in\mathcal{B},\\&\sum_{S\in\mathcal{B}}\delta_S y(S)=y(N)=0.\end{aligned}$$

因为

$$\delta_S > 0, y(S) \geqslant 0, \forall S \in \mathcal{B},$$

所以一定有

$$y(S) = 0, \forall S \in \mathcal{B},$$

因而方程组E是紧凑的.

(2) 再证如果方程组

$$E : y(N) = 0, y(S) \geqslant 0, \forall S \in \mathcal{B}$$

是紧凑的，那么

$$\mathcal{B} \in StrBalFam(N).$$

考察一个线性规划(P)，决策变量为$\beta = (\beta_S)_{S\in\mathcal{B}}, \delta, \gamma$,

$$\begin{aligned}(P):\ &\max\ 0\\ &\text{s.t.}\ \ (\beta + 1_{\mathcal{B}})M_{\mathcal{B}} = (\delta - \gamma)e_N;\\ &\qquad\ \beta = (\beta_S)_{S\in\mathcal{B}} \geqslant 0, \delta \geqslant 0, \gamma \geqslant 0.\end{aligned}$$

根据对偶理论可知，问题(P)的对偶问题是

$$\begin{aligned}(D):\ &\min \sum_{S\in\mathcal{B}} -y(S)\\ &\text{s.t.}\ \ y(S) \geqslant 0, \forall S \in \mathcal{B}, y(N) = 0.\end{aligned}$$

根据条件可知问题(D)的可行域是SOE，因为系统E是紧凑的，所以$SOE \neq \varnothing$并且

$$\forall y \in SOE \Rightarrow y(N) = 0, y(S) = 0, \forall S \in \mathcal{B}.$$

所以问题(D)的最优值是0，最优解存在.根据对偶定理可知问题(P)的可行域非空，即

$$\begin{aligned}&\exists \beta = (\beta_S)_{S\in\mathcal{B}} \geqslant 0, \delta \geqslant 0, \gamma \geqslant 0, s.t.,\\ &(\beta + 1_{\mathcal{B}})M_{\mathcal{B}} = (\delta - \gamma)e_N.\end{aligned}$$

推得

$$\delta - \gamma > 0, \frac{(\beta + 1_{\mathcal{B}})}{(\delta - \gamma)} > 0,$$

并且

$$\frac{(\beta + 1_{\mathcal{B}})}{(\delta - \gamma)} M_{\mathcal{B}} = e_N,$$

所以令

$$\frac{(\beta + 1_{\mathcal{B}})}{(\delta - \gamma)} \in StrBalCoef(\mathcal{B}),$$

即

$$\mathcal{B} \in StrBalFam(N).$$

定义 13.30　假设N是有限的局中人集合，$(N, \hat{f}, \{N\})$是一个带有大联盟机构的CGWUTP，

任取$x \in X_E^1(N, \hat{f}, \{N\}), \beta \in R$，定义子集族

$$\mathcal{D}(\beta, x) = \{S | S \subseteq N, S \neq N, S \neq \varnothing, e_E(\hat{f}, x, S) \geqslant \beta\}.$$

对于固定的$x \in X_E^1(N, \hat{f}, \{N\})$，定义集合

$$CN(x) = \{\beta | \beta \in R, \mathcal{D}(\beta, x) \neq \varnothing\}.$$

子集族$D(\beta, x)$可以和$\theta_E(x)$建立联系.假设$\theta_E(x)$中各个分量的不同取值为

$$\{a_1, \cdots, a_p\}, a_1 > a_2 > \cdots > a_p,$$

并且$\theta_E(x)$可以表示为

$$\theta_E(x) = (a_1, \cdots, a_1, a_2, \cdots, a_2, \cdots, a_p, \cdots, a_p).$$

因为$e_E(\hat{f}, x, N) = 0 = e_E(\hat{f}, 0, \varnothing)$，所以$a_p \leqslant 0$.所以一定有

$$\mathcal{D}(a_1, x) \subset \mathcal{D}(a_2, x) \subset \cdots \subset \mathcal{D}(a_p, x) = \{S | S \subseteq N, S \neq N, S \neq \varnothing\}.$$

假设$\beta \in R$，可得

$$\mathcal{D}(\beta, x) = \begin{cases} \varnothing, & \text{如果}\beta > a_1; \\ \mathcal{D}(a_k, x), & \text{如果}a_{k+1} < \beta \leqslant a_k; \\ \{S | S \subseteq N, S \neq N, S \neq \varnothing\}, & \text{如果}\beta \leqslant a_p. \end{cases}$$

定理 13.25 假设N是有限的局中人集合，$(N, \hat{f}, \{N\})$是一个带有大联盟结构的CGWUTP，取定$x^* \in X_E^1(N, \hat{f}, \{N\})$.

(1) 如果$x^* = \mathcal{PN}_E(N, \hat{f}, \{N\})$，那么$\forall \beta \in CN(x^*)$，线性系统

$$E_\beta : y(N) = 0; y(S) \geqslant 0, \forall S \in \mathcal{D}(\beta, x^*)$$

是紧凑的；

(2) 如果$\forall \beta \in CN(x^*)$，线性系统

$$E_\beta : y(N) = 0; y(S) \geqslant 0, \forall S \in \mathcal{D}(\beta, x^*)$$

都是紧凑的，那么

$$x^* = \mathcal{PN}_E(N, \hat{f}, \{N\}).$$

证明 (1) 要证如果$x^* = \mathcal{PN}_E(N, \hat{f}, \{N\})$，那么$\forall \beta \in CN(x^*)$，线性系统

$$E_\beta : y(N) = 0; y(S) \geqslant 0, \forall S \in \mathcal{D}(\beta, x^*)$$

是紧凑的.记线性系统E_β的解空间为SOE_β.

因为$0 \in SOE_\beta$，所以$SOE_\beta \neq \varnothing$.取定$y \in SOE_\beta$，下证

$$y(S) = 0, \forall S \in \mathcal{D}(\beta, x^*).$$

任取$\epsilon > 0$，定义

$$z_\epsilon = x^* + \epsilon y,$$

可得

$$z_\epsilon(N) = x^*(N) + \epsilon y(N) = E\{\hat{f}(N)\},$$

所以

$$z_\epsilon \in X_E^1(N, \hat{f}, \{N\}),$$

并且

$$\lim_{\epsilon\to 0} z_\epsilon = x^*.$$

可得

$$\lim_{\epsilon\to 0} e_E(\hat{f}, z_\epsilon, S) = e_E(\hat{f}, x^*, S), \forall S \subseteq N.$$

如果$S \in \mathcal{D}(\beta, x^*), T \notin \mathcal{D}(\beta, x^*)$，根据定义可得

$$e_E(\hat{f}, x^*, S) \geqslant \beta > e_E(\hat{f}, x^*, T).$$

结合前面的结论可得，对于充分小的$\epsilon > 0$，一定有

$$e_E(\hat{f}, z_\epsilon, S) > e_E(\hat{f}, z_\epsilon, T),$$

取定$\epsilon > 0$充分小，可实现

$$e_E(\hat{f}, z_\epsilon, S) > e_E(\hat{f}, z_\epsilon, T), \forall S \in \mathcal{D}(\beta, x^*), T \notin \mathcal{D}(\beta, x^*).$$

因为$y \in SOE_\beta$，所以一定有

$$y(S) \geqslant 0, \forall S \in \mathcal{D}(\beta, x^*).$$

计算

$$\begin{aligned}
& e_E(\hat{f}, z_\epsilon, S) \\
= \ & E\{\hat{f}(S)\} - z_\epsilon(S) \\
= \ & E\{\hat{f}(S)\} - x^*(S) - \epsilon y(S) \\
= \ & e_E(\hat{f}, x^*, S) - \epsilon y(S) \\
\leqslant \ & e_E(\hat{f}, x^*, S).
\end{aligned}$$

因此，对于充分小的$\epsilon > 0$，可得

$$\begin{aligned}
e_E(\hat{f}, z_\epsilon, S) &\leqslant e_E(\hat{f}, x^*, S), \forall S \in \mathcal{D}(\beta, x^*); \\
e_E(\hat{f}, z_\epsilon, T) &< e_E(\hat{f}, z_\epsilon, S), \forall S \in \mathcal{D}(\beta, x^*), T \notin \mathcal{D}(\beta, x^*).
\end{aligned}$$

如果$\exists S \in \mathcal{D}(\beta, x^*)$使得

$$e_E(\hat{f}, z_\epsilon, S) < e_E(\hat{f}, x^*, S),$$

那么一定有

$$\theta_E(z_\epsilon) <_L \theta_E(x^*),$$

这与x^*是准核原矛盾.因此一定有

$$e_E(\hat{f}, z_\epsilon, S) = e_E(\hat{f}, x^*, S), \forall S \in \mathcal{D}(\beta, x^*).$$

即

$$e_E(\hat{f}, z_\epsilon, S) = e_E(\hat{f}, x^*, S) - \epsilon y(S) = e_E(\hat{f}, x^*, S), \forall S \in \mathcal{D}(\beta, x^*).$$

推得

$$y(S) = 0, \forall S \in \mathcal{D}(\beta, x^*).$$

即线性系统$E_\beta, \forall\beta \in CN(x^*)$是紧凑的.

(2) 再证如果$x \in X_E^1(N, \hat{f}, \tau)$满足$\forall\beta \in CN(x)$，线性系统

$$E_\beta : y(N) = 0; y(S) \geqslant 0, \forall S \in \mathcal{D}(\beta, x)$$

都是紧凑的，那么

$$x = \mathcal{PN}_E(N, \hat{f}, \{N\}) =: x^*.$$

为了证明以上结论，只需要证明$\theta_E(x) = \theta_E(x^*)$，再利用准核原的唯一性可得$x = x^*$.假设$x$的余量值为

$$\{a_1, \cdots, a_p\}, a_1 > \cdots > a_p,$$

并且函数表示为

$$\theta_E(x) = (a_1, \cdots, a_1, a_2, \cdots, a_2, \cdots, a_p, \cdots, a_p).$$

因为$e_E(\hat{f}, x, N) = 0 = e(\varnothing, 0)$，所以$a_p \leqslant 0$.因而一定有

$$\mathcal{D}(a_1, x) \subset \mathcal{D}(a_2, x) \subset \cdots \subset \mathcal{D}(a_p, x) = \{S |\ S \subseteq N, S \neq N, S \neq \varnothing\}.$$

假设$\beta \in R$，可得

$$\mathcal{D}(\beta, x) = \begin{cases} \varnothing, & \text{如果}\beta > a_1; \\ \mathcal{D}(a_k, x), & \text{如果}a_{k+1} < \beta \leqslant a_k; \\ \{S |\ S \subseteq N, S \neq N, S \neq \varnothing\}, & \text{如果}\beta \leqslant a_p. \end{cases}$$

令$a_0 > a_1$，那么$\mathcal{D}(a_0, x) = \varnothing$.利用归纳法证明

$$\mathcal{D}(a_t, x) = \mathcal{D}(a_t, x^*), \forall t = 0, 1, \cdots, p$$

和

$$e_E(\hat{f}, S, x) = e_E(\hat{f}, S, x^*), \forall S \in \mathcal{D}(a_t, x), \forall t = 0, 1, \cdots, p.$$

若证明了上面两条结论，那么因为

$$\begin{aligned} &e_E(\hat{f}, x, \varnothing) = e_E(\hat{f}, x^*, \varnothing) = 0, \\ &e_E(\hat{f}, x, N) = e_E(\hat{f}, x^*, N) = 0, \\ &e_E(\hat{f}, x, S) = e_E(\hat{f}, x^*, S), \forall S \in \mathcal{D}(a_p, x) = \mathcal{P}_2(N), \end{aligned}$$

所以

$$\theta_E(x) = \theta_E(x^*).$$

现在开始证明上面两条结论.当$t = 0$时，因为$a_0 > a_1$，所以$\mathcal{D}(a_0, x) = \varnothing$.又$x^*$是期望值不确定准核原，故对于任意的$S \subseteq N$ 有

$$e_E(\hat{f}, x^*, S) \leqslant \theta_{E,1}(x^*)\theta_{E,1}(x) = a_1 < a_0,$$

所以$\mathcal{D}(a_0, x^*) = \varnothing$，即有

$$\mathcal{D}(a_0, x) = \mathcal{D}(a_0, x^*) = \varnothing,$$

并且

$$e_e(\hat{f}, x, S) = e_E(\hat{f}, x^*, S), \forall S \in \mathcal{D}(a_0, x).$$

利用归纳法，假设

$$\mathcal{D}(a_{t-1},x)=\mathcal{D}(a_{t-1},x^*)$$

和

$$e_E(\hat{f},x,S)=e_E(\hat{f},x^*,S),\forall S\in\mathcal{D}(a_{t-1},x)$$

成立.要证

$$\mathcal{D}(a_t,x)=\mathcal{D}(a_t,x^*)$$

和

$$e_E(\hat{f},x,S)=e_E(\hat{f},x^*,S),\forall S\in\mathcal{D}(a_t,x)$$

成立.

令

$$\begin{aligned}l_{t-1}&=\#\mathcal{D}(a_{t-1},x)\\\hat{l}_t&=\#\{S|S\subseteq N;e_E(\hat{f},x,S)=a_t\}.\end{aligned}$$

根据归纳法可知

$$\theta_{E,j}(x)=\theta_{E,j}(x^*),j=1,\cdots,l_{t-1}.$$

并且

$$\theta_{E,j}(x)=a_t,l_{t-1}+1\leqslant j\leqslant l_{t-1}+\hat{l}_t.$$

因为

$$\theta(E,x^*)\leqslant_L\theta(E,x),$$

所以一定有

$$e_E(\hat{f},x^*,S)\leqslant a_t,\forall S\notin\mathcal{D}(a_{t-1},x^*).$$

定义新向量$y=x^*-x$，可得

$$e_E(\hat{f},x,S)-e_E(\hat{f},x^*,S)=y(S),\forall S\subseteq N,$$

并且

$$y(N)=x^*(N)-x(N)=E\{\hat{f}(N)\}-E\{\hat{f}(N)\}=0,$$

考虑如下的线性系统

$$E_{a_t}:y(N)=0;y(S)\geqslant 0,\forall S\in\mathcal{D}(a_t,x),$$

根据条件是紧凑的，因为$x^*-x\in SOE_{a_t}$，所以一定有

$$x^*(S)=x(S),\forall S\in\mathcal{D}(a_t,x).$$

所以

$$e_E(\hat{f},x^*,S)=e_E(\hat{f},x,S)=a_t,\forall S\in\mathcal{D}(a_t,x)\setminus\mathcal{D}(a_{t-1},x),$$

即

$$\mathcal{D}(a_t, x) \subseteq \mathcal{D}(a_t, x^*),$$

并且

$$\theta_{E,l_{t-1}+1}(x^*) = \cdots = \theta_{E,l_{t-1}+\hat{l}_t}(x^*) = a_t.$$

下证

$$\mathcal{D}(a_t, x) = \mathcal{D}(a_t, x^*).$$

因为

$$\theta_{E,l_{t-1}+\hat{l}_t+1} = a_{t+1},$$

并且

$$\theta_E(x^*) \leqslant_L \theta_E(x),$$

所以

$$\theta_{E,l_{t-1}+\hat{l}_t+1}(x^*) \leqslant \theta_{E,l_{t-1}+\hat{l}_t+1}(x) = a_{t+1} < a_t.$$

故一定有

$$\mathcal{D}(a_t, x) = \mathcal{D}(a_t, x^*)$$

并且

$$e_E(\hat{f}, x, S) = e_E(\hat{f}, x^*, S), \forall S \in \mathcal{D}(a_t, x).$$

定理 13.26 (Kohlberg类准核原定理一) 假设N是有限的局中人集合，$(N, \hat{f}, \{N\})$是一个带有大联盟结构的CGWUTP，取定$x^* \in X_E^1(N, \hat{f}, \{N\})$.那么

$$x^* = \mathcal{PN}_E(N, \hat{f}, \{N\}),$$

当且仅当

$$\forall \beta \in CN(x^*), \mathcal{D}(\beta, x^*) \in StrBalFam(N).$$

证明 根据上面的定理可知

$$x^* = \mathcal{PN}_E(N, \hat{f}, \{N\}),$$

当且仅当$\forall \beta \in CN(x)$，线性系统

$$E_\alpha : y(N) = 0; y(S) \geqslant 0, \forall S \in \mathcal{D}(\beta, x)$$

都是紧凑的.

根据前文的定理可知，$\forall \beta \in CN(x)$，线性系统

$$E_\beta : y(N) = 0; y(S) \geqslant 0, \forall S \in \mathcal{D}(\beta, x)$$

都是紧凑的当且仅当

$$\forall \beta \in CN(x^*), \mathcal{D}(\beta, x^*) \in StrBalFam(N).$$

定理 13.27 (Kohlberg类准核原定理二)　假设N是有限的局中人集合，$(N,\hat{f},\{N\})$是一个带有大联盟结构的CGWUTP，取定$x^*\in X_E(N,\hat{f},\{N\})$.那么

$$x^*=\mathcal{N}_E(N,\hat{f},\{N\}),$$

当且仅当

$$\forall\beta\in CN(x^*)\Rightarrow\mathcal{D}(\beta,x^*)\cup\mathcal{D}_0\in WeakBalFam(N),$$

$$\exists\delta\in WeakBalCoef(\mathcal{D}(\beta,x^*)\cup\mathcal{D}_0),\text{s.t.},\delta_A>0,\forall A\in\mathcal{D}(\beta,x^*).$$

其中$\mathcal{D}_0=\{\{1\},\cdots,\{N\}\}$.

行文至此，一个自然的问题是：一个合作博弈的期望值不确定准核原和期望值不确定核原是否一致呢？对于一大类博弈而言，二者确实是一致的.

定义 13.31　假设N是有限的局中人集合，$(N,\hat{f},\{N\})$是一个带有大联盟结构的CGWUTP，称之为期望值0-规范单调的，如果满足

$$E\{\hat{f}(A\cup\{i\})\}\geqslant E\{\hat{f}(A)\}+E\{\hat{f}(i)\},\forall A\subseteq N\setminus\{i\}.$$

显然期望值超可加博弈和期望值凸博弈都是期望值0-规范单调的.

定理 13.28　假设N是有限的局中人集合，$i\in N$是一个局中人，$\mathcal{B}\subseteq\mathcal{P}(N)$是一个子集族，$\varnothing\notin\mathcal{B}$，满足

$$\mathcal{B}\in StrBalFam(N);i\in A,\forall A\in\mathcal{B},$$

那么

$$\mathcal{B}=\{N\}.$$

证明　取定

$$\delta=(\delta_A)_{A\in\mathcal{B}}\in StrBalCoef(\mathcal{B}),$$

那么一定有

$$\delta M_{\mathcal{B}}=e_N,$$

因为

$$i\in A,\forall A\in\mathcal{B},$$

所以

$$\sum_{A\in\mathcal{B}}\delta_A=1.$$

任意取定$j\in N$，可得

$$1=\sum_{A\in\mathcal{B},j\in A}\delta_A\leqslant\sum_{A\in\mathcal{B}}\delta_A=1,$$

所以

$$\forall j\in N,\forall A\in\mathcal{B}\Rightarrow j\in A.$$

即

$$\forall A \in \mathcal{B} \Rightarrow A = N.$$

所以

$$\mathcal{B} = \{N\}.$$

定理 13.29 假设N是有限的局中人集合，$(N, \hat{f}, \{N\})$是一个带有大联盟结构的CGWUTP，并且是期望值0-规范单调的，那么

$$\mathcal{PN}_E(N, \hat{f}, \{N\}) = \mathcal{N}_E(N, \hat{f}, \{N\}).$$

证明 假设

$$x^* = \mathcal{PN}_E(N, \hat{f}, \{N\}),$$

则只需要证明x^*满足期望值个体理性即可完成定理的证明，即

$$x_i^* \geqslant E\{\hat{f}(i)\}, \forall i \in N.$$

如不然，那么

$$\exists i \in N, \text{s.t.}, x_i^* < E\{\hat{f}(i)\}, \text{i.e.}, e(\{i\}, x^*) > 0.$$

任取$A \subseteq N \setminus \{i\}$可得

$$\begin{aligned}
& e_E(\hat{f}, x^*, A \cup \{i\}) \\
= \ & E\{\hat{f}(A \cup \{i\})\} - x^*(A \cup \{i\}) \\
= \ & E\{\hat{f}(A \cup \{i\})\} - x^*(A) - x_i^* \\
\geqslant \ & E\{\hat{f}(A)\} + E\{\hat{f}(i)\} - x^*(A) - x_i^* \\
= \ & e_E(\hat{f}, x^*, A) + (E\{\hat{f}(i)\} - x_i^*) \\
> \ & e_E(\hat{f}, x^*, A).
\end{aligned}$$

因此，若$B \subseteq N$使得$e_E(\hat{f}, x^*, B) = \max_{A \subseteq N} e_E(\hat{f}, x^*, A)$，则必定有$i \in B$.令

$$\mathcal{B} = \text{Argmax}_{A \in \mathcal{P}(N)} e_E(\hat{f}, x^*, A) \geqslant e_E(\hat{f}, x^*, \{i\}) > 0,$$

首先$\theta_{E,1}(x^*) \in CN(x^*)$，并且

$$\mathcal{B} = \mathcal{D}(\theta_{E,1}(x^*), x^*),$$

根据Kohlberg类准核原定理可知

$$\mathcal{B} \in StrBalFam(N),$$

并且

$$\forall B \in \mathcal{B}, i \in B,$$

根据上面的定理可知

$$\mathcal{B} = \{N\},$$

因此

$$\forall A \subseteq N, e_E(\hat{f}, x^*, A) \leqslant 0,$$

特别有

$$E\{\hat{f}(i)\} \leqslant x_i^*,$$

这与假设矛盾.因此x^*是个体理性的，根据前文的定理可知

$$\mathcal{PN}_E(N,\hat{f},\{N\}) = \mathcal{N}_E(N,\hat{f},\{N\}) = x^*.$$

13.6 期望值不确定准核原的一致性

对于期望值不确定核心，定义了期望值David-Maschler约简博弈，在这个意义下，证明了期望值不确定核心的一致性.对于期望值不确定沙普利值，定义了期望值Hart-Mas-Collel 约简博弈，在这个意义下，证明了期望值不确定沙普利值的一致性.对于期望值不确定准核原的一致性问题，仍然采用期望值David-Maschler约简博弈.

定义 13.32 假设N是有限的局中人集合，$(N,\hat{f},\{N\})$是一个CGWUTP，$x\in X_E^1(N,\hat{f},\{N\})$是结构理性向量且$A\in\mathcal{P}_0(N)$.定义$A$相对于$x$的期望值Davis-Maschler约简博弈$(A,\hat{f}_{A,x},\{A\})$，要求期望值满足

$$E\{\hat{f}_{A,x}(B)\} = \begin{cases} \max_{Q\in\mathcal{P}(N\setminus A)}[E\{\hat{f}(Q\cup B)\}-x(Q)], & \text{如果}B\in\mathcal{P}_2(A);\\ 0, & \text{如果}B=\varnothing;\\ x(A), & \text{如果}B=A. \end{cases}$$

定义 13.33 假设N是一个有限的局中人集合，$\Gamma_{U,N}$表示其上的所有带有大联盟结构的CGWUTP，有集值或者数值解概念：$\phi:\Gamma_{U,N}\to\mathcal{P}(\mathbf{R}^N),\phi(N,\hat{f},\{N\})\subseteq\mathbf{R}^N$，称其满足期望值Davis-Maschler约简博弈性质，如果

$$\forall(N,\hat{f},\{N\})\in\Gamma_{U,N},\forall A\in\mathcal{P}_0(N),\forall x\in\phi(N,\hat{f},\{N\})$$

都有

$$(x_i)_{i\in A}\in\phi(A,\hat{f}_{A,x},\{A\}),$$

其中$(A,\hat{f}_{A,x},\{A\})$称为A相对于x的期望值Davis-Maschler约简博弈.

定理 13.30 假设N是有限的局中人集合，$(N,\hat{f},\{N\})$是一个CGWUTP，期望值不确定准核原$\mathcal{PN}_E(N,\hat{f},\{N\})$满足期望值Davis-Maschler约简博弈性质.

证明 (1) 假设

$$x^* = \mathcal{PN}_E(N,\hat{f},\{N\}), A\subseteq N, A\neq\varnothing.$$

记

$$x_A^* = (x_i^*)_{i\in A}.$$

对于每个$B\subseteq A$，用$e_E(B,x^*,\hat{f})$表示联盟B在x^*处的合作博弈$(N,\hat{f},\{N\})$的期望值盈余，用$e_E(B,x_A^*,\hat{f}_{A,x^*})$ 表示联盟B在x_A^*处的合作博弈$(A,\hat{f}_{A,x^*},\{A\})$的期望值盈余.

(2) 需证明

$$x_A^* = \mathcal{PN}_E(A,\hat{f}_{A,x^*},\{A\}).$$

根据定义可得

$$E\{\hat{f}_{A,x^*}(A)\} = x^*(A) = x^*_A(A), x^*_A \in \mathbf{R}^A.$$

所以

$$x^*_A \in X^1_E(A, \hat{f}_{A,x^*}, \{A\}).$$

任取$\beta \in \mathbf{R}$，定义

$$\mathcal{D}_{\hat{f}_{A,x^*}}(\beta, x^*_A) = \{R |\ R \in \mathcal{P}_2(A), e_E(R, x^*_A, \hat{f}_{A,x^*}) \geqslant \beta\};$$
$$\mathcal{D}_{\hat{f}}(\beta, x^*) = \{R |\ R \in \mathcal{P}_2(N), e_E(R, x^*, \hat{f}) \geqslant \beta\}.$$

任取$R \in \mathcal{D}_{\hat{f}_{A,x^*}}(\beta, x^*_A)$，根据定义知$R \neq A, \varnothing$，计算得到

$$\begin{aligned}
& e_E(R, x^*_A, \hat{f}_{A,x^*}) \\
= \ & E\{\hat{f}_{A,X^*}(R)\} - x^*_A(R) \\
= \ & \max_{Q \subseteq A^c}[E\{\hat{f}(R \cup Q)\} - x^*(Q)] - x^*_A(R) \\
= \ & E\{\hat{f}(R \cup Q_R)\} - x^*(Q_R) - x^*(R) \\
= \ & e_E(R \cup Q_R, x^*, \hat{f}),
\end{aligned}$$

其中$Q_R \in \mathrm{Argmax}_{Q \subseteq A^c}[E\{\hat{f}(R \cup Q)\} - x^*(Q)]$.所以推出

$$R \in \mathcal{D}_{\hat{f}_{A,x^*}}(\beta, x^*_A) \Rightarrow R \cup Q_R \in \mathcal{D}_{\hat{f}}(\beta, x^*).$$

反过来，如果$T \in \mathcal{D}_{\hat{f}}(\beta, x^*)$，构造$R = T \cap A$，那么

$$T = R \cup (T \setminus A), R \subseteq A, T \setminus A \subseteq A^c,$$

如果$R \neq A, \varnothing$，计算可得

$$\begin{aligned}
& e_E(R, x^*_A, \hat{f}_{A,x^*}) \\
= \ & E\{\hat{f}_{A,x^*}(R)\} - x^*_A(R) \\
= \ & \max_{Q \subseteq A^c}[E\{\hat{f}(R \cup Q)\} - x^*(Q)] - x^*(R) \\
\geqslant \ & E\{\hat{f}(R \cup (T \setminus A))\} - x^*(T \setminus A) - x^*(R) \\
= \ & E\{\hat{f}(T)\} - x^*(T) \\
= \ & e_E(T, x^*, \hat{f}) \geqslant \beta.
\end{aligned}$$

因此

$$R \in \mathcal{D}_{\hat{f}_{A,x^*}}(\beta, x^*_A).$$

综上，任取$\beta \in R$，则有

$$\begin{aligned}
& \forall R \in \mathcal{D}_{\hat{f}_{A,x^*}}(\alpha, x^*_A) \Rightarrow \\
& \exists T \in \mathcal{D}_{\hat{f}}(\beta, x^*), \text{s.t.}, R \subseteq T, T \cap A = R; \\
& \forall T \in \mathcal{D}_{\hat{f}}(\beta, x^*), \text{s.t.}, T \cap A \neq A, \varnothing, \\
& \Rightarrow T \cap A \in \mathcal{D}_{\hat{f}_{A,x^*}}(\beta, x^*_A).
\end{aligned}$$

因为

$$x^* = \mathcal{PN}_E(N, \hat{f}, \{N\}),$$

所以利用Kohlberg类准核原定理可知

$$\forall \beta \in CN(x^*, \hat{f}), \mathcal{D}(\beta, x^*) \in StrBalFam(N).$$

即

$$\exists \delta = (\delta_B)_{B \in \mathcal{D}(\beta, x^*)},$$
$$\text{s.t.,} \quad \sum_{B \in \mathcal{D}(\beta, x^*)} \delta_B e_B = e_N,$$

因此

$$\exists \delta = (\delta_B)_{B \in \mathcal{D}(\beta, x^*)},$$
$$\text{s.t.,} \quad \sum_{B \in \mathcal{D}(\beta, x^*)} \delta_B e_{B \cap A} = e_A,$$

当$B \cap A = A, \varnothing, \forall B \in \mathcal{D}(\beta, x^*)$时，$\mathcal{D}_{\hat{f}_{A,x^*}}(\beta, x_A^*) = \varnothing$，此时$\beta \notin CN(x_A^*, \hat{f}_{A,x^*})$.反之，当$\beta \in CN(x_A^*, \hat{f}_{A,x^*})$时，$\mathcal{D}_{\hat{f}_{A,x^*}}(\beta, x_A^*) \neq \varnothing$，根据上面的讨论可知$\mathcal{D}(\beta, x^*) \neq \varnothing$，因此

$$CN(x_A^*, \hat{f}_{A,x^*}) = CN(x^*, \hat{f}) \setminus \{\beta | B \cap A = A, \varnothing, \forall B \in \mathcal{D}(\beta, x^*)\}.$$

综合可得

$$\forall \beta \in CN(x_A^*, \hat{f}_{A,x^*}), \mathcal{D}_{\hat{f}_{A,x^*}}(\beta, x_A^*) \in StrBalFam(A).$$

再次利用Kohlberg类准核原定理可知

$$x_A^* = \mathcal{PN}_E(A, \hat{f}_{A,x^*}, \{A\}).$$

定理 13.31　假设N是有限的局中人集合，$(N, \hat{f}, \{N\})$是期望值0-规范单调的CGWUTP，$x^* = \mathcal{N}_E(N, \hat{f}, \{N\})$，如果$\forall A \subseteq N, A \neq \varnothing$，期望值Davis-Maschler约简博弈$(A, \hat{f}_{A,x^*}, \{A\})$都是期望值0-规范单调CGWUTP，那么

$$(x_i^*)_{i \in A} = \mathcal{N}_E(A, \hat{f}_{A,x^*}, \{A\}).$$

证明　因为$(N, \hat{f}, \{N\})$是一个期望值0-规范单调的CGWUTP，根据前面的定理可知

$$x^* = \mathcal{N}_E(N, \hat{f}, \{N\}) = \mathcal{PN}_E(N, \hat{f}, \{N\}).$$

根据期望值不确定准核原的一致性可得

$$x_A^* = \mathcal{PN}_E(A, \hat{f}_{A,x^*}, \{A\}), \forall A \subseteq N, A \neq \varnothing.$$

又因为$(A, \hat{f}_{A,x^*}, \{A\})$都是期望值0-规范单调CGWUTP，所以

$$x_A^* = \mathcal{PN}_E(A, \hat{f}_{A,x^*}, \{A\}) = \mathcal{N}_E(A, \hat{f}_{A,x^*}, \{A\}),$$

即

$$(x_i^*)_{i \in A} = \mathcal{N}_E(A, \hat{f}_{A,x^*}, \{A\}).$$

第14章　乐观值不确定核原

对于不确定支付可转移的合作博弈，立足于稳定分配的指导原则，基于经验设计了多个分配公理，得到一个重要的数值解概念：乐观值不确定核原(Optimistic Uncertain Nucleolus).本章介绍不确定支付可转移合作博弈的乐观值不确定核原和准核原的定义、存在性和唯一性、性质、计算方法、刻画定理和一致性等内容.本章的很多结论与期望值情形类似，在此省略证明过程.

14.1 乐观值解概念的原则

对于一个CGWUTPCS，考虑的解概念即如何合理分配财富的过程，使得人人在约束下获得最大利益，解概念有两种：一种是集合，另一种是单点.

定义 14.1 假设N是一个有限的局中人集合，$\Gamma_{U,N}$表示其上的所有CGWUTP，解概念分为集值解概念和数值解概念.

(1) 集值解概念：$\phi:\Gamma_{U,N}\to\mathcal{P}(\mathbf{R}^N),\phi(N,\hat{f},\tau)\subseteq\mathbf{R}^N$.

(2) 数值解概念：$\phi:\Gamma_{U,N}\to\mathbf{R}^N,\phi(N,\hat{f},\tau)\in\mathbf{R}^N$.

解概念的定义过程是一个立足于分配的合理、稳定的过程，可以充分发挥创造力，从以下几个方面出发至少可以定义几个理性的分配向量集合.

第一个方面：个体参加联盟合作得到的财富应该大于等于个体单干得到的财富.这条性质称之为个体理性.第二个方面：联盟结构中的联盟最终得到的财富应该是这个联盟创造的财富.这条性质称之为结构理性.第三个方面：一个群体最终得到的财富应该大于等于这个联盟创造的财富.这条性质称之为集体理性.因为支付是不确定的，所以采用α乐观值作为一个确定的数值衡量标准.

定义 14.2 假设N是一个有限的局中人集合，$\alpha\in(0,1]$，$(N,\hat{f},\tau)$表示一个CGWUTPCS，其对应的α乐观值个体理性分配集定义为

$$X^0_{\sup,\alpha}(N,\hat{f},\tau)=\{x|\ x\in\mathbf{R}^N;x_i\geqslant\{\hat{f}(i)\}_{\sup,\alpha},\forall i\in N\}.$$

如果用α乐观值盈余函数来表示，那么α乐观值个体理性分配集实际上可以表示为

$$X^0_{\sup,\alpha}(N,\hat{f},\tau)=\{x|\ x\in\mathbf{R}^N;e_{\sup,\alpha}(\hat{f},x,i)\leqslant 0,\forall i\in N\}.$$

定义 14.3 假设N是一个有限的局中人集合，$\alpha\in(0,1]$，$(N,\hat{f},\tau)$表示一个CGWUTPCS，其对应的α乐观值结构理性分配集(α-optimistic preimputation) 定义为

$$X^1_{\sup,\alpha}(N,\hat{f},\tau)=\{x|\ x\in\mathbf{R}^N;x(A)=\{\hat{f}(A)\}_{\sup,\alpha},\forall A\in\tau\}.$$

如果用α乐观值盈余函数来表示，那么α-optimistic preimputation实际上可以表示为

$$X^1_{\sup,\alpha}(N,\hat{f},\tau)=\{x|\ x\in\mathbf{R}^N;e_{\sup,\alpha}(\hat{f},x,A)=0,\forall A\in\tau\}.$$

定义 14.4 假设N是一个有限的局中人集合，$\alpha \in (0,1]$，$(N,\hat{f},\tau)$表示一个CGWUTPCS，其对应的α乐观值集体理性分配集定义为

$$X^2_{\sup,\alpha}(N,\hat{f},\tau)=\{x|\ x\in \mathbf{R}^N; x(A)\geqslant \{\hat{f}(A)\}_{\sup,\alpha}, \forall A\in \mathcal{P}(N)\}.$$

如果用α乐观值盈余函数来表示，那么α乐观值集体理性分配集实际上可以表示为

$$X^2_{\sup,\alpha}(N,\hat{f},\tau)=\{x|\ x\in \mathbf{R}^N; e_{\sup,\alpha}(\hat{f},x,B)\leqslant 0, \forall B\in \mathcal{P}(N)\}.$$

定义 14.5 假设N是一个有限的局中人集合，$\alpha \in (0,1]$，$(N,\hat{f},\tau)$表示一个CGWUTPCS，其对应的α乐观值可行分配向量集定义为

$$X^*_{\sup,\alpha}(N,\hat{f},\tau)=\{x|\ x\in \mathbf{R}^N; x(A)\leqslant \{\hat{f}(A)\}_{\sup,\alpha}, \forall A\in \tau\}.$$

如果用α乐观值盈余函数来表示，那么α乐观值可行分配集实际上可以表示为

$$X^*_{\sup,\alpha}(N,\hat{f},\tau)=\{x|\ x\in \mathbf{R}^N; e_{\sup,\alpha}(\hat{f},x,A)\geqslant 0, \forall A\in \tau\}.$$

定义 14.6 假设N是一个有限的局中人集合，$\alpha \in (0,1]$，$(N,\hat{f},\tau)$表示一个CGWUTPCS，其对应的α乐观值可行理性分配集(α-optimistic imputation)定义为

$$\begin{aligned}X_{\sup,\alpha}(N,\hat{f},\tau) &= \{x|\ x\in \mathbf{R}^N; x_i\geqslant \{\hat{f}(i)\}_{\sup,\alpha}, \forall i\in N;\\ &\qquad x(A)=\{\hat{f}(A)\}_{\sup,\alpha}, \forall A\in \tau\}\\ &= X^0_{\sup,\alpha}(N,\hat{f},\tau)\cap X^1_{\sup,\alpha}(N,\hat{f},\tau).\end{aligned}$$

如果用α乐观值盈余函数来表示，那么α-optimistic imputation实际上可以表示为

$$X_{\sup,\alpha}(N,\hat{f},\tau)=\{x|\ x\in \mathbf{R}^N; e_{\sup,\alpha}(\hat{f},x,i)\leqslant 0, \forall i\in N; e_{\sup,\alpha}(\hat{f},x,A)=0, \forall A\in \tau\}.$$

所有的基于α乐观值的解概念，无论是集值解概念还是数值解概念，都应该从三大α乐观值理性分配集以及α乐观值可行理性分配集出发来寻找.

14.2 乐观值不确定核原的定义

定义 14.7 假设N是一个有限的局中人集合，$\alpha \in (0,1]$，$(N,\hat{f})$是CGWUTP，任取$x\in \mathbf{R}^N, A\in \mathcal{P}(N)$，称

$$e_{\sup,\alpha}(\hat{f},x,A)=\{\hat{f}(A)\}_{\sup,\alpha}-x(A)$$

为联盟A在x的α乐观值盈余.

注释 14.1 联盟A在x的α乐观值盈余$e_{\sup,\alpha}(\hat{f},x,A)$是衡量联盟$A$对分配$x$不满的一种度量.如果$e_{\sup,\alpha}(\hat{f},x,A)>0$，表示联盟$A$ 对分配x极度不满；如果$e_{\sup,\alpha}(\hat{f},x,A)=0$，表示联盟$A$ 对分配x 无喜好；如果$e_{\sup,\alpha}(\hat{f},x,A)<0$，表示联盟$A$对$x$是满意的.

定义 14.8 假设N是一个有限的局中人集合，$\alpha \in (0,1]$，$(N,\hat{f})$是CGWUTP，取定$x\in \mathbf{R}^N$，定义函数

$$\begin{aligned}\theta_{\sup,\alpha}(x) &= (\theta_{\sup,\alpha,1}(x),...,\theta_{\sup,\alpha,k}(x),...,\theta_{\sup,\alpha,2^n}(x))\\ &= (e_{\sup,\alpha}(\hat{f},x,A_1),\cdots,e_{\sup,\alpha}(\hat{f},x,A_k),\cdots,e_{\sup,\alpha}(\hat{f},x,A_{2^n})),\end{aligned}$$

其中$\{A_1,\cdots,A_{2^n}\}=\mathcal{P}(N)$，并且要求

$$e_{\sup,\alpha}(\hat{f},x,A_1)\geqslant\cdots\geqslant e_{\sup,\alpha}(\hat{f},x,A_k)\geqslant\cdots\geqslant e_{\sup,\alpha}(\hat{f},x,A_{2^n}),k=1,\cdots,2^n.$$

定义 14.9 假设$\mathbf{R}^m$是m维实数空间，在其上定义函数

$$L(x)=\begin{cases}0, & \text{如果}x=0;\\ 1, & \text{如果}x\neq 0,\exists i,1\leqslant i\leqslant m,\text{s.t.},x_1=\cdots=x_{i-1}=0,x_i>0;\\ -1, & \text{如果}x\neq 0,\exists i,1\leqslant i\leqslant m,\text{s.t.},x_1=\cdots=x_{i-1}=0,x_i<0.\end{cases}$$

函数L称为字典序函数.

定义 14.10 假设$\mathbf{R}^m$是m维实数空间，L是其上的字典序函数，可以定义字典序关系：

$$\forall x,y\in\mathbf{R}^m,x>_L y\Leftrightarrow L(x-y)=1;$$

$$\forall x,y\in\mathbf{R}^m,x<_L y\Leftrightarrow L(x-y)=-1;$$

$$\forall x,y\in\mathbf{R}^m,x=_L y\Leftrightarrow L(x-y)=0;$$

$$\forall x,y\in\mathbf{R}^m,x\geqslant_L y\Leftrightarrow L(x-y)\in\{0,1\};$$

$$\forall x,y\in\mathbf{R}^m,x\leqslant_L y\Leftrightarrow L(x-y)\in\{0,-1\}.$$

字典序关系显然是良定的.

定理 14.1 假设$\mathbf{R}^m$是m维实数空间，L是其上的字典序函数，字典序关系

$$\forall x,y\in\mathbf{R}^m,x>_L y\Leftrightarrow L(x-y)=1;$$

$$\forall x,y\in\mathbf{R}^m,x<_L y\Leftrightarrow L(x-y)=-1;$$

$$\forall x,y\in\mathbf{R}^m,x=_L y\Leftrightarrow L(x-y)=0;$$

$$\forall x,y\in\mathbf{R}^m,x\geqslant_L y\Leftrightarrow L(x-y)\in\{0,1\};$$

$$\forall x,y\in\mathbf{R}^m,x\leqslant_L y\Leftrightarrow L(x-y)\in\{0,-1\}$$

是自反、传递、完备的，但是不是连续的.

定义 14.11 假设N是一个有限的局中人集合，$\alpha\in(0,1]$，$(N,\hat{f})$是CGWUTP，$K\subseteq\mathbf{R}^n$，$(N,\hat{f})$相对于K的α乐观值不确定核原定义为

$$\mathcal{N}_{\sup,\alpha}(N,\hat{f},K)=\{x|\ x\in K;\theta_{\sup,\alpha}(x)\leqslant_L\theta_{\sup,\alpha}(y),\forall y\in K\}.$$

其中$\theta_{\sup,\alpha}$是α乐观值盈余的递减函数，$\leqslant_L$是字典序.显然$\mathcal{N}_{\sup,\alpha}(N,\hat{f},\varnothing)=\varnothing$.

注释 14.2 已知$\theta_{\sup,\alpha}(x)$是联盟对分配x的α乐观值不满度的一个递减排序函数，因此$\theta_{\sup,\alpha,1}(x)$是最不满的一个函数，在上面核原的定义中，体现了如下思想：在K中寻找分配首先使得最大的不满函数$\theta_{E,1}$最小，在此基础上然后使得$\theta_{\sup,\alpha,2}$最小，如此继续.

定义 14.12 假设N是一个有限的局中人集合，$\alpha\in(0,1]$，$(N,\hat{f},\{N\})$是带有大联盟的CGWUTP，令

$$K=X_{\sup,\alpha}(N,\hat{f},\{N\})$$

为α乐观值可行理性(个体理性+结构理性)分配集，那么称相对于α乐观值可行理性集$X_{\sup,\alpha}(N,\hat{f},\{N\})$的$\alpha$乐观值不确定核原

$$\mathcal{N}_{\sup,\alpha}(N,\hat{f},\{N\},X_{\sup,\alpha}(N,\hat{f},\{N\}))$$

为博弈$(N,\hat{f},\{N\})$的α乐观值不确定核原，记为

$$\mathcal{N}_{\sup,\alpha}(N,\hat{f},\{N\}).$$

定义 14.13　假设N是一个有限的局中人集合，$\alpha\in(0,1]$，$(N,\hat{f},\{N\})$是带有大联盟的CGWUTP，令

$$K=X^1_{\sup,\alpha}(N,\hat{f},\{N\})$$

为α乐观值结构理性分配集.那么称相对于$X^1_{\sup,\alpha}(N,\hat{f},\{N\})$的$\alpha$乐观值不确定核原

$$\mathcal{N}_{\sup,\alpha}(N,\hat{f},\{N\},X^1_{\sup,\alpha}(N,\hat{f},\{N\}))$$

为博弈$(N,\hat{f},\{N\})$的α乐观值不确定准核原，记为

$$\mathcal{PN}_{\sup,\alpha}(N,\hat{f},\{N\}).$$

定义 14.14　假设N是一个有限的局中人集合，$\alpha\in(0,1]$，$(N,\hat{f},\tau)$是带有一般联盟的CGWUTP，令

$$K=X_{\sup,\alpha}(N,\hat{f},\tau)$$

为α乐观值可行理性(个体理性+结构理性)分配集,那么称相对于可行理性集$X_{\sup,\alpha}(N,\hat{f},\tau)$的$\alpha$乐观值不确定核原

$$\mathcal{N}_{\sup,\alpha}(N,\hat{f},\tau,X_{\sup,\alpha}(N,\hat{f},\tau))$$

为博弈$(N,\hat{f},\tau)$的α乐观值不确定核原，记为

$$\mathcal{N}_{\sup,\alpha}(N,\hat{f},\tau).$$

定义 14.15　假设N是一个有限的局中人集合，$\alpha\in(0,1]$，$(N,\hat{f},\tau)$是带有一般联盟的CGWUTP，令

$$K=X^1_{\sup,\alpha}(N,\hat{f},\tau)$$

为α乐观值结构理性分配集.那么称相对于$X^1_{\sup,\alpha}(N,\hat{f},\tau)$的$\alpha$乐观值不确定核原

$$\mathcal{N}_{\sup,\alpha}(N,\hat{f},\tau,X^1_{\sup,\alpha}(N,\hat{f},\tau))$$

为博弈$(N,\hat{f},\tau)$的α乐观值不确定准核原，记为

$$\mathcal{PN}_{\sup,\alpha}(N,\hat{f},\tau).$$

14.3 乐观值不确定核原的存在唯一

定理 14.2　假设N是一个有限的局中人集合，$\alpha\in(0,1]$，$(N,\hat{f})$是CGWUTP，取定$x\in\mathbf{R}^N$，函数

$$\theta_{\sup,\alpha}(x)=(\theta_{\sup,\alpha,1}(x),\cdots,\theta_{\sup,\alpha,k}(x),\cdots,\theta_{\sup,\alpha,2^n}(x))$$

可以刻画为

$$\theta_{\sup,\alpha,1}(x)=\max_{A\subseteq N}e_{\sup,\alpha}(\hat{f},x,A);$$

$$\vdots$$

$$\theta_{\sup,\alpha,k}(x) = \max_{A_1,\cdots,A_k\subseteq N, A_i\neq A_j, 1\leqslant i\neq j\leqslant k} \min\ \{e_{\sup,\alpha}(\hat{f},x,A_1),\cdots,e_{\sup,\alpha}(\hat{f},x,A_k)\},$$
$$\forall 1\leqslant k\leqslant 2^n.$$

定理 14.3 假设N是一个有限的局中人集合，$\alpha\in(0,1]$，$(N,\hat{f})$是CGWUTP，前文定义的函数

$$\theta_{\sup,\alpha,k}:\mathbf{R}^n\to\mathbf{R}, \forall k=1,\cdots,2^n$$

是连续函数.

定理 14.4 假设N是一个有限的局中人集合，$\alpha\in(0,1]$，$(N,\hat{f})$是CGWUTP，$K\subseteq\mathbf{R}^n$是非空紧致集合，那么

$$\mathcal{N}_{\sup,\alpha}(N,\hat{f},K)$$

也是非空紧致集合.

定理 14.5 假设N是一个有限的局中人集合，$\alpha\in(0,1]$，$(N,\hat{f},\tau)$是带有一般联盟结构的CGWUTP.

(1) $X^1_{\sup,\alpha}(N,\hat{f},\tau)$是非空闭集合；

(2) 如果$\tau\neq\{\{1\},\cdots,\{n\}\}$，那么$X^1_{\sup,\alpha}(N,\hat{f},\tau)$是非空无界集合；

(3) 如果$\tau=\{\{1\},\cdots,\{n\}\}$，那么

$$X^1_{\sup,\alpha}(N,\hat{f},\tau)=X_{\sup,\alpha}(N,\hat{f},\tau)=\{(\{\hat{f}(1)\}_{\sup,\alpha},\cdots,\{\hat{f}(n)\}_{\sup,\alpha})\}$$

是单点集合；

(4) $X_{\sup,\alpha}(N,\hat{f},\tau)$是紧致集合(空集或者非空)；

(5) $X_{\sup,\alpha}(N,\hat{f},\tau)$非空当且仅当$\{\hat{f}(A)\}_{\sup,\alpha}\geqslant\sum_{i\in A}\{\hat{f}(i)\}_{\sup,\alpha},\forall A\in\tau$.

定理 14.6 假设N是一个有限的局中人集合，$\alpha\in(0,1]$，$(N,\hat{f},\tau)$是带有一般联盟结构的CGWUTP.

(1) $\mathcal{N}_{\sup,\alpha}(N,\hat{f},\tau)$是紧致集合(空集或者非空)；

(2) $\mathcal{N}_{\sup,\alpha}(N,\hat{f},\tau)$非空当且仅当$X_{\sup,\alpha}(N,\hat{f},\tau)$非空；

(3) $\mathcal{N}_{\sup,\alpha}(N,\hat{f},\tau)$非空当且仅当$\{\hat{f}(A)\}_{\sup,\alpha}\geqslant\sum_{i\in A}\{\hat{f}(i)\}_{\sup,\alpha},\forall A\in\tau$.

定理 14.7 假设N是一个有限的局中人集合，$\alpha\in(0,1]$，$(N,\hat{f})$是CGWUTP，$K\subseteq\mathbf{R}^n$是非空闭集合(不一定紧致)，并且$\exists c\in\mathbf{R}$，满足

$$\sum_{i\in N}x_i=c,\forall x\in K,$$

那么

$$\mathcal{N}_{\sup,\alpha}(N,\hat{f},K)$$

是非空紧致集合.

定理 14.8 假设N是一个有限的局中人集合，$\alpha\in(0,1]$，$(N,\hat{f},\tau)$是带有一般联盟结构的CGWUTP，那么$\mathcal{PN}_{\sup,\alpha}(N,\hat{f},\tau)$是非空紧致集合.

定理 14.9 假设N是一个有限的局中人集合，$\alpha\in(0,1]$，$(N,\hat{f})$是CGWUTP，$K\subseteq$

$\mathbf{R}^n$是凸集，那么$\mathcal{N}_{\sup,\alpha}(N,\hat{f},K)$至多包含一点.

定理 14.10　假设N是一个有限的局中人集合，$\alpha\in(0,1]$，$(N,\hat{f},\tau)$是带有一般联盟结构的CGWUTP.

(1) $\mathcal{PN}_{\sup,\alpha}(N,\hat{f},\tau)$是单点集；

(2) 如果$X_{\sup,\alpha}(N,\hat{f},\tau)=\varnothing$，那么$\mathcal{N}_{\sup,\alpha}(N,\hat{f},\tau)=\varnothing$；

(3) 如果$X_{\sup,\alpha}(N,\hat{f},\tau)\neq\varnothing$，那么$\mathcal{N}_{\sup,\alpha}(N,\hat{f},\tau)$是单点集；

(4) $\mathcal{N}_{\sup,\alpha}(N,\hat{f},\tau)$是单点集当且仅当$\{\hat{f}(A)\}_{\sup,\alpha}\geqslant\sum_{i\in A}\{\hat{f}(i)\}_{\sup,\alpha},\forall A\in\tau$.

定理 14.11　假设N是一个有限的局中人集合，$\alpha\in(0,1]$，$(N,\hat{f},\tau)$是带有一般联盟结构的CGWUTP，如果

$$\mathcal{PN}_{\sup,\alpha}(N,\hat{f},\tau)\in X^0_{\sup,\alpha}(N,\hat{f},\tau),$$

那么

$$\mathcal{PN}_{\sup,\alpha}(N,\hat{f},\tau)=\mathcal{N}_{\sup,\alpha}(N,\hat{f},\tau).$$

14.4 乐观值不确定核原的性质

定义 14.16　假设N是有限的局中人集合，$\alpha\in(0,1]$，$(N,\hat{f})$和$(N,\hat{g})$都是CGWUTP，称$(N,\hat{f})$ α乐观值策略等价于$(N,\hat{g})$，如果满足

$$\exists\lambda>0,b\in\mathbf{R}^N,\text{s.t.},\{\hat{g}(A)\}_{\sup,\alpha}=\lambda\{\hat{f}(A)\}_{\sup,\alpha}+b(A),\forall A\in\mathcal{P}(N).$$

定理 14.12　假设N是有限的局中人集合，$\alpha\in(0,1]$，$(N,\hat{f})$是不确定支付合作博弈，$K\subseteq\mathbf{R}^n$是非空集合，那么

$$\mathcal{N}_{\sup,\alpha}(N,\lambda\hat{f}+b,\lambda K+b)=\lambda\mathcal{N}_{\sup,\alpha}(N,\hat{f},K)+b,\forall\lambda>0,b\in\mathbf{R}^N.$$

定义 14.17　假设N是一个有限的局中人集合，$\mathrm{Part}(N)$表示N上的所有划分，假设$\tau\in\mathrm{Part}(N)$，任取$i\in N$，用A_i或者$A_i(\tau)$表示在τ中的包含i的唯一非空子集，用

$$\mathrm{Pair}(\tau)=\{\{i,j\}|\,i,j\in N;A_i(\tau)=A_j(\tau)\}$$

表示与划分τ对应的伙伴对.τ中的某个子集可以记为$A(\tau)$.

定义 14.18　假设N是一个有限的局中人集合，$\alpha\in(0,1]$，$(N,\hat{f},\tau)$是一个CGWUTP，称局中人i和j关于$(N,\hat{f},\tau)$是α乐观值对称的，如果满足

$$\forall A\subseteq N\setminus\{i,j\}\Rightarrow\{\hat{f}(A\cup\{i\})\}_{\sup,\alpha}=\{\hat{f}(A\cup\{j\})\}_{\sup,\alpha}.$$

如果局中人i和j关于$(N,\hat{f},\tau)$是α乐观值对称的，记为$i\approx_{(N,\hat{f},\tau),E}j$或者简单记为$i\approx_{\hat{f},\sup,\alpha}j$或者$i\approx_{\sup,\alpha}j$.

定理 14.13　假设N是一个有限的局中人集合，$\alpha\in(0,1]$，$(N,\hat{f},\tau)$是一个CGWUTP，如果$(i,j)\in\mathrm{Pair}(\tau)$并且$i\approx_{\hat{f},\sup,\alpha}j$，那么一定有

$$\mathcal{N}_{\sup,\alpha,i}(N,\hat{f},\tau)=\mathcal{N}_{\sup,\alpha,j}(N,\hat{f},\tau);\mathcal{PN}_{\sup,\alpha,i}(N,\hat{f},\tau)=\mathcal{PN}_{\sup,\alpha,j}(N,\hat{f},\tau).$$

定理 14.14　假设$N=\{1,2\}$，$(N,\hat{f},\{N\})$是一个二人不确定支付合作博弈，$\alpha\in$

$(0,1]$，满足$\{\hat{f}(1,2)\}_{\sup,\alpha} \geqslant \{\hat{f}(1)\}_{\sup,\alpha} + \{\hat{f}(2)\}_{\sup,\alpha}$，那么一定有

$$\mathcal{N}_{\sup,\alpha,1}(N,\hat{f},\{N\}) = \frac{\{\hat{f}(1,2)\}_{\sup,\alpha} + \{\hat{f}(1)\}_{\sup,\alpha} - \{\hat{f}(2)\}_{\sup,\alpha}}{2};$$

$$\mathcal{N}_{\sup,\alpha,2}(N,\hat{f},\{N\}) = \frac{\{\hat{f}(1,2)\}_{\sup,\alpha} + \{\hat{f}(2)\}_{\sup,\alpha} - \{\hat{f}(1)\}_{\sup,\alpha}}{2}.$$

定义 14.19 假设N是一个有限的局中人集合，$\alpha \in (0,1]$，$(N,\hat{f},\{N\})$是带有大联盟结构的CGWUTP，称局中人i关于$(N,\hat{f},\{N\})$是α乐观值零贡献的，如果满足

$$\forall A \subseteq N \Rightarrow \{\hat{f}(A \cup \{i\})\}_{\sup,\alpha} = \{\hat{f}(A)\}_{\sup,\alpha}.$$

如果局中人i关于$(N,\hat{f},\{N\})$是α乐观值零贡献的，记为$i \in Null_{\sup,\alpha}(N,\hat{f},\{N\})$或者简单记为$i \in Null_{\hat{f},\sup,\alpha}$或者$i \in Null_{\sup,\alpha}$.

定理 14.15 假设N是一个有限的局中人集合，$\alpha \in (0,1]$，$(N,\hat{f},\{N\})$是带有大联盟结构的CGWUTP，局中人i关于$(N,\hat{f},\{N\})$是α乐观值零贡献的，那么

$$\mathcal{N}_{\sup,\alpha,i}(N,\hat{f},\{N\}) = 0; \mathcal{PN}_{\sup,\alpha,i}(N,\hat{f},\{N\}) = 0.$$

定理 14.16 假设N是一个有限的局中人集合，$\alpha \in (0,1]$，$(N,\hat{f},\tau)$是一个CGWUTP，如果

$$Core_{\sup,\alpha}(N,\hat{f},\tau) \neq \varnothing,$$

那么

$$\mathcal{PN}_{\sup,\alpha}(N,\hat{f},\tau) = \mathcal{N}_{\sup,\alpha}(N,\hat{f},\tau) \in Core_{\sup,\alpha}(N,\hat{f},\tau).$$

在前几章中，对于α乐观值不确定谈判集陈述了如下定理，但是没有给出证明.

定理 14.17 假设N是一个有限的局中人集合，$\alpha \in (0,1]$，$(N,\hat{f},\tau)$是带有一般联盟结构的CGWUTP.

(1) 如果$X_{\sup,\alpha}(N,\hat{f},\tau) = \varnothing$，那么它的谈判集$\mathcal{M}_{\sup,\alpha}(N,\hat{f},\tau) = \varnothing$;

(2) 如果$X_{\sup,\alpha}(N,\hat{f},\tau) \neq \varnothing$，那么它的谈判集$\mathcal{M}_{\sup,\alpha}(N,\hat{f},\tau) \neq \varnothing$.

定理 14.18 假设N是一个有限的局中人集合，$\alpha \in (0,1]$，$(N,\hat{f},\tau)$是带有一般联盟结构的CGWUTP，那么

$$\mathcal{N}_{\sup,\alpha}(N,\hat{f},\tau) \in \mathcal{M}_{\sup,\alpha}(N,\hat{f},\tau).$$

14.5 乐观值不确定准核原的刻画

根据α乐观值不确定准核原的定义可知

$$\begin{aligned}\mathcal{PN}_{\sup,\alpha}(N,\hat{f},\{N\}) \quad = \quad & \{x|\, x \in X^1_{\sup,\alpha}(N,\hat{f},\{N\}); \\ & \theta_{\sup,\alpha}(x) \leqslant_L \theta_{\sup,\alpha}(y), \forall y \in X^1_{\sup,\alpha}(N,\hat{f},\{N\})\}.\end{aligned}$$

为了确定α乐观值不确定准核原，需要做大量的计算和字典比较，这是不方便的.本节介绍一种方便求解α乐观值不确定准核原的方法.

定义 14.20 假设$A \in M_{m\times n}(\mathbf{R}), b \in \mathbf{R}^m, D \in M_{l\times n}(\mathbf{R}), d \in \mathbf{R}^l$，方程组

$$E(A,b,D,d): Ax \leqslant b, Dx = d$$

的解空间记为$SOE(A,b,D,d)$，如果

$$SOE(A,b,D,d) \neq \varnothing,$$

并且

$$\forall x \in SOE(A,b,D,d) \Rightarrow Ax=b,$$

那么称方程组为紧凑的.

为了进一步的发展，需要引入平衡的概念和定理，引用如下.

定义 14.21　假设N是有限的局中人集合，$S \in \mathcal{P}(N)$是一个非空子集，它的示性向量记为

$$e_S=\sum_{i\in S} e_i, e_i=(0,\cdots,1_{(i-th)},\cdots,0)\in R^N.$$

定义 14.22　假设N是有限的局中人集合，$\mathcal{B}=\{S_1,\cdots,S_k\}\subseteq \mathcal{P}(N)$是一个子集族，并且$\varnothing \notin \mathcal{B}$，$\mathcal{B}$的示性矩阵记为

$$M_{\mathcal{B}}=\begin{pmatrix} e_{S_1}\\ \vdots \\ e_{S_k}\end{pmatrix}.$$

其中e_S是S的示性向量.

定义 14.23　假设N是有限的局中人集合，$\mathcal{B}\subseteq \mathcal{P}(N)$是一个子集族，并且$\varnothing \notin \mathcal{B}$，权重$\delta=(\delta_A)_{A\in\mathcal{B}}$称为$\mathcal{B}$ 的一个严格平衡权重，如果满足

$$\delta>0, \delta M_{\mathcal{B}}=e_N.$$

如果一个子集族存在一个严格平衡权重，那么这个子集族称为严格平衡.N的所有严格平衡子集族构成的集合记为$StrBalFam(N)$，假设$\mathcal{B}\in StrBalFam(N)$，其对应的所有严格平衡权重集合记为$StrBalCoef(\mathcal{B})$.

定义 14.24　假设N是有限的局中人集合，$\mathcal{B}\subseteq \mathcal{P}(N)$是一个子集族，并且$\varnothing \notin \mathcal{B}$，权重$\delta=(\delta_A)_{A\in\mathcal{B}}$称为$\mathcal{B}$ 的一个弱平衡权重，如果满足

$$\delta \geqslant 0, \delta M_{\mathcal{B}}=e_N.$$

如果一个子集族存在一个弱平衡权重，那么这个子集族称为弱平衡.N的所有弱平衡子集族构成的集合记为$WeakBalFam(N)$，假设$\mathcal{B}\in WeakBalFam(N)$，其对应的所有弱平衡权重集合记为$WeakBalCoef(\mathcal{B})$.

定义 14.25　假设N是有限的局中人集合，$\mathcal{P}_0(N)$是所有非空子集构成的子集族，权重$\delta=(\delta_A)_{A\in\mathcal{P}_0(N)}$称为$\mathcal{P}_0(N)$的一个弱平衡权重，如果满足

$$\delta \geqslant 0, \delta M_{\mathcal{P}_0(N)}=e_N.$$

如果$\mathcal{P}_0(N)$存在一个弱平衡权重，那么称为全集弱平衡.所有全集弱平衡权重集合记为$WeakBalCoef(\mathcal{P}_0(N))$.

注释 14.3　对于一个弱平衡的子集族，可以在子集族中通过剔除弱平衡权重为零的子集而产生严格平衡的子集族；同样，可以将一个严格平衡的子集族通过添加非空子集并且赋予

零权重产生弱平衡子集族；所有的严格平衡子集可以扩充为全集弱平衡，所有的全集弱平衡可以精炼为严格平衡.因此本质上可以只考虑严格平衡、弱平衡和全集弱平衡的一种.

定理 14.19 假设N是有限的局中人集合，$\mathcal{B}\subseteq\mathcal{P}(N)$是一个子集族，并且$\varnothing\notin\mathcal{B}$，假设$\delta=(\delta_A)_{A\in\mathcal{B}}>0$，那么$\mathcal{B}$相对于$\delta=(\delta_A)_{A\in\mathcal{B}}>0$是严格平衡的，当且仅当

$$\forall x\in\mathbf{R}^N,\sum_{A\in\mathcal{B}}\delta_A x(A)=x(N).$$

定理 14.20 假设N是有限的局中人集合，$\mathcal{B}\subseteq\mathcal{P}(N)$是一个子集族，并且$\varnothing\notin\mathcal{B}$，假设$\delta=(\delta_A)_{A\in\mathcal{B}}\geqslant 0$，那么$\mathcal{B}$相对于$\delta=(\delta_A)_{A\in\mathcal{B}}>0$是弱平衡的，当且仅当

$$\forall x\in\mathbf{R}^N,\sum_{A\in\mathcal{B}}\delta_A x(A)=x(N).$$

定理 14.21 假设N是有限的局中人集合，$\mathcal{P}_0(N)$是所有的非空子集构成的子集族，假设$\delta=(\delta_A)_{A\in\mathcal{P}_0(N)}\geqslant 0$，那么$\mathcal{P}_0(N)$ 相对于$\delta=(\delta_A)_{A\in\mathcal{P}_0(N)}\geqslant 0$是全集弱平衡的，当且仅当

$$\forall x\in\mathbf{R}^N,\sum_{A\in\mathcal{P}_0(N)}\delta_A x(A)=x(N).$$

定义 14.26 假设N是有限的局中人集合，$\alpha\in(0,1]$，$(N,\hat{f},\{N\})$是一个CGWUTP，称之为α乐观值严格平衡的，如果任取严格平衡的子集族$\mathcal{B}\in StrBalFam(N)$和对应的严格平衡权重$\delta\in StrBalCoef\mathcal{B}$，都满足

$$\{\hat{f}(N)\}_{\sup,\alpha}\geqslant\sum_{A\in\mathcal{B}}\delta_A\{\hat{f}(A)\}_{\sup,\alpha}.$$

定义 14.27 假设N是有限的局中人集合，$\alpha\in(0,1]$，$(N,\hat{f},\{N\})$是一个CGWUTP，称之为α乐观值弱平衡的，如果任取弱平衡的子集族$\mathcal{B}\in WeakBalFam(N)$和对应的弱平衡权重$\delta\in WeakBalCoef\mathcal{B}$，都满足

$$\{\hat{f}(N)\}_{\sup,\alpha}\geqslant\sum_{A\in\mathcal{B}}\delta_A\{\hat{f}(A)\}_{\sup,\alpha}.$$

定理 14.22 假设N是有限的局中人集合，$\alpha\in(0,1]$，$(N,\hat{f},\{N\})$是一个α乐观值严格平衡的CGWUTP当且仅当是一个α乐观值弱平衡的CGWUTP.

定义 14.28 假设N是有限的局中人集合，$\alpha\in(0,1]$，$(N,\hat{f},\{N\})$是一个CGWUTP，称之为α乐观值全集弱平衡的，如果取定子集族$\mathcal{P}_0(N)$和对应的弱平衡权重$\delta\in WeakBalCoef(\mathcal{P}_0(N))$，都满足

$$\{\hat{f}(N)\}_{\sup,\alpha}\geqslant\sum_{A\in\mathcal{P}_0(N)}\delta_A\{\hat{f}(A)\}_{\sup,\alpha}.$$

定理 14.23 假设N是有限的局中人集合，$\alpha\in(0,1]$，$(N,\hat{f},\{N\})$是一个CGWUTP，那么以下三者等价：

(1) $(N,\hat{f},\{N\})$是α乐观值严格平衡的；

(2) $(N,\hat{f},\{N\})$是α乐观值弱平衡的；

(3) $(N,\hat{f},\{N\})$是α乐观值全集弱平衡的.

定义 14.29 假设N是有限的局中人集合，$\alpha\in(0,1]$，$(N,\hat{f},\{N\})$是一个CGWUTP，称

之为α乐观值平衡博弈，如果它是α乐观值严格平衡的或者α乐观值弱平衡的或者α乐观值全集弱平衡的.

严格平衡的子集族可以和线性系统的紧凑性联系在一起.为了下面的关键定理，需要线性规划的基本对偶定理，可参考其他关于数学优化的教材.

引理 14.1 (一般形式的线性规划的对偶) 假设$c \in R^n, d \in \mathbf{R}^1, G \in M_{m\times n}(\mathbf{R}), h \in R^m, A \in M_{l\times n}(\mathbf{R}), b \in \mathbf{R}^l$，一般形式的线性规划模型

$$\begin{aligned} &\min\ c^{\mathrm{T}}x + d \\ &\text{s.t.}\ \ Gx - h \leqslant 0, \\ &\qquad\ Ax - b = 0 \end{aligned}$$

的对偶问题为

$$\begin{aligned} &\min\ \alpha^{\mathrm{T}}h + \beta^{\mathrm{T}}b - d \\ &\text{s.t.}\ \ \alpha \geqslant 0, G^{\mathrm{T}}\alpha + A^{\mathrm{T}}\beta + c = 0. \end{aligned}$$

二者等价.

引理 14.2 (标准形式的线性规划的对偶) 假设$c \in \mathbf{R}^n, d \in \mathbf{R}^1, A \in M_{l\times n}(\mathbf{R}), b \in \mathbf{R}^l$，标准形式的线性规划模型

$$\begin{aligned} &\min\ c^{\mathrm{T}}x + d \\ &\text{s.t.}\ \ x \geqslant 0, \\ &\qquad\ Ax - b = 0 \end{aligned}$$

的对偶问题为

$$\begin{aligned} &\min\ \beta^{\mathrm{T}}b - d \\ &\text{s.t.}\ \ \alpha \geqslant 0, -\alpha + A^{\mathrm{T}}\beta + c = 0. \end{aligned}$$

二者等价.

引理 14.3 (不等式形式的线性规划的对偶) 假设$c \in \mathbf{R}^n, d \in \mathbf{R}^1, A \in M_{m\times n}(\mathbf{R}), b \in \mathbf{R}^m$，求解不等式形式的线性规划模型

$$\begin{aligned} &\min\ c^{\mathrm{T}}x + d \\ &\text{s.t.}\ \ Ax \leqslant b \end{aligned}$$

的对偶问题为

$$\begin{aligned} &\min\ \alpha^{\mathrm{T}}b - d \\ &\text{s.t.}\ \ \alpha \geqslant 0, A^{\mathrm{T}}\alpha + c = 0. \end{aligned}$$

二者等价.

定理 14.24 假设N是有限的局中人集合，$\alpha \in (0,1]$，$\mathcal{B} \subseteq \mathcal{P}(N)$是一个子集族，并且$\varnothing \notin \mathcal{B}$，那么

$$\mathcal{B} \in StrBalFam(N),$$

当且仅当方程组

$$E: y(N)=0, y(S)\geqslant 0, \forall S\in\mathcal{B}$$

是紧凑的.

定义 14.30 假设N是有限的局中人集合，$\alpha\in(0,1]$，$(N,\hat{f},\{N\})$是一个带有大联盟机构的CGWUTP，任取$x\in X^1_{\sup,\alpha}(N,\hat{f},\{N\}),\beta\in R$，定义子集族

$$\mathcal{D}(\beta,x)=\{S|\ S\subseteq N, S\neq N, S\neq\varnothing, e_{\sup,\alpha}(\hat{f},x,S)\geqslant\beta\}.$$

对于固定的$x\in X^1_{\sup,\alpha}(N,\hat{f},\{N\})$，定义集合

$$CN(x)=\{\beta|\ \beta\in R,\mathcal{D}(\beta,x)\neq\varnothing\}.$$

子集族$D(\beta,x)$可以和$\theta_{\sup,\alpha}(x)$建立联系.假设$\theta_{\sup,\alpha}(x)$中各个分量的不同取值为

$$\{a_1,\cdots,a_p\}, a_1>a_2>\cdots>a_p,$$

并且$\theta_{\sup,\alpha}(x)$可以表示为

$$\theta_{\sup,\alpha}(x)=(a_1,\cdots,a_1,a_2,\cdots,a_2,\cdots,a_p,\cdots,a_p).$$

因为$e_{\sup,\alpha}(\hat{f},x,N)=0=e_{\sup,\alpha}(\hat{f},0,\varnothing)$，所以$a_p\leqslant 0$.因而一定有

$$\mathcal{D}(a_1,x)\subset\mathcal{D}(a_2,x)\subset\cdots\subset\mathcal{D}(a_p,x)=\{S|\ S\subseteq N, S\neq N, S\neq\varnothing\}.$$

假设$\beta\in R$，可得

$$\mathcal{D}(\beta,x)=\begin{cases}\varnothing, & \text{如果}\beta>a_1;\\ \mathcal{D}(a_k,x), & \text{如果}a_{k+1}<\beta\leqslant a_k;\\ \{S|\ S\subseteq N, S\neq N, S\neq\varnothing\}, & \text{如果}\beta\leqslant a_p.\end{cases}$$

定理 14.25 假设N是有限的局中人集合，$\alpha\in(0,1]$，$(N,\hat{f},\{N\})$是一个带有大联盟结构的CGWUTP，取定$x^*\in X^1_{\sup,\alpha}(N,\hat{f},\{N\})$.

(1) 如果$x^*=\mathcal{PN}_{\sup,\alpha}(N,\hat{f},\{N\})$，那么$\forall\beta\in CN(x^*)$，线性系统

$$E_\beta: y(N)=0; y(S)\geqslant 0,\forall S\in\mathcal{D}(\beta,x^*)$$

是紧凑的;

(2) 如果$\forall\beta\in CN(x^*)$，线性系统

$$E_\beta: y(N)=0; y(S)\geqslant 0,\forall S\in\mathcal{D}(\beta,x^*)$$

都是紧凑的，那么

$$x^*=\mathcal{PN}_{\sup,\alpha}(N,\hat{f},\{N\}).$$

定理 14.26 (Kohlberg类准核原定理一) 假设N是有限的局中人集合，$\alpha\in(0,1]$，$(N,\hat{f},\{N\})$是一个带有大联盟结构的CGWUTP，取定$x^*\in X^1_{\sup,\alpha}(N,\hat{f},\{N\})$. 那么

$$x^*=\mathcal{PN}_{\sup,\alpha}(N,\hat{f},\{N\})$$

当且仅当

$$\forall\beta\in CN(x^*),\mathcal{D}(\beta,x^*)\in StrBalFam(N).$$

定理 14.27 (Kohlberg类准核原定理二) 假设N是有限的局中人集合，$\alpha\in(0,1]$，$(N,$

$\hat{f},\{N\})$是一个带有大联盟结构的CGWUTP，取定$x^*\in X_{\sup,\alpha}(N,\hat{f},\{N\})$.那么

$$x^*=\mathcal{N}_{\sup,\alpha}(N,\hat{f},\{N\}),$$

当且仅当

$$\forall\beta\in CN(x^*)\Rightarrow\mathcal{D}(\beta,x^*)\cup\mathcal{D}_0\in WeakBalFam(N),$$
$$\exists\delta\in WeakBalCoef(\mathcal{D}(\beta,x^*)\cup\mathcal{D}_0),\text{s.t.},\delta_A>0,\forall A\in\mathcal{D}(\beta,x^*).$$

其中$\mathcal{D}_0=\{\{1\},\cdots,\{N\}\}$.

行文至此，一个自然的问题是：一个合作博弈的α乐观值不确定准核原和α乐观值不确定核原是否一致呢？对于一大类博弈而言，二者确实是一致的.

定义 14.31 假设N是有限的局中人集合，$\alpha\in(0,1]$，$(N,\hat{f},\{N\})$是一个带有大联盟结构的CGWUTP，称之为α乐观值0-规范单调的，如果满足

$$\{\hat{f}(A\cup\{i\})\}_{\sup,\alpha}\geqslant\{\hat{f}(A)\}_{\sup,\alpha}+\{\hat{f}(i)\}_{\sup,\alpha},\forall A\subseteq N\setminus\{i\}.$$

显然，α乐观值超可加博弈和α乐观值凸博弈都是α乐观值0-规范单调的.

定理 14.28 假设N是有限的局中人集合，$\alpha\in(0,1]$，$i\in N$是一个局中人，$\mathcal{B}\subseteq\mathcal{P}(N)$是一个子集族，$\varnothing\notin\mathcal{B}$，满足

$$\mathcal{B}\in StrBalFam(N);i\in A,\forall A\in\mathcal{B},$$

那么

$$\mathcal{B}=\{N\}.$$

定理 14.29 假设N是有限的局中人集合，$\alpha\in(0,1]$，$(N,\hat{f},\{N\})$是一个带有大联盟结构的CGWUTP，并且是α乐观值0-规范单调的，那么

$$\mathcal{PN}_{\sup,\alpha}(N,\hat{f},\{N\})=\mathcal{N}_{\sup,\alpha}(N,\hat{f},\{N\}).$$

14.6 乐观值不确定准核原的一致性

对于α乐观值不确定核心，定义了α乐观值David-Maschler约简博弈，在这个意义下，证明了α乐观值不确定核心的一致性.对于α乐观值不确定沙普利值，定义了α乐观值Hart-MasCollel 约简博弈，在这个意义下，证明了α乐观值不确定沙普利值的一致性.对于α乐观值不确定准核原的一致性问题，仍然采用α乐观值David-Maschler约简博弈.

定义 14.32 假设N是有限的局中人集合，$\alpha\in(0,1]$，$(N,\hat{f},\{N\})$是一个CGWUTP，$x\in X^1_{\sup,\alpha}(N,\hat{f},\{N\})$是结构理性向量并且$A\in\mathcal{P}_0(N)$.定义$A$相对于$x$的$\alpha$乐观值Davis-Maschler约简博弈$(A,\hat{f}_{A,x},\{A\})$，要求$\alpha$乐观值满足

$$\{\hat{f}_{A,x}(B)\}_{\sup,\alpha}=\begin{cases}\max_{Q\in\mathcal{P}(N\setminus A)}[\{\hat{f}(Q\cup B)\}_{\sup,\alpha}-x(Q)], & \text{如果}B\in\mathcal{P}_2(A);\\ 0, & \text{如果}B=\varnothing;\\ x(A), & \text{如果}B=A.\end{cases}$$

定义 14.33 假设N是一个有限的局中人集合，$\alpha\in(0,1]$，$\Gamma_{U,N}$表示其上的所有带有大联盟结构的CGWUTP，有集值或者数值解概念：$\phi:\Gamma_{U,N}\to\mathcal{P}(\mathbf{R}^N),\phi(N,\hat{f},\{N\})\subseteq\mathbf{R}^N$，

称其满足α乐观值Davis-Maschler约简博弈性质，如果

$$\forall(N,\hat{f},\{N\})\in\Gamma_{U,N},\forall A\in\mathcal{P}_0(N),\forall x\in\phi(N,\hat{f},\{N\}),$$

都有

$$(x_i)_{i\in A}\in\phi(A,\hat{f}_{A,x},\{A\}),$$

其中$(A,\hat{f}_{A,x},\{A\})$称为A相对于x的α乐观值Davis-Maschler约简博弈.

定理 14.30 假设N是有限的局中人集合，$\alpha\in(0,1]$，$(N,\hat{f},\{N\})$是一个CGWUTP，α乐观值不确定准核原$\mathcal{PN}_{\sup,\alpha}(N,\hat{f},\{N\})$满足期望值Davis-Maschler约简博弈性质.

定理 14.31 假设N是有限的局中人集合，$\alpha\in(0,1]$，$(N,\hat{f},\{N\})$是一个α乐观值0-规范单调的CGWUTP，$x^*=\mathcal{N}_{\sup,\alpha}(N,\hat{f},\{N\})$，如果$\forall A\subseteq N,A\neq\varnothing$，$\alpha$乐观值Davis-Maschler约简博弈$(A,\hat{f}_{A,x^*},\{A\})$都是$\alpha$乐观值0-规范单调CGWUTP，那么

$$(x_i^*)_{i\in A}=\mathcal{N}_{\sup,\alpha}(A,\hat{f}_{A,x^*},\{A\}).$$

第15章 悲观值不确定核原

对于不确定支付可转移的合作博弈，立足于稳定分配的指导原则，基于经验设计了多个分配公理，得到一个重要的数值解概念：悲观值不确定核原(Pessimistic Uncertain Nucleolus). 本章介绍不确定支付可转移合作博弈的悲观值不确定核原和准核原的定义、存在性和唯一性、性质、计算方法、刻画定理和一致性等内容.本章的很多结论与期望值情形类似，在此省略证明过程.

15.1 悲观值解概念的原则

对于一个CGWUTPCS，考虑的解概念即如何合理分配财富的过程，使得人人在约束下获得最大利益，解概念有两种：一种是集合，另一种是单点.

定义 15.1 假设N是一个有限的局中人集合，$\Gamma_{U,N}$表示其上的所有CGWUTP，解概念分为集值解概念和数值解概念.

(1) 集值解概念：$\phi:\Gamma_{U,N}\to\mathcal{P}(\mathbf{R}^N),\phi(N,\hat{f},\tau)\subseteq\mathbf{R}^N$.

(2) 数值解概念：$\phi:\Gamma_{U,N}\to\mathbf{R}^N,\phi(N,\hat{f},\tau)\in\mathbf{R}^N$.

解概念的定义过程是一个立足于分配的合理、稳定的过程，可以充分发挥创造力，从以下几个方面出发至少可以定义几个理性的分配向量集合.

第一个方面：个体参加联盟合作得到的财富应该大于等于个体单干得到的财富.这条性质称之为个体理性.第二个方面：联盟结构中的联盟最终得到的财富应该是这个联盟创造的财富.这条性质称之为结构理性.第三个方面：一个群体最终得到的财富应该大于等于这个联盟创造的财富.这条性质称之为集体理性.因为支付是不确定的，所以采用α悲观值作为一个确定的数值衡量标准.

定义 15.2 假设N是一个有限的局中人集合，$\alpha\in(0,1]$，$(N,\hat{f},\tau)$表示一个CGWUTPCS，其对应的α悲观值个体理性分配集定义为

$$X^0_{\inf,\alpha}(N,\hat{f},\tau)=\{x|\ x\in\mathbf{R}^N;x_i\geqslant\{\hat{f}(i)\}_{\inf,\alpha},\forall i\in N\}.$$

如果用α悲观值盈余函数来表示，那么α悲观值个体理性分配集实际上可以表示为

$$X^0_{\inf,\alpha}(N,\hat{f},\tau)=\{x|\ x\in\mathbf{R}^N;e_{\inf,\alpha}(\hat{f},x,i)\leqslant 0,\forall i\in N\}.$$

定义 15.3 假设N是一个有限的局中人集合，$\alpha\in(0,1]$，$(N,\hat{f},\tau)$表示一个CGWUTPCS，其对应的α悲观值结构理性分配集(α-optimistic preimputation) 定义为

$$X^1_{\inf,\alpha}(N,\hat{f},\tau)=\{x|\ x\in\mathbf{R}^N;x(A)=\{\hat{f}(A)\}_{\inf,\alpha},\forall A\in\tau\}.$$

如果用α悲观值盈余函数来表示，那么α-optimistic preimputation实际上可以表示为

$$X^1_{\inf,\alpha}(N,\hat{f},\tau)=\{x|\ x\in\mathbf{R}^N;e_{\inf,\alpha}(\hat{f},x,A)=0,\forall A\in\tau\}.$$

定义 15.4 假设N是一个有限的局中人集合，$\alpha \in (0,1]$，$(N,\hat{f},\tau)$表示一个CGWUTPCS，其对应的α悲观值集体理性分配集定义为

$$X^2_{\inf,\alpha}(N,\hat{f},\tau)=\{x|\ x\in \mathbf{R}^N; x(A)\geqslant \{\hat{f}(A)\}_{\inf,\alpha}, \forall A\in \mathcal{P}(N)\}.$$

如果用α悲观值盈余函数来表示，那么α悲观值集体理性分配集实际上可以表示为

$$X^2_{\inf,\alpha}(N,\hat{f},\tau)=\{x|\ x\in \mathbf{R}^N; e_{\inf,\alpha}(\hat{f},x,B)\leqslant 0, \forall B\in \mathcal{P}(N)\}.$$

定义 15.5 假设N是一个有限的局中人集合，$\alpha \in (0,1]$，$(N,\hat{f},\tau)$表示一个CGWUTPCS，其对应的α悲观值可行分配向量集定义为

$$X^*_{\inf,\alpha}(N,\hat{f},\tau)=\{x|\ x\in \mathbf{R}^N; x(A)\leqslant \{\hat{f}(A)\}_{\inf,\alpha}, \forall A\in \tau\}.$$

如果用α悲观值盈余函数来表示，那么α悲观值可行分配集实际上可以表示为

$$X^*_{\inf,\alpha}(N,\hat{f},\tau)=\{x|\ x\in \mathbf{R}^N; e_{\inf,\alpha}(\hat{f},x,A)\geqslant 0, \forall A\in \tau\}.$$

定义 15.6 假设N是一个有限的局中人集合，$\alpha \in (0,1]$，$(N,\hat{f},\tau)$表示一个CGWUTPCS，其对应的α悲观值可行理性分配集(α-optimistic imputation)定义为

$$\begin{aligned} X_{\inf,\alpha}(N,\hat{f},\tau) &= \{x|\ x\in \mathbf{R}^N; x_i\geqslant \{\hat{f}(i)\}_{\inf,\alpha}, \forall i\in N; \\ &\qquad x(A)=\{\hat{f}(A)\}_{\inf,\alpha}, \forall A\in \tau\} \\ &= X^0_{\inf,\alpha}(N,\hat{f},\tau)\bigcap X^1_{\inf,\alpha}(N,\hat{f},\tau). \end{aligned}$$

如果用α悲观值盈余函数来表示，那么α-optimistic imputation实际上可以表示为

$$X_{\inf,\alpha}(N,\hat{f},\tau)=\{x|\ x\in \mathbf{R}^N; e_{\inf,\alpha}(\hat{f},x,i)\leqslant 0, \forall i\in N; e_{\inf,\alpha}(\hat{f},x,A)=0, \forall A\in \tau\}.$$

所有的基于α悲观值的解概念，无论是集值解概念还是数值解概念，都应该从三大α悲观值理性分配集以及α悲观值可行理性分配集出发来寻找.

15.2 悲观值不确定核原的定义

定义 15.7 假设N是一个有限的局中人集合，$\alpha \in (0,1]$，$(N,\hat{f})$是CGWUTP，任取$x\in \mathbf{R}^N, A\in \mathcal{P}(N)$，称

$$e_{\inf,\alpha}(\hat{f},x,A)=\{\hat{f}(A)\}_{\inf,\alpha}-x(A)$$

为联盟A在x的α悲观值盈余.

注释 15.1 联盟A在x的α悲观值盈余$e_{\inf,\alpha}(\hat{f},x,A)$是衡量联盟$A$对分配$x$不满的一种度量.如果$e_{\inf,\alpha}(\hat{f},x,A)>0$，表示联盟$A$ 对分配x极度不满；如果$e_{\inf,\alpha}(\hat{f},x,A)=0$，表示联盟$A$ 对分配x 无喜好；如果$e_{\inf,\alpha}(\hat{f},x,A)<0$，表示联盟$A$对$x$是满意的.

定义 15.8 假设N是一个有限的局中人集合，$\alpha \in (0,1]$，$(N,\hat{f})$是CGWUTP，取定$x\in \mathbf{R}^N$，定义函数

$$\begin{aligned} \theta_{\inf,\alpha}(x) &= (\theta_{\inf,\alpha,1}(x),\cdots,\theta_{\inf,\alpha,k}(x),\cdots,\theta_{\inf,\alpha,2^n}(x)) \\ &= (e_{\inf,\alpha}(\hat{f},x,A_1),\cdots,e_{\inf,\alpha}(\hat{f},x,A_k),\cdots,e_{\inf,\alpha}(\hat{f},x,A_{2^n})), \end{aligned}$$

其中$\{A_1,\cdots,A_{2^n}\}=\mathcal{P}(N)$并且要求

$$e_{\inf,\alpha}(\hat{f},x,A_1)\geqslant\cdots\geqslant e_{\inf,\alpha}(\hat{f},x,A_k)\geqslant\cdots\geqslant e_{\inf,\alpha}(\hat{f},x,A_{2^n}),k=1,\cdots,2^n.$$

定义 15.9　假设$\mathbf{R}^m$是m维实数空间，在其上定义函数

$$L(x)=\begin{cases}0, & 如果x=0;\\ 1, & 如果x\neq 0,\exists i,1\leqslant i\leqslant m,\text{s.t.},x_1=\cdots=x_{i-1}=0,x_i>0;\\ -1, & 如果x\neq 0,\exists i,1\leqslant i\leqslant m,\text{s.t.},x_1=\cdots=x_{i-1}=0,x_i<0.\end{cases}$$

函数L称为字典序函数.

定义 15.10　假设$\mathbf{R}^m$是m维实数空间，L是其上的字典序函数，可以定义字典序关系：

$$\forall x,y\in\mathbf{R}^m,x>_L y\Leftrightarrow L(x-y)=1;$$

$$\forall x,y\in\mathbf{R}^m,x<_L y\Leftrightarrow L(x-y)=-1;$$

$$\forall x,y\in\mathbf{R}^m,x=_L y\Leftrightarrow L(x-y)=0;$$

$$\forall x,y\in\mathbf{R}^m,x\geqslant_L y\Leftrightarrow L(x-y)\in\{0,1\};$$

$$\forall x,y\in\mathbf{R}^m,x\leqslant_L y\Leftrightarrow L(x-y)\in\{0,-1\}.$$

字典序关系显然是良定的.

定理 15.1　假设$\mathbf{R}^m$是m维实数空间，L是其上的字典序函数，字典序关系

$$\forall x,y\in\mathbf{R}^m,x>_L y\Leftrightarrow L(x-y)=1;$$

$$\forall x,y\in\mathbf{R}^m,x<_L y\Leftrightarrow L(x-y)=-1;$$

$$\forall x,y\in\mathbf{R}^m,x=_L y\Leftrightarrow L(x-y)=0;$$

$$\forall x,y\in\mathbf{R}^m,x\geqslant_L y\Leftrightarrow L(x-y)\in\{0,1\};$$

$$\forall x,y\in\mathbf{R}^m,x\leqslant_L y\Leftrightarrow L(x-y)\in\{0,-1\}$$

是自反、传递、完备的，但是不是连续的.

定义 15.11　假设N是一个有限的局中人集合，$\alpha\in(0,1]$，$(N,\hat{f})$是CGWUTP，$K\subseteq\mathbf{R}^n$，$(N,\hat{f})$相对于K的α悲观值不确定核原定义为

$$\mathcal{N}_{\inf,\alpha}(N,\hat{f},K)=\{x|\ x\in K;\theta_{\inf,\alpha}(x)\leqslant_L\theta_{\inf,\alpha}(y),\forall y\in K\}.$$

其中$\theta_{\inf,\alpha}$是α悲观值盈余的递减函数，$\leqslant_L$是字典序.显然$\mathcal{N}_{\inf,\alpha}(N,\hat{f},\varnothing)=\varnothing$.

注释 15.2　已知$\theta_{\inf,\alpha}(x)$是联盟对分配x的α悲观值不满度的一个递减排序函数，因此$\theta_{\inf,\alpha,1}(x)$是最不满的一个函数，在上面核原的定义中，体现了如下思想：在K中寻找分配首先使得最大的不满函数$\theta_{E,1}$最小，在此基础上然后使得$\theta_{\inf,\alpha,2}$最小，如此继续.

定义 15.12　假设N是一个有限的局中人集合，$\alpha\in(0,1]$，$(N,\hat{f},\{N\})$是带有大联盟的CGWUTP，令

$$K=X_{\inf,\alpha}(N,\hat{f},\{N\})$$

为α悲观值可行理性(个体理性+结构理性)分配集.那么称相对于可行理性集$X_{\inf,\alpha}(N,\hat{f},\{N\})$的$\alpha$悲观值不确定核原

$$\mathcal{N}_{\inf,\alpha}(N,\hat{f},\{N\},X_{\inf,\alpha}(N,\hat{f},\{N\}))$$

为博弈$(N,\hat{f},\{N\})$的α悲观值不确定核原，记为

$$\mathcal{N}_{\inf,\alpha}(N,\hat{f},\{N\}).$$

定义 15.13 假设N是一个有限的局中人集合，$\alpha\in(0,1]$，$(N,\hat{f},\{N\})$是带有大联盟的CGWUTP，令

$$K=X^1_{\inf,\alpha}(N,\hat{f},\{N\})$$

为α悲观值结构理性分配集.那么称相对于$X^1_{\inf,\alpha}(N,\hat{f},\{N\})$的$\alpha$悲观值不确定核原

$$\mathcal{N}_{\inf,\alpha}(N,\hat{f},\{N\},X^1_{\inf,\alpha}(N,\hat{f},\{N\}))$$

为博弈$(N,\hat{f},\{N\})$的α悲观值不确定准核原，记为

$$\mathcal{PN}_{\inf,\alpha}(N,\hat{f},\{N\}).$$

定义 15.14 假设N是一个有限的局中人集合，$\alpha\in(0,1]$，$(N,\hat{f},\tau)$是带有一般联盟的CGWUTP，令

$$K=X_{\inf,\alpha}(N,\hat{f},\tau)$$

为α悲观值可行理性(个体理性+结构理性)分配集.那么称相对于可行理性集$X_{\inf,\alpha}(N,\hat{f},\tau)$的$\alpha$悲观值不确定核原

$$\mathcal{N}_{\inf,\alpha}(N,\hat{f},\tau,X_{\inf,\alpha}(N,\hat{f},\tau))$$

为博弈$(N,\hat{f},\tau)$的α悲观值不确定核原，记为

$$\mathcal{N}_{\inf,\alpha}(N,\hat{f},\tau).$$

定义 15.15 假设N是一个有限的局中人集合，$\alpha\in(0,1]$，$(N,\hat{f},\tau)$是带有一般联盟的CGWUTP，令

$$K=X^1_{\inf,\alpha}(N,\hat{f},\tau)$$

为α悲观值结构理性分配集.那么称相对于$X^1_{\inf,\alpha}(N,\hat{f},\tau)$的$\alpha$悲观值不确定核原

$$\mathcal{N}_{\inf,\alpha}(N,\hat{f},\tau,X^1_{\inf,\alpha}(N,\hat{f},\tau))$$

为博弈$(N,\hat{f},\tau)$的α悲观值不确定准核原，记为

$$\mathcal{PN}_{\inf,\alpha}(N,\hat{f},\tau).$$

15.3 悲观值不确定核原的存在唯一

定理 15.2 假设N是一个有限的局中人集合，$\alpha\in(0,1]$，$(N,\hat{f})$是CGWUTP，取定$x\in\mathbf{R}^N$，函数

$$\theta_{\inf,\alpha}(x)=(\theta_{\inf,\alpha,1}(x),\cdots,\theta_{\inf,\alpha,k}(x),\cdots,\theta_{\inf,\alpha,2^n}(x))$$

可以刻画为

$$\theta_{\inf,\alpha,1}(x)=\max_{A\subseteq N}e_{\inf,\alpha}(\hat{f},x,A);$$

$$\vdots$$

$$\theta_{\inf,\alpha,k}(x)=\max_{A_1,\cdots,A_k\subseteq N,A_i\neq A_j,1\leqslant i\neq j\leqslant k}\min\ \{e_{\inf,\alpha}(\hat{f},x,A_1),\cdots,e_{\inf,\alpha}(\hat{f},x,A_k)\},$$
$$\forall 1\leqslant k\leqslant 2^n.$$

定理 15.3　假设N是一个有限的局中人集合，$\alpha\in(0,1]$，$(N,\hat{f})$是CGWUTP，前文定义的函数

$$\theta_{\inf,\alpha,k}:\mathbf{R}^n\to\mathbf{R},\forall k=1,\cdots,2^n$$

是连续函数.

定理 15.4　假设N是一个有限的局中人集合，$\alpha\in(0,1]$，$(N,\hat{f})$是CGWUTP，$K\subseteq\mathbf{R}^n$是非空紧致集合，那么

$$\mathcal{N}_{\inf,\alpha}(N,\hat{f},K)$$

也是非空紧致集合.

定理 15.5　假设N是一个有限的局中人集合，$\alpha\in(0,1]$，$(N,\hat{f},\tau)$是带有一般联盟结构的CGWUTP.

(1) $X^1_{\inf,\alpha}(N,\hat{f},\tau)$是非空闭集合；

(2) 如果$\tau\neq\{\{1\},\cdots,\{n\}\}$，那么$X^1_{\inf,\alpha}(N,\hat{f},\tau)$是非空无界集合；

(3) 如果$\tau=\{\{1\},\cdots,\{n\}\}$，那么

$$X^1_{\inf,\alpha}(N,\hat{f},\tau)=X_{\inf,\alpha}(N,\hat{f},\tau)=\{(\{\hat{f}(1)\}_{\inf,\alpha},\cdots,\{\hat{f}(n)\}_{\inf,\alpha})\}$$

是单点集合；

(4) $X_{\inf,\alpha}(N,\hat{f},\tau)$是紧致集合(空集或者非空)；

(5) $X_{\inf,\alpha}(N,\hat{f},\tau)$非空当且仅当$\{\hat{f}(A)\}_{\inf,\alpha}\geqslant\sum_{i\in A}\{\hat{f}(i)\}_{\inf,\alpha},\forall A\in\tau$.

定理 15.6　假设N是一个有限的局中人集合，$\alpha\in(0,1]$，$(N,\hat{f},\tau)$是带有一般联盟结构的CGWUTP.

(1) $\mathcal{N}_{\inf,\alpha}(N,\hat{f},\tau)$是紧致集合(空集或者非空)；

(2) $\mathcal{N}_{\inf,\alpha}(N,\hat{f},\tau)$非空当且仅当$X_{\inf,\alpha}(N,\hat{f},\tau)$非空；

(3) $\mathcal{N}_{\inf,\alpha}(N,\hat{f},\tau)$非空当且仅当$\{\hat{f}(A)\}_{\inf,\alpha}\geqslant\sum_{i\in A}\{\hat{f}(i)\}_{\inf,\alpha},\forall A\in\tau$.

定理 15.7　假设N是一个有限的局中人集合，$\alpha\in(0,1]$，$(N,\hat{f})$是CGWUTP，$K\subseteq\mathbf{R}^n$是非空闭集合(不一定紧致)，并且$\exists c\in\mathbf{R}$，满足

$$\sum_{i\in N}x_i=c,\forall x\in K,$$

那么

$$\mathcal{N}_{\inf,\alpha}(N,\hat{f},K)$$

是非空紧致集合.

定理 15.8　假设N是一个有限的局中人集合，$\alpha\in(0,1]$，$(N,\hat{f},\tau)$是带有一般联盟结构的CGWUTP，那么$\mathcal{PN}_{\inf,\alpha}(N,\hat{f},\tau)$是非空紧致集合.

定理 15.9　假设N是一个有限的局中人集合，$\alpha\in(0,1]$，$(N,\hat{f})$是CGWUTP，$K\subseteq$

$\mathbf{R}^n$是凸集，那么$\mathcal{N}_{\mathrm{inf},\alpha}(N,\hat{f},K)$至多包含一点.

定理 15.10 假设N是一个有限的局中人集合，$\alpha\in(0,1]$，$(N,\hat{f},\tau)$是带有一般联盟结构的CGWUTP.

(1) $\mathcal{PN}_{\mathrm{inf},\alpha}(N,\hat{f},\tau)$是单点集；

(2) 如果$X_{\mathrm{inf},\alpha}(N,\hat{f},\tau)=\varnothing$，那么$\mathcal{N}_{\mathrm{inf},\alpha}(N,\hat{f},\tau)=\varnothing$；

(3) 如果$X_{\mathrm{inf},\alpha}(N,\hat{f},\tau)\neq\varnothing$，那么$\mathcal{N}_{\mathrm{inf},\alpha}(N,\hat{f},\tau)$是单点集；

(4) $\mathcal{N}_{\mathrm{inf},\alpha}(N,\hat{f},\tau)$是单点集当且仅当$\{\hat{f}(A)\}_{\mathrm{inf},\alpha}\geqslant\sum_{i\in A}\{\hat{f}(i)\}_{\mathrm{inf},\alpha},\forall A\in\tau$.

定理 15.11 假设N是一个有限的局中人集合，$\alpha\in(0,1]$，$(N,\hat{f},\tau)$是带有一般联盟结构的CGWUTP，如果

$$\mathcal{PN}_{\mathrm{inf},\alpha}(N,\hat{f},\tau)\in X^0_{\mathrm{inf},\alpha}(N,\hat{f},\tau),$$

那么

$$\mathcal{PN}_{\mathrm{inf},\alpha}(N,\hat{f},\tau)=\mathcal{N}_{\mathrm{inf},\alpha}(N,\hat{f},\tau).$$

15.4 悲观值不确定核原的性质

定义 15.16 假设N是有限的局中人集合，$\alpha\in(0,1]$，$(N,\hat{f})$和$(N,\hat{g})$都是CGWUTP，称$(N,\hat{f})$ α悲观值策略等价于$(N,\hat{g})$，如果满足

$$\exists\lambda>0,b\in\mathbf{R}^N,\text{s.t.},\{\hat{g}(A)\}_{\mathrm{inf},\alpha}=\lambda\{\hat{f}(A)\}_{\mathrm{inf},\alpha}+b(A),\forall A\in\mathcal{P}(N).$$

定理 15.12 假设N是有限的局中人集合，$\alpha\in(0,1]$，$(N,\hat{f})$是不确定支付合作博弈，$K\subseteq\mathbf{R}^n$是非空集合，那么

$$\mathcal{N}_{\mathrm{inf},\alpha}(N,\lambda\hat{f}+b,\lambda K+b)=\lambda\mathcal{N}_{\mathrm{inf},\alpha}(N,\hat{f},K)+b,\forall\lambda>0,b\in\mathbf{R}^N.$$

定义 15.17 假设N是一个有限的局中人集合，$\mathrm{Part}(N)$表示N上的所有划分，假设$\tau\in\mathrm{Part}(N)$，任取$i\in N$，用A_i或者$A_i(\tau)$表示在τ中的包含i的唯一非空子集，用

$$\mathrm{Pair}(\tau)=\{\{i,j\}|\ i,j\in N;A_i(\tau)=A_j(\tau)\}$$

表示与划分τ对应的伙伴对.τ中的某个子集可以记为$A(\tau)$.

定义 15.18 假设N是一个有限的局中人集合，$\alpha\in(0,1]$，$(N,\hat{f},\tau)$是一个CGWUTP，称局中人i和j关于$(N,\hat{f},\tau)$是α悲观值对称的，如果满足

$$\forall A\subseteq N\setminus\{i,j\}\Rightarrow\{\hat{f}(A\cup\{i\})\}_{\mathrm{inf},\alpha}=\{\hat{f}(A\cup\{j\})\}_{\mathrm{inf},\alpha}.$$

如果局中人i和j关于$(N,\hat{f},\tau)$是α悲观值对称的，记为$i\approx_{(N,\hat{f},\tau),E}j$或者简单记为$i\approx_{\hat{f},\mathrm{inf},\alpha}j$或者$i\approx_{\mathrm{inf},\alpha}j$.

定理 15.13 假设N是一个有限的局中人集合，$\alpha\in(0,1]$，$(N,\hat{f},\tau)$是一个CGWUTP，如果$(i,j)\in\mathrm{Pair}(\tau)$并且$i\approx_{\hat{f},\mathrm{inf},\alpha}j$，那么一定有

$$\mathcal{N}_{\mathrm{inf},\alpha,i}(N,\hat{f},\tau)=\mathcal{N}_{\mathrm{inf},\alpha,j}(N,\hat{f},\tau);\mathcal{PN}_{\mathrm{inf},\alpha,i}(N,\hat{f},\tau)=\mathcal{PN}_{\mathrm{inf},\alpha,j}(N,\hat{f},\tau).$$

定理 15.14 假设$N=\{1,2\}$，$(N,\hat{f},\{N\})$是一个二人不确定支付合作博弈，$\alpha\in$

$(0,1]$，满足$\{\hat{f}(1,2)\}_{\inf,\alpha} \geqslant \{\hat{f}(1)\}_{\inf,\alpha} + \{\hat{f}(2)\}_{\inf,\alpha}$，那么一定有

$$\mathcal{N}_{\inf,\alpha,1}(N,\hat{f},\{N\}) = \frac{\{\hat{f}(1,2)\}_{\inf,\alpha} + \{\hat{f}(1)\}_{\inf,\alpha} - \{\hat{f}(2)\}_{\inf,\alpha}}{2};$$

$$\mathcal{N}_{\inf,\alpha,2}(N,\hat{f},\{N\}) = \frac{\{\hat{f}(1,2)\}_{\inf,\alpha} + \{\hat{f}(2)\}_{\inf,\alpha} - \{\hat{f}(1)\}_{\inf,\alpha}}{2}.$$

定义 15.19　假设N是一个有限的局中人集合，$\alpha \in (0,1]$，$(N,\hat{f},\{N\})$是带有大联盟结构的CGWUTP，称局中人i关于$(N,\hat{f},\{N\})$是α悲观值零贡献的，如果满足

$$\forall A \subseteq N \Rightarrow \{\hat{f}(A \cup \{i\})\}_{\inf,\alpha} = \{\hat{f}(A)\}_{\inf,\alpha}.$$

如果局中人i关于$(N,\hat{f},\{N\})$是α悲观值零贡献的，记为$i \in Null_{\inf,\alpha}(N,\hat{f},\{N\})$或者简单记为$i \in Null_{\hat{f},\inf,\alpha}$或者$i \in Null_{\inf,\alpha}$.

定理 15.15　假设N是一个有限的局中人集合，$\alpha \in (0,1]$，$(N,\hat{f},\{N\})$是带有大联盟结构的CGWUTP，局中人i关于$(N,\hat{f},\{N\})$是α悲观值零贡献的，那么

$$\mathcal{N}_{\inf,\alpha,i}(N,\hat{f},\{N\}) = 0; \mathcal{PN}_{\inf,\alpha,i}(N,\hat{f},\{N\}) = 0.$$

定理 15.16　假设N是一个有限的局中人集合，$\alpha \in (0,1]$，$(N,\hat{f},\tau)$是一个CGWUTP，如果

$$Core_{\inf,\alpha}(N,\hat{f},\tau) \neq \varnothing,$$

那么

$$\mathcal{PN}_{\inf,\alpha}(N,\hat{f},\tau) = \mathcal{N}_{\inf,\alpha}(N,\hat{f},\tau) \in Core_{\inf,\alpha}(N,\hat{f},\tau).$$

在前几章中，对于α悲观值不确定谈判集陈述了如下定理，但是没有给出证明.

定理 15.17　假设N是一个有限的局中人集合，$\alpha \in (0,1]$，$(N,\hat{f},\tau)$是带有一般联盟结构的CGWUTP.

(1) 如果$X_{\inf,\alpha}(N,\hat{f},\tau) = \varnothing$，那么它的谈判集$\mathcal{M}_{\inf,\alpha}(N,\hat{f},\tau) = \varnothing$；

(2) 如果$X_{\inf,\alpha}(N,\hat{f},\tau) \neq \varnothing$，那么它的谈判集$\mathcal{M}_{\inf,\alpha}(N,\hat{f},\tau) \neq \varnothing$.

定理 15.18　假设N是一个有限的局中人集合，$\alpha \in (0,1]$，$(N,\hat{f},\tau)$是带有一般联盟结构的CGWUTP，那么

$$\mathcal{N}_{\inf,\alpha}(N,\hat{f},\tau) \in \mathcal{M}_{\inf,\alpha}(N,\hat{f},\tau).$$

15.5 悲观值不确定准核原的刻画

根据α悲观值不确定准核原的定义可知

$$\begin{aligned}\mathcal{PN}_{\inf,\alpha}(N,\hat{f},\{N\}) \quad = \quad & \{x |\, x \in X^1_{\inf,\alpha}(N,\hat{f},\{N\}); \\ & \theta_{\inf,\alpha}(x) \leqslant_L \theta_{\inf,\alpha}(y), \forall y \in X^1_{\inf,\alpha}(N,\hat{f},\{N\})\}.\end{aligned}$$

为了确定α悲观值不确定准核原，需要做大量的计算和字典比较，这是不方便的.本节介绍一种方便求解α悲观值不确定准核原的方法.

定义 15.20　假设$A \in M_{m\times n}(\mathbf{R}), b \in \mathbf{R}^m, D \in M_{l\times n}(\mathbf{R}), d \in \mathbf{R}^l$，方程组

$$E(A,b,D,d): Ax \leqslant b, Dx = d$$

的解空间记为$SOE(A,b,D,d)$，如果

$$SOE(A,b,D,d) \neq \varnothing,$$

并且

$$\forall x \in SOE(A,b,D,d) \Rightarrow Ax = b,$$

那么称方程组为紧凑的.

为了进一步的发展，需要引入平衡的概念和定理，引用如下.

定义 15.21 假设N是有限的局中人集合，$S \in \mathcal{P}(N)$是一个非空子集，它的示性向量记为

$$e_S = \sum_{i \in S} e_i, e_i = (0, \cdots, 1_{(i-th)}, \cdots, 0) \in R^N.$$

定义 15.22 假设N是有限的局中人集合，$\mathcal{B} = \{S_1, \cdots, S_k\} \subseteq \mathcal{P}(N)$是一个子集族，并且$\varnothing \notin \mathcal{B}$，$\mathcal{B}$的示性矩阵记为

$$M_{\mathcal{B}} = \begin{pmatrix} e_{S_1} \\ \vdots \\ e_{S_k} \end{pmatrix}.$$

其中e_S是S的示性向量.

定义 15.23 假设N是有限的局中人集合，$\mathcal{B} \subseteq \mathcal{P}(N)$是一个子集族，并且$\varnothing \notin \mathcal{B}$，权重$\delta = (\delta_A)_{A \in \mathcal{B}}$称为$\mathcal{B}$ 的一个严格平衡权重，如果满足

$$\delta > 0, \delta M_{\mathcal{B}} = e_N.$$

如果一个子集族存在一个严格平衡权重，那么这个子集族称为严格平衡.N的所有严格平衡子集族构成的集合记为$StrBalFam(N)$，假设$\mathcal{B} \in StrBalFam(N)$，其对应的所有严格平衡权重集合记为$StrBalCoef(\mathcal{B})$.

定义 15.24 假设N是有限的局中人集合，$\mathcal{B} \subseteq \mathcal{P}(N)$是一个子集族，并且$\varnothing \notin \mathcal{B}$，权重$\delta = (\delta_A)_{A \in \mathcal{B}}$称为$\mathcal{B}$ 的一个弱平衡权重，如果满足

$$\delta \geqslant 0, \delta M_{\mathcal{B}} = e_N.$$

如果一个子集族存在一个弱平衡权重，那么这个子集族称为弱平衡.N的所有弱平衡子集族构成的集合记为$WeakBalFam(N)$，假设$\mathcal{B} \in WeakBalFam(N)$，其对应的所有弱平衡权重集合记为$WeakBalCoef(\mathcal{B})$.

定义 15.25 假设N是有限的局中人集合，$\mathcal{P}_0(N)$是所有非空子集构成的子集族，权重$\delta = (\delta_A)_{A \in \mathcal{P}_0(N)}$称为$\mathcal{P}_0(N)$的一个弱平衡权重，如果满足

$$\delta \geqslant 0, \delta M_{\mathcal{P}_0(N)} = e_N.$$

如果$\mathcal{P}_0(N)$存在一个弱平衡权重，那么称为全集弱平衡.所有全集弱平衡权重集合记为$WeakBalCoef(\mathcal{P}_0(N))$.

注释 15.3 对于一个弱平衡的子集族，可以在子集族中通过剔除弱平衡权重为零的子集而产生严格平衡的子集族；同样，可以将一个严格平衡的子集族通过添加非空子集并且赋予

零权重产生弱平衡子集族；所有的严格平衡子集可以扩充为全集弱平衡，所有的全集弱平衡可以精炼为严格平衡.因此本质上可以只考虑严格平衡、弱平衡和全集弱平衡的一种.

定理 15.19　假设N是有限的局中人集合，$\mathcal{B} \subseteq \mathcal{P}(N)$是一个子集族，并且$\varnothing \notin \mathcal{B}$，假设$\delta = (\delta_A)_{A\in\mathcal{B}} > 0$，那么$\mathcal{B}$相对于$\delta = (\delta_A)_{A\in\mathcal{B}} > 0$是严格平衡的，当且仅当

$$\forall x \in \mathbf{R}^N, \sum_{A\in\mathcal{B}} \delta_A x(A) = x(N).$$

定理 15.20　假设N是有限的局中人集合，$\mathcal{B} \subseteq \mathcal{P}(N)$是一个子集族，并且$\varnothing \notin \mathcal{B}$，假设$\delta = (\delta_A)_{A\in\mathcal{B}} \geqslant 0$，那么$\mathcal{B}$相对于$\delta = (\delta_A)_{A\in\mathcal{B}} > 0$是弱平衡的，当且仅当

$$\forall x \in \mathbf{R}^N, \sum_{A\in\mathcal{B}} \delta_A x(A) = x(N).$$

定理 15.21　假设N是有限的局中人集合，$\mathcal{P}_0(N)$是所有的非空子集构成的子集族，假设$\delta = (\delta_A)_{A\in\mathcal{P}_0(N)} \geqslant 0$，那么$\mathcal{P}_0(N)$ 相对于$\delta = (\delta_A)_{A\in\mathcal{P}_0(N)} \geqslant 0$是全集弱平衡的，当且仅当

$$\forall x \in \mathbf{R}^N, \sum_{A\in\mathcal{P}_0(N)} \delta_A x(A) = x(N).$$

定义 15.26　假设N是有限的局中人集合，$\alpha \in (0,1]$，$(N,\hat{f},\{N\})$是一个CGWUTP，称之为α悲观值严格平衡的，如果任取严格平衡的子集族$\mathcal{B} \in StrBalFam(N)$和对应的严格平衡权重$\delta \in StrBalCoef\mathcal{B}$，都满足

$$\{\hat{f}(N)\}_{\inf,\alpha} \geqslant \sum_{A\in\mathcal{B}} \delta_A \{\hat{f}(A)\}_{\inf,\alpha}.$$

定义 15.27　假设N是有限的局中人集合，$\alpha \in (0,1]$，$(N,\hat{f},\{N\})$是一个CGWUTP，称之为α悲观值弱平衡的，如果任取弱平衡的子集族$\mathcal{B} \in WeakBalFam(N)$和对应的弱平衡权重$\delta \in WeakBalCoef\mathcal{B}$，都满足

$$\{\hat{f}(N)\}_{\inf,\alpha} \geqslant \sum_{A\in\mathcal{B}} \delta_A \{\hat{f}(A)\}_{\inf,\alpha}.$$

定理 15.22　假设N是有限的局中人集合，$\alpha \in (0,1]$，$(N,\hat{f},\{N\})$是一个α悲观值严格平衡的CGWUTP当且仅当是一个α悲观值弱平衡的CGWUTP.

定义 15.28　假设N是有限的局中人集合，$\alpha \in (0,1]$，$(N,\hat{f},\{N\})$是一个CGWUTP，称之为α悲观值全集弱平衡的，如果取定子集族$\mathcal{P}_0(N)$和对应的弱平衡权重$\delta \in WeakBalCoef(\mathcal{P}_0(N))$，都满足

$$\{\hat{f}(N)\}_{\inf,\alpha} \geqslant \sum_{A\in\mathcal{P}_0(N)} \delta_A \{\hat{f}(A)\}_{\inf,\alpha}.$$

定理 15.23　假设N是有限的局中人集合，$\alpha \in (0,1]$，$(N,\hat{f},\{N\})$是一个CGWUTP，那么以下三者等价：

(1) $(N,\hat{f},\{N\})$是α悲观值严格平衡的；

(2) $(N,\hat{f},\{N\})$是α悲观值弱平衡的；

(3) $(N,\hat{f},\{N\})$是α悲观值全集弱平衡的.

定义 15.29　假设N是有限的局中人集合，$\alpha \in (0,1]$，$(N,\hat{f},\{N\})$是一个CGWUTP，称

之为α悲观值平衡博弈，如果它是α悲观值严格平衡的或者α悲观值弱平衡的或者α悲观值全集弱平衡的.

严格平衡的子集族可以和线性系统的紧凑性联系在一起.为了下面的关键定理，需要线性规划的基本对偶定理，可参考其他关于数学优化的教材.

引理 15.1 (一般形式的线性规划的对偶) 假设$c \in R^n, d \in \mathbf{R}^1, G \in M_{m\times n}(\mathbf{R}), h \in R^m, A \in M_{l\times n}(\mathbf{R}), b \in \mathbf{R}^l$，一般形式的线性规划模型

$$\begin{aligned} &\min\ c^{\mathrm{T}}x + d \\ &\text{s.t.}\ \ Gx - h \leqslant 0, \\ &\qquad Ax - b = 0 \end{aligned}$$

的对偶问题为

$$\begin{aligned} &\min\ \alpha^{\mathrm{T}}h + \beta^{\mathrm{T}}b - d \\ &\text{s.t.}\ \ \alpha \geqslant 0, G^{\mathrm{T}}\alpha + A^{\mathrm{T}}\beta + c = 0. \end{aligned}$$

二者等价.

引理 15.2 (标准形式的线性规划的对偶) 假设$c \in \mathbf{R}^n, d \in \mathbf{R}^1, A \in M_{l\times n}(\mathbf{R}), b \in \mathbf{R}^l$，标准形式的线性规划模型

$$\begin{aligned} &\min\ c^{\mathrm{T}}x + d \\ &\text{s.t.}\ \ x \geqslant 0, \\ &\qquad Ax - b = 0 \end{aligned}$$

的对偶问题为

$$\begin{aligned} &\min\ \beta^{\mathrm{T}}b - d \\ &\text{s.t.}\ \ \alpha \geqslant 0, -\alpha + A^{\mathrm{T}}\beta + c = 0. \end{aligned}$$

二者等价.

引理 15.3 (不等式形式的线性规划的对偶) 假设$c \in \mathbf{R}^n, d \in \mathbf{R}^1, A \in M_{m\times n}(\mathbf{R}), b \in \mathbf{R}^m$，求解不等式形式的线性规划模型

$$\begin{aligned} &\min\ c^{\mathrm{T}}x + d \\ &\text{s.t.}\ \ Ax \leqslant b. \end{aligned}$$

的对偶问题为

$$\begin{aligned} &\min\ \alpha^{\mathrm{T}}b - d \\ &\text{s.t.}\ \ \alpha \geqslant 0, A^{\mathrm{T}}\alpha + c = 0. \end{aligned}$$

二者等价.

定理 15.24 假设N是有限的局中人集合，$\alpha \in (0,1]$，$\mathcal{B} \subseteq \mathcal{P}(N)$是一个子集族，并且$\varnothing \notin \mathcal{B}$，那么

$$\mathcal{B} \in StrBalFam(N),$$

当且仅当方程组

$$E : y(N) = 0, y(S) \geqslant 0, \forall S \in \mathcal{B}$$

是紧凑的.

定义 15.30　假设N是有限的局中人集合，$\alpha \in (0,1]$，$(N, \hat{f}, \{N\})$是一个带有大联盟机构的CGWUTP，任取$x \in X^1_{\inf,\alpha}(N, \hat{f}, \{N\}), \beta \in R$，定义子集族

$$\mathcal{D}(\beta, x) = \{S|\ S \subseteq N, S \neq N, S \neq \varnothing, e_{\inf,\alpha}(\hat{f}, x, S) \geqslant \beta\}.$$

对于固定的$x \in X^1_{\inf,\alpha}(N, \hat{f}, \{N\})$，定义集合

$$CN(x) = \{\beta|\ \beta \in R, \mathcal{D}(\beta, x) \neq \varnothing\}.$$

子集族$D(\beta, x)$可以和$\theta_{\inf,\alpha}(x)$建立联系.假设$\theta_{\inf,\alpha}(x)$中各个分量的不同取值为

$$\{a_1, \cdots, a_p\}, a_1 > a_2 > \cdots > a_p,$$

并且$\theta_{\inf,\alpha}(x)$可以表示为

$$\theta_{\inf,\alpha}(x) = (a_1, \cdots, a_1, a_2, \cdots, a_2, \cdots, a_p, \cdots, a_p).$$

因为$e_{\inf,\alpha}(\hat{f}, x, N) = 0 = e_{\inf,\alpha}(\hat{f}, 0, \varnothing)$，所以$a_p \leqslant 0$.因而一定有

$$\mathcal{D}(a_1, x) \subset \mathcal{D}(a_2, x) \subset \cdots \subset \mathcal{D}(a_p, x) = \{S|\ S \subseteq N, S \neq N, S \neq \varnothing\}.$$

假设$\beta \in R$，可得

$$\mathcal{D}(\beta, x) = \begin{cases} \varnothing, & \text{如果}\beta > a_1; \\ \mathcal{D}(a_k, x), & \text{如果}a_{k+1} < \beta \leqslant a_k; \\ \{S|\ S \subseteq N, S \neq N, S \neq \varnothing\}, & \text{如果}\beta \leqslant a_p. \end{cases}$$

定理 15.25　假设N是有限的局中人集合，$\alpha \in (0,1]$，$(N, \hat{f}, \{N\})$是一个带有大联盟结构的CGWUTP，取定$x^* \in X^1_{\inf,\alpha}(N, \hat{f}, \{N\})$.

(1) 如果$x^* = \mathcal{PN}_{\inf,\alpha}(N, \hat{f}, \{N\})$，那么$\forall \beta \in CN(x^*)$，线性系统

$$E_\beta : y(N) = 0; y(S) \geqslant 0, \forall S \in \mathcal{D}(\beta, x^*)$$

是紧凑的；

(2) 如果$\forall \beta \in CN(x^*)$，线性系统

$$E_\beta : y(N) = 0; y(S) \geqslant 0, \forall S \in \mathcal{D}(\beta, x^*)$$

都是紧凑的，那么

$$x^* = \mathcal{PN}_{\inf,\alpha}(N, \hat{f}, \{N\}).$$

定理 15.26 (Kohlberg类准核原定理一)　假设N是有限的局中人集合，$\alpha \in (0,1]$，$(N, \hat{f}, \{N\})$是一个带有大联盟结构的CGWUTP，取定$x^* \in X^1_{\inf,\alpha}(N, \hat{f}, \{N\})$. 那么

$$x^* = \mathcal{PN}_{\inf,\alpha}(N, \hat{f}, \{N\}),$$

当且仅当

$$\forall \beta \in CN(x^*), \mathcal{D}(\beta, x^*) \in StrBalFam(N).$$

定理 15.27 (Kohlberg类准核原定理二)　假设N是有限的局中人集合，$\alpha \in (0,1]$，$(N, \hat{f},$

$\{N\}$)是一个带有大联盟结构的CGWUTP，取定$x^* \in X_{\inf,\alpha}(N,\hat{f},\{N\})$.那么

$$x^* = \mathcal{N}_{\inf,\alpha}(N,\hat{f},\{N\}),$$

当且仅当

$$\forall\beta \in CN(x^*) \Rightarrow \mathcal{D}(\beta,x^*)\cup\mathcal{D}_0 \in WeakBalFam(N),$$

$$\exists\delta \in WeakBalCoef(\mathcal{D}(\beta,x^*)\cup\mathcal{D}_0), \text{s.t.}, \delta_A > 0, \forall A \in \mathcal{D}(\beta,x^*).$$

其中$\mathcal{D}_0 = \{\{1\},\cdots,\{N\}\}$.

行文至此，一个自然的问题是：一个合作博弈的α悲观值不确定准核原和α悲观值不确定核原是否一致呢？对于一大类博弈而言，二者确实是一致的.

定义 15.31 假设N是有限的局中人集合，$\alpha \in (0,1]$，$(N,\hat{f},\{N\})$是一个带有大联盟结构的CGWUTP，称之为α悲观值0-规范单调的，如果满足

$$\{\hat{f}(A\cup\{i\})\}_{\inf,\alpha} \geqslant \{\hat{f}(A)\}_{\inf,\alpha} + \{\hat{f}(i)\}_{\inf,\alpha}, \forall A \subseteq N\setminus\{i\}.$$

显然，α悲观值超可加博弈和α悲观值凸博弈都是α悲观值0-规范单调的.

定理 15.28 假设N是有限的局中人集合，$\alpha \in (0,1]$，$i \in N$是一个局中人，$\mathcal{B} \subseteq \mathcal{P}(N)$是一个子集族，$\varnothing \notin \mathcal{B}$，满足

$$\mathcal{B} \in StrBalFam(N); i \in A, \forall A \in \mathcal{B},$$

那么

$$\mathcal{B} = \{N\}.$$

定理 15.29 假设N是有限的局中人集合，$\alpha \in (0,1]$，$(N,\hat{f},\{N\})$是一个带有大联盟结构的CGWUTP，并且是α悲观值0-规范单调的，那么

$$\mathcal{PN}_{\inf,\alpha}(N,\hat{f},\{N\}) = \mathcal{N}_{\inf,\alpha}(N,\hat{f},\{N\}).$$

15.6 悲观值不确定准核原的一致性

对于α悲观值不确定核心，定义了α悲观值David-Maschler约简博弈，在这个意义下，证明了α悲观值不确定核心的一致性.对于α悲观值不确定沙普利值，定义了α悲观值Hart-Mas-Collel 约简博弈，在这个意义下，证明了α悲观值不确定沙普利值的一致性.对于α悲观值不确定准核原的一致性问题，仍然采用α悲观值David-Maschler约简博弈.

定义 15.32 假设N是有限的局中人集合，$\alpha \in (0,1]$，$(N,\hat{f},\{N\})$是CGWUTP，$x \in X^1_{\inf,\alpha}(N,\hat{f},\{N\})$是结构理性向量并且$A \in \mathcal{P}_0(N)$.定义$A$相对于$x$的$\alpha$悲观值Davis-Maschler约简博弈$(A,\hat{f}_{A,x},\{A\})$，要求$\alpha$悲观值满足

$$\{\hat{f}_{A,x}(B)\}_{\inf,\alpha} = \begin{cases} \max_{Q\in\mathcal{P}(N\setminus A)}[\{\hat{f}(Q\cup B)\}_{\inf,\alpha} - x(Q)], & \text{如果}B \in \mathcal{P}_2(A); \\ 0, & \text{如果}B = \varnothing; \\ x(A), & \text{如果}B = A. \end{cases}$$

定义 15.33 假设N是一个有限的局中人集合，$\alpha \in (0,1]$，$\Gamma_{U,N}$表示其上的所有带有大联盟结构的CGWUTP，有集值或者数值解概念：$\phi : \Gamma_{U,N} \to \mathcal{P}(\mathbf{R}^N), \phi(N,\hat{f},\{N\}) \subseteq \mathbf{R}^N$，

称其满足α悲观值Davis-Maschler约简博弈性质，如果

$$\forall (N, \hat{f}, \{N\}) \in \Gamma_{U,N}, \forall A \in \mathcal{P}_0(N), \forall x \in \phi(N, \hat{f}, \{N\})$$

都有

$$(x_i)_{i\in A} \in \phi(A, \hat{f}_{A,x}, \{A\}),$$

其中$(A, \hat{f}_{A,x}, \{A\})$称为$A$相对于$x$的$\alpha$悲观值Davis-Maschler约简博弈.

定理 15.30　假设N是有限的局中人集合，$\alpha \in (0,1]$，$(N, \hat{f}, \{N\})$是CGWUTP，α悲观值不确定准核原$\mathcal{PN}_{\inf,\alpha}(N, \hat{f}, \{N\})$ 满足期望值Davis-Maschler约简博弈性质.

定理 15.31　假设N是有限的局中人集合，$\alpha \in (0,1]$，$(N, \hat{f}, \{N\})$是α悲观值0-规范单调的CGWUTP，$x^* = \mathcal{N}_{\inf,\alpha}(N, \hat{f}, \{N\})$，如果$\forall A \subseteq N, A \neq \varnothing$，$\alpha$悲观值Davis-Maschler 约简博弈$(A, \hat{f}_{A,x^*}, \{A\})$都是$\alpha$悲观值0-规范单调CGWUTP，那么

$$(x_i^*)_{i\in A} = \mathcal{N}_{\inf,\alpha}(A, \hat{f}_{A,x^*}, \{A\}).$$

第16章　总结与展望

本章对全书的主要内容进行归纳总结，并对不确定理论与博弈论的结合指明了未来的可行方向.

16.1 全书总结

本书研究了不确定理论与经典合作博弈理论的结合，构建了不确定合作博弈的理论框架，包括模型与多类解概念以及解概念的数学性质和算法.

一是定义了联盟结构和不确定支付，并将二者作为最重要的属性与经典合作博弈模型相结合，产生了具有一般意义的不确定支付可转移合作博弈模型，基于期望值、乐观值和悲观值，以及人类决策的一些经验，通过公理化手段定义了期望值/乐观值/悲观值不确定可行支付集合、期望值/乐观值/悲观值不确定preimputation、期望值/乐观值/悲观值imputation等，并指出不确定支付可转移合作博弈的所有解概念都是对不确定可行支付集合、不确定preimputation、不确定imputation的精炼，为定义不确定支付可转移合作博弈的各类解概念奠定了最坚实的基础.

二是基于个体理性、结构理性和群体理性定义了期望值/乐观值/悲观值不确定核心的解概念，阐述了平衡概念和全平衡概念与不确定核心非空、所有子博弈不确定核心非空的等价关系，研究了不确定核心的几何形态与协变性，定义了平衡覆盖、全平衡覆盖、超可加覆盖等微妙概念，认识了不确定市场博弈和不确定可加性博弈以及它们与全平衡的关系，探索了凸的不确定合作博弈核心的显式表达.

三是基于结构理性公理、零元公理、对称公理和可加性公理，定义了期望值/乐观值/悲观值不确定沙普利值的解概念，给出了解析表达式，并利用边际公理和线性公理以及子博弈约简公理对沙普利值进行了全方位的公理刻画，研究了沙普利值的协变性等数学性质.

四是基于人类谈判的过程提炼出异议与反异议的规则，定义了不确定谈判集的解概念.不确定谈判集是一个集值解概念，与不确定核心有着密切的关系，也与不确定核原有着密切的关系，本书探讨了不确定谈判集与不确定核心以及不确定核原之间的关系.不确定谈判集的求解特别复杂，本书证明了按照不确定谈判集的定义设计算法求解谈判集是NP-hard问题，理清了不确定谈判集求解涉及的所有线性不等式系统.

五是基于盈余函数和字典序关系定义了不确定准核原、不确定核原的解概念，并通过连续函数以及凸函数、凸集的一些数学性质证明了不确定准核原的存在唯一性，以及不确定核原的空性或者存在唯一性，此性质表明虽然不确定准核原和不确定核原表面上看起来是集值解概念，但是本质上是点值解概念，并特别探讨了不确定准核原、不确定核原和不确定核心之间的关系，探索了线性方程组与不确定准核原之间的关系.

16.2 未来方向

一是对不确定支付可转移合作博弈定义新的解概念，并研究其数学性质和算法以及应用.例如：不确定最小核心、不确定等分核心、不确定支配核心、不确定τ值、不确定Banzaf值、不确定平均字典序值等.

二是对不确定支付可转移合作博弈增加新的结构.本书是联盟结构，还可以增加图结构、会议结构等，研究这些结构下的解概念和数学性质以及算法设计问题.

三是将不确定属性从支付函数转移到联盟构成，类似于模糊合作博弈对个人参与联盟的水平不再是经典合作博弈的$\{0,1\}$二分，而是可以在区间$[0,1]$取非整数值，但是在不确定情形下，希望这样的隶属度函数不应该是区间$[0,1]$，而是由不确定分布决定的一个恰当的集合，这样问题在深度和广度上较之不确定支付情形有大幅提高.

四是将不确定可转移合作博弈推广到不确定不可转移合作的情形，此时联盟创造的财富不再是一个数量函数，而是一个满足一定性质的向量集合，那么需要研究的问题是不确定属性如何体现在集合上.

五是研究具有不确定支付的非合作博弈模型，包括完全信息静态、完全信息动态、不完全信息静态、不完全信息动态等模型，定义此时纳什均衡、颤抖手均衡、子博弈完美均衡、序贯均衡、贝叶斯均衡、贝叶斯完美均衡，并研究它们的数学性质和计算算法.

六是将不确定属性转移到非合作博弈的策略上，将纯粹策略转化为不确定混合策略以及不确定行为策略，在信息更新推理过程中采用不确定贝叶斯规则，研究此时的完全信息静态、完全信息动态、不完全信息静态、不完全信息动态不确定模型如何构建，以及纳什均衡、不确定颤抖手均衡、子博弈完美均衡、不确定序贯均衡、不确定贝叶斯均衡、不确定贝叶斯完美均衡如何定义，并研究它们的数学性质和计算算法.此时最大的困难在于一个有限集合上的所有概率形成的空间比较简单，但是其上的所有不确定测度形成的空间维度却是巨大的，并且期望值的计算非常复杂，因而给该方向的研究增添了较大的难度.

不确定理论与博弈论的结合是充满学术潜力与应用潜力的方向，本书仅仅构建了不确定博弈论的一个分支即不确定合作博弈的一个比较完整的理论框架，为不确定博弈论的研究开了个头，未来大有可为，还有很多子方向可以研究.

参考文献

[1] NEUMANN J V, MORGENSTERN D. The Theory of Games in Economic Bahavior[M]. New York: Wiley, 1944.

[2] SHAPLEY L , SHUBIK M. A method for evaluating the distribution of power in committee system [J].American Political Science Review , 1954(48):787 - 792.

[3] GILLIES D. Solutions to general non-zero-sum games [J]. Contributions to the Theory of Games,1959(4):47-85.

[4] SCHMEIDLER D. The nucleolus of a characteristic function games [J]. Journal of Applied Mathematics, 1969(17):1163-1170.

[5] JUSTMAN M. Iterative processes with nucleolus restrictions [J].Int. J. Game Theory,1977(6):189-212.

[6] AUMAN R , Maschler M. The bargainning set for cooperative games [J]. Advances in Game Theory (Annals of Mathematics Studies) , 1964(52):443-476.

[7] SHAPLEY L. A value for n-persons games [J].Ann. Math. Stud.,1953(28):307-318.

[8] MASHLER M, PELEG B , Shapley L. Geometric properties of the kernel, nucleolus and related solution concepts [J].Math. Oper. Res.,1979(4):303-337.

[9] AUMAN R , DREZE J. Cooperative games with coalitional structures [J].International journal of game theory,1974(3):217-237.

[10] ZADEH L. Fuzzy sets [J]. Information Control,1965(8): 338-356.

[11] LIU B , LIU Y. Expected value of fuzzy variable and fuzzy expected value models [J].IEEE Trans. Fuzzy Systems,2002(10): 445-450.

[12] LIU Y , LIU B. Expected value operator of random fuzzy variable and random fuzzy expected value models [J].Int. J. Uncertain Fuzziness Knowl. Based Syst.,2003,11(2): 195-215.

[13] LIU B. A survey of credibility theory [J].Fuzzy Optim Decis Making,2006,5(4):387-408.

[14] LIU Y , GAO J. The dependence of fuzzy variables with applications to fuzzy random optimization [J]. Int. J. Uncertain Fuzziness Knowl. Based Syst.,2007, 15(Suppl 2): 1-20.

[15] GAO J , LIU B. Fuzzy multilevel programming with a hybrid intelligent algorithm [J].Computer and Mathematics with Applications , 2005,48(9-10):1539-1548.

[16] LIU B. Uncertainty Theory(2nd ed.) [M]. Berlin: Springer-Verlag ,2007.

[17] LIU B. Uncertainty Theory: A Branch of Mathematics for Modeling Human Uncertainty [M]. Berlin: Springer-Verlag , 2010.

[18] LIU B. Fuzzy process, hybrid process and uncertain process [J]. Journal of Uncertain Systems,2008,2(1): 3-16.

[19] LIU B. Some research problems in uncertainty theory [J].Journal of Uncertain Systems, 2009, 3(1):3-10.

[20] PENG Z , IWAMURA K. A sufficient and necessary condition of uncertainty distribution [J].Journal of Interdisciplinary Mathematics,2010,13(3): 277-285.

[21] LIU B. Theory and Practice of Uncertain Programming(2nd ed.) [M].Berlin: Springer-Verlag, 2009.

[22] ZHU Y. Uncertain optimal control with application to a portfolio selection model [J].Cybern. Syst. , 2010, 41(7):535-547.

[23] LIU B. Uncertainty theory(4th ed.) [M]. Berlin: Springer-Verlag ,2015.

[24] HARSANYI J C. Games with incomplete information played by “Bayesian” player, Part I. the basic model [J].Management Science, 1967, 14(3) : 159-182.

[25] HARSANYI J C. Games with incomplete information played by “Bayesian” player, Part II. the basic probability distribution of the game [J].Management Science, 1968, 14(5): 320-324.

[26] HARSANYI J C. Games with incomplete information played by “Bayesian” player, Part III. Bayesian equilibrium point [J].Management Science, 1968,14(7):486-502.

[27] BLAU R. Random-payoff two-person zero-sum games [J].Operations Research,1974, 22(6): 1243-1251.

[28] CASSIDY R, FIELD C , KIRBY M. Solution of a satisficing model for random payoff games [J].Management Science, 1972(19):266-271.

[29] CHARNES A, KIRBY M , RAIKE W. Zero-zero chance-constrained games [J].Theory of Probability and Its Applications, 1968, 13(4): 628-646.

[30] BUTNARIU D. Fuzzy games: a description of the concept [J].Fuzzy Sets and Systems, 1978(1):181-192.

[31] AUBIN J. Cooperative fuzzy games [J].Mathematics of Operations Research ,1981(6):1-13.

[32] CAMPOS L , GONZALEZ A. Fuzzy matrix games considering the criteria of the players [J].Kybernetes, 1991(20):275-289.

[33] MAEDA T. Characterization of the equilibrium strategy of the bimatrix game with fuzzy payoff [J].J. Math. Anal. Appl. , 2000(251):885-896.

[34] MARES M. Computation over fuzzy quantities [M]. Boca Raton: CRC Press ,1994.

[35] MARES M. Fuzzy Cooperative Games [M].Heidelberg: Physica-Verlag, 2001.

[36] MARES M. Fuzzy coalitions structures [J].Fuzzy Sets Syst., 2000,114(1):23-33.

[37] NISHIIZAKI I , SAKAWA M. Fuzzy cooperative games arising from linear production programming problems with fuzzy parameters [J].Fuzzy Sets Syst. , 2000,114(1):11-21.

[38] NISHIIZAKI I ,SAKAWA M. Solutions based on fuzzy goals in fuzzy linear programming games [J].Fuzzy Sets Syst. , 2000,115(1):105-109.

[39] NISHIIZAKI I ,SAKAWA M. Fuzzy and multiobjective games for conflict resolution [M].Heidelberg: Physica-Verleg , 2001.

[40] KONG Q, SUN H, XU G , HOU D. The general prenucleolus of n-person cooperative fuzzy games [J].Fuzzy Sets and Systems ,2018(349):23-41.

[41] ZHAN J , MENG F. Cores and optimal fuzzy communication structures of fuzzy games [J].Discrete and Continuous Dynamical Systems-S , 2019,12(4-5):1187-1198.

[42] BASALLOTE M, HERNANDEZ M C, JIMENEZ L A.A new Shapley value for games with fuzzy coalitions[J].Fuzzy sets and systems,2019,online, https://doi.org/10.1016/j.fss. 2018. 12.018.

[43] GAO J, Credibilistic game with fuzzy information [J].Journal of Uncertain Systems, 2007,1(1):74-80.

[44] GAO J, LIU Z , SHEN P. On characterization of credibilistic equilibria of fuzzy-payoff two-player zero-sum game [J].Soft Computing, 2009,13(2):127-132.

[45] LIANG R, YU Y, GAO J , LIU Z. N-person credibilistic strategic game [J].Frontiers of Computer Science in China, 2010,4(2):212-219.

[46] GAO J , YU Y. Credibilistic extensive game with fuzzy information [J].Soft Computing, 2013,17(4):557-567.

[47] GAO J , YANG X. Credibilistic bimatrix game with asymmetric information: Bayesian optimistic equilibrium strategy [J].International Journal of Uncertainty, Fuzziness and Knowledge-Based Systems, 2013,21(supp01):89-100.

[48] SEN P , GAO J. Coalitional game with fuzzy information and credibilistic core [J]. Soft Computing , 2011,15(4):781-786.

[49] GAO J, ZHANG Q, SHEN P. Coalitional game with fuzzy payoffs and credibilistic Shapley value [J].Iranian Journal of Fuzzy Systems, 2011,8(4) :107-117.

[50] ZHANG Q, YANG Z , GUI B. Coalitional game with fuzzy payoffs and credibilistic nucleolus [J]. Journal of Intelligent and Fuzzy Systems , 2017, 32(1):1-9.

[51] LIU J. Credibilistic stable set of cooperation game with fuzzy payoffs [J].Pure and Applied Mathematics, to be published.

[52] LIU J. Credibilistic prenucleolus of cooperation game with fuzzy payoffs(in Chinese) [J].Fuzzy Systems and Mathematics, to be published.

[53] LIU J, MA M ,FENG Y. Credibilistic Stable Set of Cooperation Game with Fuzzy Payoffs and Coalitional Structure [P].Proceedings of the First International Conference on Command, Control and Artificial Intelligence and the Third International Conference on Computational Finance and Management, Changsha, China, April 19-22, 2019:81-89.

[54] LIU J, FENG Y ,HUANG J. Credibilistic Core of Cooperation Game with Fuzzy Payoffs and Coalitional Structure [P].Proceedings of the First International Conference on Command, Control and Artificial Intelligence and the Third International Conference on Computational Finance and Management, Changsha, China, April 19-22, 2019:122-131.

[55] LIU J, HUANG J , FENG Y . Credibilistic Shapley Value of Cooperation Game with Fuzzy Payoffs and Coalitional Structure [P].Proceedings of the First International Conference on Command, Control and Artificial Intelligence and the Third International Conference on Computational Finance and Management, Changsha, China, April 19-22, 2019:153-162.

[56] LIU J, WANG J , FENG Y. Credibilistic Nucleolus of Cooperation Game with Fuzzy Payoffs and Coalitional Structure [P].Proceedings of the First International Conference on Command, Control and Artificial Intelligence and the Third International Conference on Computational Finance and Management, Changsha, China, April 19-22, 2019:132-142.

[57] GAO J. Uncertain bimatrix game with applications [J]. Fuzzy Optimization and Decision Making,2013, 12(1):65-78.

[58] YANG X , GAO J. Uncertain differential games with application to capitalism [J]. J Uncertainty Anal. Appl., 2013(1): Article 17.

[59] YANG X , GAO J. Linear-quadratic uncertain differential game with application to resource extraction problem [J].IEEE Trans Fuzzy Syst. , 2016,24(4):819 - 826.

[60] YANG X , GAO J. Bayesian equilibria for uncertain bimatrix game with asymmetric information [J]. J Intell. Manuf., 2017,28(3):515 - 525.

[61] YANG X , GAO J. Uncertain core for coalitional game with uncertain payoffs [J]. Journal of Uncertain Systems,2014, 8(2):13-21.

[62] GAO J, YANG X , LIU D. Uncertain Shapley value of coalitional game with application to supply chain alliance [J]. Appl. Soft Comput. , 2017,(56):551-556.

[63] LIU Y , LIU G. Stable set of uncertain coalitional game with application to elctricity supplier problem [J]. soft computing , 2018,22(17):5719-5724.

[64] YANG X, VINCENZO L , GAO J. Uncertain nucleolus of coalitional game with application to campus express [J]. to be published.

[65] LIU J, LI Z , FENG Y. Uncertain Stable Set of Cooperation Game with Uncertain Payoffs and Coalitional Structure [P].Proceedings of the First International Conference on Command, Control and Artificial Intelligence and the Third International Conference on Computational Finance and Management, Changsha, China, April 19-22, 2019:18-26.

[66] LIU J, FENG Y , HUANG J. Uncertain Core of Cooperation Game with Uncertain Payoffs and Coalitional Structure [P].Proceedings of the First International Conference on Command, Control and Artificial Intelligence and the Third International Conference on Computational Finance and Management, Changsha, China, April 19-22, 2019:112-121.

[67] LIU J, HUANG J , FENG Y. Uncertain Shapley Value of Cooperation Game with Uncertain Payoffs and Coalitional Structure [P].Proceedings of the First International Conference on Command, Control and Artificial Intelligence and the Third International Conference on Computational Finance and Management, Changsha, China, April 19-22, 2019:143-152.

[68] LIU J, LI Z , FENG Y. Uncertain Nucleolus of Cooperation Game with Uncertain Payoffs and Coalitional Structure [P].Proceedings of the First International Conference on Command,

Control and Artificial Intelligence and the Third International Conference on Computational Finance and Management, Changsha, China, April 19-22, 2019:90-100.

[69] PELEG B , SUDHOLTER P.Introduction to the theory of cooperative games (2nd ed.) [M]. Berlin: Springer-Verlag , 2007.